全国技工院校数控加工类专业通用教材（中级技能层级）

数控加工工艺学

（第四版）

人力资源社会保障部教材办公室组织编写

中国劳动社会保障出版社

简介

本书主要内容包括：数控机床概述、数控加工工艺基础、数控车削加工工艺、数控铣削加工工艺、数控电加工工艺、CAPP技术与先进制造生产模式简介等。

本书由韩鸿鸾任主编，曲善珍、赵明义任副主编，张艳红、胡春蕾、陶建海、王鹏、韩中华参加编写；崔兆华任主审。

图书在版编目(CIP)数据

数控加工工艺学 / 人力资源社会保障部教材办公室组织编写. -- 4版. -- 北京：中国劳动社会保障出版社，2018

全国技工院校数控加工类专业通用教材. 中级技能层级

ISBN 978-7-5167-3692-0

Ⅰ.①数… Ⅱ.①人… Ⅲ.①数控机床-加工-技工学校-教材 Ⅳ.①TG659

中国版本图书馆CIP数据核字(2018)第218182号

中国劳动社会保障出版社出版发行

（北京市惠新东街1号 邮政编码：100029）

*

北京汇林印务有限公司印刷装订 新华书店经销

787毫米×1092毫米 16开本 20.75印张 464千字

2018年10月第4版 2025年12月第8次印刷

定价：36.00元

营销中心电话：400-606-6496

出版社网址：http://www.class.com.cn

http://jg.class.com.cn

前言

为了更好地适应全国技工院校数控加工类专业的教学要求，全面提升教学质量，人力资源社会保障部教材办公室组织有关学校的一线教师和行业、企业专家，在充分调研企业生产和学校教学情况、广泛听取教师对教材使用反馈意见的基础上，对全国技工院校数控加工类专业中级阶段通用教材进行了修订。

教材体系

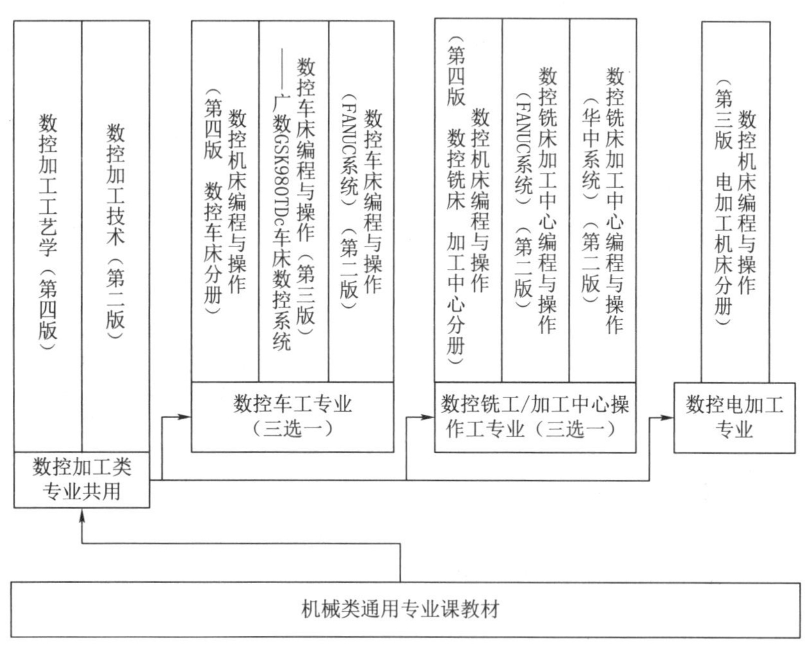

编写特色

◆ 紧贴教学实际情况　根据数控加工类专业毕业生所从事岗位的实际需要和教学实际情况的变化，合理确定学生应具备的能力与知识结构，对部分教材内容及其深度、难度做了适当调整；充分考虑教材的适用性，选择当今数控教学中广泛使用的数控系统。

◆ 体现行业技术发展　根据相关专业领域的最新发展，在教材中充实新知识、新技术、新设备、新材料等方面的内容，体现教材的先进性。

◆ 更新国家技术标准　采用最新的国家技术标准，使教材内容更加科学和规范。

◆ 符合学生阅读习惯　在教材内容的呈现形式上，较多地利用图片、实物照片和表格等形式将知识点生动地展示出来，力求让学生更直观地理解和掌握所学内容。

教学服务

本套教材配有习题册和方便教师上课使用的多媒体电子课件，可以通过技工教育网（http://jg.class.com.cn）下载电子课件等教学资源。另外，在部分教材中使用了二维码技术，针对教材中的教学重点和难点制作了动画、视频、微课等多媒体资源，学生使用移动终端扫描二维码即可在线观看相应内容。

致谢

本次教材的修订工作得到了河北、江苏、山东、河南、广东等省人力资源社会保障厅及有关学校的大力支持，在此我们表示诚挚的谢意。

人力资源社会保障部教材办公室

2018 年 8 月

目录

第一章

数控机床概述

图 1—1 所示为在数控机床上加工零件。数控机床是现代机械工业的重要技术装备，也是先进制造技术的基础装备。随着微电子技术、计算机技术、自动化技术的发展，数控机床也得到了飞速发展，在我国几乎所有的机床品种都有了数控机床，并且还发展了一些新的品种。

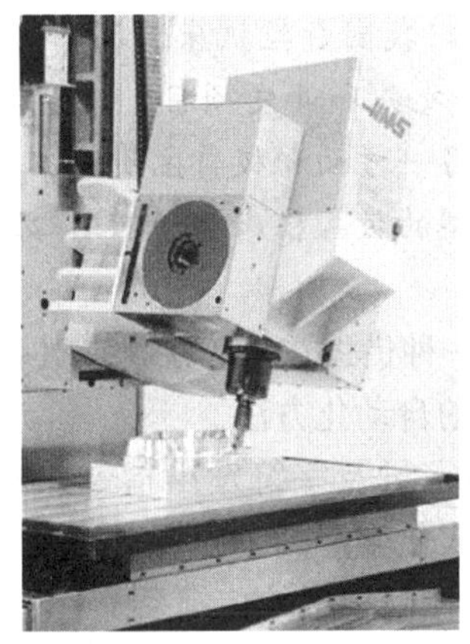

图 1—1　数控机床加工

第一节　数控机床的产生与发展

一、数控机床的产生及基本概念

在机械制造工业中并不是所有的产品零件都具有很大的批量，单件与小批量（批量在 10～100 件）生产零件占机械加工总量的 80%以上，尤其是在造船、航天、航空、机床、重型机械以及国防工业中更是如此。

为了满足多品种、小批量的自动化生产，迫切需要一种灵活的、通用的、能够适应产品频繁变化的柔性自动化机床。数控机床就是在这样的背景下诞生与发展起来的，它为单件、小批量生产精密复杂零件提供了自动化加工手段。

阅读材料

数控机床的产生源于20世纪40年代美国研制和生产新型飞机的需求。1952年，美国麻省理工学院用实验室制造的控制装置和辛辛那提公司（Cincinnati Hydrotel）的立式铣床实现了三轴联动，诞生了世界上第一台数控机床——数控铣床。此时，数控机床仅限于军用。1955年，数控机床开始用于工业生产。1958年，美国的克耐·杜列克公司（Keaney & Trecker Co. —K & T公司）在一台数控镗铣床上增加了自动换刀装置，第一台加工中心问世了。现代意义上的加工中心是1959年由该公司研发出来的。

我国数控机床的研究、生产和应用开始于20世纪50年代末。1958年北京机床厂与清华大学合作试制了第一台数控铣床。1970年，北京机床厂的XK5040升降台数控铣床开始小批量生产。直到20世纪80年代，我国才从国外引进数控机床的先进生产技术，开始投入生产，结束了我国数控机床发展徘徊不前的局面。1985年，我国数控机床进入了实用阶段。1985—1990年，我国实施了数控技术的多个国家重点科技攻关和开发项目，推动了数控机床的发展。至此，我国一方面从国外引进先进数控系统，另一方面积极自主研发，取得了可喜的成绩。目前，我国已有几十家机床厂能够生产不同类型的数控机床和加工中心，但和工业发达国家相比还是有不小的差距。

数字控制（Numerical Control）简称数控（NC），是一种借助数字、字符或其他符号对某一工作过程（如加工、测量、装配等）进行可编程控制的自动化方法。

数控技术（Numerical Control Technology）是指用数字量及字符发出指令并实现自动控制的技术，它已经成为制造业实现自动化、柔性化、集成化生产的基础技术。

数控系统（Numerical Control System）是指采用数字控制技术的控制系统。

计算机数控系统（Computer Numerical Control，简称CNC）是以计算机为核心的数控系统。

数控机床（Numerical Control Machine Tools）是指采用数字控制技术对机床的加工过程进行自动控制的一类机床。国际信息处理联盟（IFIP）第五技术委员会对数控机床定义如下：数控机床是一个装有程序控制系统的机床，该系统能够逻辑地处理具有使用号码或其他符号编码指令规定的程序。定义中所说的程序控制系统即数控系统。

二、数控机床的发展趋势

1. 数控系统方面

（1）数控系统开放化的趋势

开放式数控系统正在逐步得到发展和应用。传统的数控系统采用专用计算机系统，主要存在以下问题：

1）传统数控系统非标准化，具有封闭性。不同的生产厂家生产的系统之间互不兼容。而且传统数控系统人机界面不灵活，系统的培训和维护费用昂贵。一旦数控系统出现故障，只能由系统生产厂家专人维修，维修费用十分昂贵。用户企业购买成本大，使用、维护费用高，降低了数控机床的性价比，增加了企业的负担。

2）数控系统使用的计算机专用系统的技术无法借用当今更新迅速的 PC 技术，同时缺乏统一、有效和高速的通道与其他控制设备和网络设备进行互联，用户无法实现网络化、信息化管理。

3）由于数控系统功能被系统生产厂家固定，无法重新定义和扩展，因此，无法满足机床制造厂及购买者对数控机床功能的个性化的生产和使用需求。

为克服传统数控系统的缺点，数控系统正朝着开放式数控系统的方向发展。更好地利用 PC 的软、硬件资源，已成为各国数控设备生产厂家发展 CNC 系统十分重要的一种方法。现在 FANUC、SIEMENS 等数控设备生产厂家都已开发出了相应的产品。

阅读材料

1992—1993 年，美国及欧洲的一些数控设备生产厂家推出采用 PC 作为基板的 CNC 系统，如美国的 ANILAM 公司推出的 1100、1200、1400 系列，意大利 FIDIA 公司的 10、20、30 系列。日本 FANUC、三菱公司，德国的西门子公司等以生产专用 CNC 设备著称的公司，也都把采用 PC 资源作为其发展的一个重要方向，都强调自己系统的“开放”。日本 FANUC 公司把采用 PC 的 CNC 系统称为开放型 CNC 系统，有 150、160、180 及 210 等系列，并正在发展一种将 FANUC 智能终端（一种与 IBM PC 兼容的单板式计算机）通过高速光缆与 CNC 装置连接起来的模式。

（2）数控系统小型化的趋势

随着微电子技术的发展，大规模集成电路的集成度越来越高，体积越来越小。数控设备生产厂家采用超大规模集成电路，并采用表面安装工艺（SMT），实现了三维立体装配，将整个 CNC 装置做得很小，以适应机械制造业机电一体化的要求。

阅读材料

日本三菱电机株式会社推出的普及型 CNC MELDAS 50 系列及实用型 CNC MELDAS 520A系列，都采用了 32 位 RISC 微处理器，实现了超小型化的 CNC 装置，比原有的 M310 及 L3、L3A 的体积大为减小，安装面积减小了一半，功能还有所提高。

（3）数控系统优化人机交互方式的趋势

为了使操作者容易掌握数控机床的操作，数控设备生产厂家努力改善人机接口，简化编程，尽量采用对话方式，使用户使用更为方便，例如 SIEMENS 828D 等系统。

阅读材料

西班牙 FAGOR 公司生产的 FAGOR 8050 系列，采用交互式编辑程序指导系统简化程序的编辑，用简要的表格编辑程序，利用蓝图建立程序。其中，8050TC 型数控系统被称为高档傻瓜式数控系统（FAGOR 800 系列 CNC 系统）。该系统的操作面板使用了符号键，操作者根据所需加工零件，选择加工程序，输入图样数据后，即可实现半自动或全自动加工。如果面板上的各种自动操作都没有被选上，则该 CNC 系统只显示坐标轴的位置值和主轴转速，操作者可以用摇柄或电子手轮对机床的各个轴进行手动操作，使用极为方便。

(4) 数控系统产品配套性的提高

数控系统性能的好坏除了主要受 CNC 的性能影响外，还与数控系统中的主轴、进给驱动装置，以及与其相关的检测反馈元件的性能有密切关系。如果系统的组成都能很好地匹配，即可以使用户获得最好的使用效果。为了达到最佳使用效果，数控设备生产厂家越来越重视数控系统的配套。

阅读材料

日本 FANUC 公司开发了经济型的 0－TD CNC、0－MD CNC 装置，同时开发出与之相适应的经济型 αC 系列交流伺服电动机及控制系统。

日本大隈（OKUMA）公司是传统型的机床厂，在开发、生产与销售数控系统中重视机电一体化及产品成套性：在软件上结合了机械加工的工艺要求；在硬件上自主开发了绝对位置编码器、无刷伺服电动机、交流主轴电动机、光栅尺等元件；同时还提供了机床控制面板及控制柜、自动编程装置，为用户提供“交钥匙工程”。

(5) 数控系统的智能化趋势

随着工业技术的发展，制造行业要求制造过程更快、更容易，以适应生产需要。20 世纪 80 年代初期，数控技术发达的国家就已经开始研究智能型数控系统。目前，智能闭环加工（Intelligent Closed—Loop Processes，缩写 ICLP）技术正在被数控系统所采用。这种技术利用传感器获得实时的信息，以增强制造者取得最佳产品的能力。

阅读材料

20 世纪 80 年代初期，日本 FANUC 公司将推出的 FS15 系列称为人工智能（AI）CNC 系统。该系统在故障诊断方面采用了专家系统。系统利用推理软件，根据存储在系统中的知识库的经验，分析及查找故障原因。

近年来，FANUC 公司开展了“面向 21 世纪的课题”——智能制造系统（Intelligent Manufacturing Systems，缩写 IMS）的研究，将把世界范围熟练工人的技术窍门（Know－How）无缝地整合到生产系统中去。

2. 制造材料的发展

为使机床轻量化，常使用各种复合材料，如轻合金、陶瓷和碳素纤维等。目前用聚合物混凝土制造的基础件性能优异，其密度大，刚性好，内应力小，热稳定性好，耐腐蚀，制造周期短，特别是其阻尼系数大，抗振减振性能特别好。图 1—2a 所示为用聚合物混凝土制造的机床底座，图 1—2b 所示为在铸铁中填充混凝土或聚合物混凝土，都能提高振动阻尼性能，其减振性能是铸铁件的 8～10 倍。

a）

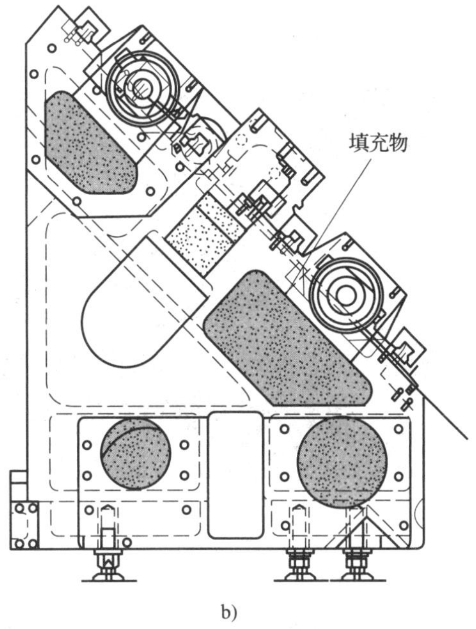

b)

图 1—2　聚合物混凝土的应用

a）聚合物混凝土底座　b）铸铁件中填充混凝土或聚合物混凝土

3. 机床结构的发展

（1）新结构

1）箱中箱结构。为了提高刚度和减轻重量，采用框架式箱形结构，将一个框架式箱形移动部件嵌入另一个框架箱中，如图 1—3 所示。

图 1—3　箱中箱结构

2）台上台结构。如立式加工中心，为了扩充其工艺功能，常使用双重回转工作台，即在一个回转工作台上加装另一个（或多个）回转工作台，如图 1—4 所示。

a）

b）

图 1—4　台上台结构

a）可倾转台　b）多轴转台

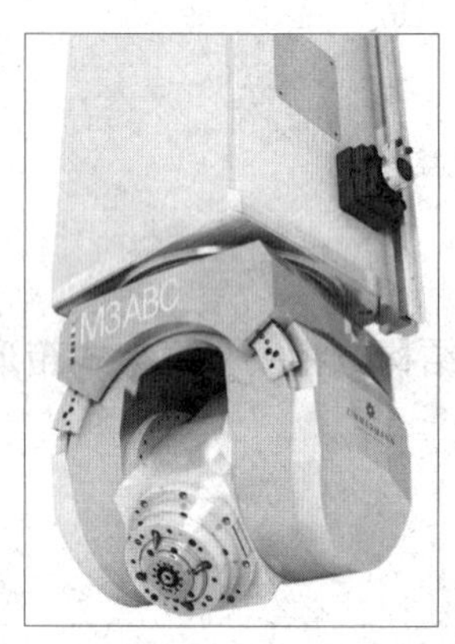

图 1—5　主轴摆头

3）主轴摆头。在卧式加工中心中，为了扩充其工艺功能，常使用双重主轴摆头，如图 1—5（主轴及其回转均为链传动）所示。

4）重心驱动。对于龙门式机床，横梁和龙门架用两根滚珠丝杠驱动，形成虚拟重心驱动。如图 1—6 所示，Z_1 和 Z_2 形成横梁的垂直运动重心驱动，X_1 和 X_2 形成龙门架的重心驱动。近年来，由于机床追求高速、高精，重心驱动为中小型机床采用。加工中心主轴滑板和下边的工作台由单轴偏置驱动改为双轴重心驱动，消除了启动和定位时由单轴偏置驱动产生的振动，因而提高了精度。

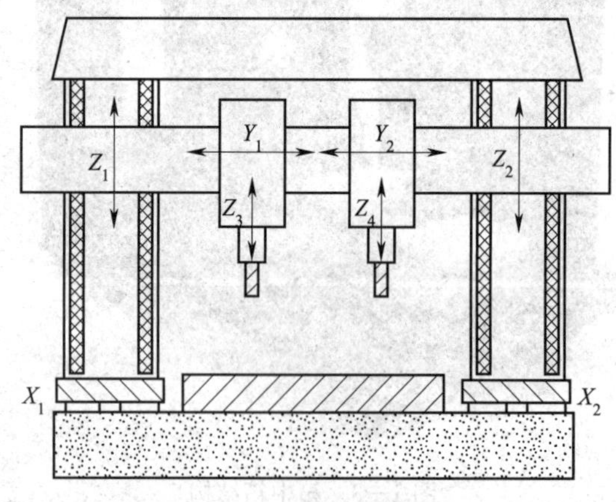

图 1—6　重心驱动

5）螺母旋转的滚珠丝杠副。重型机床的工作台行程通常有几米到十几米，过去使用齿轮齿条传动。为消除间隙使用双齿轮驱动，但这种驱动结构复杂，且高精度齿条制造困难。目前使用大直径（直径已达 200～250 mm）、长度通过接长可达 20 m 的滚珠丝杠副，通过丝杠固定、螺母旋转来实现工作台的移动，如图 1—7 所示。

a）

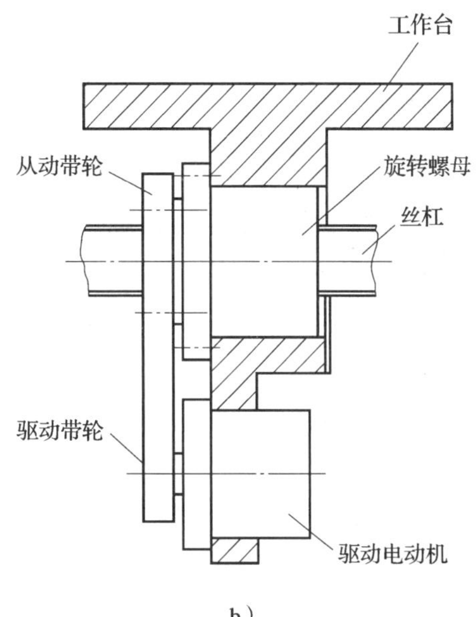

b）

图 1—7　螺母旋转的滚珠丝杠副驱动

a）螺母旋转的滚珠丝杠副　b）重型机床的工作台驱动方式

6）八角形滑枕。如图 1—8 所示，八角形滑枕具有双 V 字形导向面，导向性能好，各向热变形均等，刚性好。

a）

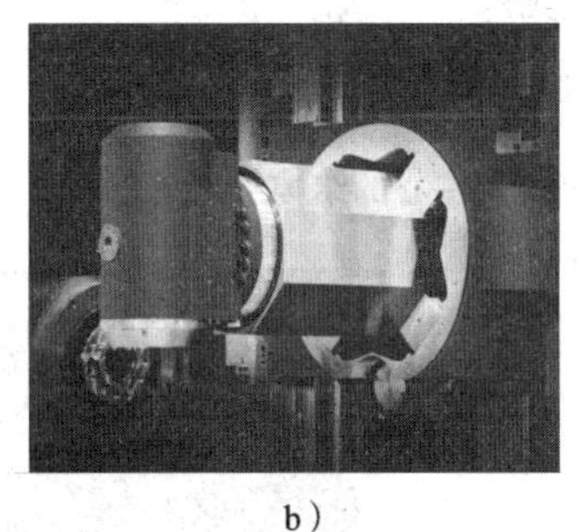

b）

图 1—8　八角形滑枕

a）结构图　b）实物图

（2）新结构的应用

1）并联数控机床。基于并联机械手发展起来的并联机床，因仍使用直角坐标系进行加工编程，故称虚拟坐标轴机床。并联机床发展很快，目前有六杆机床与三杆机床两种类型。六杆加工中心的其中一种结构及其外形如图 1—9、图 1—10 所示，另一种如图 1—11、

图 1—12 所示。三杆机床传动副如图 1—13 所示。在三杆机床上加装了一副平行运动机构，主轴可水平布置，总体结构如图 1—14 所示。

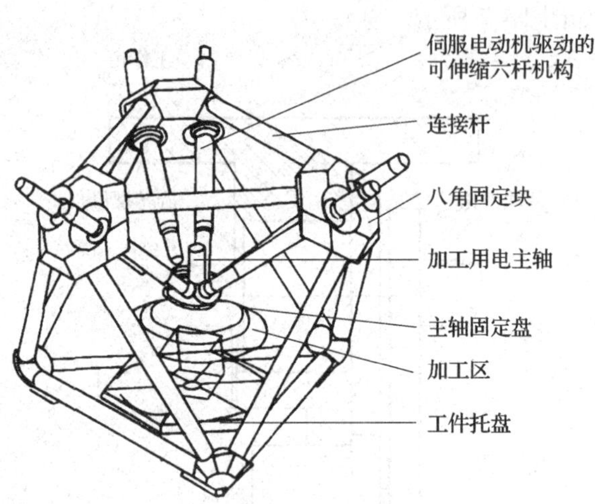

图 1—9　六杆加工中心的结构示意图之一

图 1—10　六杆加工中心的外形示意图之一

图 1—11　六杆加工中心的结构示意图之二

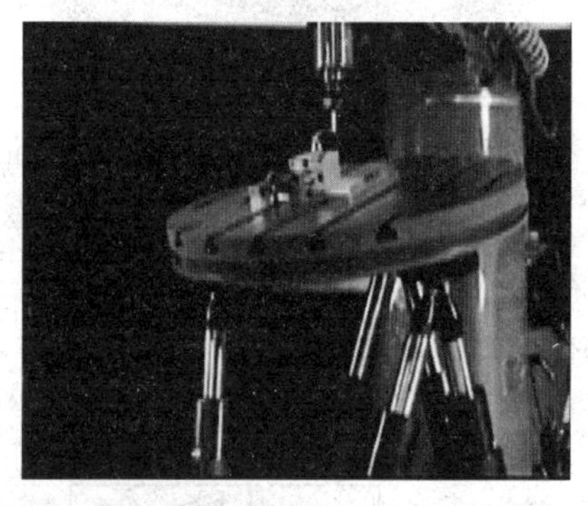

图 1—12　六杆加工中心的外形示意图之二

图 1—13　三杆机床传动副

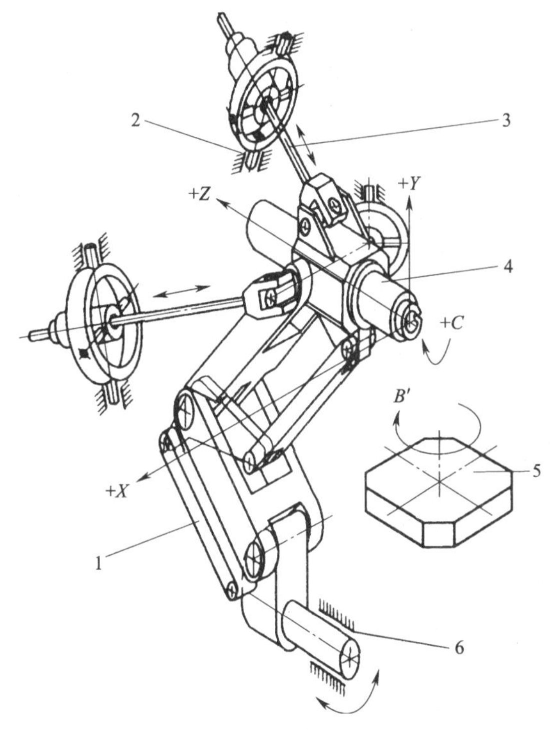

图 1—14　加装平行运动机构的三杆机床

1—平行运动机构　2、6—床座　3—两端带万向联轴器的传动杆　4—主轴　5—回转工作台

2）倒置式机床。1993 年德国 EMAG 公司发明了倒置立式车床，特别适宜对轻型回转体零件的大批量加工，随即倒立加工中心、倒立复合加工及倒立焊接加工等新型机床应运而生。图 1—15 所示是倒立式加工中心示意图，图 1—16 所示是其各坐标轴分布情况。倒置式立式加工中心发展很快，倒置的主轴在 *XYZ* 坐标系中运动，完成工件的加工。这种机床便于排屑，还可以用主轴取放工件，即自动装卸工件。

图 1—15　EMAG 公司的倒立加工中心

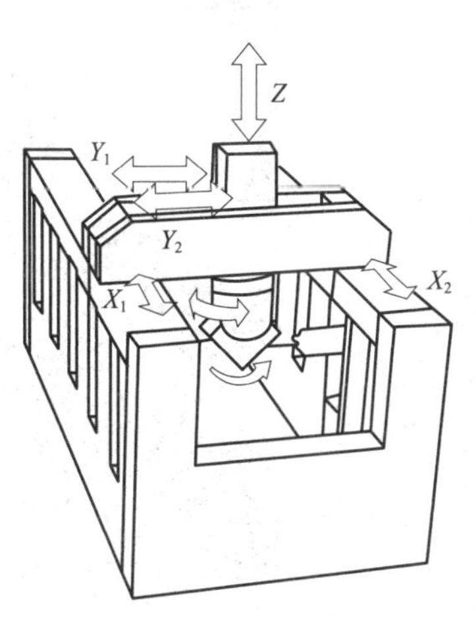

图 1—16　倒立式加工中心各坐标轴的分布

3）没有 X 轴的加工中心。通过极坐标和笛卡尔坐标的转换来实现 X 轴运动。主轴箱由大功率转矩电动机驱动，绕 Z 轴做回转运动，同时又迅速做 Y 轴上下升降运动，这两种运动方式的合成就完成了 X 轴的运动，如图 1—17 所示。由于是两种运动方式的叠加，故机床的快进速度达到 120 m/min，加速度为 2 g。

a)

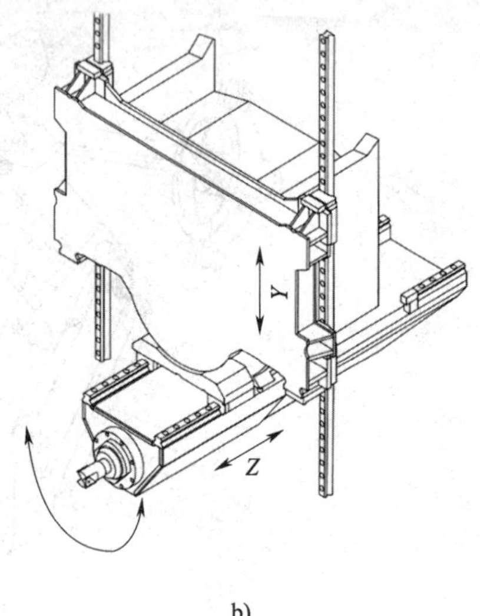

b)

图 1—17　德国 ALFING 公司的 AS 系列（没有 X 轴的加工中心）
a）加工图　b）示意图

4）立柱倾斜或主轴倾斜。机床结构设计成立柱倾斜（图 1—18）或主轴倾斜（图 1—19），其目的是提高切削速度，因为在加工叶片、叶轮时，X 轴行程不会很长，但 Z 轴和 Y 轴运动频繁，立柱倾斜能使铣刀更快切至叶根深处，同时也可使切削液更好地冲走切屑并避免与夹具碰撞。

图 1—18　立柱倾斜型加工中心

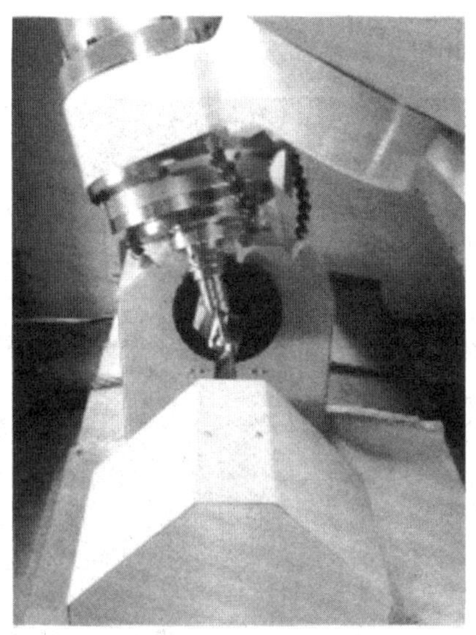

图 1—19 主轴倾斜型加工中心

5）四立柱龙门加工中心。图 1—20 为日本新日本工机开发的类似模架状的四立柱龙门加工中心，将铣头置于中央位置。机床在切削过程中，受力分布始终在框架范围内，这就克服了龙门加工中心铣削中主轴因受切削力而前倾的弊端，从而增强刚性并提高加工精度。

图 1—20 日本新日本工机开发的四立柱龙门加工中心

6）特殊机床。特殊数控机床是为特殊加工而设计的数控机床，图 1—21 所示为轨道铣磨机床（车辆）。

图 1—21 轨道铣磨机床（车辆）

7）未来机床。未来机床应该是 SPACE CENTER，也就是具有高速（SPEED）、高效（POWER）、高精度（ACCURACY）、通信（COMMUNICATION）、环保（ECOLOGY）功能。

MAZAK 建立的未来机床主轴转速可达 100 000 r/min，加速度可达 8 *g*，切削速度可达 680 m/s，且可同步换刀和进行干切削，并集车、铣、激光加工、磨、测量于一体，如图 1—22 所示。

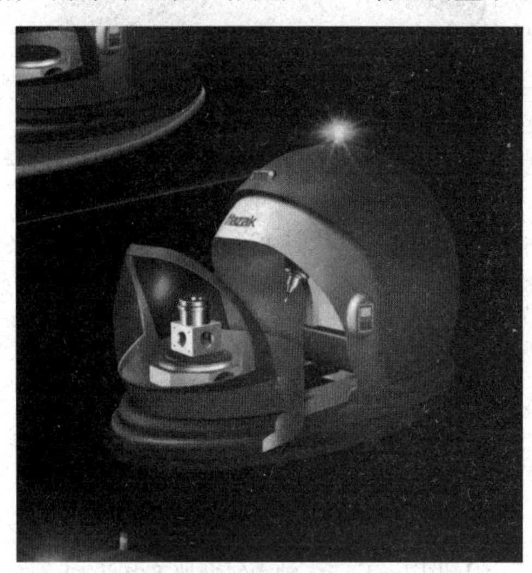

图 1—22　未来数控机床

第二节　数控机床的组成与工作原理

一、数控机床的组成

数控机床一般由计算机数控系统和机床本体两部分组成，其中，计算机数控系统是由输入/输出设备、计算机数控装置（CNC 装置）、可编程控制器、主轴驱动系统和进给伺服驱动系统等组成的一个整体系统，如图 1—23 所示。

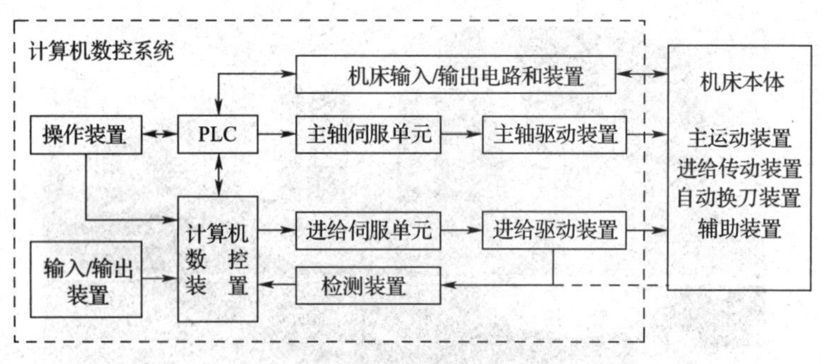

图 1—23　数控机床的组成

1. 输入/输出装置

数控机床在进行加工前，必须接收由操作人员输入的零件加工程序，然后才能根据输入的零件程序进行加工控制，从而加工出所需的零件。此外，数控机床中常用的零件程序有时也需要在系统外备份或保存。因此，数控机床中必须具备必要的交互装置，即输入/输出装置来完成零件程序或系统参数的输入或输出。

零件程序一般存放于便于与数控装置交互的控制介质上，早期的数控机床常用穿孔纸带、磁带等控制介质，现代数控机床常用移动硬盘、Flash（U 盘）、CF 卡（图 1—24）及其他半导体存储器等控制介质。此外，现代数控机床也可以不用控制介质，直接由操作人员通过手动数据输入（Manual Data Input，简称 MDI）由键盘输入零件程序，或采用通信方式进行零件程序的输入/输出。目前数控机床常采用的通信方式有：串行通信（RS232、RS422、RS485 等）；自动控制专用接口和规范，如 DNC（Direct Numerical Control）方式、MAP（Manufacturing Automation Protocol）协议等；网络通信（Internet、Intranet、LAN 等）及无线通信（无线接收装置、智能终端）等。

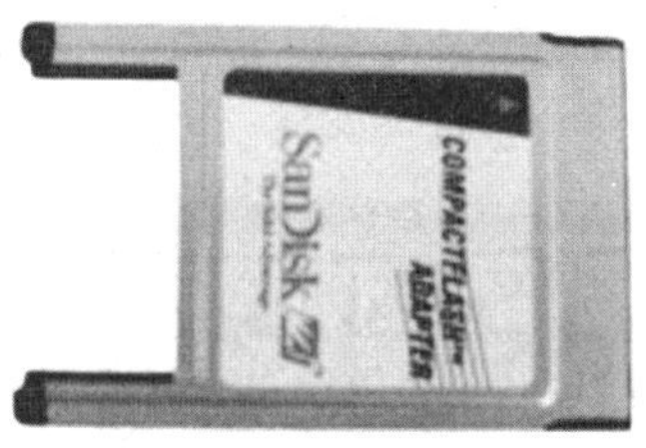

图 1—24　CF 卡

2. 操作装置

操作装置是操作人员与数控机床（系统）进行交互的工具，它是数控机床特有的一个输入/输出部件。一方面，操作人员可以通过它对数控机床（系统）进行操作、编程、调试或对机床参数进行设定和修改；另一方面，操作人员也可以通过它了解或查询数控机床（系统）的运行状态。操作装置主要由显示装置、NC 键盘（功能类似于计算机键盘的按键阵列）、机床控制面板（Machine Control Panel，简称 MCP）、状态灯、手持单元等部分组成。图 1—25 所示为 FANUC 系统的操作装置，其他数控系统的操作装置布局与其大同小异。

（1）显示装置

数控系统通过显示装置为操作人员提供必要的信息，根据系统所处的状态和操作命令的不同，显示的信息可以是正在编辑的程序、正在运行的程序、机床的加工状态、机床坐标轴的指令/实际坐标值、加工轨迹的图形仿真、故障报警信号等。

较简单的显示装置只有若干个数码管，只能显示字符，显示的信息也很有限；较高级的系统一般配有 CRT 显示器或点阵式液晶显示器，一般能显示图形，显示的信息较丰富。

（2）NC 键盘

NC 键盘包括 MDI 键盘及功能键等。

MDI 键盘上一般有标准化的字母、数字和符号（有的通过上挡键实现），主要用于零件程序的编辑、参数输入、MDI 操作及系统管理等。

功能键一般用于系统的菜单操作。

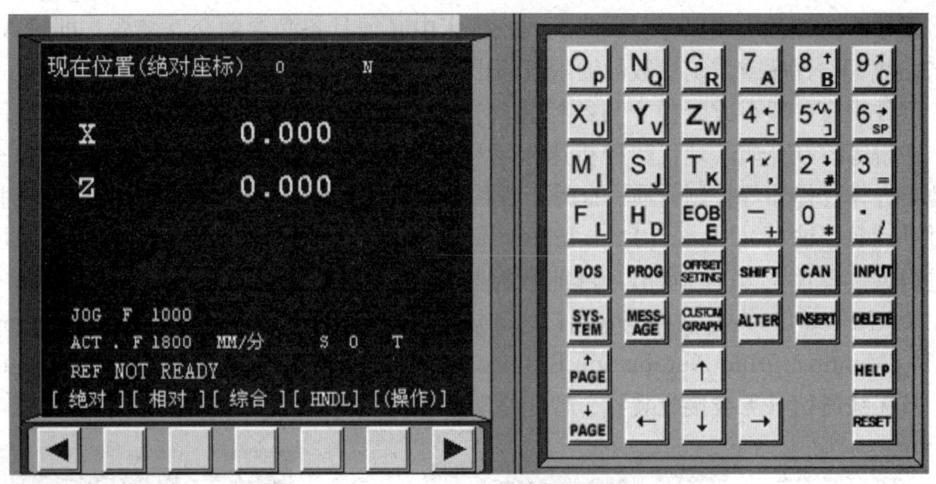

a）

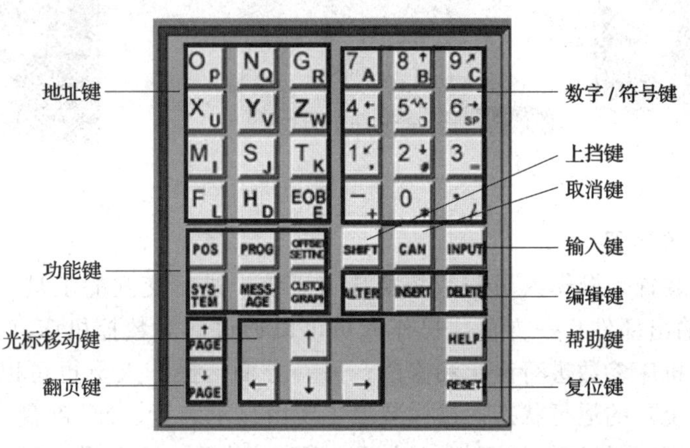

b）

c）

图 1—25　FANUC 系统的操作装置

a）FANUC 0i 车床数控系统的控制面板　b）MDI 操作面板　c）机床控制面板

(3) 机床控制面板

机床控制面板集中了系统的所有按钮（故可称为按钮站），这些按钮用于直接控制机床的动作或加工过程，如启动、暂停零件程序的运行，手动进给坐标轴，调整进给速度等，如图 1—25c 所示。

(4) 手持单元

手持单元不是操作装置的必需件，有些数控系统为方便用户配有手持单元，用于手摇方式增量进给坐标轴。

手持单元一般为手摇脉冲发生器 MPG，图 1—26 所示为手持单元的一种形式。

图 1—26 MPG 手持单元

3. 计算机数控装置（CNC 装置或 CNC 单元）

图 1—27 所示为计算机数控（CNC）装置，它是计算机数控系统的核心。其主要作用是根据输入的零件程序和操作指令进行相应处理（如运动轨迹处理、机床输入/输出处理等），然后输出控制命令到相应的执行部件（伺服单元、驱动装置和 PLC 等）控制机床动作，加工出需要的零件。所有这些工作都是由 CNC 装置内的系统程序（也称控制程序）进行合理组织，在 CNC 装置硬件的协调配合下，有条不紊地进行。

4. 伺服机构

伺服机构是数控机床的执行机构，由驱动和执行两大部分组成，如图 1—28 所示。它接受数控装置的指令信息，并按指令信息的要求控制执行部件的进给速度、方向和位移。

图 1—27 计算机数控装置

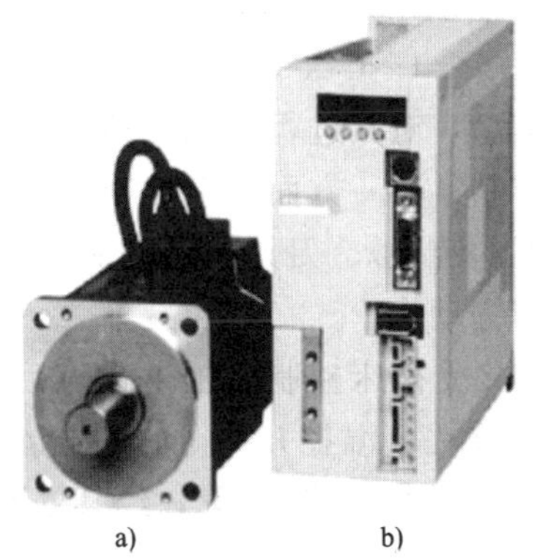

图 1—28 伺服机构

a) 伺服电动机 b) 驱动装置

目前，数控机床的伺服机构中常用的位移执行机构有步进电动机、直流伺服电动机、交流伺服电动机和直线电动机，在回转进给运动上，有的可直接应用力矩电动机。

5. 检测装置

检测装置（也称反馈装置）用于对数控机床运动部件的位置及速度进行检测，通常安装在机床的工作台、丝杠或驱动电动机转轴上，相当于普通机床的刻度盘和人的眼睛。它把机床工作台的实际位移或速度转变成电信号反馈给 CNC 装置或伺服驱动系统，与指令信号进行比较，以实现位置或速度的闭环控制。

数控机床上常用的检测装置有光栅（图 1—29a）、光电编码器（图 1—29b）、感应同步器、旋转变压器、磁栅、磁尺、双频激光干涉仪等。

6. 可编程控制器

可编程控制器（Programmable Logic Controller，简称 PLC）是一种以微处理器为基础的通用型自动控制装置，如图 1—30 所示。它是专为在工业环境下应用而设计的。

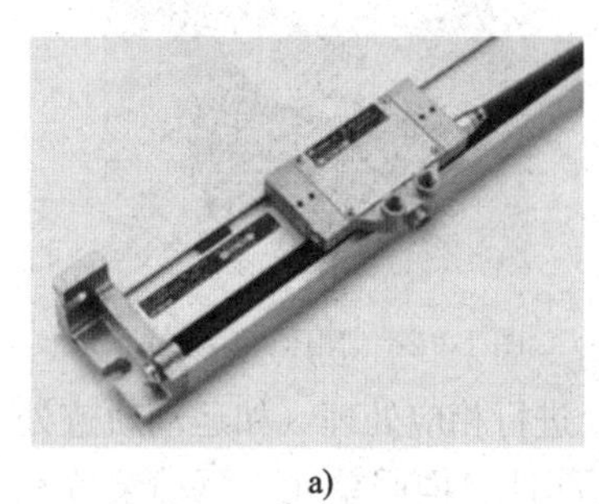

a)

b)

图 1—29 检测装置

a）光栅 b）光电编码器

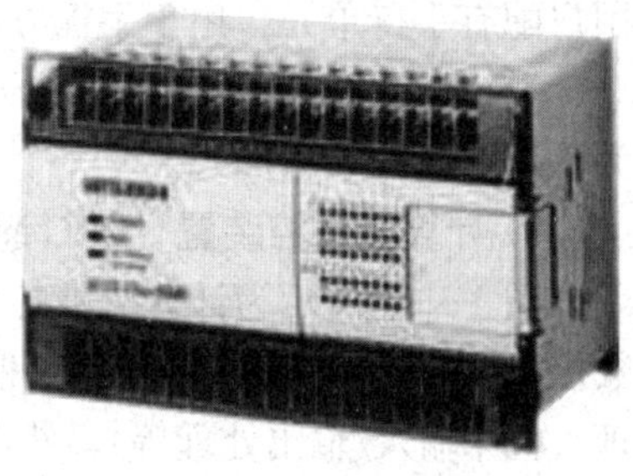

图 1—30 可编程控制器（PLC）

在数控机床中，PLC 主要完成与逻辑运算有关的一些顺序动作的输入/输出控制，它和实现输入/输出控制的执行部件——机床输入/输出电路和装置（由继电器、电磁阀、行程开关、接触器等组成的逻辑电路）一起，共同完成以下任务：

（1）接受 CNC 装置的控制指令 M（辅助功能）、S（主轴功能）、T（刀具功能）等顺序动作信息，对其进行译码，转换成对应的控制信号。一方面，它控制主轴单元实现主轴转速控制；另一方面，它控制辅助装置完成机床相应的开关动作，如卡盘的夹紧和松开（工件的装夹）、刀具的自动更换、切削液的开关、机械手取送刀、主轴正反转和停止、准停等动作。

（2）接受机床控制面板（循环启动、进给保持、手动进给等）和机床侧（行程开关、压力开关、温控开关等）的输入/输出信号，一部分信号直接控制机床的动作，另一部分信号送往 CNC 装置，经其处理后，输出指令控制 CNC 系统的工作状态和机床的动作。

用于数控机床的 PLC 一般分为两类：内装型（集成型）PLC 和通用型（独立型）PLC。

7. 机床本体

机床本体是数控机床的主体，是数控系统的控制对象，是实现制造加工的执行部件。它主要由主运动部件、进给运动部件（工作台、拖板以及相应的传动机构）、支撑件（立柱、床身等）以及特殊装置（刀具自动交换系统、工件自动交换系统）和辅助装置（如冷却润滑、排屑、转位和夹紧装置等）组成。数控机床机械部件的组成与普通机床相似，但其传动结构较为简单，在精度、刚度、抗振性等方面要求高，而且其传动系统要便于实现自动化控制。下面以数控车床与数控铣床/加工中心为例说明数控机床本体的组成。

（1）数控车床的本体

图1—31所示为典型数控车床的机械结构系统组成，包括主轴传动机构、进给传动机构、自动换刀装置、床身和辅助装置（润滑与切削液装置、排屑和过载限位）等部分。

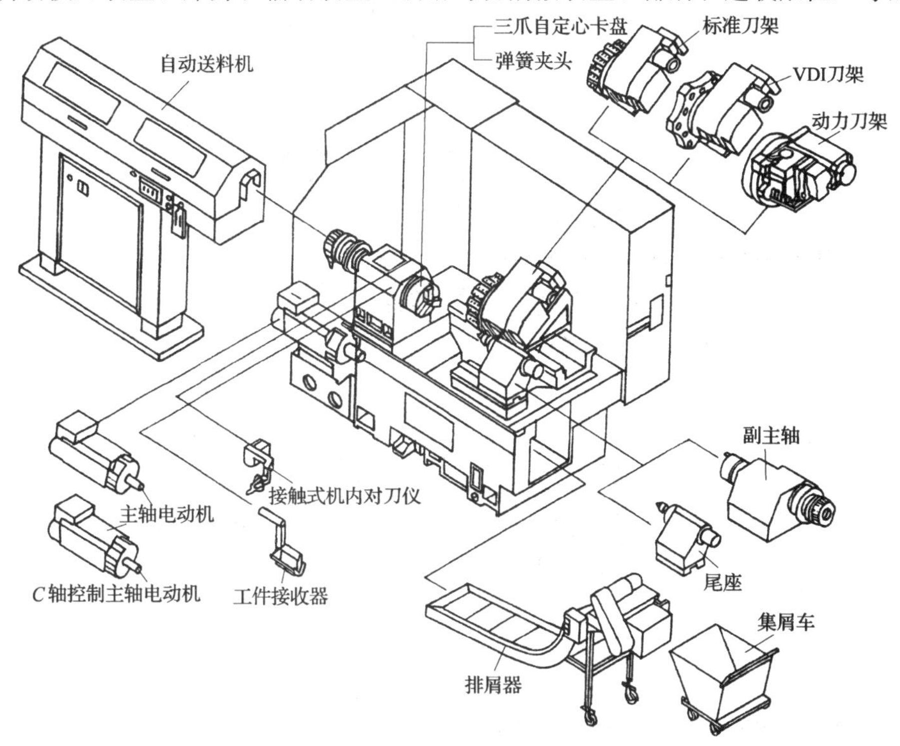

图1—31 数控车床的组成

看一看

学完这部分后，请同学们到工厂中看一看实物。

（2）数控铣床/加工中心的本体

如图1—32所示，加工中心由基础部件（主要由床身、立柱和工作台等大件组成，如

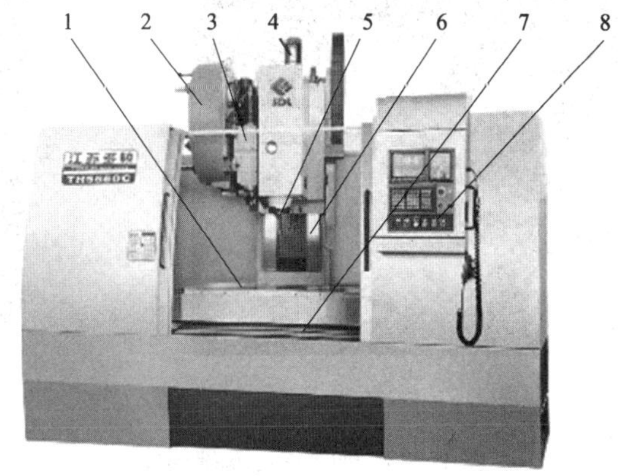

外观图

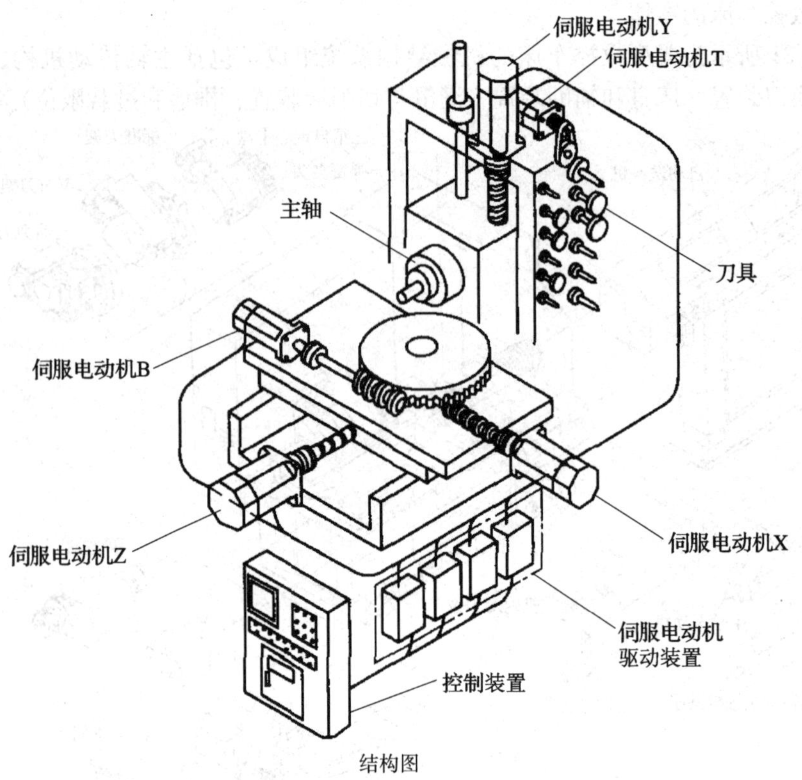

结构图

图 1—32　加工中心的组成

1—工作台　2—刀库　3—换刀装置　4—伺服电动机　5—主轴　6—导轨　7—床身　8—数控系统

图 1—33 所示)、数控装置、刀库和换刀装置、辅助装置等几部分构成。从外观上看数控铣床比加工中心少了刀库和换刀装置。

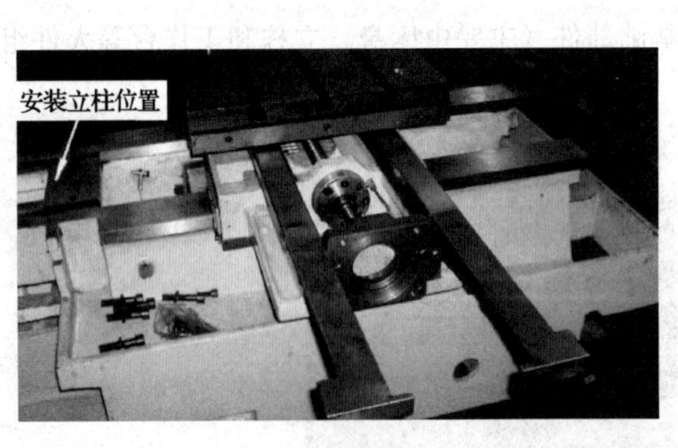

a）

b）

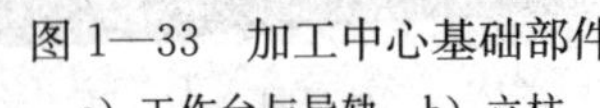

图 1—33　加工中心基础部件

a）工作台与导轨　b）立柱

二、数控机床的工作原理

数控机床的主要任务是根据输入的零件程序和操作指令，进行相应的处理，控制机床各运动部件协调动作，加工出合格的零件，其工作原理如图 1—34 所示。

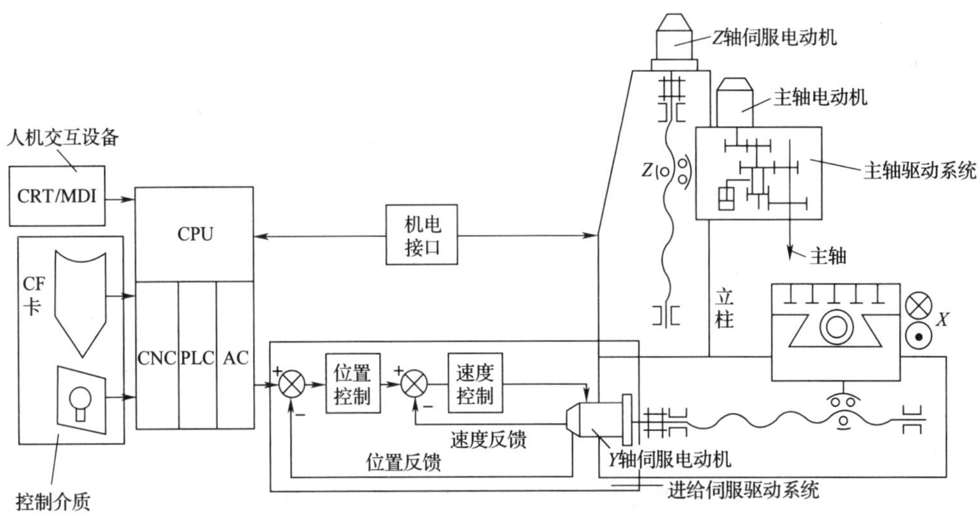

图 1—34　数控机床的工作原理

根据零件图制定工艺方案，采用手工或计算机进行零件程序的编制，并把编好的零件程序存放于某种控制介质上，经相应的输入装置把存放在该介质上的零件程序输入至 CNC 装置。CNC 装置根据输入的零件程序和操作指令，进行相应的处理，输出位置控制指令到进给伺服驱动系统以实现刀具和工件的相对移动；输出速度控制指令到伺服驱动系统以实现切削运动，输出指令到 PLC 以实现顺序动作的控制，从而加工出符合图样要求的零件。CNC 系统对零件程序的处理流程如图 1—35 所示。

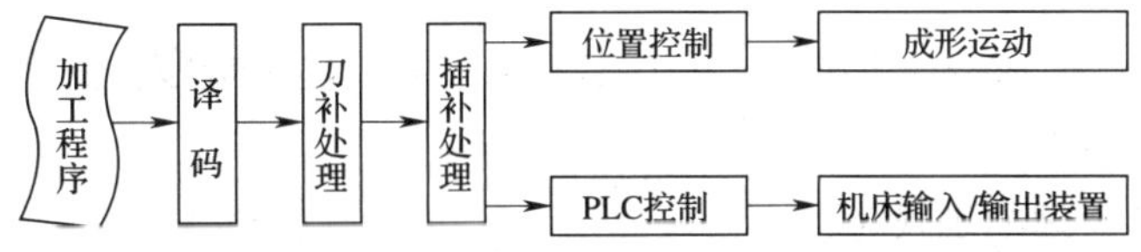

图 1—35　CNC 系统对零件程序的处理流程

三、数控机床的特点

1. 适应性强

数控机床加工形状复杂的零件或新产品时，不必像通用机床那样采用很多工装，仅需要少量工具、夹具。一旦零件图有修改，只需修改相应的程序部分，就可在短时间内将新零件加工出来，因而生产周期短，灵活性强，为多品种小批量的生产和新产品的研制提供了有利条件。

2. 适合加工复杂形面的零件

由于计算机具有强大的运算能力，可以准确地计算出每个坐标轴瞬间的运动量，因此数控机床能完成普通机床难以加工或根本不能加工的复杂形面的零件。所以，在航天、航空领域（如飞机的螺旋桨及涡轮叶片）及模具加工中，数控机床得到了广泛应用。

3. 加工精度高、加工质量稳定

数控机床是按以数字形式给出的指令进行加工的，因此，数控机床能达到比较高的加工精度。另外，数控机床的传动系统与机床结构都具有很高的刚度、热稳定性和制造精度，特别是数控机床的自动加工方式避免了生产者的人为操作误差，同一批加工零件的尺寸一致性好，产品合格率高，加工质量十分稳定。

4. 自动化程度高

数控机床对零件的加工是按事先编好的程序自动完成的，操作者除了操作键盘或安装控制介质、装卸工件、进行关键工序的中间检测以及观察机床运行外，不需要进行繁杂的重复性手工操作，劳动强度与紧张程度均可大为减轻。另外，数控机床一般都具有较好的安全防护、自动排屑、自动冷却和自动润滑等装置。

5. 加工生产率高

数控机床能够减少零件加工所需的机动时间和辅助时间。数控机床的主轴转速和进给量范围比普通机床的范围大，每一道工序都能选用最佳的切削用量，数控机床的结构刚度允许数控机床进行大切削用量的强力切削，从而有效地节省了机动时间。数控机床移动部件在定位中均采用加减速控制，并可选用很高的空行程运动速度，因而缩短了定位和非切削时间。使用带有刀库和自动换刀装置的加工中心时，工件往往只需进行一次装夹就可完成所有的加工工序，减少了半成品的周转时间，生产效率非常高。数控机床加工质量稳定，还可减少检验时间。数控机床的生产率可比普通机床提高 2～3 倍，复杂零件的加工生产率可提高十几倍甚至几十倍。

6. 一机多用

某些数控机床，特别是加工中心，一次装夹后，几乎能完成零件的全部工序的加工，可以代替 5～7 台普通机床。

7. 有利于生产管理的现代化

数控系统采用数字信息与标准化代码输入，并具有通信接口，易实现数控机床之间的数据通信，适宜计算机之间的连接，组成工业控制网络。同时，数控机床加工零件能准确地计算加工工时，并有效地简化了检验、工装和半成品的管理工作，这些都有利于生产管理的现代化。

8. 价格较贵

数控机床是以数控系统为代表的新技术与传统机械制造产业结合形成的机电一体化产品，它涉及了机械、信息处理、自动控制、伺服驱动、自动检测、软件技术等许多领域，尤其是采用了许多高、新、尖的先进技术，因此，数控机床的整体价格较高。

9. 调试和维修较复杂

由于数控机床结构复杂，所以需要专门的技术人员来完成调试和维修。

第三节 数控机床的分类

目前数控机床的品种很多，通常按下面几种方法进行分类。

一、按工艺用途分类

1. 金属切削类数控机床

（1）一般数控机床

数控车床和铣床如图 1—36 所示，其他常见数控机床见表 1—1。由数控机床、机器人等还可以构成柔性加工单元，实现工件搬运、装卸的自动化和加工调整准备的自动化，如图 1—37 所示。

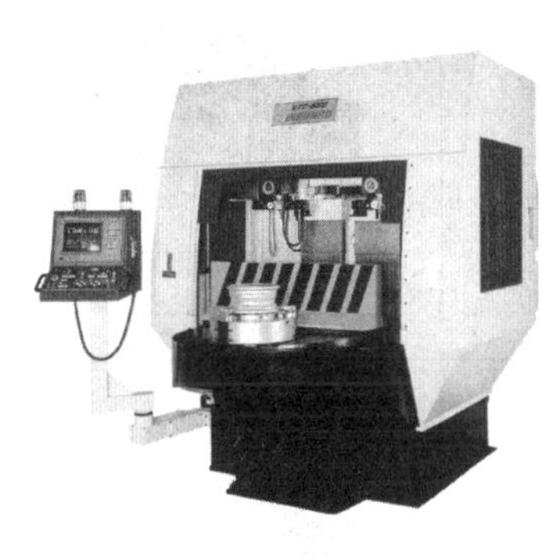

a）

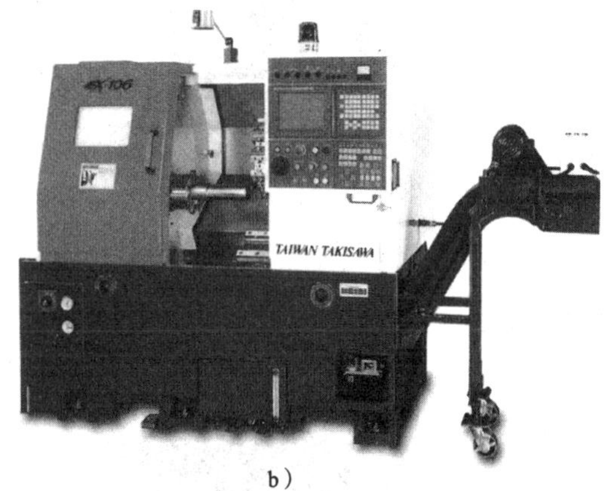

b）

c）

d）

图 1—36 数控车床和铣床

a）立式数控车床 b）卧式数控车床 c）立式数控铣床 d）卧式数控铣床

表 1—1　　常见数控机床的实物图

名称	实物	名称	实物
数控插齿机		数控线切割机床	
数控滚齿机		数控电火花成形机	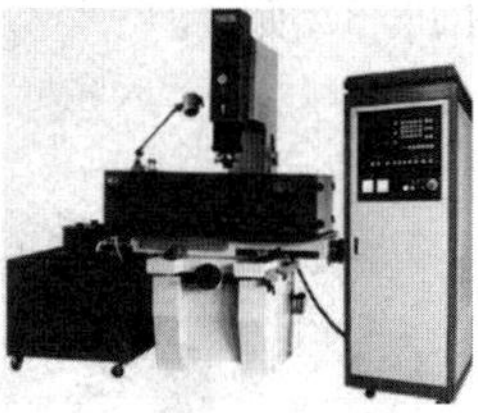
数控刀具磨床		数控火焰切割机	
数控镗床		数控激光加工机	

续表

名称	实物	名称	实物
数控折弯机	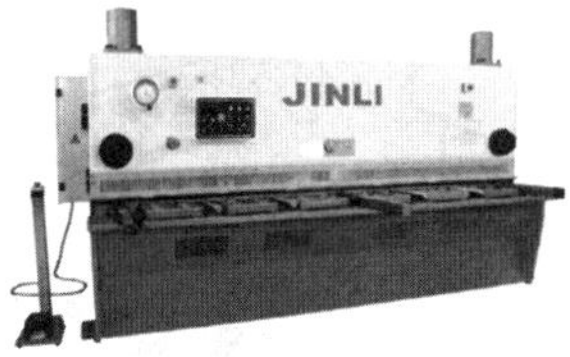	三坐标测量机	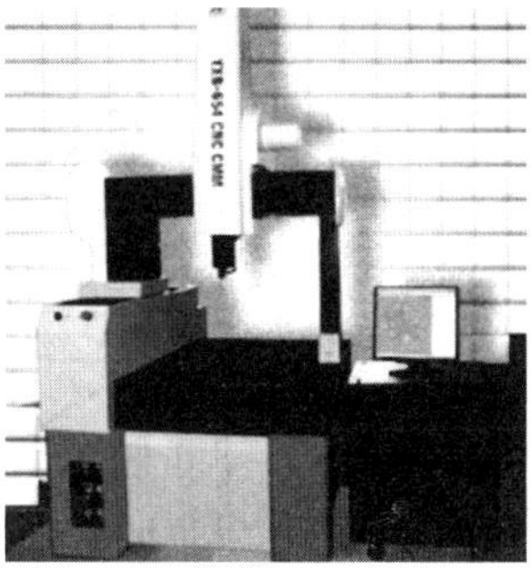
数控全自动弯管机	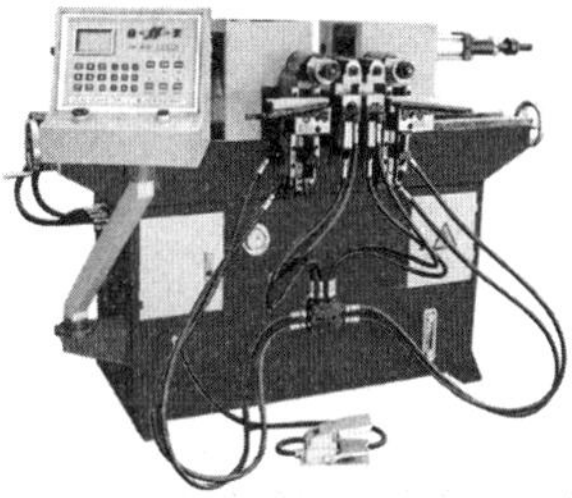	数控对刀仪	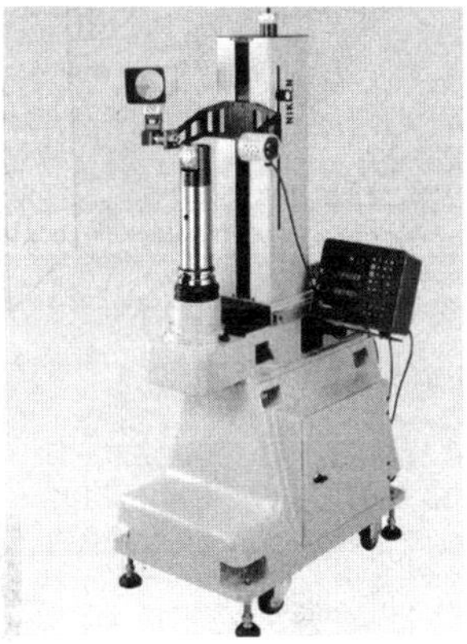
数控旋压机		数控绘图仪	

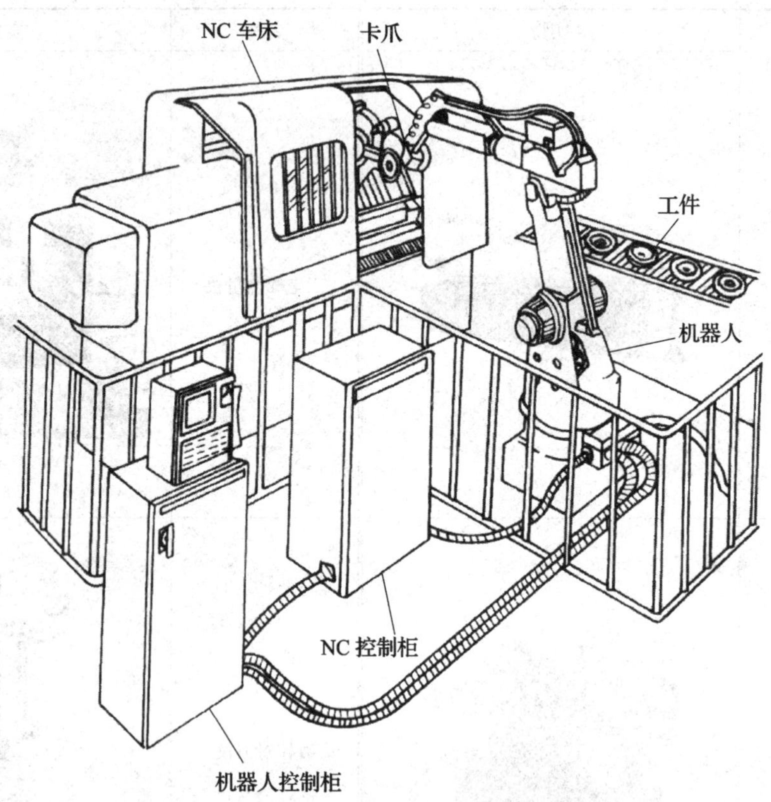

图 1—37　柔性加工单元

（2）加工中心

这类数控机床是在一般数控机床上加装一个刀库和自动换刀装置，构成一种带自动换刀装置的数控机床。这类数控机床的出现打破了一台机床只能进行单工序加工的传统概念，实行一次安装定位，完成多工序加工方式。加工中心有较多的种类，一般按以下几种方式分类：

1）按加工范围分类可分为车削加工中心、钻削加工中心、镗铣加工中心、磨削加工中心、电火花加工中心等。一般镗铣类加工中心简称加工中心。其余种类加工中心要有前面的机床名称。现在发展的复合加工功能的机床也常称为加工中心，常见的加工中心见表1—2。

2）按机床结构分类可分为立式加工中心、卧式加工中心（图1—38）、五面加工中心和并联加工中心（虚拟加工中心）。

3）按数控系统联动轴数分类有2坐标加工中心、3坐标加工中心和多坐标加工中心。

4）按精度分类可分为普通加工中心和精密加工中心。

表1—2 常见的加工中心

名称	图样	说明
车削加工中心	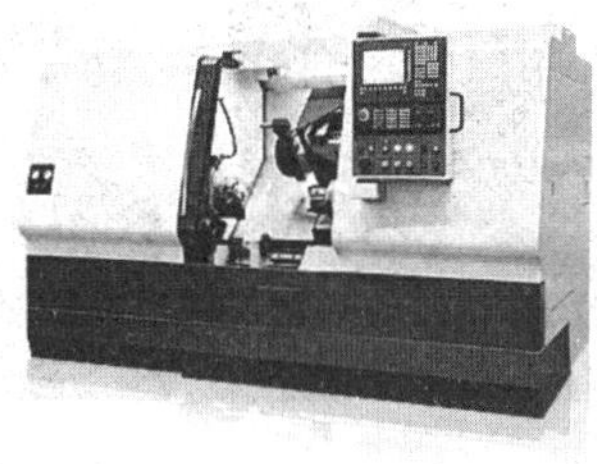	
钻削加工中心		
磨削加工中心		五轴螺纹磨削加工中心

续表

名称	图样	说明
车铣复合加工中心		德马吉公司
		WFL 车铣复合加工中心
车铣磨插复合加工中心		瑞士宝美 S－191 车铣磨插复合加工中心
铣磨复合加工中心	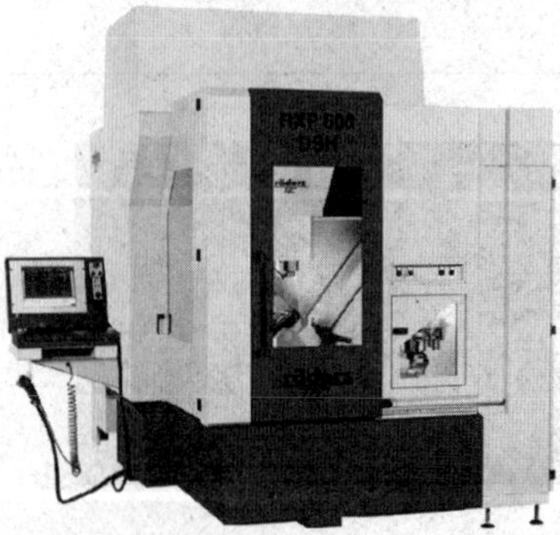	德国罗德斯铣磨复合加工中心 RXP600DSH

续表

名称	图样	说明
激光堆焊与高速铣削机床		Roeders RFM760 激光堆焊与高速铣削机床

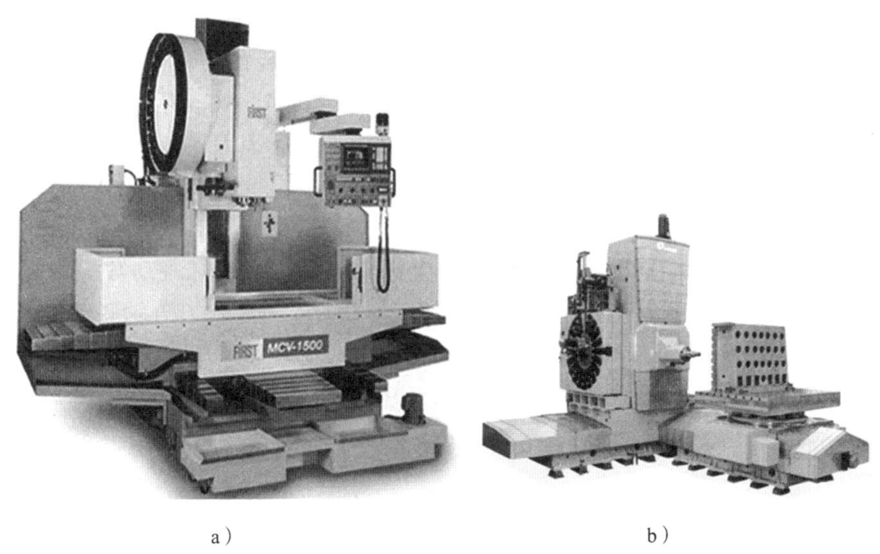

a）　　b）

图 1—38　常见加工中心

a）立式加工中心　b）卧式加工中心

2. 金属成形类数控机床

如数控折弯机、数控弯管机、数控旋压机等。

3. 数控特种加工机床

如数控线（电极）切割机床、数控电火花加工机床、数控激光切割机等。

4. 其他类型的数控机床

如火焰切割机、数控三坐标测量机等。

二、按可控制联动的坐标轴分类

数控机床可控制联动的坐标轴是指数控装置控制几个伺服电动机，同时驱动机床移动部件运动的坐标轴数目。

1. **两坐标联动数控机床**

数控机床能同时控制两个坐标轴联动，即数控装置同时控制 X 和 Z 方向运动，可用于加工各种曲线轮廓的回转体类零件。或机床本身有 X、Y、Z 三个方向的运动，数控装置只能同时控制两个坐标，实现两个坐标轴联动，但在加工中能实现坐标平面的变换，如用于加工图 1—39a 所示的零件沟槽。

2. **三坐标联动数控机床**

数控机床能同时控制三个坐标轴联动，此时，铣床称为三坐标数控铣床，可用于加工曲面零件，如图 1—39b 所示。

3. **两轴半坐标联动数控机床**

数控机床本身有三个坐标能做三个方向的运动，但控制装置只能同时控制两个坐标，而第三个坐标只能做等距周期移动，可加工空间曲面，如图 1—39c 所示零件。数控装置在 ZX 坐标平面内控制 X、Z 两坐标联动，加工垂直面内的轮廓表面，控制 Y 坐标做定期等距移动，即可加工出零件的空间曲面。

4. **多坐标联动数控机床**

多坐标联动数控机床能同时控制四个以上坐标轴联动。多坐标联动数控机床的结构复杂、精度要求高、程序编制复杂，主要应用于加工形状复杂的零件。五轴联动铣床加工曲面形状零件，如图 1—39d 所示。常见的五轴联动加工中心见表 1—3。六轴联动加工中心示意图如图 1—40 所示。

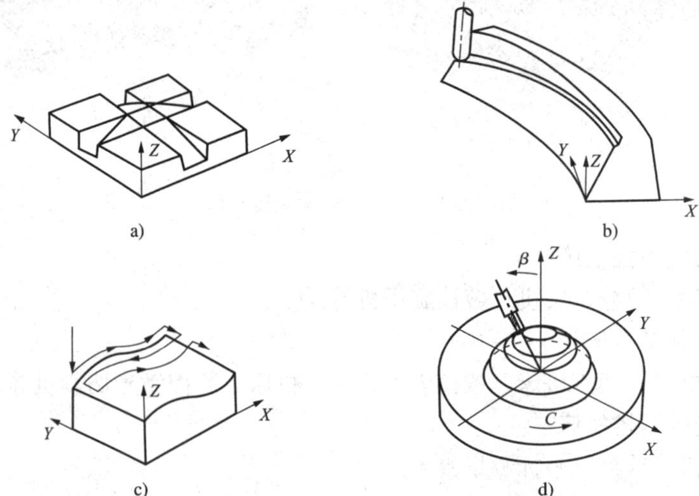

图 1—39　加工空间平面和曲面

a）两坐标联动加工零件沟槽　b）三坐标联动加工曲面　c）两轴半坐标联动加工曲面　d）五轴联动铣床加工曲面

表 1—3 五轴联动加工中心

特点	图样	说明
摆头		瑞士威力铭 W—418 五轴联动加工中心
		DMG 公司的 DMU125P
铣头与分度头联动回转		—

续表

特点	图样	说明
工作台两轴回转		—
		德国哈默的 C30U 不仅能做镜面切削，还可加工锥齿轮、螺旋锥齿轮等
摇篮		德国哈默的摇篮式可倾工作台
		牧野摇篮式加工中心

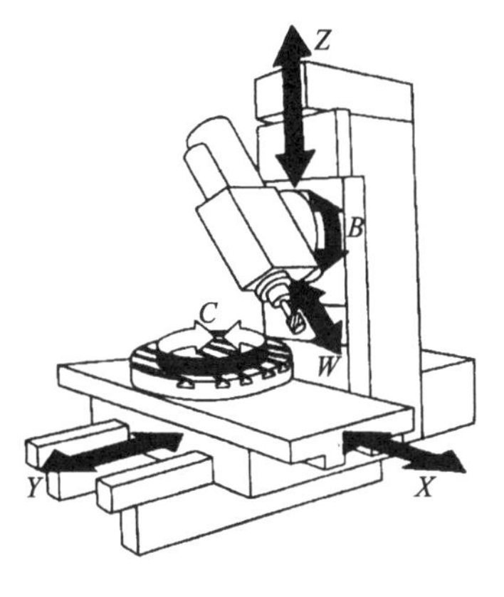

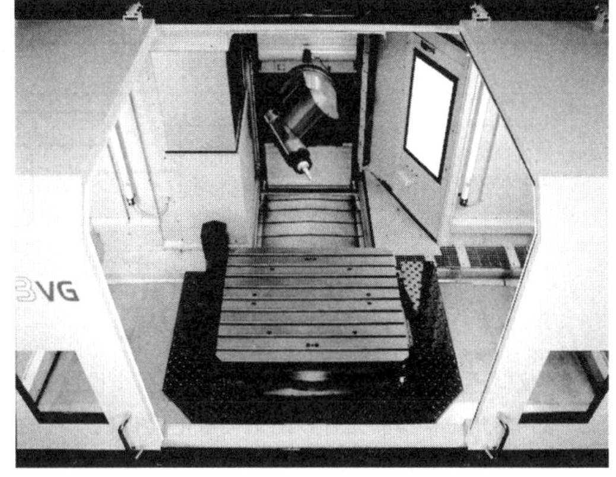

图 1—40　六轴联动加工中心

三、按控制方式分类

数控机床按照对被控量有无检测反馈装置可分为开环控制和闭环控制两种。在闭环系统中，根据测量装置安放的部位又分为全闭环控制和半闭环控制两种。具体见表 1—4。

表 1—4　　数控机床按照控制方式分类

控制方式		图示与说明	特点	应用
开环控制		输入 → 计算机数控装置 → 控制电路 → 步进电动机 → 减速箱 → 工作台 数控装置将工件加工程序处理后，输出数字指令信号给伺服驱动系统，驱动机床运动。由于没有检测反馈装置，因此不检测运动的实际位置，没有位置反馈信号。因此，指令信息在控制系统中单方向传送，不反馈	采用步进电动机作为驱动元件 开环系统的速度和精度都较低；但是，控制结构简单，调试方便，容易维修，成本较低	广泛应用于经济型数控机床中
闭环控制	全闭环	输入 → 计算机数控装置 → 控制电路 → 伺服电动机 → 工作台（位置检测元件）；速度检测元件 → 速度反馈；位置反馈 安装在工作台上的检测元件将工作台实际位移量反馈到计算机中，与所要求的位置指令进行比较，用比较的差值进行控制，直到差值消除为止	采用直流伺服电动机或交流伺服电动机作为驱动元件 加工精度高，移动速度快；但是电动机的控制电路比较复杂，检测元件价格昂贵，因而调试和维修比较复杂，成本高	广泛应用于加工精度高的精密型数控机床中

续表

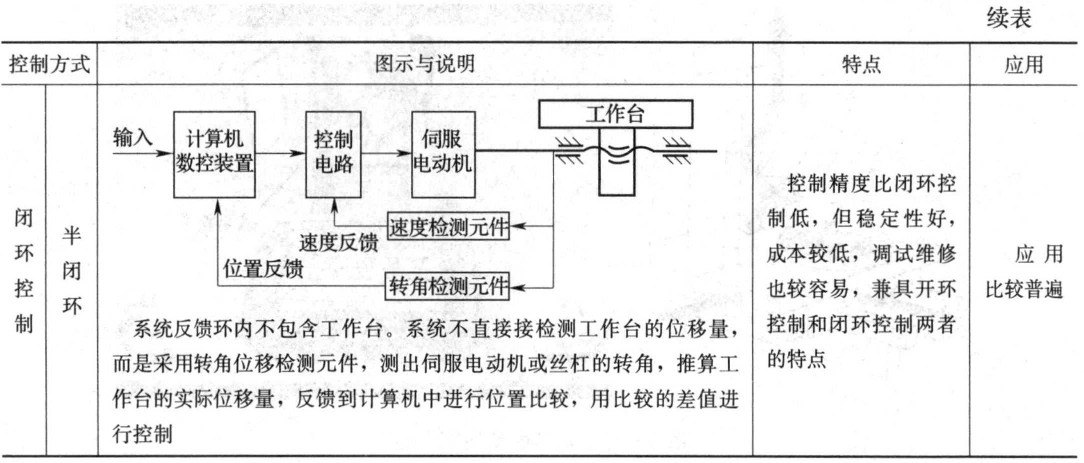

控制方式		图示与说明	特点	应用
闭环控制	半闭环	系统反馈环内不包含工作台。系统不直接接检测工作台的位移量，而是采用转角位移检测元件，测出伺服电动机或丝杠的转角，推算工作台的实际位移量，反馈到计算机中进行位置比较，用比较的差值进行控制	控制精度比闭环控制低，但稳定性好，成本较低，调试维修也较容易，兼具开环控制和闭环控制两者的特点	应用比较普遍

四、按加工路线分类

数控机床按其进刀与工件相对运动的方式，可以分为点位控制、直线控制和轮廓控制，见表 1—5。

表 1—5　　数控机床按照加工路线分类

加工路线控制	图示与说明	应用
点位控制	移动时刀具不加工 刀具与工件相对运动时，只控制从一点运动到另一点的准确性，而不考虑两点之间的运动路径	多应用于数控钻床、数控冲床、数控坐标镗床和数控点焊机等
直线控制	移动时刀具在加工 刀具与工件相对运动时，除控制从起点到终点的准确定位外，还要保证平行坐标轴的直线切削运动	由于只做平行坐标轴的直线进给运动（可以加工与坐标轴成 45°角的直线），因此不能加工复杂的零件轮廓，多用于简易数控车床、数控铣床、数控磨床等
轮廓控制	移动时刀具在加工 刀具与工件相对运动时，能对两个或两个以上坐标轴的运动同时进行控制	可以加工平面曲线轮廓或空间曲面轮廓，多用于数控车床、数控铣床、数控磨床、加工中心等

需要说明的是，随着工业机器人技术的发展，有的工业机器人也可参与机械加工，如图1—41 所示，往往把这种工业机器人称为广义的数控机床。这样的工业机器人所做的工作有轻型铣削、去毛刺等。

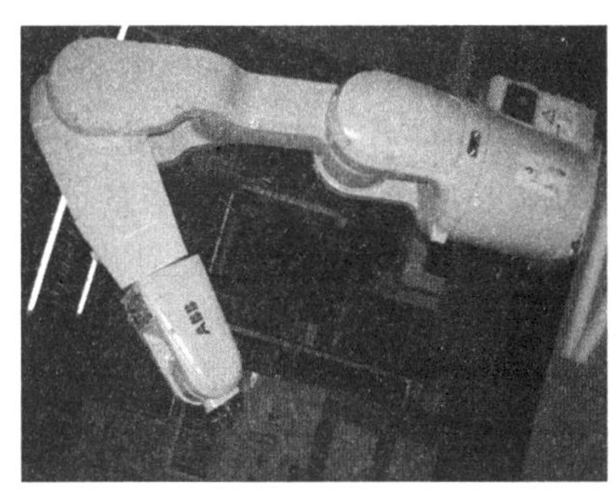

图 1—41　广义数控机床

*第四节　数控系统的插补原理

一个连续切削控制的数控系统，除了使工作台准确定位之外，还必须进行轨迹控制，即控制刀具相对于工件，以给定的速度，沿着指定的路径运动，切削工件轮廓，并且要保证切削过程中的精度和表面粗糙度。

数控系统在处理轨迹控制信息时，一般情况下，用户编程时给出了轨迹的起点和终点以及轨迹的类型（直线、圆弧或其他曲线），并规定其走向（如圆弧是顺时针还是逆时针），然后由数控系统在控制过程中计算出运动轨迹的各个中间点。这个过程称为插补，即“插入”和“补上”轨迹运动的中间点。插补结果输出运动轨迹中间点的坐标值，机床伺服系统根据此坐标值控制各坐标轴协调运动，走出预定轨迹。

一、对插补计算的要求

（1）对插补所需要的数据最少。

（2）插补理论误差要满足精度要求。

（3）沿插补路线或插补矢量的合成进给速度要满足轮廓表面粗糙度一致性的工艺要求，即进给速度变化要在许可范围内。

（4）控制联动坐标轴数的能力强，即易实现多坐标轴的联动控制。

（5）插补算法简单可靠。

* 本节内容为选学内容。

二、插补算法的种类

插补工作可用硬件（插补器）或软件来完成，也可由软硬件结合一起来完成。早期的数控系统（NC）中，插补器是一个由专用硬件接成的数字电路装置，这种插补称为硬件插补。它把每次插补运算产生的指令脉冲输出到伺服系统，驱动工作台或刀具运动。每插补运算一次，便发出一个脉冲，工作台或刀具就移动一个基本长度单位，即脉冲当量。硬件插补的柔性较小，计算能力较弱，但其计算速度快，它采用电压脉冲作为插补坐标增量输出，称为基准脉冲插补法（也称脉冲增量插补法），包括逐点比较插补法、数字积分插补法等。

其中，逐点比较插补法是插补时每走一步都要与给定轨迹上的坐标值进行比较，看实际加工点在给定轨迹的位置，是在上方还是下方（直线）、在外面还是里面（曲线），从而决定下一步的进给方向。其进给方向总是向着给定轨迹的方向逼近：如果实际加工点在给定轨迹的上方，下一步进给就向给定轨迹的下方逼近；如果实际加工点在给定轨迹的里面，下一步进给就向给定轨迹的外面逼近。

随着计算机数控系统（CNC）的发展，因软件插补法柔性好，计算能力强，可以进行复杂轮廓的插补，所以软件插补应用得越来越广。软件插补法可分成基准脉冲插补法和数据采样插补法（Sampled－data）（也称数字增量插补法）两类。基准脉冲插补法是模拟硬件插补的原理，其插补输出仍是脉冲；数字增量插补法是在每个插补周期内进行一次插补运算，根据指令进给速度计算出一个微小的直线数据段，然后计算出动点坐标，经过若干个插补周期即可完成一个程序段的插补，插补结果输出的是二进制数据，依靠二进制数据控制进给系统运动。现在大多数数控系统将软件插补法与硬件插补法结合起来，软件插补完成粗插补，硬件插补完成精插补，既可获得高的插补速度，又能实现较高的插补精度。

 **想一想**

常用的数控机床的脉冲当量是多少？哪些系统的脉冲当量已经达到了纳米级？哪些系统的脉冲当量达到了皮米级？

三、逐点比较法直线插补计算原理

1. 偏差计算公式

数控系统必须根据设计者给定的数学模型才能进行工作。根据逐点比较法的原理，每走一步可以将动点（插值点）的实际位置与给定轨迹的理想位置以“偏差”形式计算出来，然后根据偏差的正、负决定下一步的走向，以逼近给定轨迹。因此，确定偏差的计算方法是逐点比较法的关键一步。下面以第一象限平面直线为例来推导偏差计算公式。

假定加工如图 1—42 所示的直线 OA。取直线起点为坐标原点，已知直线终点坐标为 A（x_e，y_e），即直线 OA 为给定轨迹。m（x_m，y_m）点为加工点（动点）。若 m 点在直线 OA 上，则根据几何关系可得

$$\frac{x_m}{y_m} = \frac{x_e}{y_e}$$

即
$$y_m x_e - x_m y_e = 0$$

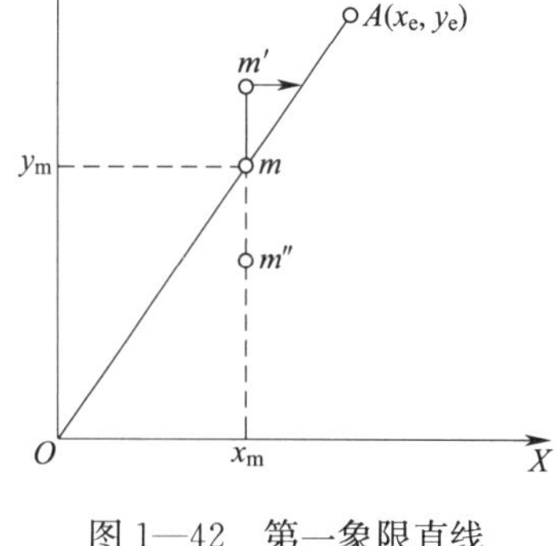

图 1—42　第一象限直线

因此，可定义直线插补的偏差判别式如下：

$$F_m = y_m x_e - x_m y_e$$

若 $F_m=0$，表示动点在直线 OA 上，如 m；

若 $F_m>0$，表示动点在 OA 直线上方，如 m'；

若 $F_m<0$，表示动点在 OA 直线下方，如 m''。

从图 1—42 中可以看出，第一象限直线插补，当 $F_m>0$ 时应沿 X 的正方向进给一步才能逼近给定直线，而当 $F_m<0$ 时应沿 Y 的正方向进给一步才能逼近给定直线。当 $F_m=0$ 时，动点在直线上，为了使插补能继续进行，需从无偏差状态进给一步，到有偏差状态，这时可以沿 $+X$ 方向走，也可沿 $+Y$ 方向走，通常规定为沿 $+X$ 方向走一步。

于是，得到第一象限直线的插补法。即当 $F_m \geqslant 0$ 时沿 $+X$ 方向进给一步，当 $F_m<0$ 时沿 $+Y$ 方向进给一步。从起点开始，当沿两个坐标方向进给的步数分别等于 x_e 和 y_e 时停止插补。

按照上面几何关系得出的偏差公式计算偏差时，要做乘法和减法运算。这样，对硬件插补而言需增加硬件设备；对软件插补而言，会影响插补运算速度。所以，通常采用迭代法或称递推法来简化公式，即每进给一步后，新加工点的偏差值用前一点的加工偏差递推出来，如下所示：

就第一象限而言，当 $F_m \geqslant 0$ 时，表明加工点 m 在直线 OA 上或直线 OA 的上方，应沿 $+X$ 方向进给一步以逼近给定直线。因坐标值的单位为脉冲当量，进给后新点的坐标值（x_{m+1}，y_{m+1}）为：

$$x_{m+1} = x_m + 1$$
$$y_{m+1} = y_m$$

新点的偏差为：

$$\begin{aligned} F_{m+1} &= y_{m+1} x_e - x_{m+1} y_e \\ &= y_m x_e - (x_m + 1) y_e \\ &= y_m x_e - x_m y_e - y_e \\ &= F_m - y_e \end{aligned}$$

若 $F_m<0$，表明 m 点在直线 OA 的下方，应沿 $+Y$ 方向进给一步，进给后新点的坐标值（x_{m+1}，y_{m+1}）为：

$$x_{m+1} = x_m$$
$$y_{m+1} = y_m + 1$$

新点的偏差为：

$$F_{m+1} = y_{m+1} x_e - x_{m+1} y_e$$

$$= (y_m + 1)x_e - x_m y_e$$
$$= y_m x_e - x_m y_e + x_e$$
$$= F_m + x_e$$

简化后的偏差计算公式只有加减运算，并且不必计算出每一点的坐标，每一新加工点的偏差是由前一点的偏差加上或减去终点坐标 x_e 或 y_e 即可，大大简化了运算，不过需要逐步递推。此法需知道开始加工时那一点的偏差值，可用人工方法将刀具移到加工起点（对刀），使这点无偏差（刀在直线上），即开始加工点的偏差 $F_0=0$。这样，随着加工点的前进，每一新加工点的偏差 F_{m+1} 都可由前一点的偏差 F_m 与终点坐标值相加或相减得到。

2. 终点的判别方法

终点的判别方法有三种。

(1) 设置$\sum_x$、$\sum_y$两个减法计数器，加工开始前，在$\sum_x$、$\sum_y$计数器中分别存入终点坐标值 x_e、y_e，当沿 X 或 Y 坐标方向每进给一步时，就在相应的计数器中减去 1，直到两个计数器中的数都减为零时，停止插补，到达终点。

(2) 设置一个终点计数器，计数器中存入 X 和 Y 两坐标方向进给步数的总和$\sum$，$\sum = x_e + y_e$，无论沿 X 或 Y 坐标方向进给时均在$\sum$中减 1，当减到零时，停止插补，到达终点。

(3) 因为终点坐标值大的坐标轴一般后结束插补，所以选终点坐标值较大的坐标轴作为计数坐标值，放入终点计数器内。如果 $x_e \geqslant y_e$，则用 x_e 值作为终点计数器初值，仅 X 轴进给时，计数器才减 1，计数器减到零便到达终点；如果 $y_e > x_e$，则用 y_e 值作为终点计数器初值，仅 Y 轴进给时，计数器才减 1，计数器减到零便到达终点。

3. 逐点比较法直线插补计算步骤

用逐点比较法进行直线插补计算，每进给一步，都需要进行以下四个步骤：

偏差判别——逻辑运算，即判别偏差 $F_m \geqslant 0$ 还是 $F_m < 0$，从而判别当前动点偏离理论直线的位置，以确定哪个坐标轴进给。

坐标进给——逻辑运算，根据直线所在象限及偏差符号，决定沿 $+X$、$+Y$、$-X$、$-Y$ 四个方向中哪个方向进给。

偏差计算——算术运算，进给一步后，计算新的加工点的偏差，作为下次偏差判别的依据。

终点判别——进给一步后，终点计数器减 1，根据计数器的内容是否为 0 判别是否达到终点，若计数器为 0，表示到达终点，则设置插补结束标志后返回。主程序接到插补结束标志，读取下一组新的数据到插补工作区，清除插补结束标志，重新开始插补。如果终点计数器不为零则直接返回，继续插补本段直线。

例 1—1 设加工第一象限直线，起点为坐标原点，终点坐标 $x_e=6$，$y_e=4$，试采用逐点比较法进行插补计算，并画出进给轨迹图。

解： 计算过程见表 1—6，表中的终点判别采用了上述的第二种方法，即设置一个终点计数器，用来寄存 X 轴和 Y 轴两个方向的步数和$\sum$，每进给一步$\sum$减 1，若$\sum=0$，表示到达终点，停止插补。进给轨迹如图 1—43 所示。

表 1—6 直线插补过程

步数	偏差判别	坐标进给	偏差计算	终点判别
起点			$F_0=0$	$\Sigma=10$
1	$F=0$	$+X$	$F_1=F_0-y_e=0-4=-4$	$\Sigma=10-1=9$
2	$F<0$	$+Y$	$F_2=F_1+x_e=-4+6=2$	$\Sigma=9-1=8$
3	$F>0$	$+X$	$F_3=F_2-y_e=2-4=-2$	$\Sigma=8-1=7$
4	$F<0$	$+Y$	$F_4=F_3+x_e=-2+6=4$	$\Sigma=7-1=6$
5	$F>0$	$+X$	$F_5=F_4-y_e=4-4=0$	$\Sigma=6-1=5$
6	$F=0$	$+X$	$F_6=F_5-y_e=0-4=-4$	$\Sigma=5-1=4$
7	$F<0$	$+Y$	$F_7=F_6+x_e=-4+6=2$	$\Sigma=4-1=3$
8	$F>0$	$+X$	$F_8=F_7-y_e=2-4=-2$	$\Sigma=3-1=2$
9	$F<0$	$+Y$	$F_9=F_8+x_e=-2+6=4$	$\Sigma=2-1=1$
10	$F>0$	$+X$	$F_{10}=F_9-y_e=4-4=0$	$\Sigma=1-1=0$

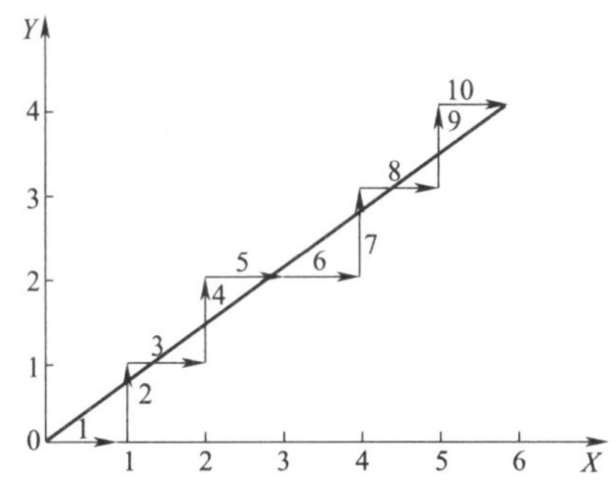

图 1—43 逐点比较法直线插补进给轨迹

四、逐点比较法圆弧插补计算原理

1. 偏差计算公式

下面以第一象限逆圆为例讨论圆弧插补的偏差计算公式。如图 1—44 所示，要加工一段圆弧$\overset{\frown}{AB}$，设圆弧的圆心在坐标原点，已知圆弧的起点为 A（x_0，y_0），终点为 B（x_e，y_e），圆弧半径为 R。令瞬时加工点（动点）为 m（x_m，y_m），它到圆心的距离为 R_m。从图中可以看出，加工点 m 可能有三种位置，即圆弧上、圆弧内和圆弧外。

（1）当加工点 m 位于圆弧上时：$x_m^2+y_m^2-R^2=0$。

（2）当加工点 m 位于圆弧内时：$x_m^2+y_m^2-R^2<0$。

（3）当加工点 m 位于圆弧外时：$x_m^2+y_m^2-R^2>0$。

因此，可定义圆弧偏差判别公式为：

$$F_m=R_m^2-R^2=x_m^2+y_m^2-R^2$$

如图 1—44 所示，为了使加工点逼近圆弧，进给方向规定如下：

若 $F_m>0$，加工点 m 在圆弧外，这样只能沿 X 轴负向进给一步才能向给定圆弧逼近；若 $F_m<0$，加工点 m 在圆弧内，只能沿 Y 轴正向进给一步才能向给定圆弧逼近；若 $F_m=0$，说明加

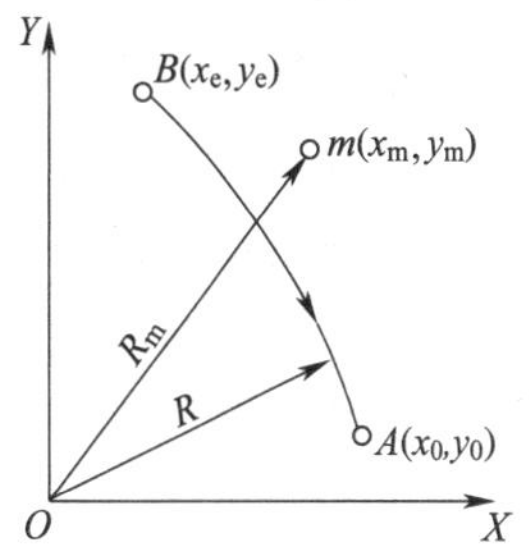

图 1—44 第一象限逆圆弧

工点在圆弧上，这时无论沿 X 轴或 Y 轴进给均可，这里规定沿 X 轴进给一步。如此进给一步，计算一步，直至到达圆弧终点后停止，即可插补出如图 1—44 所示的第一象限逆圆弧$\overset{\frown}{AB}$。

从几何关系导出的圆弧偏差计算公式中有平方值计算，插补时计算较复杂，因而也用迭代法简化如下。

设加工点处于 m（x_m，y_m）点，其偏差计算式为：

$$F_m = x_m^2 + y_m^2 - R^2$$

若 $F_m \geqslant 0$，说明该点在圆弧上或在圆弧外，应沿 X 轴负向进给一步，到 $m+1$ 点，其坐标值（x_{m+1}，y_{m+1}）为：

$$x_{m+1} = x_m - 1$$

$$y_{m+1} = y_m$$

则新加工点 $m+1$ 点的偏差为：

$$\begin{aligned} F_{m+1} &= x_{m+1}^2 + y_{m+1}^2 - R^2 \\ &= (x_m - 1)^2 + y_m^2 - R^2 \\ &= F_m - 2x_m + 1 \end{aligned}$$

若 $F_0 < 0$，沿 Y 轴正向进给一步，到 $m+1$ 点，其坐标值（x_{m+1}，y_{m+1}）为：

$$x_{m+1} = x_m$$

$$y_{m+1} = y_m + 1$$

则新加工点的偏差值为：

$$\begin{aligned} F_{m+1} &= x_{m+1}^2 + y_{m+1}^2 - R^2 \\ &= x_m^2 + (y_m + 1)^2 - R^2 \\ &= F_m + 2y_m + 1 \end{aligned}$$

由此可知，新点的偏差值可由前一点的偏差及前一点的坐标计算得到。式中只有乘 2 运算及加减运算，避免了平方运算，因而，大大简化了计算过程。因为加工是从圆弧的起点开始，起点的偏差 $F_0=0$，所以，新加工点的偏差总可以根据前一点的数据计算出来。

2. 终点判别方法

不跨象限的圆弧插补其终点判别方法与直线插补的方法基本相同，可将 X、Y 轴进给数总和存入一个计数器Σ，$\Sigma = |x_e - x_0| + |y_e - y_0|$，每进给一步，$\Sigma$减 1，当$\Sigma=0$ 时，发出停止信号。

3. 圆弧插补计算的步骤

圆弧插补的计算步骤与直线插补计算步骤基本相同，但由于其新点的偏差计算公式不仅与前一点偏差有关，还与前一点坐标有关，故在新点偏差计算的同时要进行新点坐标计算，以便为下一新点的偏差计算做好准备。对于不过象限的圆弧插补来说，其步骤可分为偏差判别、坐标进给、新点偏差计算、新点坐标计算及终点判别五个步骤。当然，对于过象限的圆弧加工，其步骤就要加上过象限判别了。

例 1—2 设加工第一象限逆圆弧$\overset{\frown}{AB}$，已知起点 A（4，0），终点 B（0，4），试进行插补计算并画出进给轨迹。

解： 计算过程见表 1—7，根据表 1—7 作出进给轨迹，如图 1—45 所示。

表 1—7　　圆弧插补过程

步数	偏差判别	坐标进给	偏差计算	坐标计算	终点判别
起点			$F_0=0$	$x_0=4$，$y_0=0$	$\Sigma=4+4=8$
1	$F_0=0$	$-X$	$F_1=F_0-2x+1=$ $0-2\times4+1=-7$	$x_1=4-1=3$ $y_1=0$	$\Sigma=8-1=7$
2	$F_1<0$	$+Y$	$F_2=F_1+2y_1+1=$ $-7+2\times0+1=-6$	$x_2=3$ $y_2=y_1+1=1$	$\Sigma=7-1=6$
3	$F_2<0$	$+Y$	$F_3=F_2+2y_2+1=-3$	$x_3=3$，$y_3=2$	$\Sigma=5$
4	$F_3<0$	$+Y$	$F_4=F_3+2y_3+1=2$	$x_4=3$，$y_4=3$	$\Sigma=4$
5	$F_4>0$	$-X$	$F_5=F_4-2x_4+1=-3$	$x_5=2$，$y_5=3$	$\Sigma=3$
6	$F_5<0$	$+Y$	$F_6=F_5+2y_5+1=4$	$x_6=2$，$y_6=4$	$\Sigma=2$
7	$F_6>0$	$-X$	$F_7=F_6-2x_6+1=1$	$x_7=1$，$y_7=4$	$\Sigma=1$
8	$F_7>0$	$-X$	$F_8=F_7-2x_7+1=0$	$x_8=0$，$y_8=4$	$\Sigma=0$

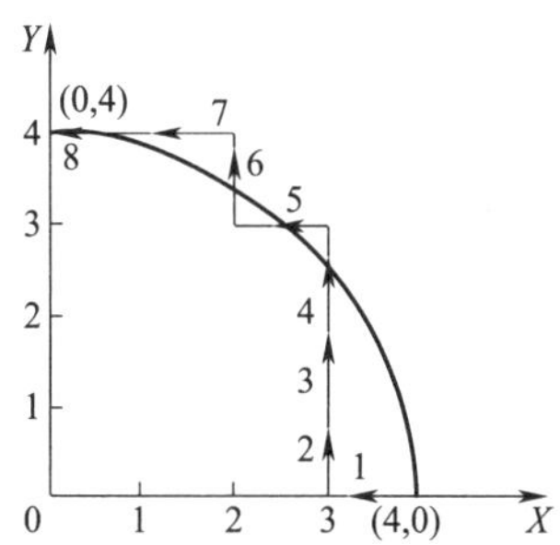

图 1—45　逐点比较法圆弧插补进给轨迹

想一想

逐点比较法的最大误差是什么？

由逐点比较法圆弧插补原理可以看出，逐点比较法圆弧插补的特点是以阶梯折线来逼近直线和圆弧等曲线的，它与理论要求的直线或圆弧之间的最大误差为一个脉冲当量。因此，只要把脉冲当量取得足够小，就可达到较高的加工精度要求。并且，每插补一次只能一个坐标轴进给，坐标轴不能联动。

思考与练习

1. 简述数控、数控机床的概念。

2. 数控机床由哪些部分组成？各有什么作用？

3. 数控机床产生于哪一年？哪个国家？

4. 欲加工第一象限直线 OE，其终点坐标为 $x_e=5$，$y_e=7$，起点在原点，试用逐点比较法进行插补，并画出进给轨迹图。

5. 欲加工第一象限逆圆弧$\widehat{AE}$，起点坐标A（5，0），终点坐标E（0，5），试用逐点比较法进行插补，并画出进给轨迹图。

6. 简述数控机床的分类。

7. 点位控制系统有什么特点？

8. 直线控制数控机床是否可以加工由直线组成的任意轮廓？

9. 开环、闭环和半闭环数控系统在结构形式、精度、成本和影响系统稳定因素方面各有何特点？

第二章

数控加工工艺基础

在普通机床（如车床、铣床等）上加工零件时，首先要对零件图样进行工艺分析，制定出零件加工工艺规程（工序卡）。工序卡规定了加工工序、使用的机床、刀具、夹具等内容。其次，操作人员根据工序卡的要求，选定切削用量、进给路线和安排工序内的工步等。然后，操作人员按照工步操作普通机床，使用刀具对工件进行切削加工，从而得到所需要的零件。

在自动化程度较高的数控机床上，数控系统自动控制机床完成零件的加工。这取代了传统加工方式中的人工操作。数控机床的工作过程如下：首先，操作人员分析零件图样并制定数控加工工艺；其次，将零件图样上的几何信息和工艺信息数字化（即编成加工程序），填写加工程序单；最后，将加工程序单中的内容记录在 CF 卡等控制介质上，然后将该程序输入数控系统。数控系统按照程序的要求，进行相应的运算、处理，然后发出控制命令，使机床的主轴、工作台及各辅助部件协调运动，实现刀具与工件的相对运动，自动完成零件的加工。数控加工与传统加工的比较如图 2—1 所示。

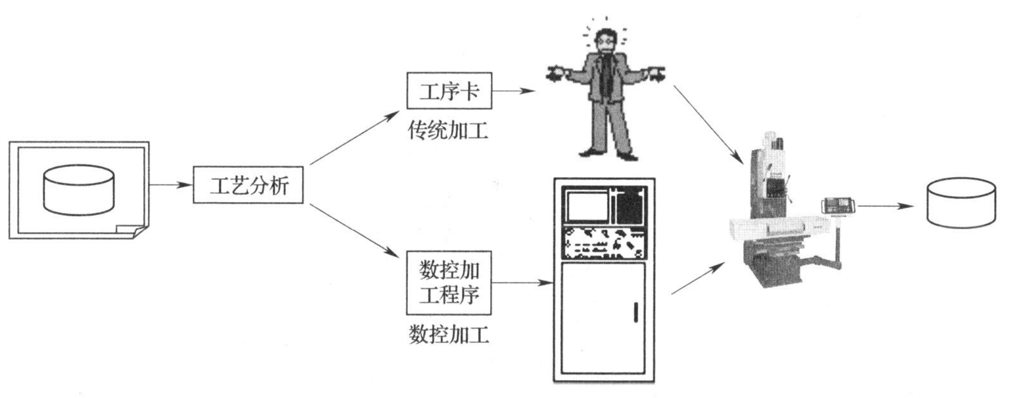

图 2—1　数控加工与传统加工的比较

第一节　金属切削加工的基本知识

一、切削过程

切削时，在刀具切削刃的切割和刀面的推挤作用下，使被切削的金属层产生剪切滑移，最后脱离工件变为切屑，这个过程称为切削过程。

1. 切削运动

切削运动是指在切削过程中刀具相对于工件的运动，即在切削过程中，刀具和工件应具备形成零件表面的基本运动。按其在切削过程中所起的作用，可分为主运动和进给运动。

（1）主运动

主运动是指直接切除工件上的切削层，使之转变为切屑，以形成工件新表面的主要运动。例如，车削时工件的回转运动，铣削时铣刀的回转运动，钻削时钻头的旋转运动均为主运动。

（2）进给运动

使新的切削层不断投入切削的运动称为进给运动。进给运动可分为横向进给运动和纵向进给运动。如车削端面时车刀的运动为横向进给运动，车削外圆时车刀的运动为纵向进给运动。

（3）合成切削运动

当主运动与进给运动同时进行时，这两个运动的合成运动称为合成切削运动。刀具切削刃上选定点相对于工件的瞬时合成运动方向称为合成切削运动方向，其速度称为合成切削速度。该速度的方向与过渡表面相切，如图 2—2 所示。

2. 切削加工时工件上形成的表面

工件在切削过程中形成了 3 个不断变化着的表面，如图 2—2 所示。

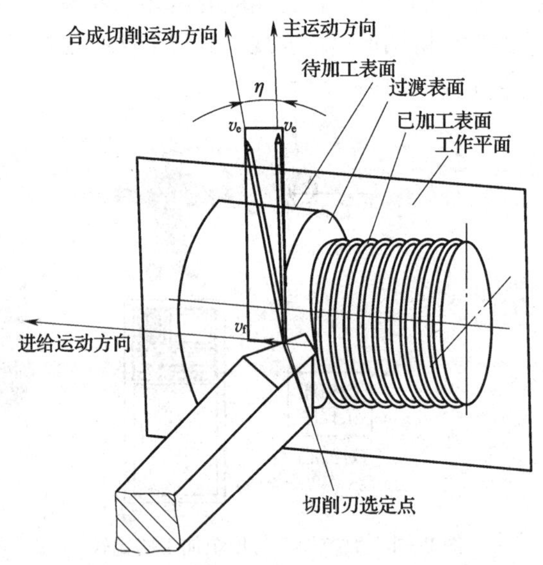

图 2—2　车削外圆时的切削运动和工件表面

η—合成切削速度角

（1）待加工表面。即将被切除金属层的表面。

（2）过渡表面。切削刃正在切削的表面。

（3）已加工表面。工件上经切削后产生的新表面。

3. 切屑

（1）切屑形成过程

从实践中可知，切屑的形成过程就是切削层变形的过程。为了进一步揭示金属切削的变形过程和便于认识其实用意义，把切削区域划分为三个变形区，如图 2—3 所示。

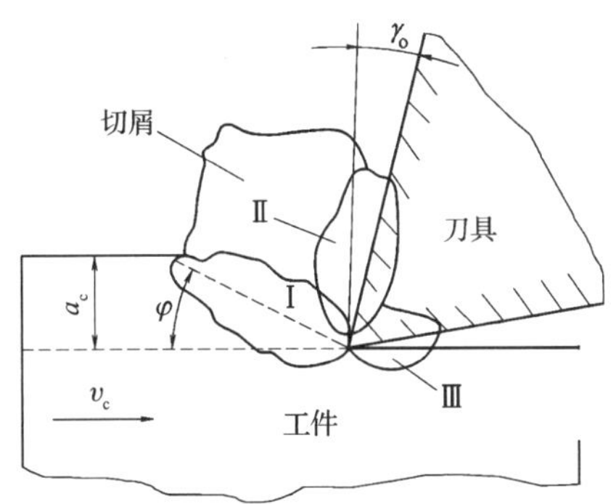

图 2—3 切削区域三个变形区的划分

1）第Ⅰ变形区。即剪切滑移区，如图 2—4 所示。在剪切面 OM 附近的切削层金属，在刀具的作用下，在 OA 到 OM 之间由许多切应力曲面构成的剪切滑移区，其宽度很窄，只有 0.02～0.2 mm。

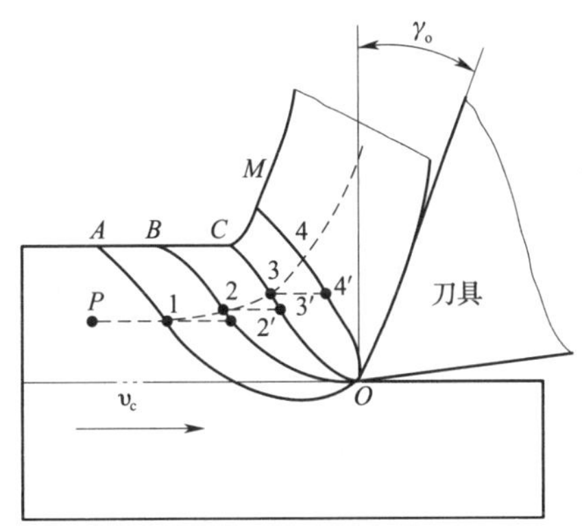

图 2—4 第Ⅰ变形区金属的剪切滑移

当刀具前面以切削速度挤压切削层时，其中某一质点 P 便进入剪切滑移区，由位置 1 移至位置 2，2→2′之间的距离就是它的滑移量。此后，P 点的滑移依次为 3→3′、4→4′，滑移量也相应依次增加，切应力应变也逐渐增大。当 P 点移至 OM 面（终剪切面）上，切应力达到屈服点（σ_s）时，滑移变形基本结束，切削层变形为切屑且沿刀具前面流出。

2）第Ⅱ变形区。切屑沿刀具前面流出时，受到前面的挤压和摩擦，使靠近前面处的金属再次产生剪切变形，使其切屑底层薄薄的一层金属流动滞缓。这一层滞缓流动的金属层称为滞流层。滞流层的变形程度比切屑上层大几倍到几十倍。

3）第Ⅲ变形区。该变形区是刀具后面和工件的接触区。切屑底层和刀具前面之间的挤压摩擦，使切屑底层的金属晶粒纤维化而拉长，在带有钝圆半径 r_ε 的切削刃口处被分为两部分：一部分随切屑沿前面流出；另一部分沿后面流出，形成已加工表面，它受到切削刃钝圆半径和后面的挤压、摩擦与回弹，造成已加工表面金属的纤维化和加工硬化，并产生一定的残余应力。第Ⅲ变形区的金属变形，将影响到工件的表面质量及使用性能。

（2）切屑类型

金属切削时，由于工件材料、刀具几何形状和切削用量等加工条件的不同，切屑的变形程度也会随之改变，所形成的切屑形状也各异，一般有如图 2—5 所示的四种基本形态。

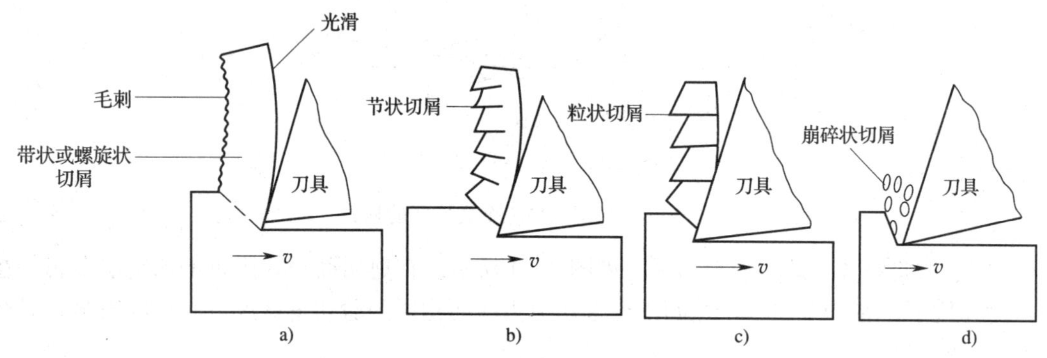

图 2—5 切屑的基本形态

a）带状切屑 b）节状切屑 c）粒状切屑 d）崩碎状切屑

1）带状切屑（图 2—5a）。切屑呈连绵不断的带状或螺旋状，与刀具前面接触的内表面光滑，外表面呈毛茸状，且在放大镜下可观察到剪切面条纹。一般在加工塑性材料（软钢、铝等），采用较大的前角、较小的背吃刀量、较高的切削速度时，会形成此类切屑。在此过程中，由于切削力变化小，切削过程稳定，因而已加工表面的表面粗糙度值较小。但带状切屑过长会影响机床正常工作和工人安全，因而要采取断屑措施。

2）节状切屑（图 2—5b）。节状切屑是连续的，它和带状切屑的不同之处在于其外表呈锯齿形，内表面有时有裂纹，这是由于切削层变形和加工硬化大，在 *OM* 终滑移面上靠近切屑外表面处的应力达到材料的抗拉强度而形成。当采用小的前角、大的背吃刀量和低的切削速度，加工塑性较差的材料时，会形成挤裂状切屑，即节状切屑。

3）粒状切屑（图 2—5c）。切削塑性很大的材料（如铅、纯铜）时，切屑容易在刀具前面形成黏结而不易流出，从而产生很大变形，超过材料的抗拉强度，使切屑不能连续而呈分离状态的颗粒状，即粒状切屑。在产生挤裂状和粒状切屑的过程中，切削力有较大的波动，尤其是粒状切屑，在形成过程中会产生振动而使加工工件表面粗糙。粒状切屑较少见。

4）崩碎状切屑（图 2—5d）。切削脆性材料（如铸铁、黄铜）时，形成不规则的片状或粒状切屑。由于这类材料塑性很差，抗拉强度较低，切削时，在切削刃和前面附近的金属还未经过明显塑性变形，就被挤裂断或脆断，而形成不规则的崩碎切屑。因而已加工表面的表面粗糙度值变大。工件材料越脆、越硬，刀具前角越小，背吃刀量越大，越容易形成此类切屑。

生产中由于加工条件不同，形成的切屑形状也不同。根据 GB/T 16461—2016 的规定，将切屑形状与名称分为表 2—1 所示的八类。

表 2—1 切屑形状分类

1. 带状切屑	1—1 长 	1—2 短 	1—3 长 
2. 管状切屑	2—1 长 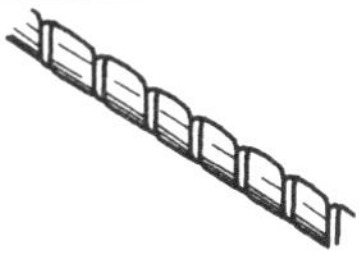	2—2 短 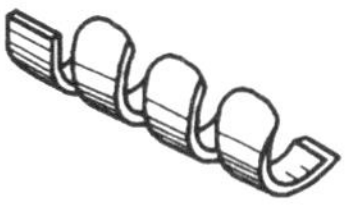	
3. 盘旋状切屑	3—1 长 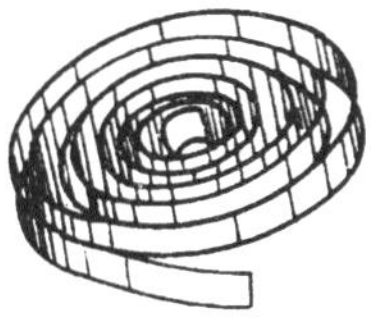	3—2 锥 	3—3 缠乱 
4. 环形螺旋切屑	4—1 长 	4—2 短 	4—3 缠乱 
5. 锥形螺旋切屑	5—1 长 	5—2 短 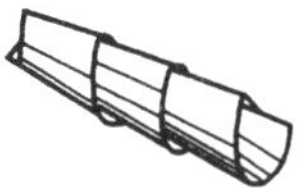	5—3 缠乱 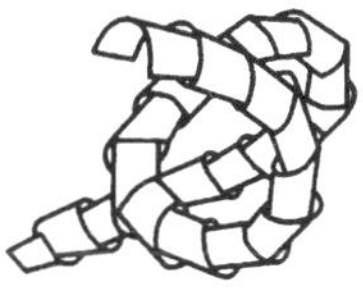
6. 弧形切屑	6—1 连接 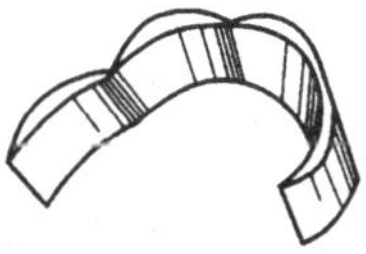	6—2 松散 	
7. 单元切屑			
8. 针形切屑	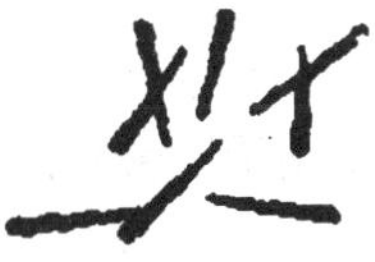		

（3）切屑的收缩现象

被切削金属经过塑性变形后形成的切屑，其长度比切削层长度短，厚度比切削层厚，这种现象称为切屑的收缩现象。切屑收缩得越严重，则表明切削过程中金属的变形越大，尤其是塑性变形越剧烈，切削时消耗的能量也越多。

二、积屑瘤与鳞刺

1. 积屑瘤

（1）积屑瘤的形成

切削塑性金属时，往往会在刀具切削刃口附近黏结着一块剖面呈三角形状或鼻状的金属块，它包围着切削刃且覆盖部分前面，这种堆积物叫作积屑瘤，如图 2—6 所示。

（2）积屑瘤对加工的影响

1）保护刀具。由于积屑瘤是材料剧烈变形强化后的产物，其硬度高达金属母体的 2～3 倍，故能代替切削刃和前面进行切削，所以切削刃和前面都得到了积屑瘤的保护，减少了刀具的磨损。

2）增大实际前角。有积屑瘤的车刀，实际前角可增大至 30°～35°，因而减少了切屑的变形，降低了切削力，如图 2—6 所示。

3）影响工件表面质量和尺寸精度。由于积屑瘤总是极不稳定，时生时灭，时大时小，在切削过程中，一部分积屑瘤被切屑带走，另一部分嵌入工件已加工表面，使工件表面形成硬点和毛刺，表面粗糙度值变大，如图 2—7 所示。

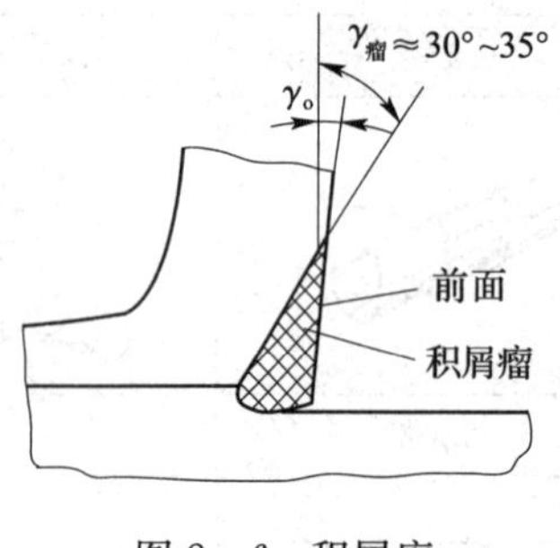

图 2—6　积屑瘤

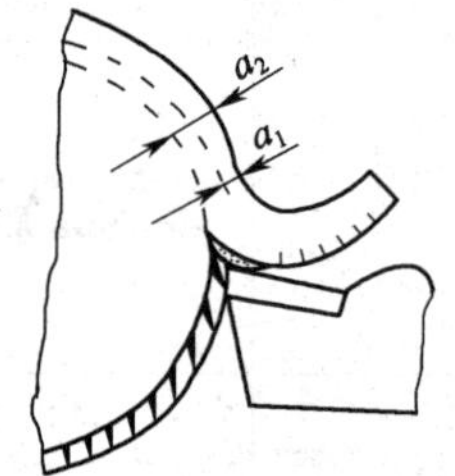

图 2—7　积屑瘤被工件和切屑带走的情况

当积屑瘤大到切削刃之外时，将会使刀尖的实际位置发生变化，改变背吃刀量，影响工件的尺寸精度。因此，在精加工时，应设法避免积屑瘤的产生。

（3）影响积屑瘤的主要因素

影响积屑瘤的主要因素是工件材料、切削速度、进给量、前角和切削液等。其切削速度对产生积屑瘤的影响最大。这里重点分析切削速度的影响，如图 2—8 所示。

在中等切削速度（15～30 m/min）时，切削温度约为 300℃，切屑底层金属塑性变形增大，切屑与前面接触面积增大，因而这时的摩擦因数最大，最易产生积屑瘤。高速（70 m/min 以上）或低速（5 m/min 以下）切削时，会使切削温度高于或低于 300℃，摩擦因数降低，从而使积屑瘤减小。由此可知将切削速度控制在小于 5 m/min 或大于 70 m/min 的范围内是减小积屑瘤的重要措施。

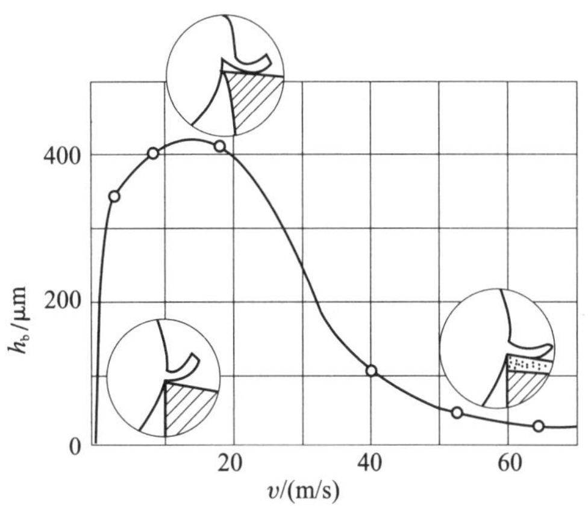

图 2—8　切削速度对积屑瘤的影响

此外，增大前角，减小进给量，减小前面表面粗糙度值，注入充分的切削液冷却等方法，都可减少积屑瘤的产生。

2. 鳞刺

(1) 鳞刺的形成

在已加工表面产生近似与切削速度方向垂直的横向裂纹和呈鳞片状的毛刺简称鳞刺，如图 2—9 所示。

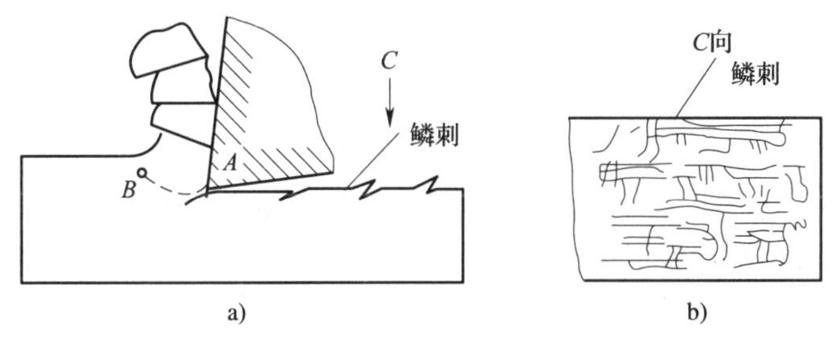

图 2—9　鳞刺

a) 鳞刺的生成　b) 鳞刺的表面形态

鳞刺的产生是由于少量金属材料的黏结层积结，剪切应力的大小和方向不断变化，当该应力的大小达到材料的抗拉强度时，且方向不切于切削点，就导致即将切离的切屑根部的母体发生撕裂，在已加工表面留下金属被撕裂的痕迹。当母体出现撕裂时，黏结层由于压力变化而消失，形成新一轮的反复。鳞刺是很严重的表面缺陷，当鳞刺出现时，可使表面粗糙度值增大 2～4 级。

(2) 防止鳞刺的措施

1) 低速时减少切削厚度，增大刀具前角。

2）采用润滑性好的切削液。

3）人工加热切削区，如电热切削。

4）使用硬质合金刀具时应减小前角，高速切削，以提高切削温度（切削钢件时，当切削温度达到 500℃时就不出现鳞刺了）。

5）对低碳钢、低合金钢可进行调质处理，以提高硬度，降低塑性。

3．加工硬化

切削塑性金属时，工件已加工表面层的硬度明显提高而塑性下降的现象称为表面加工硬化。

从图 2—3 所示切屑形成过程可知，切削塑性材料时，第Ⅰ、Ⅱ变形区均扩展到切削层以下，使即将成为已加工表面的表层金属产生一定的塑性变形。由于刀具的刃口不可能绝对锋利，总存在一段半径为 r_ε 刀尖圆弧，导致切削层与工件母体的分离点 O 不在刃口圆弧的最低点，因而有一层厚度为 ΔH 的金属层留下来，并被 O 点以下的刃口圆弧面挤压变形后成为已加工表面，ΔH 也减薄到 Δh。减薄的原因是刀具挤压变形后，金属塑性变形部分不能恢复，恢复的只是弹性变形部分（即 $\Delta H-\Delta h$），如图 2—10 所示。塑性变形越大，表面变形硬化越严重。硬化层的硬度可达工件硬度的 1.2～2 倍，硬化层深度可达 0.07～0.5 mm。

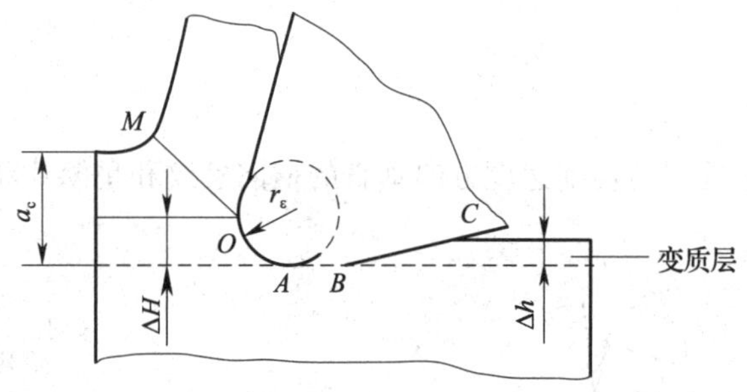

图 2—10　已加工表面的形成与加工硬化

切削加工造成的已加工表面硬化层常常伴随有表面裂纹，使表面粗糙度值增大，疲劳强度下降。当以较小的切削深度再次切削时，则刀具不易切入，并且使刀具容易磨损。因此，应设法减轻这种现象。

三、切削热与切削温度

1．切削热的来源与传散

切削过程中变形和摩擦所消耗的功绝大部分转变成了热能。切削热来源于三个变形区，如图 2—3 所示，在第Ⅰ变形区内被切材料发生弹性变形和塑性变形而产生的热量，分别用 $Q_{弹}$ 和 $Q_{塑}$ 表示；在第Ⅱ变形区刀具前面与切屑摩擦而产生的热量，用 $Q_{前摩}$ 表示；在第Ⅲ变形区内刀具后面与工件摩擦而产生的热量，用 $Q_{后摩}$ 表示。

切削时所产生的热量由切屑、工件、刀具及周围介质传出，分别用 $Q_{屑}$、$Q_{工}$、$Q_{刀}$ 和 $Q_{介}$ 表示，如图 2—11 所示。上述切削热的产生和传散的平衡关系式为：

$$Q = Q_{弹} + Q_{塑} + Q_{前摩} + Q_{后摩} = Q_{屑} + Q_{工} + Q_{刀} + Q_{介}$$

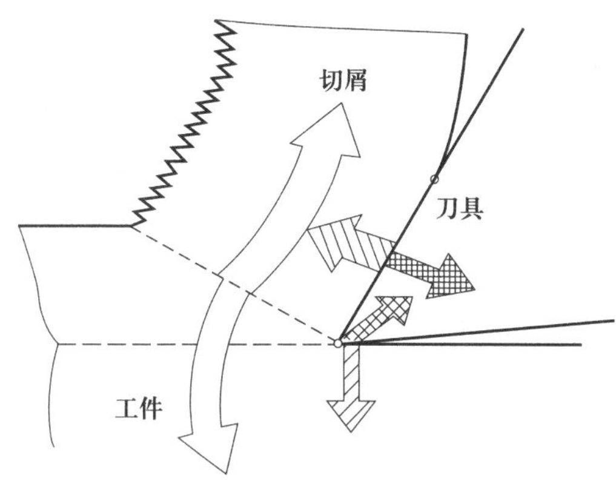

图 2—11 切削热的来源与传散

2. 切削区温度的分布

切削区温度通常是指切屑、工件与刀具接触表面的平均温度。实际上，切屑、工件和刀具上各点处的温度是不相同的。根据测量和计算，三者在正交平面内的温度分布如图 2—12 所示。例如，在切削低碳钢时，若 v=200 m/min、f=0.25 mm/r，离切削刃 1 mm 处，温度可达 1 000℃，它比切屑中平均温度高 2～2.5 倍，比工件中的平均温度高约 20 倍。这是由于该处热量集中不易传散所致。

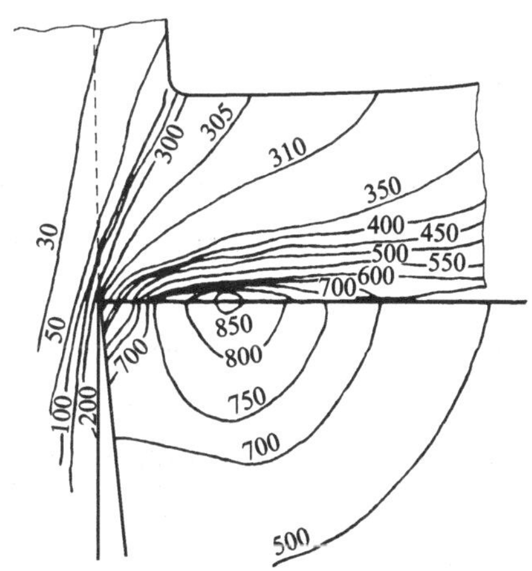

图 2—12 刀具、切屑和工件的温度分布（单位：℃）

工件材料：GCrl5；刀具：YTl4 车刀；γ_o =0°

切削用量：a_W=5.8 mm；a_C=0.35 mm；v=80 m/min

3. 切削温度对工件、刀具和切削过程的影响

（1）切削温度对工件材料力学性能的影响

切削时温度虽然很高，但对工件材料硬度、强度的影响并不很大，对剪切区应力的影响也不明显。其原因是：切削速度较高时，变形速度也很高，其对增加材料强度的影响足以抵消切削温度降低强度的影响；另外，切削温度是在切削变形过程中产生的，因此，对剪切面上的应力应变状态来不及产生很大的影响，只对切削底层的剪切强度产生影响。

实验表明：工件材料预热至500～800℃后进行切削，切削力下降很多。但高速切削温度达到800～900℃时，切削力却下降不多。这是切削温度对剪切区工件材料强度影响不大所致。目前加热切削是切削难加工材料的一种好方法，被普遍应用，如等离子焰加热切削效果较好。

（2）切削温度对刀具材料的影响

硬质合金的性质之一是高温时，强度比较高，韧性比较好。因此，适当提高切削温度以防止硬质合金崩刃，对提高其耐用度是有利的。

（3）切削温度对工件尺寸的影响

工件受热膨胀，尺寸会发生变化，切削后难于达到精度要求。在加工细长轴时，工件因受热而变长，但因夹固在机床上不能自由伸长而发生弯曲，加工后使中部直径变大。另外，刀杆受热膨胀，使实际背吃刀量增加，改变了工件的加工尺寸。

在精加工和超精加工时，切削温度对加工精度的影响十分突出，必须特别注意降低切削温度。

4．影响切削温度的因素

（1）切削用量

切削用量中以切削速度对切削温度的影响最大。实验得出，当切削速度增大一倍时，切削温度增高20％～30％；当进给量增加一倍时，切削温度增高15％～18％；当背吃刀量增加一倍时，切削温度增高10％左右。

（2）刀具几何参数

凡是能减少切削过程产生热量的因素，都能降低切削温度；凡是能改善散热条件的因素，也都能降低切削温度。前角增大，切削变形减小，切削力降低，消耗的功率减小，所以切削温度降低；但前角又不宜过大，否则散热条件不好，切削温度反而增加。主偏角减小，在相同的条件下，切削刃参加工作的长度增加，而切削厚度减薄，散热条件好，所以切削温度下降。

（3）刀具磨损

磨损后的刀具，后面切削刃处形成后角等于零的棱边，使刀具与已加工表面摩擦加大，增加了功率的消耗。刀具磨损后，切削刃变钝，刃区前方对切屑的挤压作用增大，塑性变形增加，从而使切削力及功率的消耗增加。上述原因均使产生的切削热增加，所以当刀具磨损严重后切削温度会急剧升高。

（4）被加工材料

材料的强度高、硬度高，切削时消耗的切削功越多，产生的切削温度也越高。材料的热导率越低，切削区传出的热量越少，切削温度就越高。

四、切削液

1．切削液的作用

切削液的主要作用是润滑和冷却，加入特殊添加剂后，还可以起到清洗和防锈的作用，以保护机床、刀具、工件等不被周围介质腐蚀。

（1）润滑作用

切削液的润滑作用是通过切削液渗透到刀具与切屑、工件表面之间形成润滑膜面，从而减小摩擦，减缓刀具的磨损，降低切削力，提高已加工表面的质量，同时，还可减小切削功率，提高刀具耐用度。

（2）冷却作用

切削液的冷却作用是使切屑、刀具和工件上的热量散逸，使切削区的切削温度降低，起到了减少工件因热膨胀而引起的变形和保证刀具切削刃强度，延长刀具耐用度，提高加工精度的作用，又为提高劳动生产效率创造了有利条件。

切削液的冷却性能取决于它的热导率、比热、汽化热、流量、流速等，但主要靠热传导。水的热导率为油的 3～5 倍，比热约比油大一倍，故水的冷却性能比油好得多。乳化液的冷却性能介于油和水之间，接近水。但水的润滑作用不如乳化液。

（3）清洗作用

浇注切削液能冲走碎屑或粉末，防止它们黏附在工件、刀具、夹具上，起到提高工件的表面质量，减少刀具磨损及保护机床的作用。在磨削、自动生产线和深孔加工中，加入一定压力和流量的切削液，还可起到排除切屑的作用。切削液清洗性能的好坏，与其渗透性、流动性和压力有关。一般而言，合成切削液比乳化液和切削油的清洗作用好。乳化液浓度越低，清洗作用越好。

（4）防锈作用

切削液能够减轻工件、机床、刀具受周围介质（空气、水分等）的腐蚀作用。在气候潮湿的地区，切削液的防锈作用显得尤为重要。切削液防锈作用的好坏，取决于切削液本身的性能和加入的防锈添加剂。

总之，切削液的润滑、冷却、清洗、防锈作用并不是孤立的，它们有统一的一面，又有对立的一面。油基切削液的润滑、防锈作用较好，但冷却、清洗作用较差；水溶性切削液的冷却、清洗作用较好，但润滑、防锈作用较差。

2. 切削液的种类

（1）水溶液

水溶液的主要成分是水及防锈剂、防霉剂等。为了提高清洗能力，可加入清洗剂；为具有一定的润滑性，还可加入油性添加剂。例如加入聚乙二醇和油酸时，水溶液既有良好的冷却性，又有一定的润滑性，并且溶液透明，加工中便于观察。

（2）乳化液

乳化液是水和乳化油经搅拌后形成的乳白色液体。乳化油是一种油膏，它由矿物油和表面活性乳化剂（石油磺酸钠、磺化蓖麻油等）配制而成，表面活性剂的分子上带极性的一端与水亲和，不带极性的一端与油亲和，使水油均匀混合，并添加乳化稳定剂（乙醇、乙二醇等）使乳化液中油、水不分离。

（3）合成切削液

合成切削液由水、各种表面活性剂和化学添加剂组成，具有良好的冷却、润滑、清洗和防锈性能，热稳定性好，使用周期长，是国内外推广使用的高性能切削液。

（4）切削油

切削油主要起润滑作用，常用的有 L－AN15、L－AN32、轻柴油、煤油等矿物油和豆油、菜油、蓖麻油等植物油。由于植物油容易变质，一般较少使用。

（5）极压切削油

极压切削油是在矿物油中添加氯、硫、磷等极压添加剂配制而成。其形成的润滑膜在高温下不容易被破坏，具有良好的润滑效果，故被广泛使用。

（6）固体润滑剂

目前所用的固体润滑剂主要以二硫化钼（MoS_2）为主。二硫化钼形成的润滑膜具有极低的摩擦因数（0.05～0.09）、高的熔点（1 185℃），因此，高温不易改变它的润滑性能，具有很高的抗压性能和牢固的附着能力，有较高的化学稳定性。常用的固体润滑剂有三种，分别为油剂、水剂和润滑脂。应用时，将二硫化钼与硬脂酸及石蜡做成蜡笔，涂抹在刀具表面。也可混合在水中或油中，涂抹在刀具表面。

3. 切削液的选用

切削液的种类繁多，性能各异，在加工过程中应根据加工性质、工艺特点、工件和刀具材料等具体条件合理选用。

（1）根据加工性质选用

1）粗加工时，由于加工余量和切削用量均较大，因此在切削过程中产生大量的切削热，易使刀具迅速磨损，这时应降低切削区域温度，所以应选择以冷却作用为主的乳化液或合成切削液。

①用高速钢刀具粗车或粗铣碳素钢时，应选用 3%～5%的乳化液，也可以选用合成切削液。

②用高速钢刀具粗车或粗铣合金钢、铜及其合金工件时，应选用 5%～7%的乳化液。

③粗车或粗铣铸铁时，一般不用切削液。

2）精加工时，为了减少切屑、工件与刀具间的摩擦，保证工件的加工精度和表面质量，应选用润滑性能较好的极压切削油或高浓度极压乳化液。

①用高速钢刀具精车或精铣碳钢时，应选用 10%～15%的乳化液，或 10%～20%的极压乳化液。

②用硬质合金刀具精加工碳钢工件时，可以不用切削液，也可用 10%～25%的乳化液，或 10%～20%的极压乳化液。

③精加工铜及其合金、铝及其合金工件时，为了得到较高的表面质量和较高的精度，可选用 10%～20%的乳化液或煤油。

3）半封闭式加工时，如钻孔、铰孔和深孔加工，排屑、散热条件均非常差，不仅使刀具磨损严重，容易退火，而且切屑容易拉毛工件已加工表面。为此，须选用黏度较小的极压乳化液或极压切削油，并加大切削液的压力和流量，这样，一方面进行冷却、润滑，另一方面可将部分切屑冲刷出来。

（2）根据工件材料选用

1）一般钢件，粗加工时选乳化液；精加工时，选硫化乳化液。

2）加工铸铁、铸铝等脆性金属，为了避免细小切屑堵塞冷却系统或黏附在机床上难以清除，一般不用切削液。但在精加工时，为提高工件表面加工质量，可选用润滑性好、黏度小的煤油或7%～10%的乳化液。

3）加工有色金属或铜合金时，不宜采用含硫的切削液，以免腐蚀工件。

4）加工镁合金时，不能用切削液，以免燃烧起火。必要时，可用压缩空气冷却。

5）加工难加工材料，如不锈钢、耐热钢等，应选用10%～15%的极压切削油或极压乳化液。

（3）根据刀具材料选用

1）高速钢刀具。粗加工选用乳化液；精加工钢件时，选用极压切削油或浓度较高的极压乳化液。

2）硬质合金刀具。为避免刀片因骤冷或骤热而产生崩裂，一般不使用冷却润滑液。如果要使用，必须连续且充分。例如加工某些硬度高、强度大、导热性差的工件时，由于切削温度较高，会造成硬质合金刀片与工件材料发生黏结和扩散磨损，应加注以冷却为主的、2%～5%的乳化液或合成切削液。若采用喷雾加注法，则切削效果更好。

第二节　数控加工工艺的制定

一、数控加工工艺的主要内容

1. 分析被加工零件的图样，明确加工内容及技术要求。

2. 确定零件的加工方案，制定数控加工工艺路线，如划分工序、安排加工顺序，处理与非数控加工工序的衔接等。

3. 加工工序的设计，如选取零件的定位基准、装夹方案的确定、工步划分、刀具选择和确定切削用量等。

4. 数控加工程序的调整，如选取对刀点和换刀点、确定刀具补偿及确定加工路线等。

二、加工方法的选择

机械零件的结构形状多种多样，但它们都是由平面、外圆柱面、内圆柱面或曲面、成形面等基本表面所组成的。每一种表面都有多种加工方法，具体选择时应根据零件的加工精度、表面粗糙度、材料、结构形状、尺寸及生产类型等因素，选用相应的加工方法和加工方案。

1. 外圆表面加工方法的选择

外圆表面的主要加工方法是车削和磨削。当表面粗糙度要求较高时，还要进行光整加工。表2—2为外圆表面的典型加工方案。可根据加工表面要求、零件的结构特点以及生产类型、毛坯种类和材料性质、尺寸、几何精度和表面粗糙度要求，并结合现场的设备等条件选用最接近的加工方案。

表 2—2　外圆表面的加工方案

<table>
<tr><th>加工方案</th><th>经济精度等级</th><th>表面粗糙度 Ra/μm</th><th>适用范围</th></tr>
<tr><td>粗车</td><td>IT12～IT11</td><td>50～12.5</td><td rowspan="4">适用于淬火钢以外的各种金属</td></tr>
<tr><td>粗车→半精车</td><td>IT9</td><td>6.3～3.2</td></tr>
<tr><td>粗车→半精车→精车</td><td>IT8～IT7</td><td>1.6～0.8</td></tr>
<tr><td>粗车→半精车→精车→滚压（或抛光）</td><td>IT7～IT6</td><td>0.2～0.025</td></tr>
<tr><td>粗车→半精车→磨削</td><td>IT7～IT6</td><td>0.8～0.4</td><td rowspan="3">主要用于淬火钢，也可用于未淬火钢，但不宜加工有色金属</td></tr>
<tr><td>粗车→半精车→粗磨→精磨</td><td>IT6～IT5</td><td>0.4～0.1</td></tr>
<tr><td>粗车→半精车→粗磨→精磨→超精加工（或轮式超精磨）</td><td>IT5</td><td>0.1～0.012</td></tr>
<tr><td>粗车→半精车→粗磨→金刚石车</td><td>IT6～IT5</td><td>0.4～0.025</td><td>主要用于要求较高的有色金属的加工</td></tr>
<tr><td>粗车→半精车→粗磨→精磨→超精磨或镜面磨</td><td>IT5 以上</td><td>0.025～0.006</td><td rowspan="2">极高精度的外圆加工</td></tr>
<tr><td>粗车→半精车→粗磨→精磨→研磨</td><td>IT5 以上</td><td>0.1～0.006</td></tr>
</table>

2. 内孔表面加工方法的选择

内孔表面加工方法有钻孔、扩孔、铰孔、镗孔、拉孔、磨孔和光整加工。表 2—3 为常用的孔加工方案，应根据被加工孔的加工要求、尺寸、具体生产条件、批量的大小及毛坯上有无预制孔等情况合理选用。

表 2—3　孔的常用加工方案

<table>
<tr><th>加工方案</th><th>经济精度等级</th><th>表面粗糙度 Ra/μm</th><th>适用范围</th></tr>
<tr><td>钻</td><td>IT12～IT11</td><td>12.5</td><td rowspan="3">加工未淬火钢及铸铁的实心毛坯，也可用于加工有色金属；用于加工孔径小于 15 mm 的孔</td></tr>
<tr><td>钻→铰</td><td>IT9</td><td>3.2～1.6</td></tr>
<tr><td>钻→粗铰→精铰</td><td>IT8～IT7</td><td>1.6～0.8</td></tr>
<tr><td>钻→扩</td><td>IT11～IT10</td><td>12.5～6.3</td><td rowspan="4">加工未淬火钢及铸铁的实心毛坯，也可用于加工有色金属；用于加工孔径大于 15 mm 的孔</td></tr>
<tr><td>钻→扩→铰</td><td>IT9～IT8</td><td>3.2～1.6</td></tr>
<tr><td>钻→扩→粗铰→精铰</td><td>IT7</td><td>1.6～0.8</td></tr>
<tr><td>钻→扩→机铰→手铰</td><td>IT7～IT6</td><td>0.4～0.2</td></tr>
<tr><td>钻→扩→拉</td><td>IT9～IT7</td><td>1.6～0.1</td><td>大批量生产（精度由拉刀的精度而定）</td></tr>
<tr><td>粗镗（或扩孔）</td><td>IT12～IT11</td><td>12.5～6.3</td><td rowspan="4">除淬火钢外各种材料，毛坯有铸出孔或锻出孔</td></tr>
<tr><td>粗镗（粗扩）→半精镗（精扩）</td><td>IT9～IT8</td><td>3.2～1.6</td></tr>
<tr><td>粗镗（扩）→半精镗（精扩）→精镗（铰）</td><td>IT8～IT7</td><td>1.6～0.8</td></tr>
<tr><td>粗镗（扩）→半精镗（精扩）→精镗（铰）→浮动镗刀精镗</td><td>IT7～IT6</td><td>0.4～0.2</td></tr>
</table>

续表

<table>
<tr><th>加工方案</th><th>经济精度等级</th><th>表面粗糙度 Ra/μm</th><th>适用范围</th></tr>
<tr><td>粗镗（扩）→半精镗→磨孔</td><td>IT8～IT7</td><td>0.8～0.2</td><td rowspan="2">主要用于淬火钢，也可用于未淬火钢，但不宜用于有色金属</td></tr>
<tr><td>粗镗（扩）→半精镗→粗磨→精磨</td><td>IT7～IT6</td><td>0.2～0.1</td></tr>
<tr><td>粗镗→半精镗→精镗磨→金刚镗</td><td>IT7～IT6</td><td>0.2～0.05</td><td>主要用于精度要求高的有色金属加工</td></tr>
<tr><td>钻→（扩）→粗铰→精铰→珩磨
钻→（扩）→拉→珩磨
粗镗→半精镗→精镗磨→珩磨</td><td>IT7～IT6</td><td>0.2～0.025</td><td rowspan="2">精度要求很高的孔</td></tr>
<tr><td>以研磨代替上述方案中的珩磨</td><td>IT6 以上</td><td>0.1～0.025</td></tr>
</table>

3. 平面加工方法的选择

平面的主要加工方法有铣削、刨削、车削、磨削和拉削等，精度要求高的平面还需要经研磨或刮削加工。常见平面加工方案见表 2—4，其中尺寸公差等级是指平行平面之间距离尺寸的公差等级。

表 2—4　　平面加工方案

<table>
<tr><th>加工方案</th><th>经济精度等级</th><th>表面粗糙度 Ra/μm</th><th>适用范围</th></tr>
<tr><td>粗车→半精车</td><td>IT9</td><td>6.3～3.2</td><td rowspan="3">适用于工件的端面加工</td></tr>
<tr><td>粗车→半精车→精车</td><td>IT8～IT7</td><td>1.6～0.8</td></tr>
<tr><td>粗车→半精车→磨削</td><td>IT7～IT6</td><td>0.8～0.4</td></tr>
<tr><td>粗刨（或粗铣）→精刨（或精铣）</td><td>IT10～IT8</td><td>6.3～1.6</td><td>一般不淬硬平面（端铣的表面粗糙度可较小）</td></tr>
<tr><td>粗刨（或粗铣）→精刨（或精铣）→刮研</td><td>IT7～IT6</td><td>0.8～0.1</td><td rowspan="2">精度要求较高的不淬硬平面，批量较大时宜采用宽刃精刨方案</td></tr>
<tr><td>粗刨（或粗铣）→精刨（或精铣）→宽刃精刨</td><td>IT6</td><td>0.8～0.2</td></tr>
<tr><td>粗刨（或粗铣）→精刨（或精铣）→磨削</td><td>IT6</td><td>0.8～0.2</td><td rowspan="2">精度要求较高的淬硬平面或不淬硬平面</td></tr>
<tr><td>粗刨（或粗铣）→精刨（或精铣）→粗磨→精磨</td><td>IT7～IT6</td><td>0.4～0.025</td></tr>
<tr><td>粗刨→拉削</td><td>IT9～IT7</td><td>0.8～0.2</td><td>适用于大量生产中加工较小的不淬硬平面</td></tr>
<tr><td>粗铣→精铣→磨削→研磨</td><td>IT5 以上</td><td>0.1～0.006</td><td>适用于高精度平面的加工</td></tr>
</table>

4. 平面轮廓加工方法的选择

平面轮廓多由直线和圆弧或各种曲线构成，通常采用三坐标数控铣床进行两轴半坐标加工。图 2—13 为由直线和圆弧构成的零件平面轮廓 $ABCDEA$，采用半径为 R 的立铣刀沿周向加工，虚线 $A'B'C'D'E'A'$ 为刀具中心的运动轨迹。为保证加工面光滑，刀具沿 PA' 切入，沿 $A'K$ 切出。

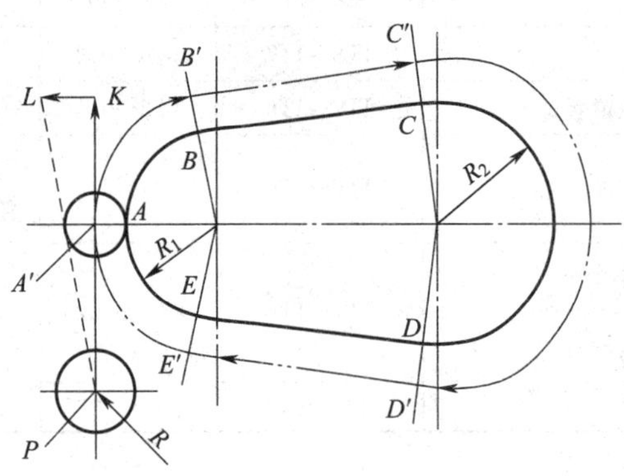

图 2—13　平面轮廓铣削

三、加工阶段的划分

1. 加工阶段

当零件的加工质量要求较高时，往往不可能用一道工序来满足要求，而要用几道工序逐步达到所要求的加工质量。为保证加工质量和合理地使用设备、人力，零件的加工过程通常按工序性质不同可分为四个阶段：粗加工、半精加工、精加工和光整加工。各加工阶段的主要工作任务、目的见表 2—5。

表 2—5　各加工阶段的主要任务、目的

加工阶段	主要任务	目的
粗加工	切除毛坯上大部分多余的金属	使毛坯在形状和尺寸上接近零件成品，提高生产率
半精加工	使主要表面达到一定的精度，留有一定的精加工余量；并可完成一些次要表面加工，如扩孔、攻螺纹、铣键槽等	为主要表面的精加工（如精车、精磨）做好准备
精加工	保证各主要表面达到规定的尺寸精度和表面粗糙度要求	全面保证加工质量
光整加工	对零件上精度和表面粗糙度要求很高（IT6 级以上，表面粗糙度 $Ra0.2\ \mu m$ 以下）的表面，需进行光整加工	主要目的是提高尺寸精度、减小表面粗糙度值。一般不用于提高位置精度

加工阶段的划分应根据零件的质量要求、结构特点和生产纲领灵活掌握，不应绝对化。加工质量要求不高、工件刚度好、毛坯精度高、加工余量小、生产纲领不大的工件，可不必划分加工阶段。刚度好的重型工件，由于装夹及运输很费时，也常在一次装夹下完成全部粗、精加工。

对于不划分加工阶段的工件，为减少粗加工中产生的各种变形对加工质量的影响，应在粗加工后松开夹紧机构，停放一段时间，让工件充分变形，然后再用较小的夹紧力重新夹紧，进行精加工。

2. 划分加工阶段的意义

（1）保证加工质量

工件在粗加工时，切除的金属层较厚，切削力和夹紧力较大，切削温度也较高，将会引起较大的变形。按加工阶段加工，粗加工造成的加工误差可以通过半精加工和精加工来纠正，从而保证零件的加工质量。

（2）便于及时发现毛坯缺陷

对毛坯的各种缺陷（如铸件的气孔、夹砂和余量不足等），在粗加工后即可发现，便于及时修补或决定报废，以免继续加工造成不必要的浪费。

（3）便于安排热处理工序

粗加工后，一般要安排去应力热处理，以消除内应力。精加工前，要安排淬火等最终热处理。热处理引起的变形可以通过精加工予以消除。

（4）合理使用设备

粗加工余量大，切削用量大，可采用功率大、刚度好、效率高而精度低的机床。精加工切削力小，对机床破坏小，采用高精度机床。这样安排发挥了设备的各自特点，既能提高生产率，又能延长精密设备的使用寿命。

四、工序的划分

1. 工序划分的原则

工序的划分可以采用两种不同原则，即工序集中原则和工序分散原则。

（1）工序集中原则

工序集中原则是指每道工序包括尽可能多的加工内容，从而使工序的总数减少。工序集中原则适用于在高效的专用设备和数控机床上的工件加工。采用工序集中原则的优点是：提高生产效率；减少工序的数量，缩短工艺路线，简化生产计划和生产组织工作；减少机床数量、操作工人数量和占地面积；减少工件装夹次数，不仅保证了各加工表面间的相互位置精度，而且减少了夹具数量和装夹工件的辅助时间。但是，加工设备和工艺装备投资大，调整维修比较麻烦，生产准备周期较长，不利于转产。

（2）工序分散原则

工序分散就是将工件的加工分散在较多的工序内进行，每道工序的加工内容很少。工序分散原则适用于结构简单的加工设备和工艺设备。采用工序分散原则的优点是：加工设备和工艺设备操作简单，调整和维修方便，转产容易；有利于选择合理的切削用量，减少机动时间。但是，工艺路线较长，占地面积大，所需设备及工人人数多，加工精度受操作人员的技术水平影响大。

2. 工序划分方法

工序划分主要考虑生产纲领、所用设备及零件本身的结构和技术要求等。大批量生产时，若使用多轴、多刀的高效加工中心，可按工序集中原则组织生产；若在由组合机床组成的自动线上加工，工序一般按分散原则划分。随着现代数控技术的发展，特别是加工中心的应用，工艺路线的安排更多地趋向于工序集中。单件小批量生产时，通常采用工序集中原则。成批生产时，可按工序集中原则划分，也可按工序分散原则划分，应视具体情况而定。对于结构尺寸和质量都很大的重型零件，应采用工序集中原则，以减少装夹次数和运输量。对于刚度差、精度高的零件，应按工序分散原则划分工序。

（1）数控车削工序的划分方法

在数控车床上加工零件，一般应按工序集中的原则划分工序，在一次装夹下尽可能完成大部分甚至全部表面的加工。根据零件的结构形状不同，通常选择外圆、端面或内孔装夹，并尽量保证设计基准、工艺基准和编程原点的统一。在批量生产中，常用下列两种方法划分工序：

1）按零件加工表面划分。将位置精度要求较高的表面安排在一次装夹下完成，以免多次装夹所产生的安装误差影响位置精度。例如，图 2—14 所示的轴承内圈，其内孔对小端面的垂直度、滚道和大挡边对内孔回转中心的角度差以及滚道与内孔间的壁厚差均有严格的要求，精加工时划分成两道工序，用两台数控车床完成。第一道工序采用图 2—14a 所示的以大端面和大外径装夹的方案，将滚道、小端面及内孔等安排在一次装夹下车出，很容易保证上述的位置精度。第二道工序采用图 2—14b 所示的以内孔和小端面装夹的方案，车削大外圆和大端面。

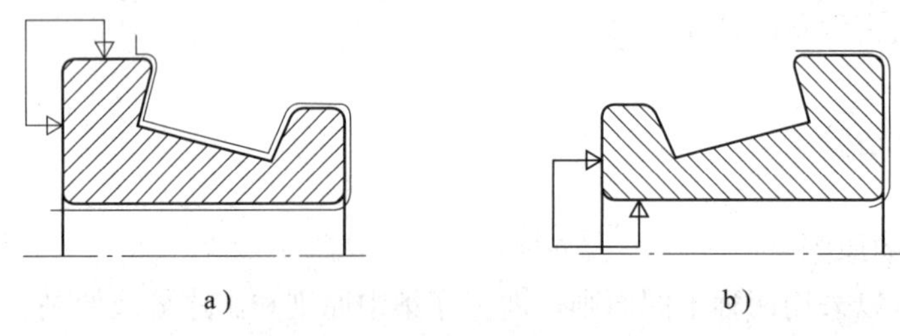

图 2—14　轴承内圈加工方案

a）以大端面和大外径装夹　b）以内孔和小端面装夹

2）按粗、精加工划分。对毛坯余量较大和加工精度要求较高的零件，应将粗车和精车分开，划分成两道或更多的工序。将粗车安排在精度较低、功率较大的数控车床上，将精车安排在精度较高的数控车床上。

例如，加工图 2—15a 所示手柄零件，坯料为 ϕ32 mm 棒料，批量生产，用一台数控车床加工，要求划分工序并确定装夹方式。

工序 1：如图 2—15b 所示，夹住外圆柱面，车 ϕ12 mm、ϕ20 mm 两圆柱面→圆锥面（粗车掉 R42 mm 圆弧部分余量）→留出总长余量切断。

工序 2：如图 2—15c 所示，用 ϕ12 mm 外圆柱面和 ϕ20 mm 端面装夹，车 30°锥面→所有圆弧表面半精车→所有圆弧表面精车成形。

（2）数控铣削加工工序的划分原则

在数控铣床上加工的零件，一般按工序集中原则划分工序，划分方法如下：

1）按所用刀具划分。以同一把刀具完成的那一部分工艺过程为一道工序，这种方法适用于工件的待加工表面较多、机床连续工作时间较长、加工程序的编制和检验难度较大等情况。加工中心常用这种方法划分。

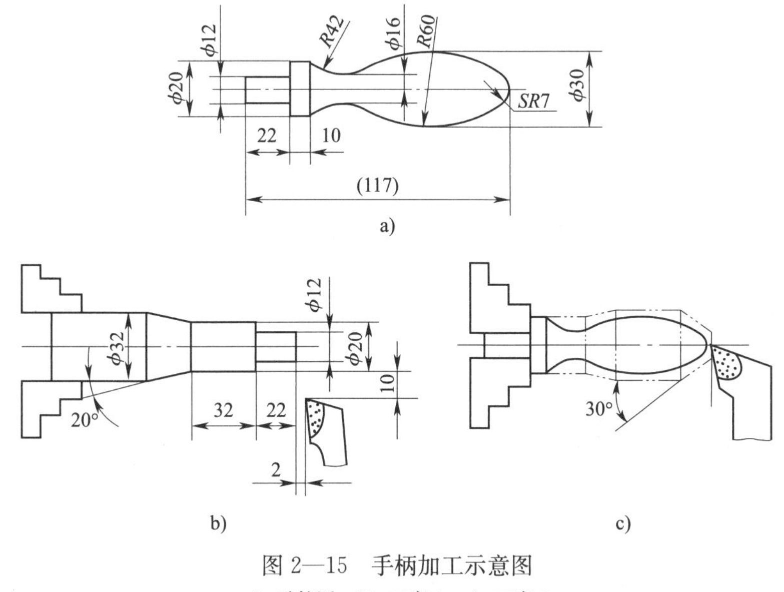

图 2—15　手柄加工示意图

a）零件图　b）工序 1　c）工序 2

2）按安装次数划分。以一次装夹完成的那一部分工艺过程为一道工序。这种方法适用于工件的加工内容不多的工件，加工完成后就能达到待检状态。

3）按粗、精加工划分。即粗加工中完成的那部分工艺过程为一道工序，精加工中完成的那部分工艺过程为一道工序。这种划分方法适用于加工后变形较大，需粗、精加工分开的零件，如毛坯为铸件、焊接件或锻件。

4）按加工部位划分。即以完成相同形面的那一部分工艺过程为一道工序，适用于加工表面多而复杂的零件，可按其结构特点（如内形、外形、曲面和平面等）划分成多道工序。

五、加工顺序的安排

在选定加工方法、划分工序后，工艺路线拟订的主要内容就是合理安排这些加工方法和加工工序的顺序。零件的加工工序通常包括切削加工工序、热处理工序和辅助工序（包括表面处理、清洗和检验等）。这些工序的顺序直接影响到零件的加工质量、生产效率和加工成本。因此，在设计工艺路线时，应合理安排好切削加工、热处理和辅助工序的顺序，并解决好工序间的衔接问题。

1. 加工工序的安排

（1）先粗后精

例如，按照粗车→半精车→精车的顺序进行，逐步提高加工精度。粗车在较短的时间内将工件表面上的大部分加工余量（如图 2—16 所示的双点画线内所示部分）切掉。这样一方面提高了金属切除率，另一方面满足了精车的余量均匀性要求。若粗车后所留余量的均匀性满足不了精加工的要求时，则要安排半精车，为精车做准备。精车要保证加工精度，按图样尺寸一刀切出零件轮廓。

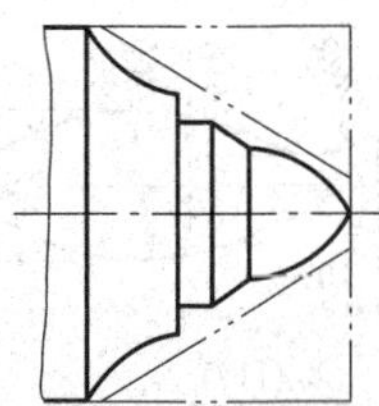

图 2—16　先粗后精的加工工序示例

（2）先近后远

在一般情况下，离对刀点近的部位先加工，离对刀点远的部位后加工，以便缩短刀具移动距离，减少空行程时间。对于车削而言，先近后远还有利于保持坯件或半成品的刚度，改善其切削条件。

例如，加工如图 2—17 所示零件，当第一刀背吃刀量未超限时，应该按 $\phi34_{-0.1}^{\ 0}$ mm 轴段→$\phi36_{-0.1}^{\ 0}$ mm 轴段→$\phi38_{-0.1}^{\ 0}$ mm 轴段的次序，先近后远地安排车削顺序，若不能一刀完成，则另当别论。

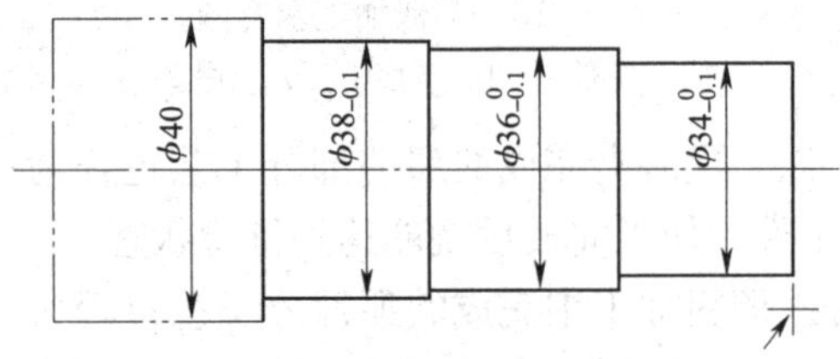

图 2—17　先近后远的加工工序示例

（3）内外交叉原则

对既有内表面（内型腔）又有外表面需加工的零件，安排加工顺序时，应先进行内外表面粗加工，后进行内外表面精加工。切不可将零件上一部分表面（外表面或内表面）全部加工完毕后，再加工其他表面（内表面或外表面）。

（4）基面先行原则

应优先加工用作精基准的表面。这是因为定位基准的表面越精确，装夹误差就越小。例如，轴类零件加工时，通常先加工中心孔，再以中心孔为精基准加工外圆表面和端面。

（5）先主后次原则

应先加工零件的主要工作表面、装配基面，从而及早发现毛坯中主要表面可能出现的缺陷。次要表面可穿插进行，放在主要加工表面加工到一定程度后、最终精加工之前进行。

（6）先面后孔原则

箱体、支架类零件的平面轮廓尺寸较大，一般先加工平面，再加工孔和其他尺寸。这样安排加工顺序，一方面用加工过的平面定位，稳定可靠；另一方面，在加工过的平面上加工孔较容易，并能提高孔的加工精度，特别是钻孔时可以使孔的轴线不易偏斜。

2．退刀路线的确定

在数控机床加工过程中，刀具从起始点（或换刀点）运动起，直至返回该点并结束加工程序所经过的路径，包括切削加工的路径（加工路线）及刀具引入（进刀路线）、切出（退刀路线）等非切削空行程，称为进给路线。为了提高加工效率，刀具从起始点（或换刀点）

运动到接近工件部位及加工完成后退回起始点（或换刀点），都是以快速运动方式运动。数控机床上确定退刀路线，原则上首先要考虑安全性，即在退刀过程中不能与工件发生碰撞；其次要考虑使退刀路线最短。其中，安全是首要原则。

根据刀具加工零件部位的不同，退刀路线的确定方式也不同。数控车削加工一般采用以下三种退刀方式（数控铣削加工与此类似）。

（1）斜线退刀方式

斜线退刀方式路线最短，适用于加工外圆表面的偏刀退刀，如图 2—18 所示。

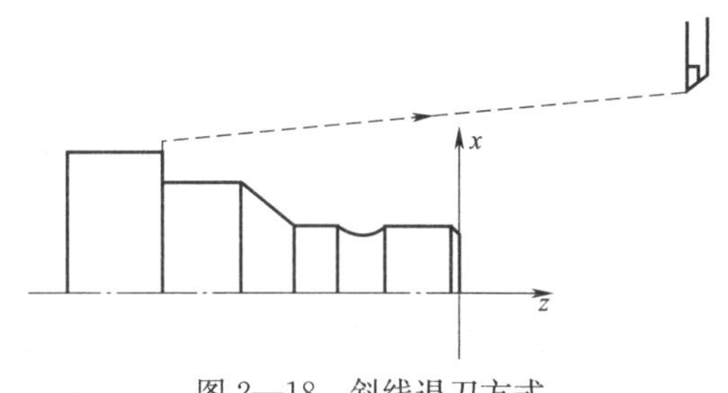

图 2—18　斜线退刀方式

（2）车槽刀退刀方式

这种退刀方式是刀具先径向垂直退刀，到达指定位置时再轴向退刀，如图 2—19 所示。车槽时即采用这种退刀方法。

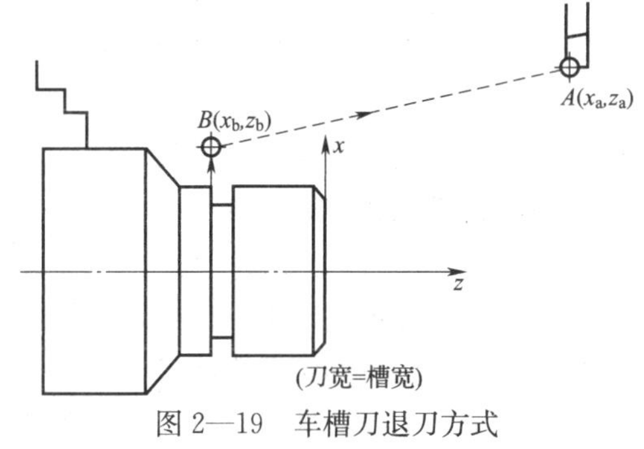

图 2—19　车槽刀退刀方式

（3）镗刀退刀方式

这种退刀方式与车槽刀的退刀方式恰好相反，即先轴向退刀，到达指定位置时再径向退刀，粗镗时即采用这种退刀方式。精镗时通常先径向退刀，再轴向退刀至孔外，再斜线退刀，如图 2—20 所示。

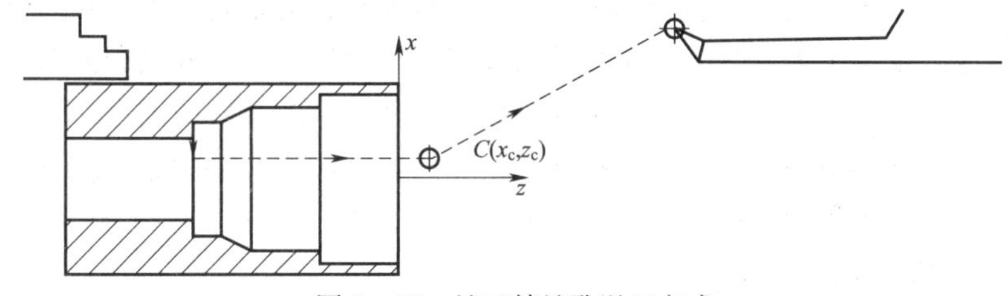

图 2—20　镗刀精镗孔退刀方式

想一想

以上介绍的退刀路线基本上是以数控车削加工作为实例。那么，在数控铣削加工时退刀路线怎样确定？

3. 热处理工序的安排

为提高材料的力学性能、改善材料的切削加工性能和消除工件的内应力，在工艺过程中要适当安排一些热处理工序。热处理工序在工艺路线中的安排主要取决于零件的材料和热处理的目的。

（1）预备热处理

预备热处理的目的是改善材料的切削性能，消除毛坯制造时的残余应力，改善组织。其工序位置多在机械加工之前，常用的有退火、正火等。

（2）消除残余应力热处理

由于毛坯在制造和机械加工过程中产生的内应力会引起工件变形，影响加工质量，因此，要安排消除残余应力热处理。消除残余应力热处理最好安排在粗加工之后、精加工之前。

对精度要求不高的零件，一般将消除残余应力的人工时效和退火安排在毛坯进入机加工车间之前进行。对精度要求较高的复杂铸件，在机加工过程中通常安排两次时效处理：铸造→粗加工→时效→半精加工→时效→精加工。对高精度零件，如精密丝杠、精密主轴等，应安排多次消除残余应力热处理，甚至采用冷处理以稳定尺寸。

（3）最终热处理

最终热处理的目的是提高零件的强度、表面硬度和耐磨性，常安排在精加工工序（磨削加工）之前，常用的有淬火、渗碳、渗氮和碳氮共渗等。

4. 辅助工序的安排

辅助工序主要包括检验、清洗、去毛刺、去磁、倒棱边、涂防锈油和平衡等。其中，检验工序是主要的辅助工序，是保证产品质量的主要措施之一。在一般情况下，检验工序安排在粗加工全部结束后精加工之前、重要工序之后、工件在不同车间之间转移前后和工件全部加工结束后。

5. 数控加工工序与普通工序的衔接

数控工序前后一般都穿插有其他普通工序，如果衔接不好就容易产生矛盾。因此，要解决好数控工序与非数控工序之间的衔接问题，最好的办法是建立相互状态的要求，例如，是否要为后道工序留加工余量，留多少加工余量；定位面与孔的精度要求及几何公差等。其目的是达到相互能满足加工需要，且质量目标与技术要求明确，交接验收有依据。关于手续问题，如果是在同一个车间，可由编程人员与主管该零件的工艺员协商确定，在制定工序工艺文件中互审会签，共同负责；如果不是在同一个车间，则应用交接状态表进行规定，共同会签，然后反映在工艺规程中。

第三节 零件在数控机床上的定位与装夹

一、定位基准的选择

在工件的机械加工工艺过程中，合理地选择定位基准对保证工件的尺寸精度和相互位置精度起着重要的作用。定位基准有粗基准和精基准两种。毛坯在开始加工时，都是以未加工的表面定位，这种基准面称为粗基准；用已加工的表面作为定位基准面称为精基准。

1. 粗基准的选择

选择粗基准时，必须要达到以下两个基本要求：一是应保证所有加工表面都有足够的加工余量；二是应保证工件加工表面和不加工表面之间具有一定的位置精度。粗基准的选择原则如下。

（1）相互位置要求原则

选取与加工表面相互位置精度要求较高的不加工表面作为粗基准，以保证不加工表面与加工表面的位置要求。如图 2—21 所示的套筒毛坯，以不加工的外圆表面 1 作粗基准，不仅可以保证内孔表面 2 加工后壁厚均匀，而且还可以在一次装夹中加工出大部分要加工表面。

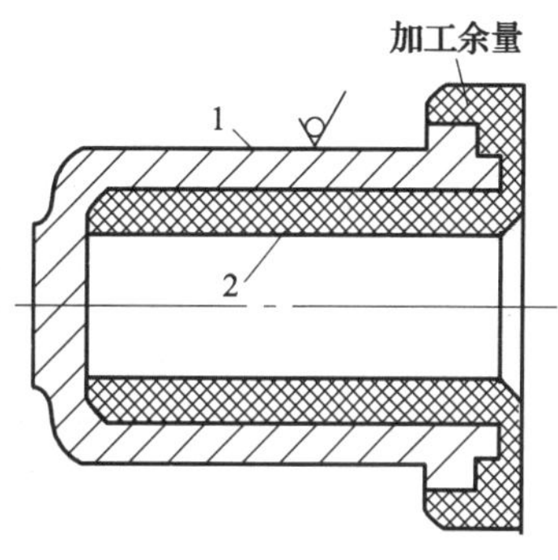

图 2—21 套筒粗基准的选择

由于手轮在铸造时有一定的几何误差，因此，第一次装夹车削时，应选择手轮内缘的不加工表面作为粗基准，加工后就能保证轮缘厚度 a 基本相等，如图 2—22a 所示。如果选择手轮外圆（加工表面）作为粗基准，加工后因铸造误差不能消除，将使轮缘厚度不一致，如图 2—22b 所示。即在车削前，应该找正手轮内缘，或用三爪自定心卡盘反撑在手轮的内缘上进行车削。

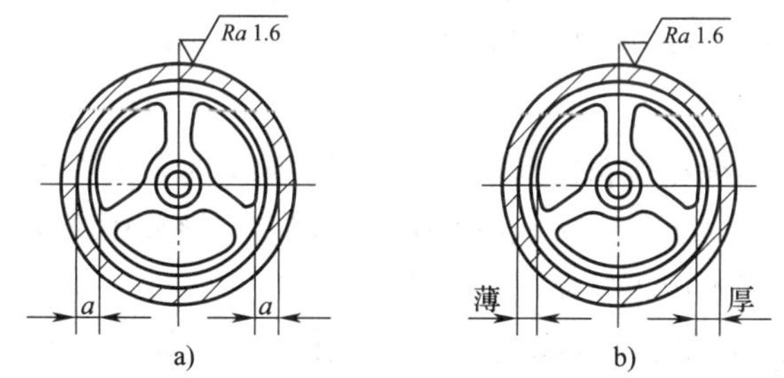

图 2—22 手轮工件第一次装夹的粗基准选择

a）正确 b）不正确

（2）加工余量合理分配原则

以余量最小的表面作为粗基准，以保证各加工表面有足够的加工余量。例如，某台阶轴毛坯的大、小端外圆有 5 mm 的偏心，则应以余量较小的 ϕ58 mm 外圆表面作粗基准，如图 2—23 所示。如果选 ϕ114 mm 外圆作粗基准加工 ϕ58 mm 毛坯外圆，则无法加工出 ϕ58 mm 外圆。

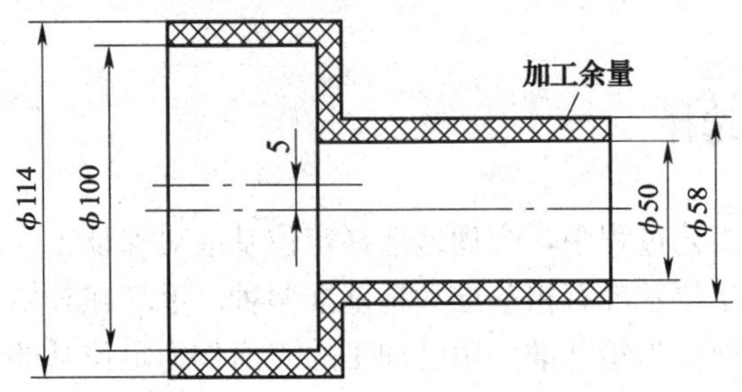

图 2—23　台阶轴的粗基准选择

（3）重要表面原则

为保证重要表面的加工余量均匀，应选择重要加工面为粗基准。图 2—24 所示的床身导轨，为了保证导轨面的金相组织均匀一致并且有较高的耐磨性，应使其加工余量小而均匀。因此，应先选择导轨面为粗基准，加工与床腿的连接面，如图 2—24a 所示；然后，再以连接面为精基准，加工导轨面，如图 2—24b 所示。这样才能保证导轨面加工时被切除的金属层尽可能薄而且均匀。

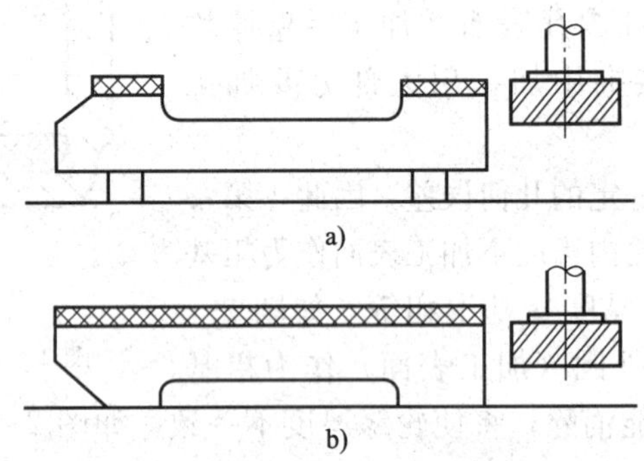

图 2—24　床身导轨加工粗基准的选择

a）加工与床腿的连接面时以导轨面为粗基准　b）加工导轨面时以连接面为精基准

（4）不重复使用原则

粗基准未经加工，表面比较粗糙且精度低，二次装夹时，其在机床上（或夹具中）的实际位置可能与第一次装夹时不一样，从而产生定位误差，导致相应加工表面出现较大的位置误差。因此，粗基准一般不应重复使用。如图 2—25 所示零件，若在加工端面 A、内孔 C 和钻孔 D 时，均使用未经加工的 B 表面定位，则钻孔的位置精度就会相对于内孔和端面产生偏差。当然，若毛坯制造精度较高，而工件加工精度要求不高，则粗基准也可重复使用。

（5）便于工件装夹原则

作为粗基准的表面，应尽量平整光滑，没有飞边、冒口、浇口或其他缺陷，以便使工件定位准确、夹紧可靠。

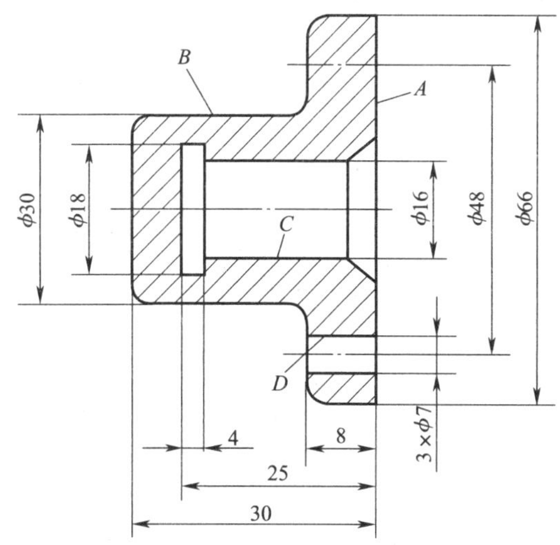

图 2—25 粗基准重复使用的误差

2. 精基准的选择

(1) 基准重合原则

直接选择加工表面的设计基准为定位基准，称为基准重合原则。采用基准重合原则可以避免由定位基准与设计基准不重合而引起的定位误差（基准不重合误差）。如图 2—26a 所示零件，欲加工孔 3，其设计基准是面 2，要求保证尺寸 A。在用调整法加工时，若以面 1 为定位基准，如图 2—26b 所示，则直接保证的尺寸是 C，尺寸 A 是通过控制尺寸 B 和 C 来间接保证的。因此，尺寸 A 的公差为：

$$T_A = A_{max} - A_{min} = (C_{max} - B_{min}) - (C_{min} - B_{max}) = T_B + T_C$$

由此可以看出，尺寸 A 的加工误差中增加了一个从定位基准（面 1）到设计基准（面 2）之间尺寸 B 的误差，这个误差就是基准不重合误差。由于基准不重合误差的存在，只有提高本道工序尺寸 C 的加工精度，才能保证尺寸 A 的精度；当本道工序 C 的加工精度不能满足要求时，还需提高前道工序尺寸 B 的加工精度，增加了加工的难度。若按图 2—26c 所示用面 2 定位，则符合基准重合原则，可以直接保证尺寸 A 的精度。

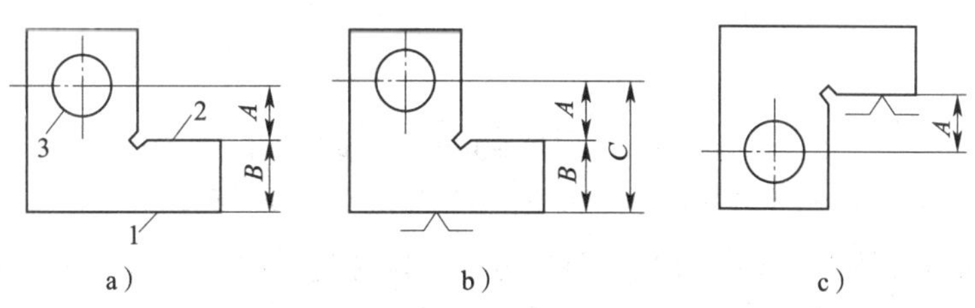

图 2—26 设计基准与定位基准的关系

如图 2—27a 所示的套类零件，面 A 和面 B 之间的长度公差为±0.1 mm，测量基准面为 A。如图 2—27b 所示加工心轴时，因为轴向定位基准是面 A，这样定位基准与测量基准重合，使工件容易达到长度公差要求。如图 2—27c 所示用面 C 作为长度定位基准，由于面 C 与面 A 之间也有一定误差，这样就产生了间接误差，误差累积后，很难保证（40±0.1）mm 的尺寸要求。

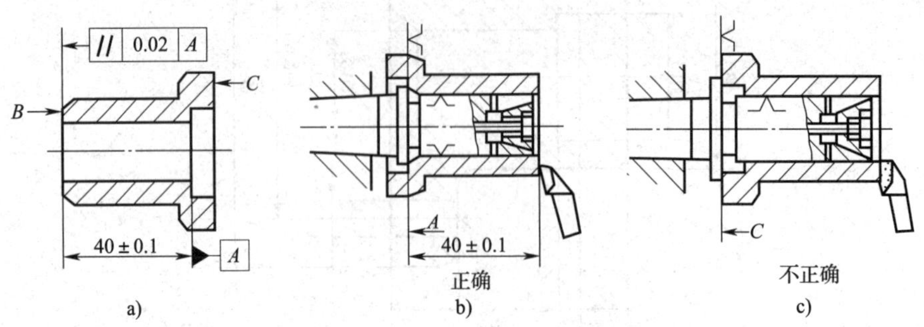

图 2—27　定位基准与测量基准

a）工件　b）直接定位　c）间接定位

一般的套类零件、齿轮坯和带轮，精加工时一般利用心轴以内孔作为定位基准来加工外圆及其他表面，如图 2—28 所示。在车床上配三爪自定心卡盘法兰时，如图 2—28d 所示，一般先车好内孔和螺纹，然后把它安装在主轴上再车配安装三爪自定心卡盘的凸肩和端面。这种加工方法的定位基准和装配基准重合，使装配精度容易达到满意的效果。

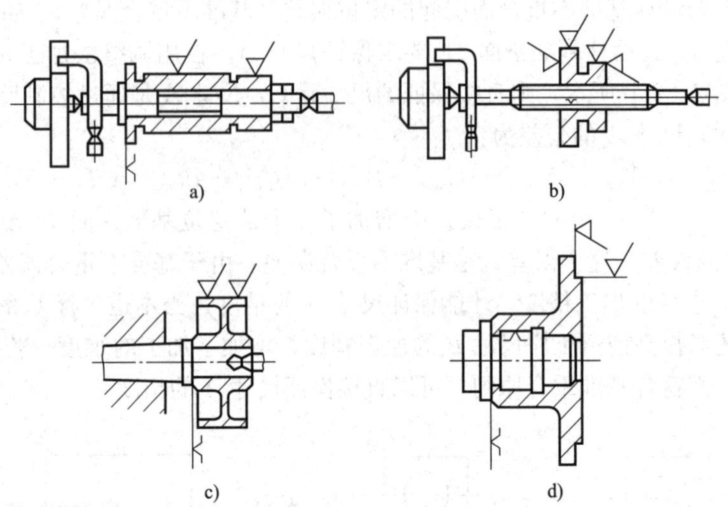

图 2—28　定位基准和装配基准重合

a）套类零件　b）齿轮坯　c）带轮　d）凸肩和端面加工

应用基准重合原则时，要具体情况具体分析。定位过程中产生的基准不重合误差，是在用夹具装夹、调整法加工一批工件时产生的。若用试切法加工，设计要求的尺寸一般可直接测量，不存在基准不重合误差问题。在带有自动测量功能的数控机床上加工时，可在工艺中安排坐标系测量检查工步，即每个零件加工前由 CNC 系统自动控制测量头检测设计基准并自动计算、修正坐标值，消除基准不重合误差。因此，不必遵循基准重合原则。

(2) 基准统一原则

同一零件的多道工序尽可能选择同一个定位基准，称为基准统一原则。这样既可保证各加工表面间的相互位置精度，避免或减少因基准转换而引起的误差，而且简化了夹具的设计与制造工作，降低了成本，缩短了生产准备周期。

图 2—29a 所示的内圆磨具套筒，外圆长度较长，形状复杂，在车削和磨削内孔时，应以外圆作为定位精基准。

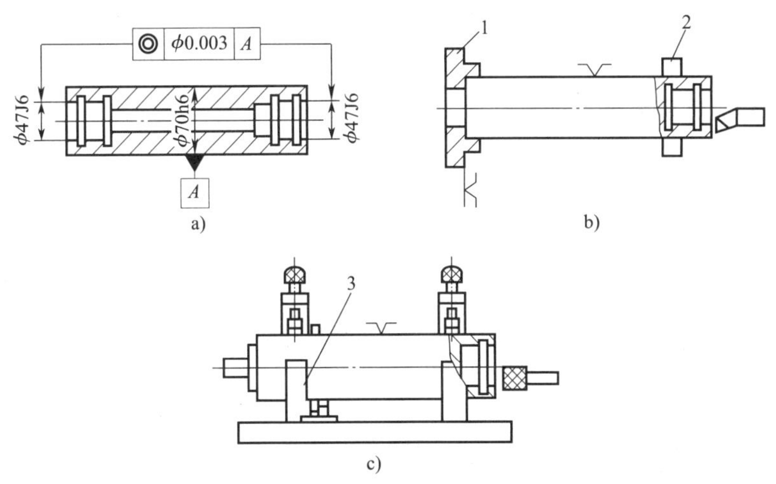

图 2—29　内圆磨具套筒精基准的选择

a）内圆磨具套筒　b）车削内孔　c）磨削内孔

1—软卡爪　2—中心架　3—V 形夹具

车削内孔和内螺纹时，应一端用软卡爪夹住，以外圆作为精基准，如图 2—29b 所示。磨削两端内孔时，把工件安装在 V 形夹具中，同样以外圆作为精基准，如图 2—29c 所示。

基准重合和基准统一原则是选择精基准的两个重要原则。但是，生产实际中有时会遇到两者相互矛盾的情况。此时，若采用统一定位基准能够保证加工表面的尺寸精度，则应遵循基准统一原则；若不能保证尺寸精度，则应遵循基准重合原则，以免使工序尺寸的实际公差值减小，增加加工难度。

(3) 自为基准原则

对于研磨、铰孔等精加工或光整加工工序要求加工余量小且均匀，选择加工表面本身作为定位基准，称为自为基准原则。采用自为基准原则时，只能提高加工表面本身的尺寸精度、形状精度，而不能提高加工表面的位置精度，加工表面的位置精度应由前道工序保证。

(4) 互为基准原则

为使各加工表面之间具有较高的位置精度，或为使加工表面具有均匀的加工余量，可采取两个加工表面互为基准反复加工的方法，称为互为基准原则。

(5) 便于装夹原则

所选精基准应能保证工件定位准确稳定，装夹方便可靠，夹具结构简单适用，操作方便灵活。同时，定位基准应有足够大的接触面积，以承受较大的切削力。

3. 辅助基准的选择

辅助基准是为了便于装夹或易于实现基准统一而人为制成的一种定位基准。如轴类零件加工所用的两个中心孔，它不是零件的工作表面，只是出于工艺上的需要才做出的。又如图2—30所示零件，为安装方便，毛坯上专门铸出工艺搭子，这也是典型的辅助基准，加工完毕后应将其从零件上切除。

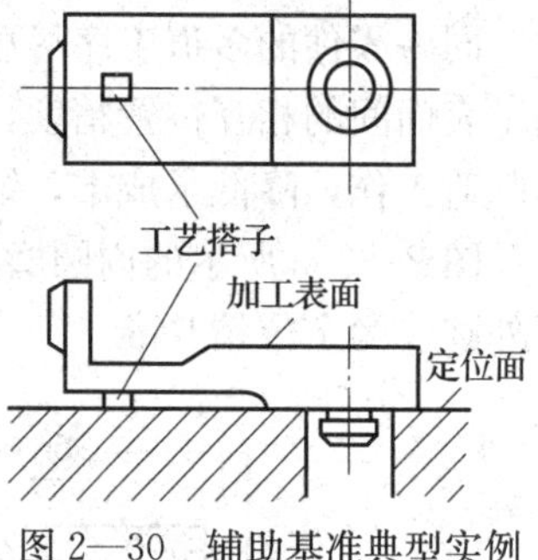

图2—30　辅助基准典型实例

除以上所介绍的实例外，还有哪些应用辅助基准的零件加工实例？

二、定位元件及其应用

工件的定位是通过工件上的定位基准面和夹具上定位元件工作表面之间的配合或接触实现的，一般应根据工件上定位基准面的形状，选择相应的定位元件。

1. 平面定位元件

用于平面定位的定位元件有多种，其中最常用的平面定位元件有固定支承、自位支承、可调支承、辅助支承。

（1）固定支承

固定支承有支承钉和支承板两种。

1）支承钉。支承钉是基本定位元件，可以用它直接体现定位点，其结构尺寸已标准化。国家最新推荐标准为JB/T 8029.2—1999。图2—31所示为三种常用支承钉的结构及类型。图中A型支承钉为平头支承钉，用于工件已加工表面的定位。B型支承钉为球头支承钉，用于工件毛坯表面的定位。由于毛坯表面质量不稳定，为求得较稳固的点接触，故采用球面支承。C型支承钉为齿纹头结构，它的应用特点主要是能在负荷力作用下与工件表面形成弹性变形接触，产生一定的啮合力，从而增大与工件表面摩擦，增加定位稳定性，一般用于工件侧定位或倾斜状态下的定位。使用中，齿纹头结构容易损伤工件表面，所以，C型支承钉多用于还需再精加工的工件表面定位。

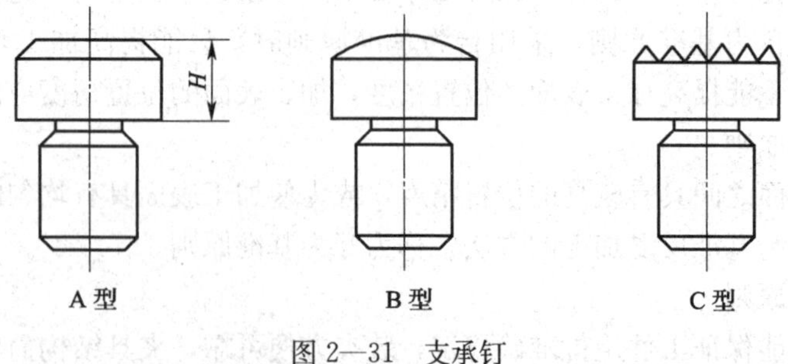

图2—31　支承钉

2）支承板。工件上幅面较大或跨度较大的大型精加工平面，常用来作第一定位基准，为使工件安装稳固、可靠，夹具上的定位元件多采用支承板来体现定位平面。图 2—32 中为两种常用支承板的结构形状，其新推荐标准为 JB/T 8029.1—1999。A 型支承板多用于工件的侧面、顶面及不易存屑的方向上定位。B 型支承板有利于清屑，使切屑难以进入定位表面。

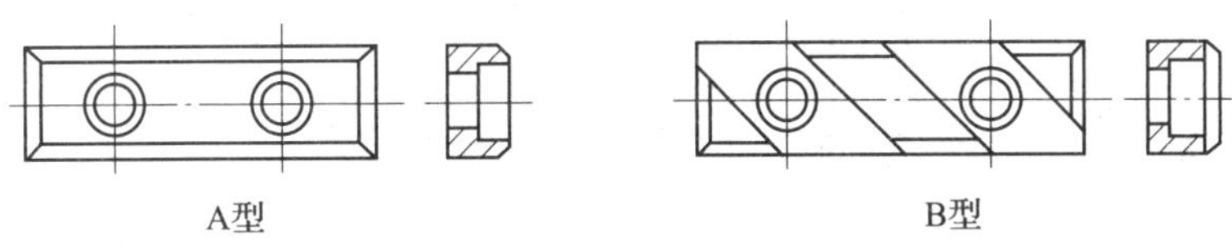

图 2—32 支承板

（2）自位支承

自位支承（又称为浮动支承）是指根据工件实际表面情况，自动调整支承方向和接触部位的浮动支承。图 2—33 为几种常用自位支承的结构。无论使用哪种形式的自位支承，其作用相当于一个固定支承，即它只在该部位消除一个移动自由度，主要目的是提高工件的刚度和稳定性，用于毛坯面定位或刚度不足的场合。

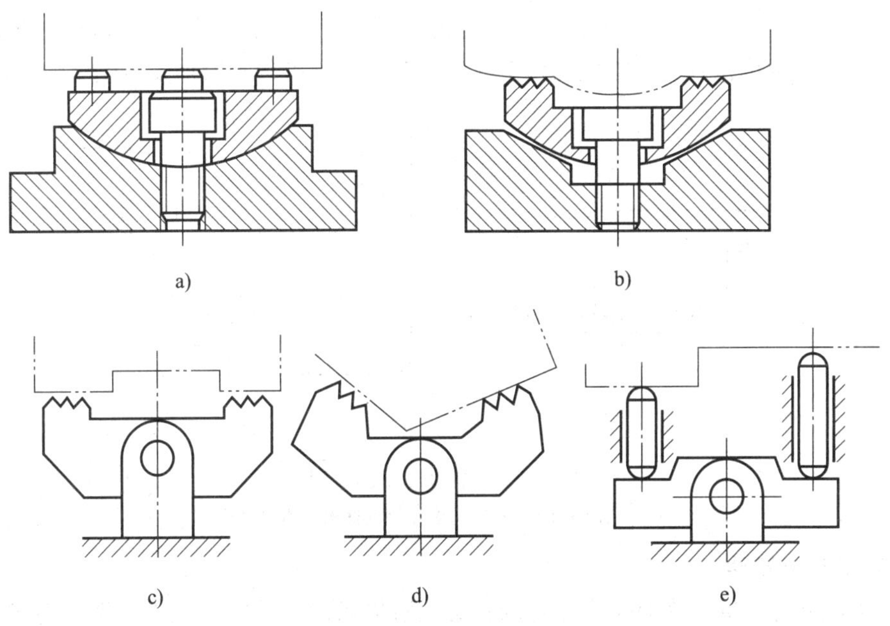

图 2—33 各类自位支承结构

（3）可调支承

可调支承是指支承高度可以调节的定位支承，如图 2—34 所示。高度尺寸调好以后，用锁紧螺母固定，就相当于固定支承，可调支承大多用于毛坯尺寸、形状变化较大，且为粗加工的定位。

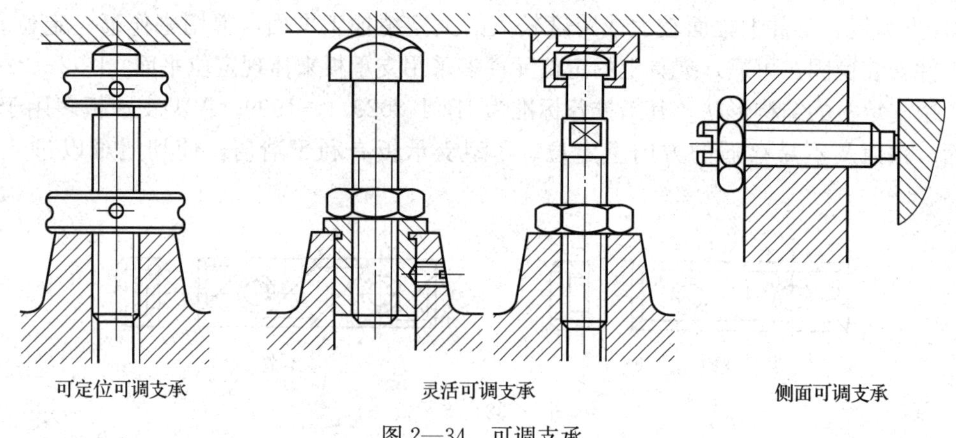

图 2—34 可调支承

(4) 辅助支承

为提高工件的安装刚度及稳定性，防止工件的切削振动及变形，或者为工件的预定位而设置的非正式定位支承称为辅助支承，辅助支承不起定位作用。

如图 2—35a 所示工件需铣削顶平面，为防止工件左端在切削力作用下产生变形和铣削振动，在工件左端悬伸部位下设置辅助支承来提高工件的安装稳定性和刚度。

如图 2—35b 所示较沉重的变速箱壳体需铣削顶面，在箱体底部设置一处辅助支承，既为工件提供了预定位位置，又方便操作工人的夹紧安装并可起到增加安装刚度的作用。

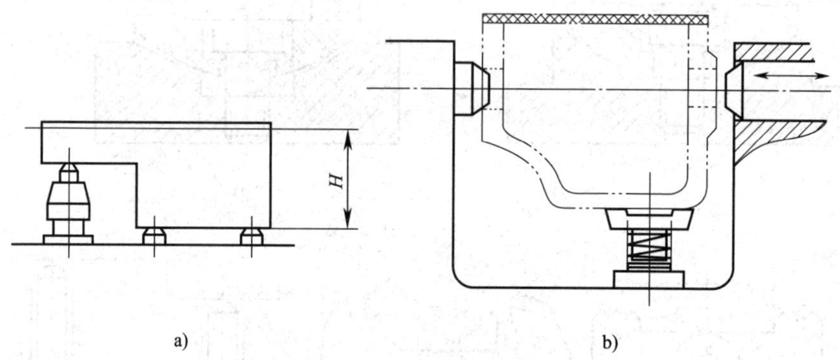

图 2—35 辅助支承的应用

a）铣削工件的顶平面 b）铣削变速箱壳体的顶面

2. 孔类定位元件

工件以圆孔定位时，夹具上为工件的各类孔所提供的常用定位元件主要有各类定位销、定位心轴、锥销类及其他自动定位结构。

(1) 定位销

定位销分为短销和长销。短销只能限制两个移动自由度，而长销除限制两个移动自由度外，还可以限制两个转动自由度。

(2) 定位心轴

定位心轴常被应用于车、磨、铣床上安装内孔尺寸较大的套筒类、盘类工件，主要有间隙配合心轴、过盈配合心轴及锥度心轴。

1）间隙配合心轴的应用特点是工件安装迅速、方便，但定位精度较差。

2）过盈配合心轴的应用特点为定位精度高，但工件装拆不方便。另外，切削力不宜过大，且对定位孔的尺寸精度要求较高，多用于工件外圆、端面的精加工工序中。

3）锥度心轴作为一种标准心轴，在高精度定位中得到广泛应用。

（3）锥销类

生产中，各类锥销广泛地作为工件的圆柱孔、圆锥孔的定位依据。图 2—36 所示为两种圆锥销用于工件圆柱孔端的定位情况，其中，图 2—36a 用于精基准定位，图 2—36b 用于毛坯孔端的粗基准定位。

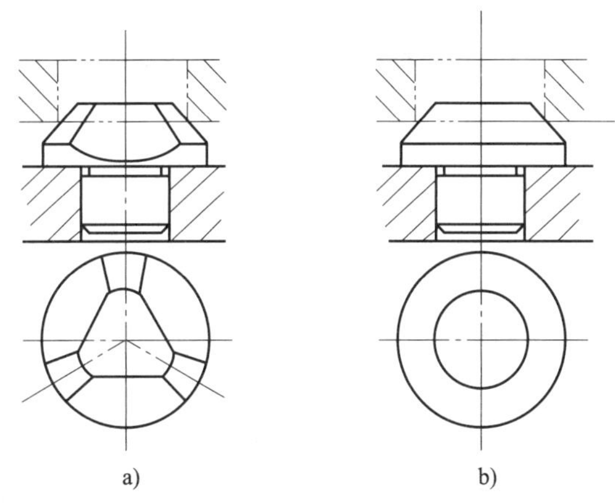

图 2—36　圆锥销定位

a）精基准定位　b）粗基准定位

（4）自动定心夹紧心轴

在机床夹具中，广泛应用各种类型的自动定心夹紧结构。这类结构是在对工件施行夹紧的过程中，利用等量和弹性变形或斜面、杠杆等结构的等量移动原理，对回转类工件的内、外表面施行自动定心定位，图 2—37 为一种自动定心夹紧心轴。

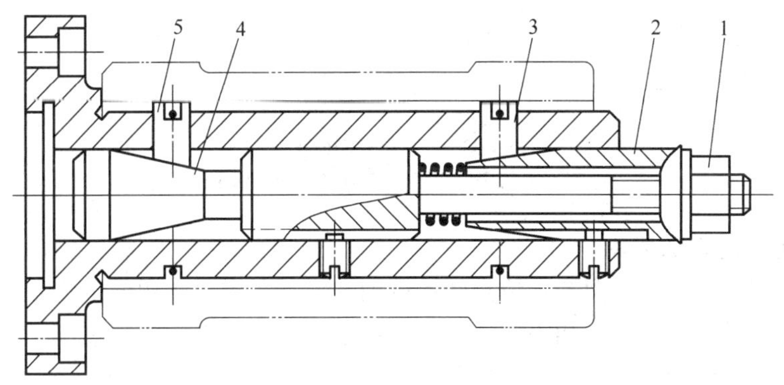

图 2—37　自动定心夹紧心轴

1—螺母　2—锥套　3、5—定位元件　4—心轴

3. 外圆柱面定位元件

工件以外圆柱面做定位表面时，根据工件外圆柱面的完整程度及安装要求，可设置 V 形架、定位套、外拨顶尖及各类自动定心装置等定位元件为工件提供空间位置依据。

（1）V 形架

图 2—38 为 V 形架的应用，其结构简单，定位稳定、可靠，对中性好。

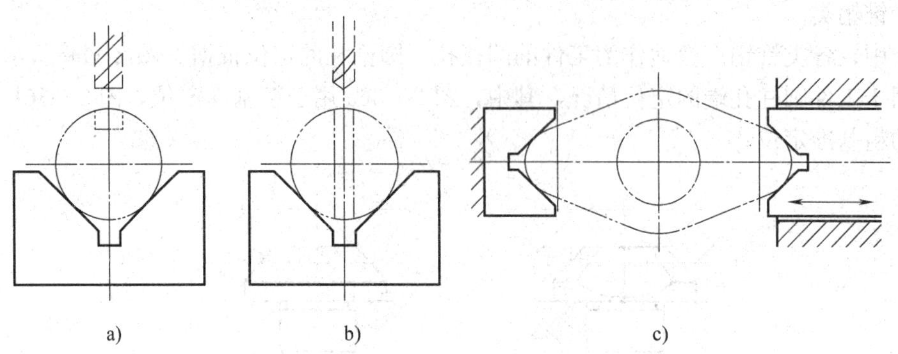

图 2—38　V 形架的应用

a）圆柱面铣槽　b）圆柱面钻孔　c）异形零件定位

（2）定位套

图 2—39a 为工件在短定位套中定位。图 2—39b 为工件以较长外圆柱面在长定位套中定位，长定位套对工件提供了四点约束，消除了两个移动自由度和两个转动自由度。这类定位往往不太稳定，工件外圆柱直径误差较大时，与定位套单方向线接触。定位精度及定位质量很低。

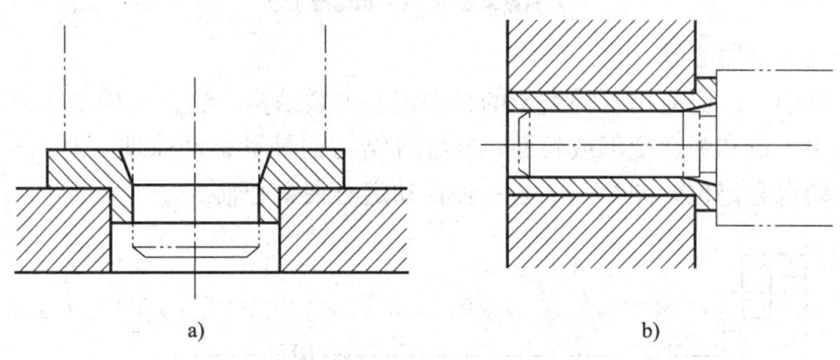

图 2—39　定位套

a）短定位套定位　b）长定位套定位

4. 常见定位元件的应用

如图 2—40 所示，一面两孔定位是数控铣削加工过程中最常用的定位方式之一，即以工件上的一个较大平面和平面上相距较远的两个孔组合定位，平面支承限制了 $\overleftrightarrow{x}$、$\overleftrightarrow{y}$ 和 $\overleftrightarrow{z}$ 三个自由度，一个圆柱销限制 $\overleftrightarrow{x}$ 和 $\overleftrightarrow{y}$ 两个自由度，另一个圆柱销限制 $\overleftrightarrow{z}$ 自由度。为保证工件能够顺利装夹，第二个销通常采用削边结构（削边销结构尺寸见表 2—6）；有时也选用加工精度较高的圆柱销。削边销与孔的最小配合间隙 X_{min} 可由下式计算：

$$X_{min}=\frac{b\ (T_D+T_d)}{D}$$

式中 b——削边销的宽度，mm；

T_D——两定位孔中心距公差，mm；

T_d——两定位销中心距公差，mm；

D——与削边销配合的孔的直径，mm。

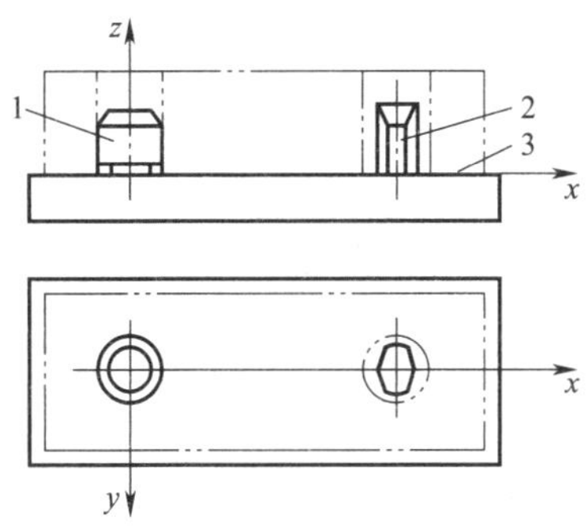

图 2—40　一面两孔定位

1—圆柱销　2—削边销　3—定位平面

表 2—6　削边销结构尺寸　mm

	D	3～6	6～8	8～20	20～25	25～32	32～40	40～50
	b	2	3	4	5	6	7	8
	B	D－0.5	D－1	D－2	D－3	D－4	D－5	

其他常见定位元件及其应用见表 2—7。

表 2—7　常见定位元件及其应用

工件定位基准面	定位元件	定位方式简图	定位元件特点	限制的自由度
平面	支承钉			1、2、3—$\overleftrightarrow{z}$、$\overset{\frown}{x}$、$\overset{\frown}{y}$ 4、5—$\overleftrightarrow{x}$、$\overset{\frown}{z}$ 6—$\overleftrightarrow{y}$
	支承板		每个支承板也可设计为两个或两个以上小支承板	1、2—$\overleftrightarrow{z}$、$\overset{\frown}{x}$、$\overset{\frown}{y}$ 3—$\overleftrightarrow{x}$、$\overset{\frown}{z}$

续表

工件定位基准面	定位元件	定位方式简图	定位元件特点	限制的自由度
平面 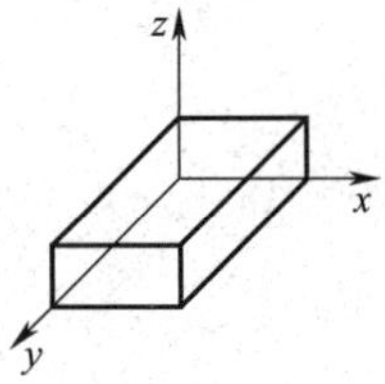	固定支承与浮动支承	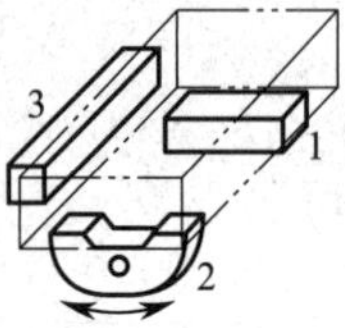	1、3—固定支承 2—浮动支承	1、2—$\overleftrightarrow{z}$、$\overset{\frown}{x}$、$\overset{\frown}{y}$ 3—$\overleftrightarrow{x}$、$\overset{\frown}{z}$
	固定支承与辅助支承	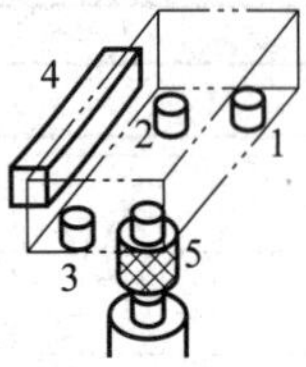	1、2、3、4—固定支承 5—辅助支承	1、2、3— $\overleftrightarrow{z}$、$\overset{\frown}{x}$、$\overset{\frown}{y}$ 4—$\overleftrightarrow{x}$、$\overset{\frown}{z}$ 5—增加刚度， 不限制自由度
圆孔 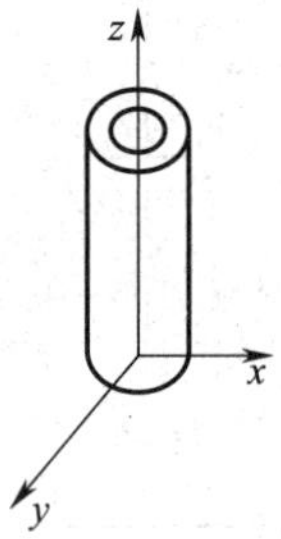	定位销（心轴）	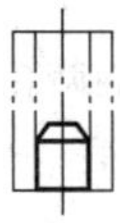	短销（短心轴）	$\overleftrightarrow{x}$、$\overleftrightarrow{y}$
		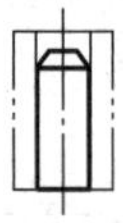	长销（长心轴）	$\overleftrightarrow{x}$、$\overleftrightarrow{y}$ $\overset{\frown}{x}$、$\overset{\frown}{y}$
	锥销	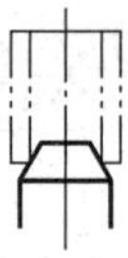	单锥销	$\overleftrightarrow{x}$、$\overleftrightarrow{y}$、$\overleftrightarrow{z}$
		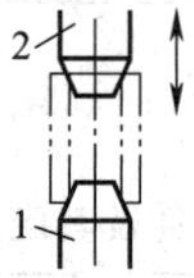	1—固定销 2—活动销	1—$\overleftrightarrow{x}$、$\overleftrightarrow{y}$、$\overleftrightarrow{z}$ 2—$\overset{\frown}{x}$、$\overset{\frown}{y}$
外圆柱面 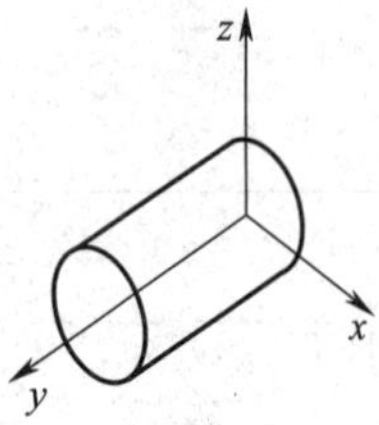	支承板或支承钉		短支承板或支承钉	$\overleftrightarrow{z}$（或$\overset{\frown}{x}$）
		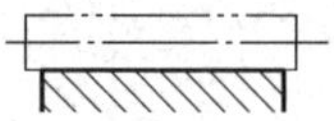	长支承板或两个支承钉	$\overleftrightarrow{z}$、$\overset{\frown}{x}$
	V形架	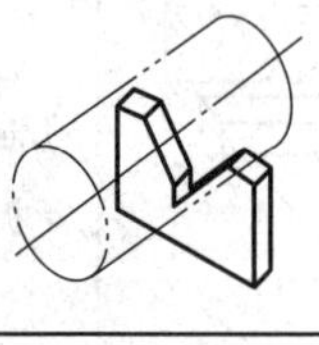	窄V形架	$\overleftrightarrow{x}$、$\overleftrightarrow{z}$

续表

工件定位基准面	定位元件	定位方式简图	定位元件特点	限制的自由度
外圆柱面	V形架		宽V形架或两个窄V形架	$\overleftrightarrow{x}$、$\overleftrightarrow{z}$ $\widehat{x}$、$\widehat{z}$
			垂直运动的窄活动V形架	$\overleftrightarrow{x}$（或$\widehat{x}$）
	定位套		短套	$\overleftrightarrow{x}$、$\overleftrightarrow{z}$
			长套	$\overleftrightarrow{x}$、$\overleftrightarrow{z}$ $\widehat{x}$、$\widehat{z}$
	半圆孔衬套		短半圆孔	$\overleftrightarrow{x}$、$\overleftrightarrow{z}$
			长半圆孔	$\overleftrightarrow{x}$、$\overleftrightarrow{z}$ $\widehat{x}$、$\widehat{z}$
	锥套		单锥套	$\overleftrightarrow{x}$、$\overleftrightarrow{y}$、$\overleftrightarrow{z}$
		1 2	1—固定锥套 2—活动锥套	1—$\overleftrightarrow{x}$、$\overleftrightarrow{y}$、$\overleftrightarrow{z}$ 2—$\widehat{x}$、$\widehat{z}$

三、机床夹具的组成及作用

1. 组成

机床夹具按其应用场合不同，其结构组成也不同。一般情况下，夹具主要由三大部分组成，下面以图 2—41 所示的钻孔夹具为例说明，夹具的主要组成部分及作用见表 2—8。此外，根据不同的机床及不同的加工工序内容，夹具还可以设置对刀装置、刀具引导装置、回转分度装置及各种辅助装置。

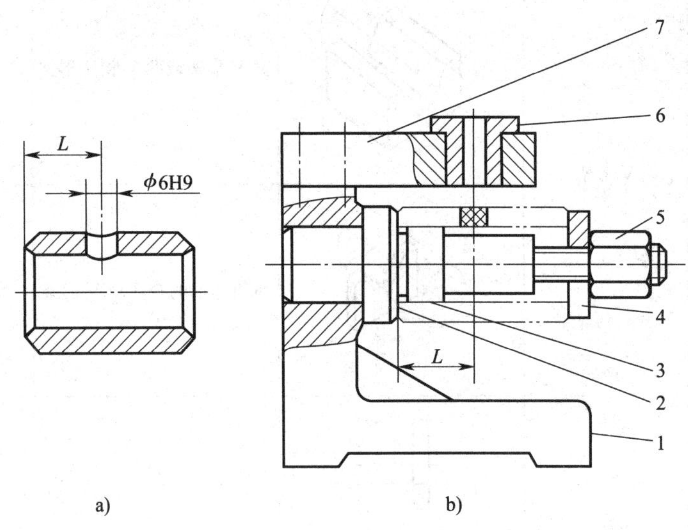

图 2—41　钻孔零件及其夹具

a）钻孔零件　b）夹具

1—夹具体　2—定位平面　3—短圆柱销　4—开口垫圈　5—夹紧螺母　6—钻套　7—钻模板

表 2—8　**夹具的主要组成部分及作用**

主要组成	作用	实例
定位装置	由各种标准或非标准的定位元件组成，用以解决工件相对于夹具的定位问题。它是夹具工作的核心部分	图 2—41 所示钻孔夹具的定位平面 2 和短圆柱销 3 等
夹紧装置*	由各种夹紧元件组成，用以解决工件在夹具中的夹紧问题	图 2—41 所示钻孔夹具的夹紧螺母 5
夹具体	夹具体是整个夹具的基础，依靠夹具体与机床相联系。夹具上的其他各类结构都靠夹具体连接而成为一个整体	图 2—41 所示钻孔夹具的夹具体 1

* 当切削力较小、工件自重较大或者可以依靠切削力来增大摩擦力而固定工件时，也可以不设置夹紧装置。

2. 机床夹具的作用

（1）提高劳动生产率。

（2）保证工件的加工精度、稳定整批工件的加工质量。

（3）改善工人劳动条件。

（4）降低对操作工人的技术等级要求。

（5）可改变和扩大部分数控机床的功能。

第四节　加工余量与确定方法

一、加工余量的概念

加工余量是指加工过程中所切除的金属层厚度。余量有工序余量和加工总余量之分。工序余量是相邻两工序的工序尺寸之差；加工总余量是毛坯尺寸与零件图的设计尺寸之差，它等于各工序余量之和。即

$$Z_{\sum} = \sum_{i=1}^{n} Z_i$$

式中　$Z_{\sum}$——总加工余量；

Z_i——工序余量；

n——工序数量。

由于工序尺寸有公差，实际切除的余量是一个变值，因此，工序余量分为基本余量（又称公称余量）、最大工序余量和最小工序余量。

为了便于加工，工序尺寸的公差一般按“入体原则”标注，即被包容面的工序尺寸取上偏差为零；包容面的工序尺寸取下偏差为零；毛坯尺寸的公差一般采取双向对称分布。

工序余量与工序尺寸及其公差的关系如图 2—42 所示。

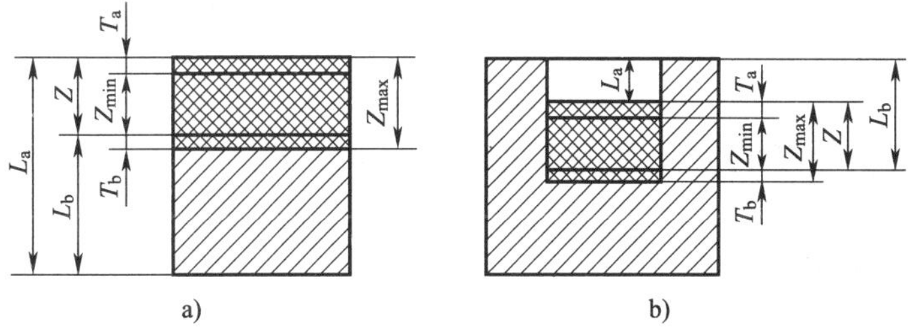

图 2—42　工序余量与工序尺寸及其公差的关系

a）被包容面　b）包容面

工序的基本余量、最大工序余量和最小工序余量可按下式计算。

对于被包容面 ：

$$Z = L_a - L_b$$

$$Z_{max} = L_{amax} - L_{bmin} = Z + T_b$$

$$Z_{min} = L_{amin} - L_{bmax} = Z - T_a$$

对于包容面：

$$Z = L_b - L_a$$

$$Z_{max}=L_{bmax}-L_{amin}=Z+T_b$$
$$Z_{min}=L_{bmin}-L_{amax}=Z-T_a$$

式中　Z——工序余量的基本尺寸；

Z_{max}——最大工序余量；

Z_{min}——最小工序余量；

L_a——上工序的基本尺寸；

L_b——本工序的基本尺寸；

T_a——上工序尺寸的公差；

T_b——本工序尺寸的公差。

加工余量有单边余量和双边余量之分。平面的加工余量则指单边余量，它等于实际切削的金属层厚度。上述表面的加工余量为非对称的单边加工余量。对于内圆和外圆等回转体表面，在数控机床加工过程中，加工余量有时指双边余量，即以直径方向计算，实际切削的金属层厚度为加工余量的一半，如图 2—43 所示。

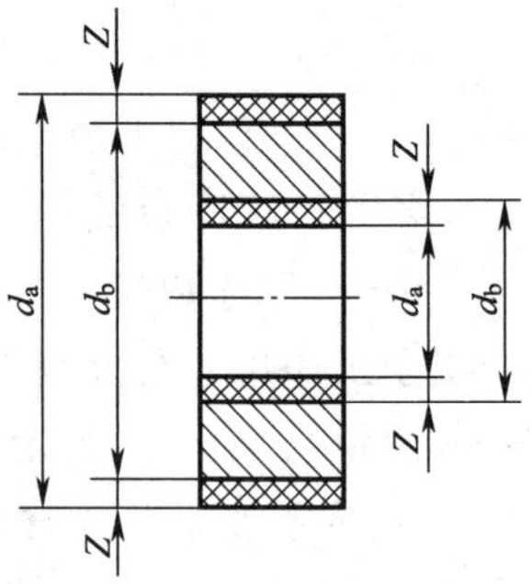

图 2—43　双边余量

对于外圆表面：

$$2Z=d_a-d_b$$

对于内圆表面：

$$2Z=d_b-d_a$$

式中　$2Z$——直径上的加工余量；

d_a——上工序的基本尺寸；

d_b——本工序的基本尺寸。

二、确定加工余量的方法及基本原则

1. 确定加工余量的方法

(1) 经验估算法

此法是凭工艺人员的实践经验估计加工余量。为避免因余量不足而产生废品，所估余量一般偏大，仅用于单件小批生产。

(2) 查表修正法

将工厂生产实践和试验研究积累的有关加工余量的资料制成表格，并汇编成手册。这种方法目前应用最广。

确定加工余量时，可先从手册中查得所需数据，然后再结合工厂的实际情况进行适当修正。查表时应注意表中的余量值为基本余量值，对称表面的加工余量是双边余量，非对称表面的余量是单边余量。

表 2—9～表 2—12 列出了平面、孔与外圆的部分常见加工方法的余量值，供参考。

表 2—9　　平面加工余量　　mm

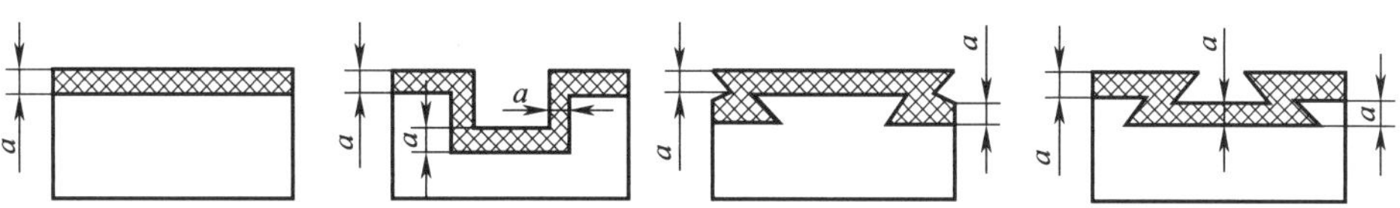

加工方法	加工表面长度	加工表面宽度					
		≤100		100～300		300～1 000	
		余量 a	公差（＋）	余量 a	公差（＋）	余量 a	公差（＋）
粗加工 精刨 精铣	≤300 300～1 000 1 000～2 000	1.0 1.5 2.0	0.3 0.5 0.7	1.5 2.0 2.5	0.5 0.7 1.2	2.0 2.5 3.0	0.7 1.0 1.2
精加工后磨削 （零件安装时不经校准）	≤300 300～1 000 1 000～2 000	0.3 0.4 0.5	0.1 0.12 0.15	0.4 0.5 0.6	0.12 0.15 0.15	— 0.6 0.7	— 0.15 0.15
精加工后磨削 （零件安装在夹具中 或用千分表校准）	≤300 300～1 000 1 000～2 000	0.2 0.25 0.3	0.1 0.12 0.15	0.25 0.3 0.4	0.12 0.15 0.15	— 0.4 0.4	— 0.15 0.15
刮削	≤300 300～1 000 1 000～2 000	0.15 0.2 0.25	0.06 0.1 0.12	0.15 0.2 0.25	0.06 0.1 0.12	0.2 0.25 0.3	0.1 0.12 0.15

注：①表中数值为每一加工表面的加工余量。

②当精刨或精铣时，最后一次行程前留的余量应大于等于 0.5 mm。

③经过热处理的零件，磨削前的加工余量需应将表中数值乘以 1.2。

表 2—10　　按照孔公差 H7 加工的工序尺寸　　mm

被加工孔的直径	直径					
	钻		用车刀车孔后	扩孔钻	粗铰	精铰
	第 1 次	第 2 次				
3	2.9					3H7
4	3.9					4H7
5	4.8					5H7
6	5.8					6H7
8	7.8				7.96	8H7

续表

被加工孔的直径	直径					
	钻		用车刀车孔后	扩孔钻	粗铰	精铰
	第 1 次	第 2 次				
10	9.8				9.96	10H7
12	11.0			11.85	11.95	12H7
13	12.0			12.85	12.95	13H7
14	13.0			13.85	13.95	14H7
15	14.0			14.85	14.95	15H7
16	15.0			15.85	15.95	16H7
18	17.0			17.85	17.94	18H7
20	18.0		19.8	19.8	19.94	20H7
22	20.0		21.8	21.8	21.94	22H7
24	22.0		23.8	23.8	23.94	24H7
25	23.0		24.8	24.8	24.94	25H7
26	24.0		25.8	25.8	25.94	26H7
28	26.0		27.8	27.8	27.94	28H7
30	15.0	28	29.8	29.8	29.93	30H7
32	15.0	30.0	31.7	31.75	31.93	32H7
35	20.0	33.0	34.7	34.75	34.93	35H7
38	20.0	36.0	37.7	37.75	37.93	38H7
40	25.0	38.0	39.7	39.75	39.93	40H7
42	25.0	40.0	41.7	41.75	41.93	42H7
45	25.0	43.0	44.7	44.75	44.93	45H7
48	25.0	46.0	47.7	47.75	47.93	48H7
50	25.0	48.0	49.7	49.75	49.93	50H7
60	30.0	55.0	59.5	59.5	59.9	60H7
70	30.0	65.0	69.5	69.5	69.9	70H7
80	30.0	75.0	79.5	79.5	79.9	80H7
90	30.0	80.0	89.3	—	89.8	90H7
100	30.0	80.0	99.3	—	99.8	100H7
120	30.0	80.0	119.3	—	119.8	120H7
140	30.0	80.0	139.3	—	139.8	140H7
160	30.0	80.0	159.3	—	159.8	160H7
180	30.0	80.0	179.3	—	179.8	180H7

表 2—11 普通精度轧制件用于轴类（外旋转表面）零件的数控车削加工余量 mm

名义直径	表面加工方法	直径余量（按轴长取）					
		<120	120～260	260～500	500～800	800～1 250	1 250～2 000
≤30	粗车和一次车	1.1～1.3	1.7	—	—	—	—
	半精车	0.45	0.5	—	—	—	—
	精车	0.2～0.25	0.25	—	—	—	—
	细车	0.12～0.13	0.15	—	—	—	—
30～50	粗车和一次车	1.1～1.3	1.8	2.2	—	—	—
	半精车	0.45	0.45	0.5	—	—	—
	精车	0.2 ～0.25	0.25	0.3	—	—	—
	细车	0.12～0.13	0.13～0.14	0.16	—	—	—
50～80	粗车和一次车	1.1～1.5	1.8～1.9	2.2～2.3	2.3～2.6	—	—
	半精车	0.45	0.45～0.5	0.5	0.5	—	—
	精车	0.2～0.25	0.25	0.25～0.3	0.3	—	—
	细车	0.12～0.13	0.13～0.15	0.14～0.16	0.17～0.18	—	—
80～120	粗车和一次车	1.2～1.7	1.9～2.0	2.2～2.3	2.7	3.4	—
	半精车	0.45～0.5	0.45～0.5	0.5	0.55	0.55	—
	精车	0.25	0.25～0.3	0.3	0.35	0.35	—
	细车	0.12～0.15	0.13～0.16	0.16～0.18	0.2	0.2	—
120～180	粗车和一次车	1.3～2.0	2.0～2.1	2.2～2.3	2.7	3.5	4.8
	半精车	0.45～0.5	0.45～ 0.5	0.5	0.5	0.55～0.6	0.65
	精车	0.25～0.3	0.25～0.3	0.25～0.3	0.3	0.3～0.35	0.4
	细车	0.13～0.16	0.13～0.16	0.15～0.17	0.17～0.18	0.2～0.21	0.27
180～260	粗车和一次车	1.4～2.3	2.2～2.4	2.4～2.6	2.8～2.9	3.5～3.6	4.8～5.0
	半精车	0.45～0.5	0.45～0.5	0.5	0.5～0.55	0.55～0.6	0.65
	精车	0.25～0.3	0.25～0.3	0.25～0.3	0.3	0.35	0.4
	细车	0.13～0.17	0.14～0.17	0.15～0.18	0.17～0.19	0.2～0.22	0.27

注：①直径小于 30 mm 的毛坯规定校直，不校直时必须增加直径数值，以达到能够补偿弯曲所需的数值。

②台阶轴按最大阶梯直径选取毛坯直径。

③表中每格前列数值是用中心孔安装时的车削余量，后列数值是用卡盘安装时的车削余量。

表 2—12　　模锻毛坯用于轴类（外旋转表面）零件的数控车削加工余量　　mm

名义直径	表面加工方法	直径余量（按轴长取）					
		<120	120～260	260～500	500～800	800～1 250	1 250～2 000
≤18	粗车和一次车 精车 细车	1.4～1.5 0.25 0.14	1.9 0.3 0.15	— — —	— — —	— — —	— — —
18～30	粗车和一次车 精车 细车	1.5～1.6 0.25 0.14	1.9～2.0 0.25～0.3 0.14～0.15	2.3 0.3 0.16	— — —	— — —	— — —
30～50	粗车和一次车 精车 细车	1.7～1.8 0.25～0.3 0.15	2.0～2.3 0.3 0.15～0.16	2.7～3.0 0.3 0.17～0.19	3.5 0.35 0.21	— — —	— — —
50～80	粗车和一次车 精车 细车	2.0～2.2 0.3 0.16	2.6～2.9 0.3 0.17～0.18	2.9～3.4 0.3～0.35 0.18～0.2	3.6～4.2 0.35～0.4 0.2～0.22	5.0 0.45 0.25	— — —
80～120	粗车和一次车 精车 细车	2.3～2.6 0.3 0.17	3.0～3.3 0.3 0.18～0.19	3.8～4.3 0.35～0.4 0.21～0.23	4.5～5.2 0.4～0.45 0.24～0.26	5.2～6.3 0.45～0.5 0.26～0.3	8.2 0.6 0.38
120～180	粗车和一次车 精车 细车	2.8～3.2 0.3～0.35 0.2	4.2～4.6 0.3～0.4 0.22～0.24	4.5～5.0 0.4～0.45 0.23～0.25	5.6～6.2 0.45～0.5 0.27～0.3	6.7～7.5 0.55～0.6 0.32～0.35	— — —

注：①直径小于 30 mm 的毛坯规定校直，不校直时必须增加直径，以达到能够补偿弯曲所需的数值。
②台阶轴按最大阶梯直径选取毛坯直径。
③表中每格前列数值是用中心孔安装时的车削余量，后列数值是用卡盘安装时的车削余量。

（3）分析计算法

此法是根据上述的加工余量计算公式和一定的试验资料，对影响加工余量的各项因素进行综合分析和计算来确定加工余量的一种方法。用这种方法确定的加工余量比较经济合理，但必须有比较全面和可靠的试验资料。目前，只在材料十分贵重，以及军工生产或少数大量生产的工厂中采用。

2．确定加工余量的基本原则

（1）总加工余量（毛坯余量）和工序余量要分别确定。总加工余量的大小与所选择的毛坯制造精度有关。粗加工工序的加工余量不能用查表法确定，应等于总加工余量减去其他各工序的余量之和。

（2）大零件取大余量。零件越大，切削力、内应力引起的变形越大。因此，工序加工余量应取大一些，以便通过本道工序消除变形量。

(3) 余量要充分，防止因余量不足而造成废品。余量中应包含因热处理引起的变形量。

(4) 采用最小加工余量原则。在保证加工精度和加工质量的前提下，余量越小越好，以缩短加工时间，减少材料消耗，降低加工费用。

做一做

根据您所在学校的实训课程，按以上方式确定加工余量并进行加工，以验证其正确性。

第五节 工序尺寸及其公差的确定

零件上的设计尺寸一般要经过几道机械加工工序的加工才能得到，每道工序所应保证的尺寸称为工序尺寸，与其相应的公差即工序尺寸的公差。工序尺寸及其公差的确定，不仅取决于设计尺寸、加工余量及各工序所能达到的经济精度，而且还与定位基准、工序基准、测量基准、编程坐标系原点的确定及基准的转换有关。所以，计算工序尺寸及公差时，应根据不同的情况采用不同的方法。

一、基准重合时工序尺寸及其公差的计算

当工序基准、测量基准、定位基准或编程原点与设计基准重合时，工序尺寸及其公差直接由各工序的加工余量和所能达到的精度确定。其计算方法是由最后一道工序开始向前推算，具体步骤如下：

(1) 确定毛坯总余量和工序余量。

(2) 确定工序公差。最终工序尺寸公差等于零件图上设计尺寸公差，其余工序尺寸公差按经济精度确定。

(3) 计算工序基本尺寸。从零件图上的设计尺寸开始向前推算，直至毛坯尺寸。最终工序基本尺寸等于零件图上的基本尺寸，其余工序基本尺寸等于后道工序基本尺寸加上或减去后道工序余量。

(4) 标注工序尺寸公差。最后一道工序的公差按零件图上设计尺寸标注，中间工序尺寸公差按入体原则标注，毛坯尺寸公差按双向标注。

例 2—1 图 2—44 所示为某法兰盘零件上的一个孔，孔径为 $\phi60^{+0.03}_{0}$ mm，表面粗糙度值 Ra 为 0.8 μm，毛坯采用铸钢件，需要淬火处理。试确定其各工序尺寸及公差。

解： $\phi60$ mm 的孔径可以直接铸出，零件精度为 IT7 级，工艺路线为：粗镗→半精镗→磨孔。从《机械加工工艺手册》中查出各工序余量、加工经济精度和表面粗糙度，填入表 2—13 的第二、第四、第六列内；计算各工序基本尺寸并填入表 2—13 的第三列内；再按入体原则和对称原则确定各工序尺寸的上下偏差，填入表 2—13 的第五列内。各工序尺寸及公差的标注如图 2—44 所示。

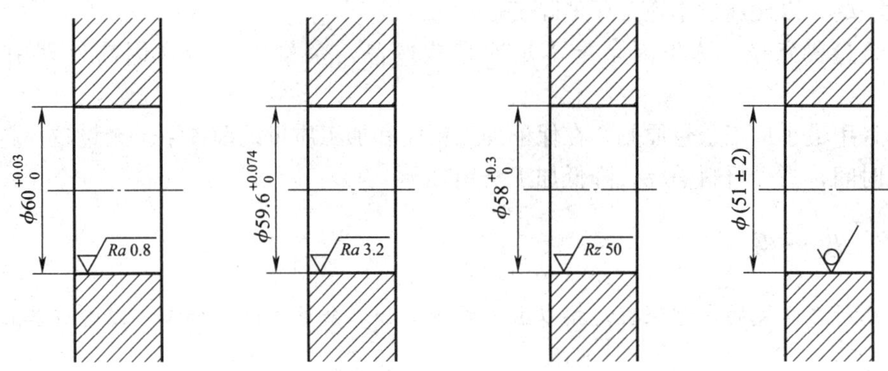

图 2—44　工艺基准与设计基准重合时工序尺寸及公差计算

表 2—13　工序尺寸及其公差的计算

工序名称	工序余量/mm	工序基本尺寸/mm	加工经济精度/mm	工序尺寸标注/mm	表面粗糙度/μm
磨	0.4	60	IT7（$^{+0.03}_{0}$）	$\phi60^{+0.03}_{0}$	Ra0.8
半精镗	1.6	60－0.4＝59.6	IT9（$^{+0.074}_{0}$）	$\phi59.6^{+0.074}_{0}$	Ra3.2
粗镗	7	59.6－1.6＝58	IT12（$^{+0.3}_{0}$）	$\phi58^{+0.3}_{0}$	Rz50
毛坯	9	58－7＝51	±2	ϕ51±2	—

例 2—2　某箱体上孔的设计尺寸为 ϕ（100±0.011）mm（Js6），表面粗糙度 Ra 为 0.8 μm，工艺路线为：粗镗→半精镗→精镗→浮动镗。试确定其各工序尺寸及公差。

解：工序尺寸的计算方法同上例，结果见表 2—14。

表 2—14　工序尺寸及其公差的计算

工序名称	工序余量/mm	工序基本尺寸/mm	加工经济精度/mm	工序尺寸标注/mm	表面粗糙度/μm
浮动镗	0.1	100	Js6（±0.011）	ϕ100±0.011	Ra0.8
精镗	0.5	100－0.1＝99.9	IT7（$^{+0.035}_{0}$）	$\phi99.9^{+0.035}_{0}$	Ra3.2
半精镗	2.4	99.9－0.5＝99.4	IT10（$^{+0.14}_{0}$）	$\phi99.4^{+0.14}_{0}$	Ra3.2
粗镗	5	99.4－2.4＝97	IT12（$^{+0.44}_{0}$）	$\phi97^{+0.44}_{0}$	Rz50
毛坯	8	97－5＝92	±1.5	ϕ92±1.5	—

二、基准不重合时工序尺寸及其公差的计算

当工序基准、测量基准、定位基准或编程原点与设计基准不重合时，工序尺寸及其公差

的确定需要借助于工艺尺寸链的基本知识和计算方法，通过解工艺尺寸链才能获得。

1. **工艺尺寸链**

（1）工艺尺寸链的概念

1）工艺尺寸链的定义。在机器装配或零件加工过程中，互相联系且按一定顺序排列的封闭尺寸组合，称为尺寸链。其中，由单个零件在加工过程中的各有关工艺尺寸所组成的尺寸链，称为工艺尺寸链。

如图 2—45a 所示，尺寸 A_1、A_Σ 为设计尺寸，先以底面定位加工上表面，得到尺寸 A_1，当用调整法加工凹槽时，为了使定位稳定可靠并简化夹具，仍然以底面定位，按尺寸 A_2 加工凹槽，于是该零件上在加工时并未直接予以保证的尺寸 A_Σ 就随之确定。这样相互联系的尺寸 A_1—A_2—A_Σ，就构成一个如图 2—45b 所示的封闭尺寸组合，即工艺尺寸链。

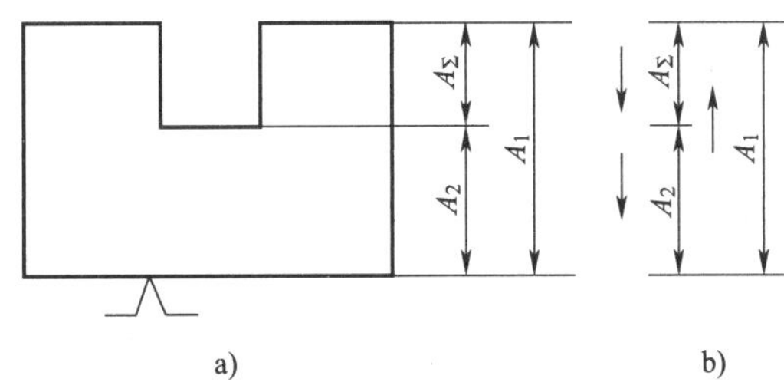

图 2—45 定位基准与设计基准不重合的工艺尺寸链

a）零件图 b）工艺尺寸链

如图 2—46a 所示零件，尺寸 A_1、A_Σ 为设计尺寸。在加工过程中，因尺寸 A_Σ 不便直接测量，若以面 1 为测量基准，按容易测量的尺寸 A_2 加工，就能间接保证尺寸 A_Σ。这样相互联系的尺寸 A_1—A_2—A_Σ 也同样构成一个工艺尺寸链，如图 2—46b 所示。

2）工艺尺寸链的特征。通过以上分析可知，工艺尺寸链具有以下两个特征：

①关联性。任何一个直接保证的尺寸及其精度的变化，必将影响间接保证的尺寸及其精度。如图 2—45 和图 2—46 所示尺寸链中，尺寸 A_1 和 A_2 的变化都将引起尺寸 A_Σ 的变化。

②封闭性。尺寸链中各个尺寸的排列呈封闭性，如图 2—45 和图 2—46 所示 A_1—A_2—A_Σ，首尾相接组成封闭的尺寸组合。

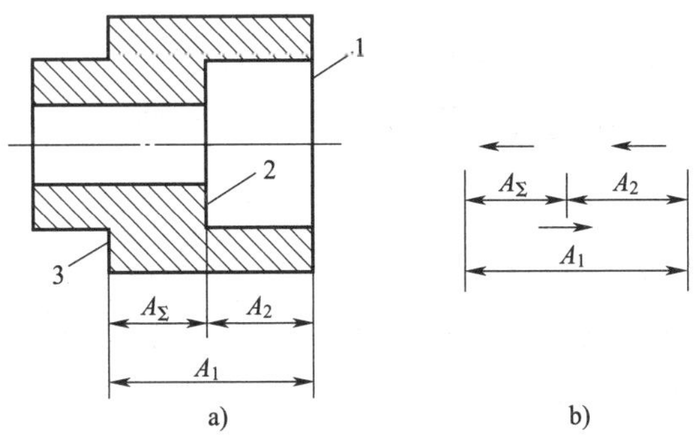

图 2—46 测量基准与设计基准不重合的工艺尺寸链

3）工艺尺寸链的组成。组成工艺尺寸链的各个尺寸称为环。图 2—45 和图 2—46 中的尺寸 A_1、A_2、A_Σ 都是工艺尺寸链的环，它们可分为封闭环和组成环两种。

①封闭环。工艺尺寸链中间接得到的尺寸称为封闭环。它的尺寸随着别的环的变化而变化。图 2—45 和图 2—46 中的尺寸 A_Σ 均为封闭环。一个工艺尺寸链中只有一个封闭环。

②组成环。工艺尺寸链中除封闭环以外的其他环称为组成环。根据其对封闭环的影响不同，组成环又可分为增环和减环。

增环是当其他组成环不变，该环增大（或减小）使封闭环随之增大（或减小）的组成环。图 2—45 和图 2—46 中的尺寸 A_1 即为增环。

减环是当其他组成环不变，该环增大（或减小），使封闭环随之减小（或增大）的组成环。图 2—45 和图 2—46 中的尺寸 A_2 即为减环。

③组成环的判别。为了迅速判别增、减环，可采用下述方法：在工艺尺寸链图上，先给封闭环任意确定一方向并画出箭头，然后沿此方向环绕尺寸链回路，依次给每一组成环画出箭头，凡箭头方向和封闭环相反的则为增环，相同的则为减环。

（2）工艺尺寸链计算的基本公式

工艺尺寸链的计算，关键是正确地确定封闭环，否则，计算结果是错的。封闭环的确定取决于加工方法和测量方法。

工艺尺寸链的计算方法有两种：极大极小法和概率法。生产中一般多采用极大极小法，其基本计算公式如下。

1）封闭环的基本尺寸。封闭环的基本尺寸 A_Σ 等于所有增环的基本尺寸之和减去所有减环的基本尺寸之和，即

$$A_\Sigma = \sum_{i=1}^{m} \overrightarrow{A}_i - \sum_{i=1}^{n} \overleftarrow{A}_i$$

式中　m——增环的环数；

n——减环的环数。

2）封闭环的极限尺寸。封闭环的最大极限尺寸 $A_{\Sigma\max}$ 等于所有增环的最大极限尺寸之和减去所有减环的最小极限尺寸之和，即

$$A_{\Sigma\max} = \sum_{i=1}^{m} \overrightarrow{A}_{i\max} - \sum_{i=1}^{n} \overleftarrow{A}_{i\min}$$

封闭环的最小极限尺寸 $A_{\Sigma\min}$ 等于所有增环的最小极限尺寸之和减去所有减环的最大极限尺寸之和，即

$$A_{\Sigma\min} = \sum_{i=1}^{m} \overrightarrow{A}_{i\min} - \sum_{i=1}^{n} \overleftarrow{A}_{i\max}$$

3）封闭环的平均尺寸。封闭环的平均尺寸 $A_{\Sigma M}$ 等于所有增环的平均尺寸之和减去所有减环的平均尺寸之和，即

$$A_{\Sigma M} = \sum_{i=1}^{m} \overrightarrow{A}_{iM} - \sum_{i=1}^{n} \overleftarrow{A}_{iM}$$

4）封闭环的上、下偏差。封闭环的上偏差 $ES_{A\Sigma}$ 等于所有增环的上偏差之和减去所有减环的下偏差之和，即

$$ES_{A\Sigma}=\sum_{i=1}^{m}ES_{A_i}-\sum_{i=1}^{n}EI_{A_i}$$

封闭环的下偏差 $EI_{A\Sigma}$ 等于所有增环的下偏差之和减去所有减环的上偏差之和，即

$$EI_{A\Sigma}=\sum_{i=1}^{m}EI_{A_i}-\sum_{i=1}^{n}ES_{A_i}$$

5）封闭环的公差。封闭环的公差 $T_{A\Sigma}$ 等于所有组成环的公差 T_{A_i} 之和，即

$$T_{A\Sigma}=\sum_{i=1}^{m+n}T_{A_i}$$

2. 数控编程原点与设计基准不重合的工序尺寸计算

零件在设计时，从保证使用性能的角度考虑，尺寸多采用局部分散标注，而在数控编程中，所有点、线、面的尺寸和位置都是以编程原点为基准。当编程原点与设计基准不重合时，为方便编程，必须将分散标注的设计尺寸换算成以编程原点为基准的工序尺寸。

图 2—47a 为一根台阶轴简图，图上部的轴向尺寸 Z_1、Z_2、…、Z_6 为设计尺寸。编程原点在左端面与中心线的交点上，与尺寸 Z_2、Z_3、Z_4 及 Z_5 的设计基准不重合，编程时须按工序尺寸 Z_1'、Z_2'、…、Z_6' 编程。其中工序尺寸 Z_1' 和 Z_6' 就是设计尺寸 Z_1 和 Z_6，即 $Z_1'=Z_1=20_{-0.28}^{\ 0}$ mm；$Z_6'=Z_6=230_{-1}^{\ 0}$ mm，为直接获得尺寸。其余工序尺寸 Z_2'、Z_3'、Z_4' 和 Z_5' 可分别利用图 2—47b～e 所示的工艺尺寸链计算。尺寸链中 Z_2、Z_3、Z_4 和 Z_5 为间接获得尺寸，是封闭环，其余尺寸为组成环。尺寸链的计算过程如下：

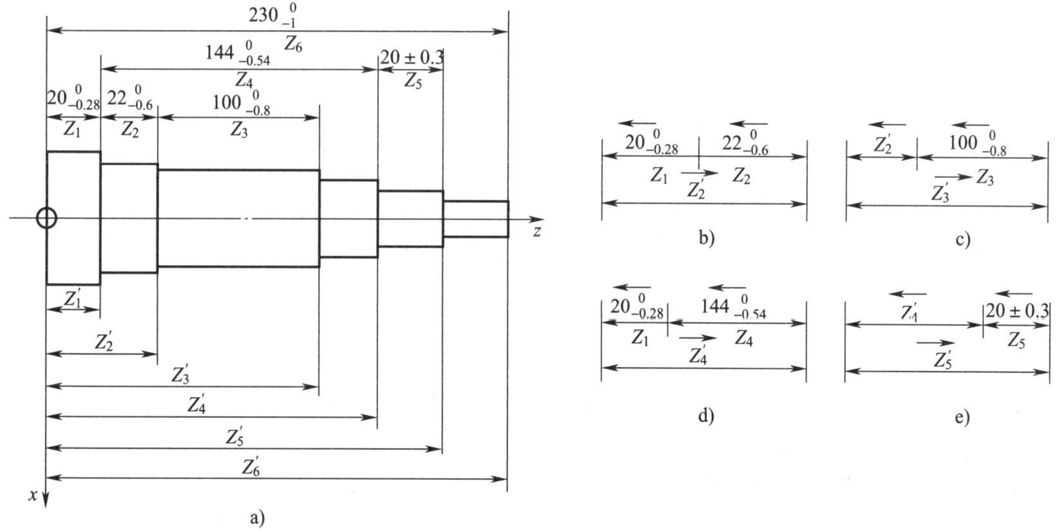

图 2—47 编程原点与设计基准不重合时的工序尺寸计算

（1）计算 Z_2' 的工序尺寸及其公差

$$Z_2=Z_2'-20\text{，即 }Z_2'=42\text{ mm}$$

$$0=ES_{Z2'}-(-0.28)，即\ ES_{Z2'}=-0.28\ \text{mm}$$

$$-0.6=EI_{Z2'}-0，即\ EI_{Z2'}=-0.6\ \text{mm}$$

因此，得 Z_2'的工序尺寸及其公差

$$Z_2'=42_{-0.6}^{-0.28}\ \text{mm}$$

（2）计算 Z_3'的工序尺寸及其公差

$$100=Z_3'-Z_2'=Z_3'-42，即\ Z_3'=142\ \text{mm}$$

$$0=ES_{Z3'}-EI_{Z2'}=ES_{Z3'}-(-0.6)，即\ ES_{Z3'}=-0.6\ \text{mm}$$

$$-0.8=EI_{Z3'}-ES_{Z2'}=EI_{Z3'}-(-0.28)，即\ EI_{Z3'}=-1.08\ \text{mm}$$

因此，得 Z_3'的工序尺寸及其公差

$$Z_3'=142_{-1.08}^{-0.6}\ \text{mm}$$

（3）计算 Z_4'的工序尺寸及其公差

$$144=Z_4'-20，即\ Z_4'=164\ \text{mm}$$

$$0=ES_{Z4'}-(-0.28)，即\ ES_{Z4'}=-0.28\ \text{mm}$$

$$-0.54=EI_{Z4'}-0，即\ EI_{Z4'}=-0.54\ \text{mm}$$

因此，得 Z_4'的工序尺寸及其公差

$$Z_4'=164_{-0.54}^{-0.28}\ \text{mm}$$

（4）计算 Z_5'的工序尺寸及其公差

$$20=Z_5'-Z_4'=Z_5'-164，即\ Z_5'=184\ \text{mm}$$

$$0.3=ES_{Z5'}-EI_{Z4'}=ES_{Z5'}-(-0.54)；即\ ES_{Z5'}=-0.24\ \text{mm}$$

$$-0.3=EI_{Z5'}-ES_{Z4'}=EI_{Z5'}-(-0.28)；即\ EI_{Z5'}=-0.58\ \text{mm}$$

因此，得 Z'_5的工序尺寸及其公差

$$Z_5'=184_{-0.58}^{-0.24}\ \text{mm}$$

三、关于角度尺寸链的计算

角度尺寸链是由若干个彼此不平行尺寸所组成的尺寸链，如图 2—50 所示。

角度尺寸链的解法是将与封闭环不平行的尺寸按封闭环的方向进行投影，使之成为直线尺寸链的形式。其基本计算公式为：

$$A_{\Sigma\max}=\sum_{i=1}^{m}\overrightarrow{A}_{i\max}\cos\alpha_i-\sum_{i=1}^{n}\overleftarrow{A}_{i\min}\cos\alpha_i$$

$$A_{\Sigma\min}=\sum_{i=1}^{m}\overrightarrow{A}_{i\min}\cos\alpha_i-\sum_{i=1}^{n}\overleftarrow{A}_{i\max}\cos\alpha_i$$

式中　α_i——被投影的某一组成环与封闭环的夹角；

$\overrightarrow{A}_{i\max}$——某一增环的最大极限尺寸；

$\overrightarrow{A}_{i\min}$——某一增环的最小极限尺寸；

$\overleftarrow{A}_{i\max}$——某一减环的最大极限尺寸；

$\overleftarrow{A}_{i\min}$——某一减环的最小极限尺寸。

如图 2—48a 所示的零件，镗削加工 5 个孔，其孔的中心不是分布在同一直线上，且中心连线互相不平行。在立式镗床上连续镗削孔 1 到孔 5。$A_1 = 20^{+0.5}_{0}$ mm，$A_2 =$（60±0.25）mm，$A_3 =$（80±0.25）mm，$A_4 = 20^{+0.5}_{0}$ mm，$\alpha_1 = \alpha_2 = 45° \pm 30'$，$\alpha_3 = 40° \pm 30'$，$\alpha_4 = 50° \pm 30'$。

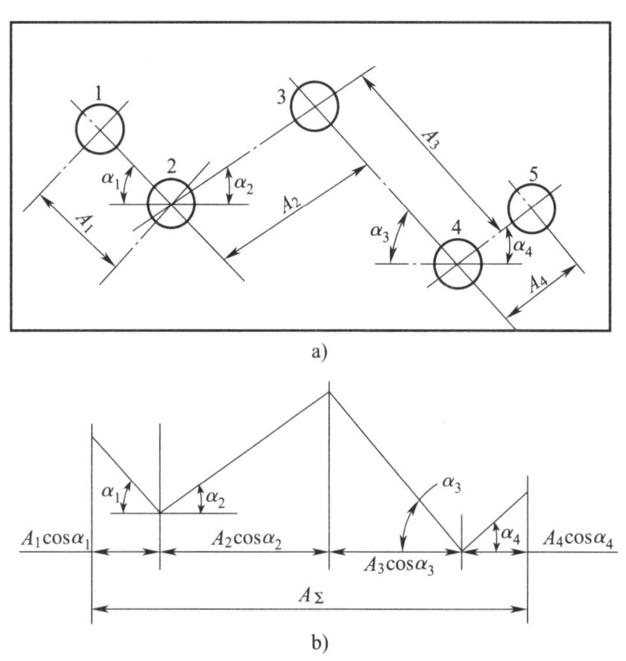

图 2—48　角度尺寸链的计算

由尺寸链图 2—48b 可知，A_Σ 为封闭环，其余均为增环。则

$A_{\Sigma\max} = 20.5 \times \cos 44°30' + 60.25 \times \cos 44°30' + 80.25 \times \cos 39°30' + 20.5 \times \cos 49°30' =$ 132.83（mm）

$A_{\Sigma\min} = 20 \times \cos 45°30' + 59.75 \times \cos 45°30' + 79.75 \times \cos 40°30' + 20 \times \cos 50°30' =$ 129.25（mm）

则孔 1 到孔 5 的中心距在水平方向上的变化范围是 129.25～132.83 mm。

第六节　数控加工用量具简介

一、卡尺

1. 游标卡尺

它是一种较精密的量具，利用游标和尺身相互配合进行测量和读数。游标卡尺结构简单，使用方便，测量范围大，应用广泛，保养方便，可以直接测量出各种工件的内径、外径、中心距、宽度、厚度、深度和孔距等。

常用的游标卡尺有三用游标卡尺、双面量爪游标卡尺和单面量爪游标卡尺，如图 2—49 所示。

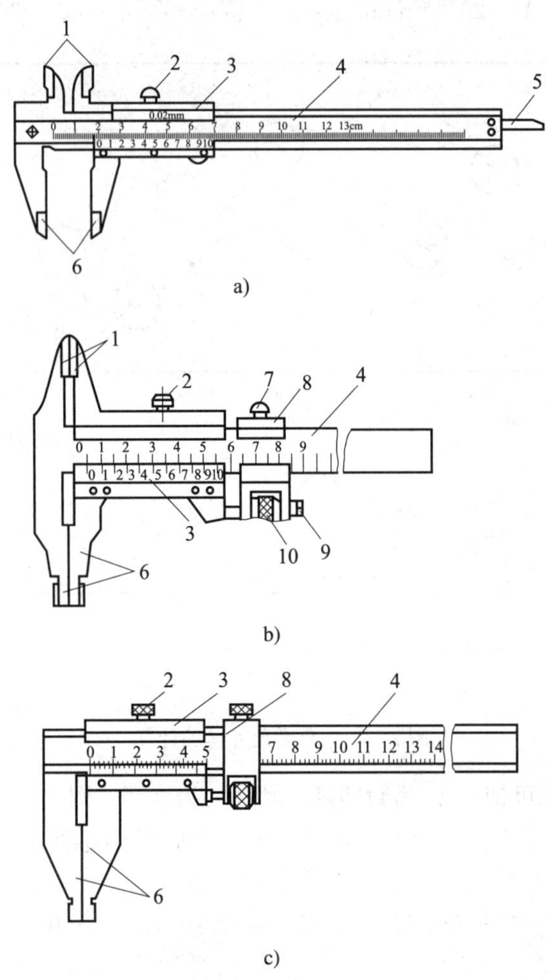

a)

b)

c)

图 2—49　游标卡尺

a）三用游标卡尺　b）双面量爪游标卡尺　c）单面量爪游标卡尺

1、6—量爪　2—紧固螺钉　3—游标　4—尺身　5—深度尺

7—微动游框紧固螺钉　8—微动游框　9—螺杆　10—螺母

常用三用游标卡尺的测量范围有 0～125 mm 和 0～150 mm 两种。双面量爪游标卡尺的测量范围有 0～200 mm 和 0～300 mm 两种。单面量爪游标卡尺测量范围较大，可达 1 000 mm，用于测量内外尺寸。

2. 其他卡尺

其他卡尺有深度游标卡尺、带数字显示装置的游标卡尺、带指示表的游标卡尺，如图 2—50 所示。

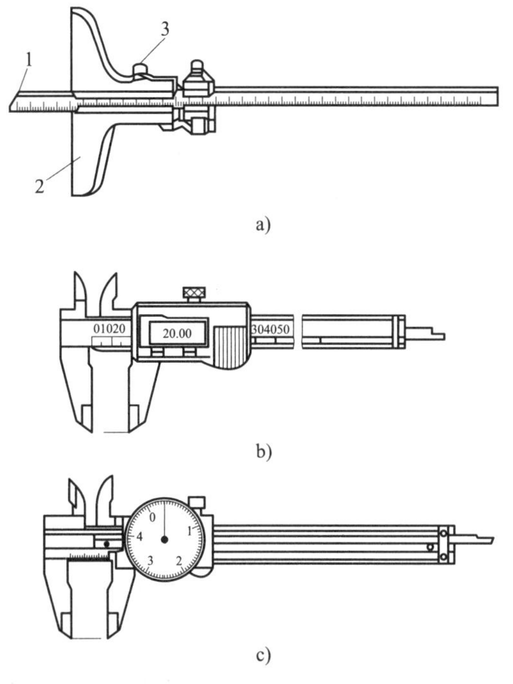

a)

b)

c)

图 2—50 其他卡尺

a）深度游标卡尺 b）带数字显示装置的卡尺 c）带指示表的卡尺

1—尺身 2—尺框 3—紧固螺钉

二、千分尺

1. 常用千分尺

它是一种应用广泛的精密长度量具，其测量精确度比游标卡尺高。千分尺的形式和规格繁多，按其用途和结构可分为外径千分尺、内径千分尺、深度千分尺、公法线千分尺、尖头千分尺、壁厚千分尺等。图 2—51 所示为几种常用的千分尺。

常用外径千分尺的规格按测量范围划分，在 500 mm 以内时，每 25 mm 为一挡，如 0～25 mm、25～50 mm 等。在 500 mm 以上至 1 000 mm 时，每 100 mm 为一挡，如 500～600 mm、600～700 mm 等。外径千分尺按制造精度可分为 0 级和 1 级两种，0 级最高，1 级次之。

2. 杠杆千分尺

杠杆千分尺又称指示千分尺，它是由外径千分尺的微分筒部分和杠杆式卡规中指示机构组合而成的一种精密量具，如图 2—52 所示。

杠杆千分尺既可以进行相对测量，也可以像千分尺那样用作绝对测量，其刻度值有 0.001 mm 和 0.002 mm 两种，杠杆指示部分的示值范围一般为±0.06 mm。当检验成批精密零件时，杠杆千分尺可用量块组来调整零位。使用时，按千分尺上的指示机构进行相对测量。

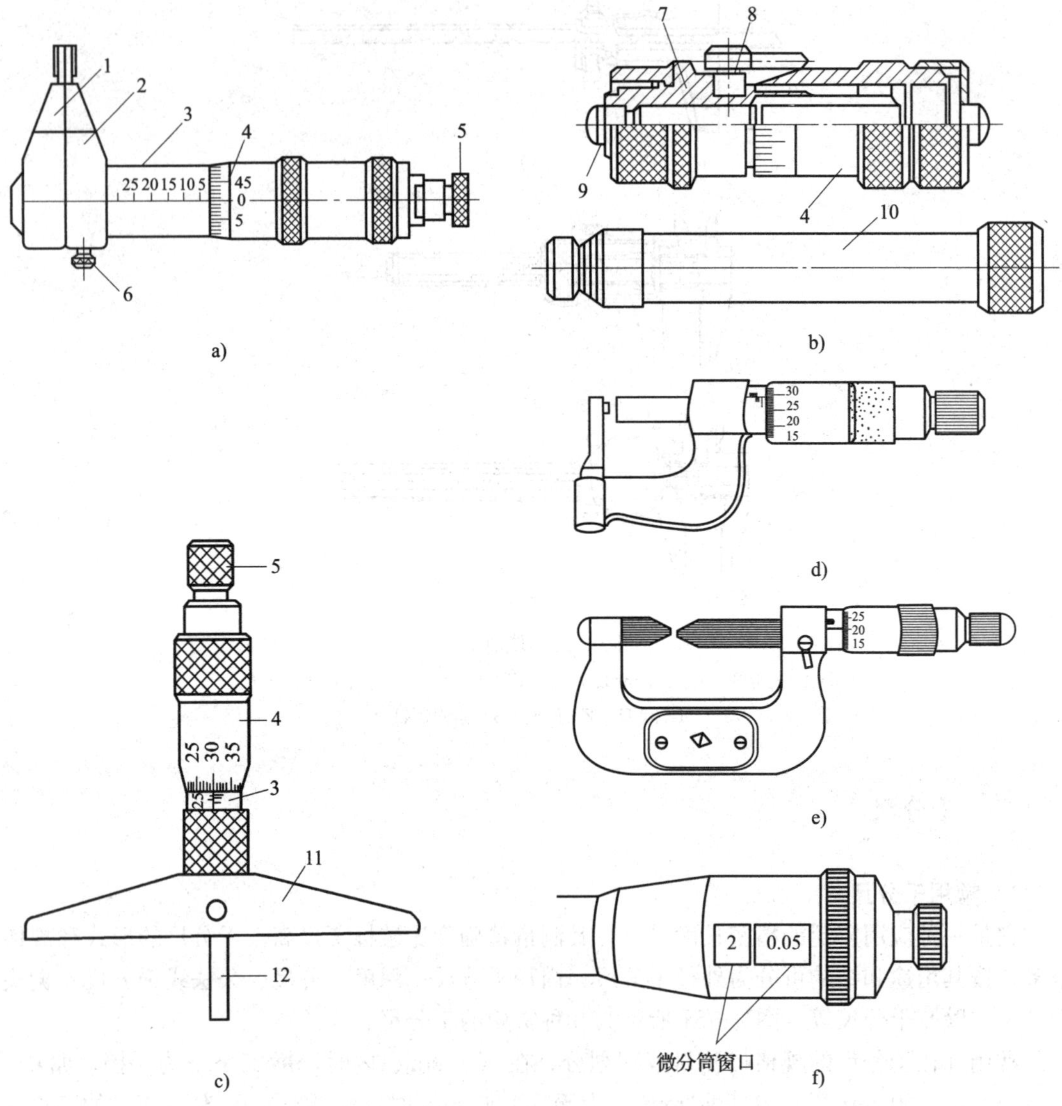

图 2—51　各种常用千分尺示意图

a）普通内径千分尺　b）杆式内径千分尺　c）深度千分尺

d）壁厚千分尺　e）尖头千分尺　f）新型千分尺

1—固定测量爪　2—活动测量爪　3—固定套筒　4—微分筒　5—测力装置　6—紧固螺钉

7—固定套筒　8—紧固手柄　9—测量面　10—接长杆

11—底板　12—可换测杆

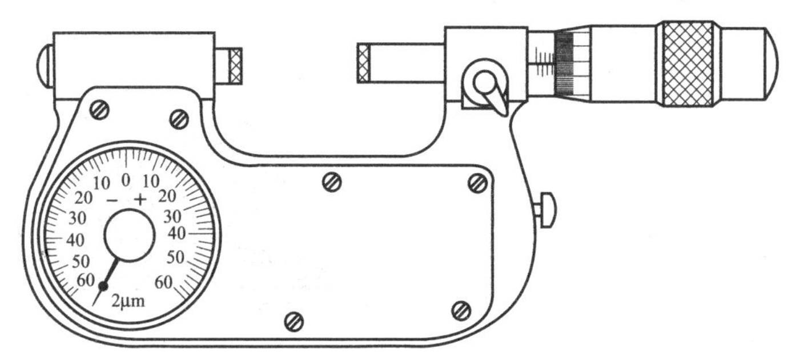

图 2—52 杠杆千分尺

三、游标万能角度尺与正弦规

1. 游标万能角度尺

游标万能角度尺用于直接测量各种平面角，有Ⅰ型和Ⅱ型两种，其测量范围和读数值见表 2—15。

表 2—15 游标万能角度尺测量范围和读数值

类型	测量范围/（°）	游标刻度值/（′）
Ⅰ	0～320	2
Ⅱ	0～360	5

（1）Ⅰ型游标万能角度尺

其结构如图 2—53 所示。它由主尺和游标两部分组成，其读数原理与游标卡尺相似，不同的是游标卡尺的读数是长度单位值，而游标万能角度尺的读数是角度单位值。所以，游标万能角度尺是利用游标原理进行读数的一种角度量具。

Ⅰ型游标万能角度尺的读数方法与游标卡尺相似，其读数步骤为：先读度（°），再读分（′），最后将两数值相加得到整个读数。如图 2—54 所示，可先读出度（°）值，从主尺上可见为 26°；再读分（′）值，图 2—54 中游标和主尺对准的那条线为 30′，最后两数值相加，即为 26°＋30′＝26°30′。Ⅰ型游标万能角度尺可以测量 0°～320°范围的任何角度。

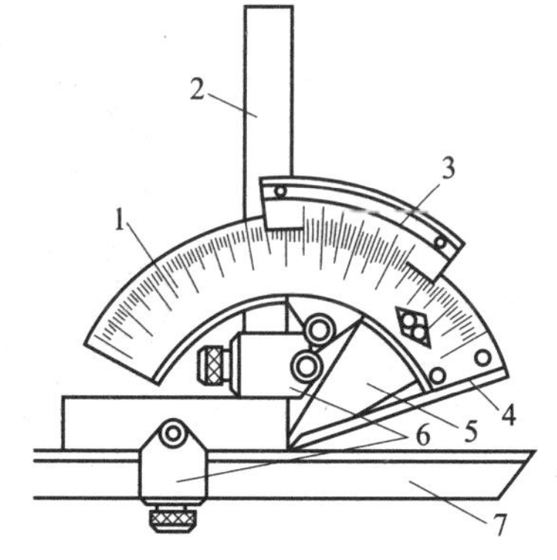

图 2—53 Ⅰ型游标万能角度尺

1—主尺 2—角尺 3—游标 4—基尺 5—扇形板 6—支架 7—直尺量具

（2）Ⅱ型游标万能角度尺

其结构如图 2—55 所示。Ⅱ型游标万能角度尺的读数原理和读数方法与Ⅰ型游标万能角度尺相同，只不过这种角度尺的游标在尺身的下方，并且具有长达 300 mm 的直尺，很适合于测量大型工件的角度。

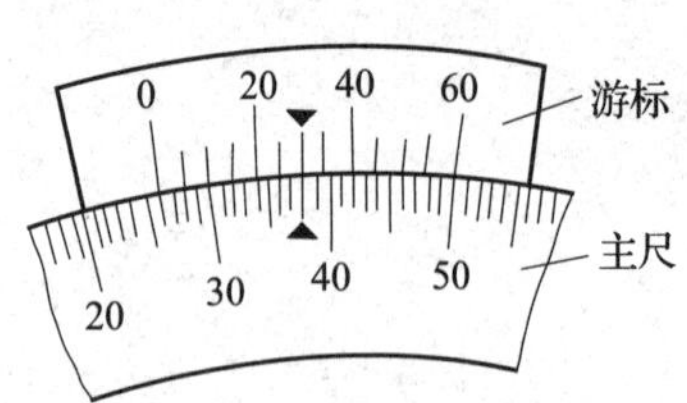

图 2—54　游标万能角度尺读数原理

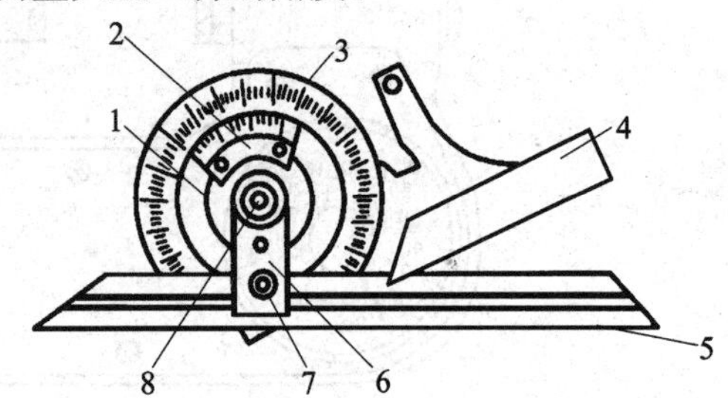

图 2—55　Ⅱ型游标万能角度尺的结构

1—转盘　2—游标　3—尺身　4—基尺　5—直尺　6—连杆　7—固定螺钉　8—螺母

Ⅱ型游标万能角度尺使用方便，单用尺身与直尺的配合，便可测出 0°～360°范围内的各种角度。

2. 正弦规

正弦规是利用直角三角形中正弦关系来计算测量角度的一种精密量具，主要用于检验外锥面，在制造有圆锥的工件中，使用得比较普遍。

正弦规结构简单，如图 2—56 所示，由后挡板 1、侧挡板 2、两个精密圆柱 3 及工作台 4 等组成。根据两圆柱中心距 L 和工作台平面宽度 B 制成宽型和窄型两种正弦规。具体规格见表 2—16。

正弦规的两个圆柱中心距有很高的精度，如 $L=100$ mm 的宽型正弦规，其偏差为 ±0.003 mm；$L=100$ mm 的窄型正弦规，偏差为 ±0.002 mm。同时工作台的平面度误差以及两个圆柱之间的等高度误差极小，因此可以用于精密测量。

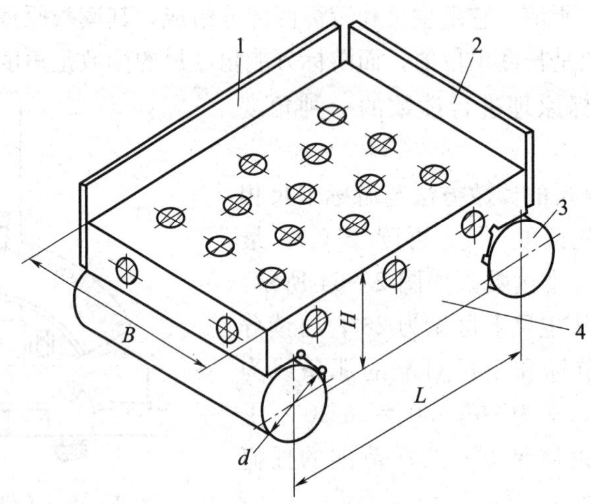

图 2—56　正弦规

1—后挡板　2—侧挡板　3—精密圆柱　4—工作台

表 2—16 **正弦规的基本尺寸** mm

正弦规类型	L	B	H	d
宽型	100	80	40	20
	200	150	65	30
窄型	100	25	30	20
	200	40	55	30

测量时，将正弦规放在精密平板上，一个圆柱与平板接触，在另一个圆柱下面垫入量块组，量块组的高度 H 可根据正弦规两圆柱中心距 L 和被测工件的圆锥角 α 的大小进行精确计算后求得。此时，正弦规工作台的平面与精密平板间组成的角度即为经计算而求得的锥度，其计算公式为

$$\sin\alpha=\frac{H}{L}$$

$$H=L\sin\alpha$$

式中 α——圆锥角，(°)；

H——量块组的高度，mm；

L——正弦规两圆柱的中心距，mm。

垫好量块组后，将工件锥面放在正弦规上，并用挡板挡住，避免工件在测量时走动，也可以用插销插入工作台的小孔来限制工件锥面的位置。此时，工件锥面上素线应与精密平板平面平行，其平行度的误差即反映了工件锥角的误差。一般可用千分表或用电感测微仪进行测量，如图 2—57 所示。

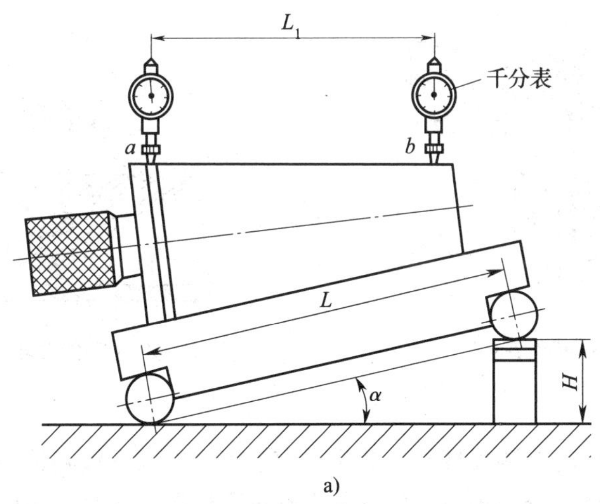

a)

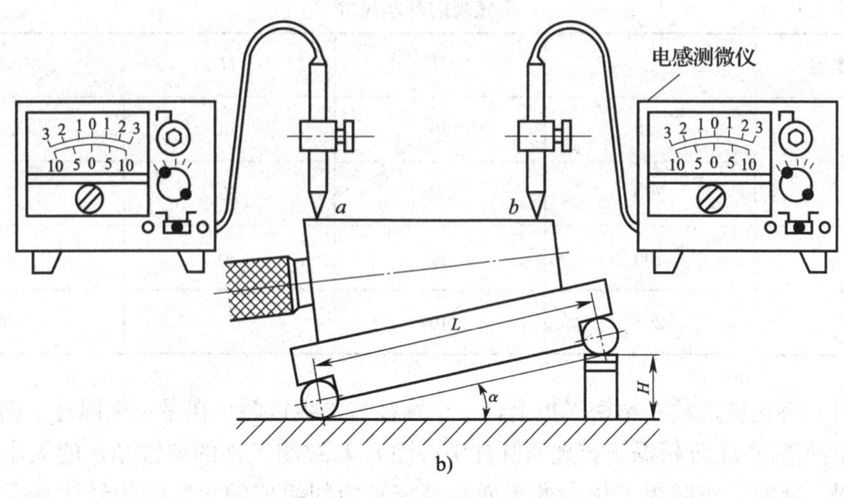

图 2—57　正弦规测锥度

四、百分表与千分表

1．百分表

它是一种指示式精密量具，具有传动比大、结构简单、使用灵活方便等特点，主要用于工件的长度尺寸、形状和位置偏差的绝对测量和相对测量，也在某些机床或测量装置中用作定位和指示。

测量时，应把百分表装夹在表架或其他牢靠的支架上，夹紧力要适当。有时为了测量方便，也可以将百分表安装在万能表架或磁性表座上使用，如图 2—58 所示。

图 2—58　百分表的安装

用百分表测量平面时，测量杆要与被测平面垂直，否则不仅测量误差大，而且会使测量杆卡住不能移动，造成百分表损坏。用百分表测量圆柱形工件时，测量杆的中心线要垂直地通过被测工件的中心线，如图 2—59 所示。

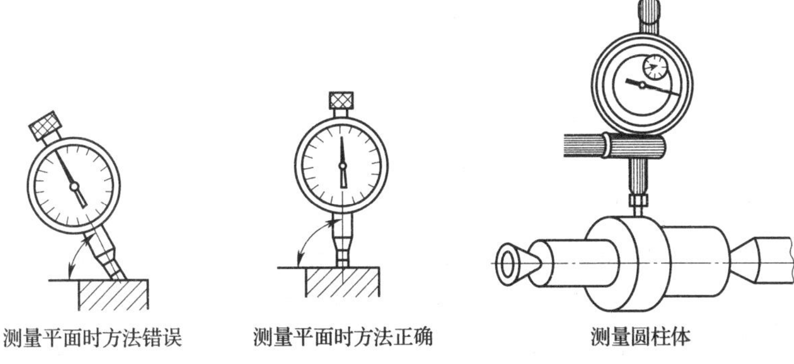

图 2—59　百分表的使用

2. 千分表

千分表是一种指示式量具，可以用来测量工件的形状误差（圆度、直线度、平面度等）和位置误差（平行度、垂直度、同轴度、圆跳动等），也可以用相对法测量工件的尺寸。因此，千分表是应用得很广泛的一种精密量具。

千分表虽然有各种不同的结构，但其原理都是利用齿条齿轮传动，将测量杆的微小直线位移放大后，转变为指针的角位移，最后可在刻度盘上读出测杆的位移量。

(1) 千分表的工作原理

千分表的外形及工作原理与百分表相似，但测量精度较高，精度一般有 0.002 mm 和 0.001 mm 两种。千分表的传动系统由齿条齿轮及两对齿轮组成，如图 2—60 所示。

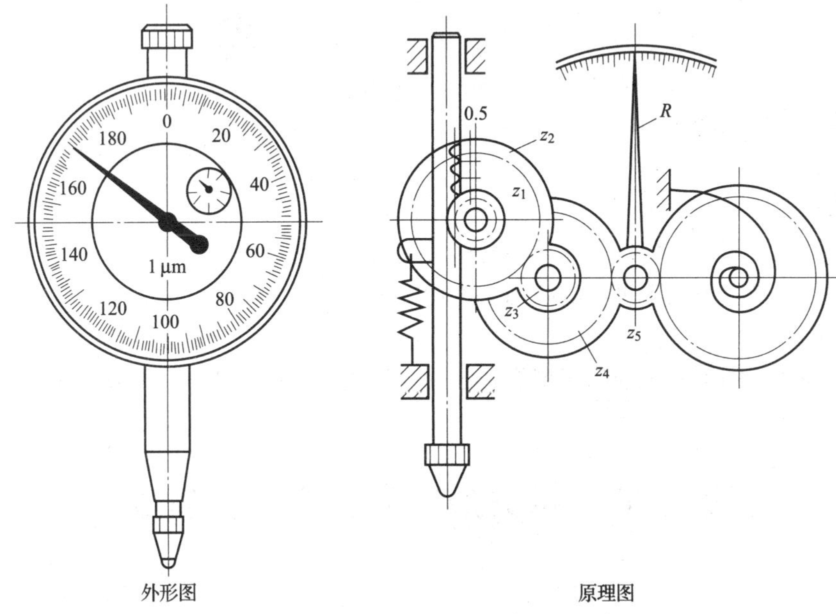

图 2—60　钟表式千分表及工作原理

测杆上的齿条齿距 p=0.5 mm，z_1=40，z_2=120，z_3=16，z_4=160，z_5=12，表面分成 200 格。当测杆移动 0.2 mm 时，长指针的转数 n 为：

$$n=\frac{\frac{0.2}{0.5}}{40}\times\frac{120}{16}\times\frac{160}{12}=1$$

由于刻度盘一周分成 200 格，因此每一个刻度所表示的测量值 a 为：

$$a=0.2/200=0.001\ \text{mm}$$

（2）千分表的使用和注意事项

1）千分表应固定在可靠的表架上，测量前必须检查千分表是否夹牢，并多次提拉千分表测杆，放下测杆与工件接触，观察其重复指示值是否相同。

2）测量时，不准用工件撞击测头，以免影响测量精度及撞坏千分表。为了保持一定的起始测量力，测头与工件接触时，测杆应有 0.3～0.5 mm 的压缩量。

3）测量杆上不要加油，以免油污进入表内，影响千分表的灵敏度。

4）钟表式千分表测杆与被测工件表面必须垂直，否则会产生误差。

五、便携式表面粗糙度测量仪

1. 工作原理

便携式表面粗糙度测量仪如图 2—61 所示。其工作原理是当传感器在驱动器的驱动下沿被测表面做匀速直线运动时，其垂直于工件表面的触针随工件表面的微观起伏做上下运动。触针的运动被转换为电信号，主机采集该信号进行放大、整流、滤波、经 A/D 转换成数据，然后按选择进行数字滤波和数据处理，显示测量参数值和在被测表面上得到的各种曲线。

图 2—61　便携式表面粗糙度测量仪

2. 特点

（1）结构紧凑，经济耐用。

（2）既可在车间现场使用，也适用于计量室和实验室。

（3）仪器可在垂直甚至倒置的状态下进行操作。

3. 应用

可用于检测不同形状表面的粗糙度，包括：平面、外圆、内孔、凹槽及其他较难测量的表面。

第七节　机械加工精度及表面质量

一、加工精度和表面质量的基本概念

机械产品的工作性能和使用寿命，总是与组成产品的零件的加工质量和产品的装配精度直接相关，而零件的加工质量又是整个产品质量的基础。零件的加工质量包括加工精度和表面质量。

1. 加工精度

加工精度是指零件加工后的几何参数（尺寸、几何形状和相互位置）与理想零件几何参数相符合的程度，它们之间的偏离程度则为加工误差。加工误差的大小反映了加工精度的高低。加工精度包括尺寸精度和几何精度。

（1）尺寸精度

尺寸精度限制加工表面与其基准间的尺寸误差。

（2）几何精度

几何精度包括形状、方向、位置和跳动精度。其中以形状精度、位置精度为主。形状精度限制加工表面的宏观几何形状误差，如圆度、圆柱度、平面度、直线度等；位置精度限制加工表面与其基准间的相互位置误差，如平行度、垂直度、同轴度、位置度等。

2. 表面质量

机械加工表面质量包括以下内容：

（1）表面层的几何形状偏差

1）表面粗糙度。它指零件表面的微观几何形状误差。

2）表面波纹度。它指零件表面周期性的几何形状误差。

（2）表面层的物理、力学性能

1）冷作硬化。它是表面层因加工中塑性变形而引起的表面层硬度提高的现象。

2）残余应力。它是表面层因机械加工时产生强烈的塑性变形和金相组织的可能变化而形成的内应力。残余应力按应力性质分为拉应力和压应力。

3）表面层金相组织变化。表面层因切削加工时产生切削热而引起的金相组织的变化。

二、表面质量对零件使用性能的影响

1. 对零件耐磨性的影响

零件的耐磨性不仅和材料及热处理有关，而且还与零件接触表面的表面粗糙度有关。当两个零件相互接触时，实质上只是两个零件接触表面上的一些凸峰相互接触。因此，实际接触面积比理论接触面积要小得多，从而使单位面积上的压力很大。当其超过材料的屈服点时，就会使凸峰部分产生塑性变形甚至被折断或因接触面的滑移而迅速磨损，随着接触面积的增大，单位面积上的压力减小，磨损减慢。零件表面粗糙度值越大，磨损越快，但这不等于说零件表面粗糙度值越小越好。如果零件的表面粗糙度值小于合理值，则由于摩擦面之间润滑油被挤出而形成干摩擦，从而会使磨损加快。试验表明，最佳表面粗糙度值 Ra 为 0.3～1.2 μm。另外，零件表面有冷作硬化层或经淬硬后也可提高零件的耐磨性。

2. 对零件疲劳强度的影响

零件表面层的残余应力对疲劳强度的影响很大。当残余应力为拉应力时，在拉应力作用下，会使表面的裂纹扩大而降低零件的疲劳强度，减少了产品的使用寿命。相反，残余压应力可以延缓疲劳裂纹的扩展，可提高零件的疲劳强度。

同时，表面冷作硬化层的存在以及与载荷方向一致的加工纹路，都可以提高零件的疲劳强度。

3. 对零件配合性质的影响

在间隙配合中，如果配合表面粗糙，磨损后会使配合间隙增大，从而改变原配合性质。在过盈配合中，如果配合表面粗糙，则装配后表面的凸峰将被挤平，而使有效过盈量减小，降低了配合的可靠性。所以，对有配合要求的表面，应标注表面粗糙度要求。

三、影响加工精度的因素及提高精度的主要措施

由机床、夹具、工件和刀具所组成的一个完整的系统称为工艺系统。加工过程中，工件与刀具的相对位置就决定了零件加工的尺寸、形状和位置。因此，加工精度的问题也就涉及整个工艺系统的精度问题。工艺系统的种种误差，在加工过程中会在不同的情况下，以不同的方式和程度反映为加工误差。根据工艺系统误差的性质可将其归纳为工艺系统的几何误差、工艺系统受力变形引起的误差、工艺系统受热变形引起的误差及工件内应力引起的误差。

1. 工艺系统的几何误差及改善措施

工艺系统的几何误差包括加工方法的原理误差，机床的几何误差、调整误差，刀具和夹具的制造误差，工件的装夹误差以及工艺系统磨损所引起的误差，下面就机床几何误差中的主轴误差和导轨误差对加工精度的影响进行分析。

（1）主轴误差

机床主轴是装夹刀具或工件的位置基准，它的误差也将直接影响工件的加工质量。机床主轴的回转精度是机床主要精度指标之一，其在很大程度上决定着工件加工表面的形状精度。主轴的回转误差主要包括主轴的径向圆跳动、轴向窜动和摆动。

造成主轴径向圆跳动的主要原因有：轴颈与轴孔圆度不高、轴承滚道的形状误差、轴与孔安装后不同心以及滚动体误差等。使用该主轴装夹工件将造成形状误差。

造成主轴轴向窜动的主要原因有：推力轴承端面滚道的跳动、轴承间隙等。以车床为例，造成的加工误差主要表现为车削端面与轴心线的垂直度误差。

由于前后轴承、前后轴承孔或前后轴颈的不同心造成主轴在转动过程中出现摆动现象。摆动不仅给工件造成尺寸误差，而且还造成形状误差。

提高主轴旋转精度的方法主要有提高主轴组件的设计、制造和安装精度，采用高精度的轴承等方法，这无疑将加大制造成本。再有就是通过工件的定位基准或被加工面本身与夹具定位元件之间组成的回转副来实现工件相对于刀具的转动，如外圆磨床头架上的固定顶尖。这样机床主轴组件的误差就不会对工件的加工质量构成影响。

（2）导轨误差

导轨是机床的重要基准，它的各项误差将直接影响被加工零件的精度。以数控车床为

例，当床身导轨在水平面内出现弯曲（前凸）时，工件上产生腰鼓形（图 2—62a）；当床身导轨与主轴轴心在水平面内不平行时，工件上会产生锥形（图 2—62b）；而当床身导轨与主轴轴心在垂直面内不平行时，工件上会产生鞍形（图 2—62c）。

事实上，数控车床导轨在水平面和垂直面内的几何误差对加工精度的影响程度是不一样的。影响最大的是导轨在水平面内的弯曲或与主轴轴心线的平行度，而导轨在垂直面内的弯曲或与主轴轴心线的平行度对加工精度的影响则小到可以忽略的程度。如图 2—63 所示，当导轨在水平面和垂直面内都有一个误差 Δ 时，前者造成的半径方向加工误差 $\Delta R=\Delta$，而后者 $\Delta R\approx\frac{\Delta^2}{d}$，可以忽略不计。因此，称数控车床导轨的水平方向为误差敏感方向，而称垂直方向为误差非敏感方向。推广来看，原始误差所引起的刀具与工件间的相对位移，如果该误差产生在加工表面的法线方向，则对加工精度构成直接影响，即为误差敏感方向；若位移产生在加工表面的切线方向，则不会对加工精度构成直接影响，即为误差非敏感方向。

因此，减小导轨误差对加工精度的影响一方面可以通过提高导轨的制造、安装和调整精度来实现；另一方面也可以利用误差非敏感方向来设计安排定位加工。如转塔车床的转塔刀架设计就充分注意到了这一点，其转塔定位选在了误差非敏感方向上，既没有把制造精度定得很高，又保证了实际加工的精度。

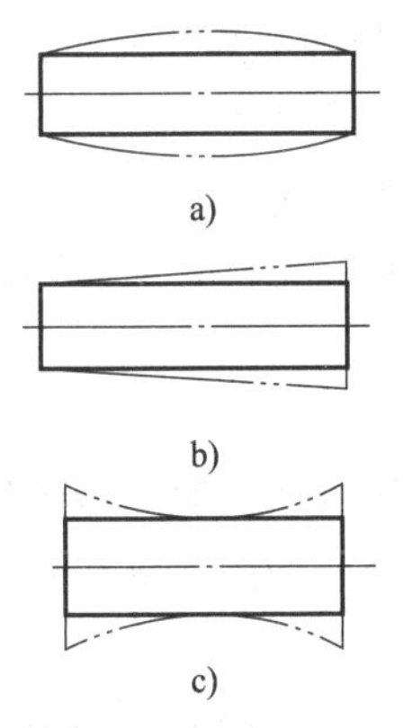

图 2—62　机床导轨误差对工件精度的影响

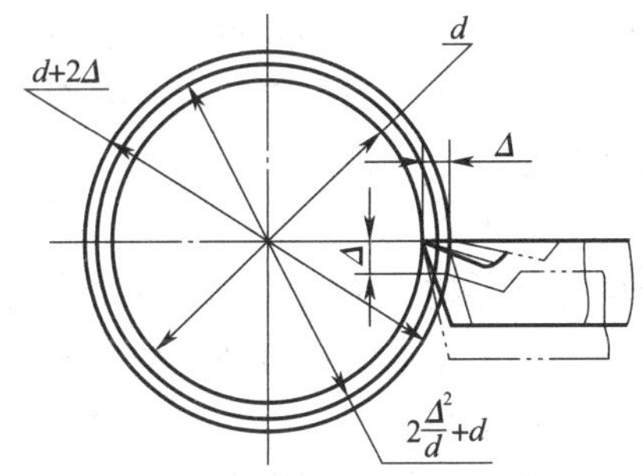

图 2—63　车床导轨的几何误差对加工精度的影响

2. 工艺系统受力变形引起的误差及改善措施

工艺系统在切削力、传动力、惯性力、夹紧力以及重力等的作用下，会产生相应的变形，从而破坏已调好的刀具与工件之间的正确位置，使工件产生几何形状误差和尺寸误差。

车削细长轴时，在切削力的作用下，工件因弹性变形而出现“让刀”现象，使工件产生腰鼓形的圆柱度误差，如图 2—64a 所示。在内圆磨床上用横向切入法磨削孔时，由于内圆磨头主轴的弯曲变形，磨出的孔会出现带有锥度的圆柱度误差，如图 2—64b 所示。

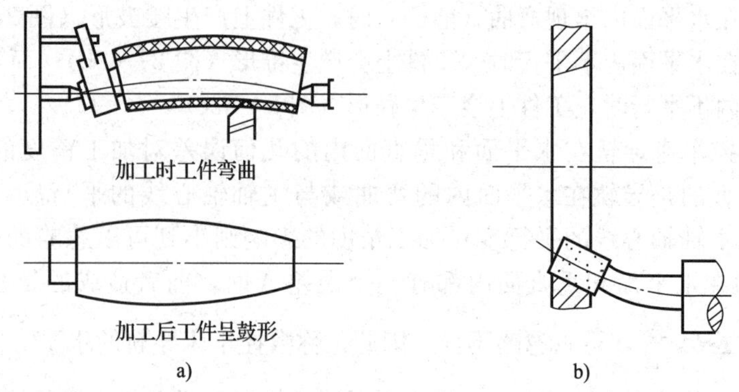

图 2—64 工艺系统受力变形引起的加工误差
a）腰鼓形的圆柱度误差 b）带锥度的圆柱度误差

工艺系统受力变形通常是弹性变形，一般来说，工艺系统抵抗变形的能力越大，加工误差就越小。生产实际中，常采取的措施有：减小接触面间的表面粗糙度，增大接触面积，适当预紧，减小接触变形，提高接触刚度；合理地布置肋板，提高局部刚度；减少受力变形，提高工件刚度（如车削细长轴时，利用中心架或跟刀架）；合理装夹工件，减少夹紧变形（如加工薄壁套时，采用开口过渡环或专用卡爪夹紧）。

3. 工艺系统热变形引起的误差及改善措施

切削加工时，整个工艺系统由于受到切削热、摩擦热及外界辐射热等因素的影响，常发生复杂的变形，导致工件与切削刃之间原先调整好的相对位置、运动及传动的准确性都发生变化，从而产生加工误差。由于这种原因而引起的工艺系统的变形现象称为工艺系统的热变形。

实践证明，影响工艺系统热变形的因素主要有机床、刀具、工件，另外环境温度的影响在某些情况下也是不容忽视的。

（1）机床的热变形

对机床的热变形构成影响的因素主要有电动机、电器和机械动力源的能量损耗转化发出的热；传动部件、运动部件在运动过程中发生的摩擦热；切屑或切削液落在机床上所传递的切削热；外界的辐射热。

这些热都将不同程度地使机床床身、工作台和主轴等部件发生变形，如图 2—65 所示。

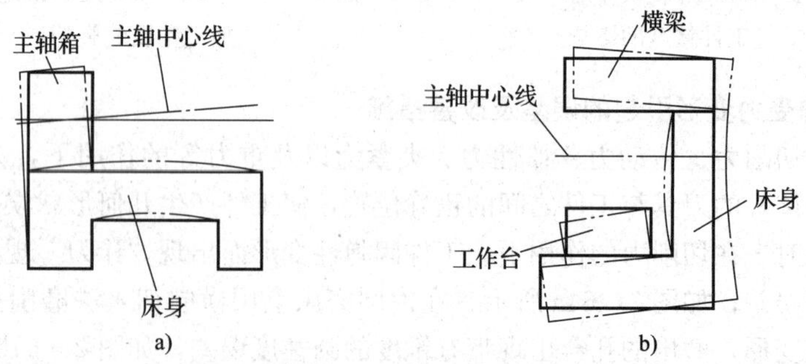

图 2—65 机床热变形对加工精度的影响
a）床身、主轴变形 b）床身、工作台、主轴变形

为了减小机床热变形对加工精度的影响，通常在机床大件的结构设计上采取对称结构（图 2—66）或采用主动控制方式均衡关键件的温度，以减小其因受热而出现的弯曲或扭曲变形对加工的影响；在结构连接设计上，其布局应使关键部件的热变形方向对加工精度影响较小；对发热量较大的部件，应采取足够的冷却措施（图 2—67）或采取隔离热源的方法。在工艺措施方面，可让机床空运转一段时间之后，当其达到或接近热平衡时再调整机床，对零件进行加工；或将精密机床安装在恒温室中使用。

（2）工件的热变形

由于切削热的作用，工件在加工过程中会产生热变形，因其热膨胀影响了尺寸精度和形状精度。

为了减小热变形对加工精度的影响，常采用切削液冷却切削区的方法；也可通过选择合适的刀具或改变切削参数的方法来减少切削热或减少传入工件的热量；对大型或较长的工件，在夹紧状态下应使其末端能自由伸缩。

a)

b)

图 2—66 对称结构

a）O 形整体床身立式加工中心 b）热对称结构立柱

a)

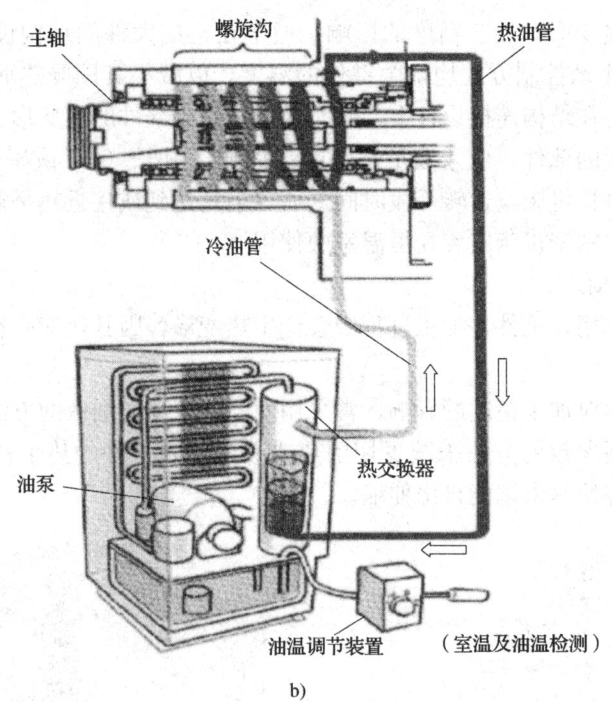

图 2—67　对机床热源进行强制冷却
a）风冷　b）油冷

4. 工件内应力引起的误差及改善措施

内应力就是当外界载荷去除后，仍残留在工件内部的应力。内应力是工件在加工过程中其内部宏观或微观组织因发生了不均匀的体积变化而产生的。

具有内应力的零件处于一种不稳定的相对平衡状态，可以保持形状精度的暂时稳定。但它的内部组织有强烈的倾向要恢复到一种稳定的没有内应力的状态，一旦外界条件产生变化，如环境温度的改变、继续进行切削加工、受到撞击等，内应力的暂时平衡就会被打破而进行重新分布，零件将产生相应的变形，从而破坏原有精度。

为减小或消除内应力对零件加工精度的影响，在零件的结构设计中，应尽量简化结构，考虑壁厚均匀，以减少在铸、锻毛坯制造中产生的内应力；在毛坯制造之后，或粗加工后、精加工前，安排时效处理以消除内应力；切削加工时，应将粗、精加工分开在不同的工序进行，使粗加工后有一定的间隔时间让内应力重新分布，以减少对精加工的影响。

四、影响表面粗糙度的工艺因素及主要改善措施

零件在切削加工过程中，由于刀具几何形状和切削运动引起的残留面积、黏结在刀具刃口上的积屑瘤划出的沟纹、工件与刀具之间的振动引起的振动波纹以及刀具后面磨损造成的挤压与摩擦痕迹等原因，使零件表面比较粗糙。影响表面粗糙度的工艺因素主要有工件材料、切削用量、刀具几何参数及切削液等。

1. 工件材料

一般韧性较大的塑性材料加工后表面粗糙度值较大，而韧性较小的塑性材料加工后易得到较小的表面粗糙度值。对于同种材料，其晶粒组织越大，加工后表面粗糙度值越大。因此，为了减小加工表面粗糙度值，常在切削加工前对材料进行调质或正火处理，以获得均匀细密的晶粒组织和较高的硬度。

2. 切削用量

进给量越大，残留面积高度越高，零件表面越粗糙。因此，减小进给量可有效地减小表面粗糙度值。

切削速度对表面粗糙度的影响也很大。在中速切削塑性材料时，由于容易产生积屑瘤，且塑性变形较大，因此，加工后零件表面粗糙度值较大。通常采用低速或高速切削塑性材料，可有效地避免积屑瘤的产生，这对减小表面粗糙度值有积极作用。

3. 刀具几何参数

主偏角、副偏角及刀尖圆弧半径对零件表面粗糙度值有直接影响。在进给量一定的情况下，减小主偏角和副偏角或增大刀尖圆弧半径可减小表面粗糙度值。另外，适当增大前角和后角，减小切削变形和刀具前、后面间的摩擦，抑制积屑瘤的产生，也可减小表面粗糙度值。

4. 切削液

切削液的冷却和润滑作用能减少切削过程中的界面摩擦，降低切削区温度，使切削层金属表面的塑性变形程度下降，抑制积屑瘤的产生，因此，可大大减小表面粗糙度值。

第八节　数控加工工艺文件

数控加工工艺文件主要包括数控加工编程任务书、工序卡、数控刀具调整单、工件安装和零点设定卡片、数控加工进给路线图、数控加工程序单等。这些文件尚无统一的标准，各企业可根据本单位的特点制定上述工艺文件，以下几例可供参考。

一、数控加工编程任务书

数控加工编程任务书（表 2—17）记载并说明了工艺人员对数控加工工序的技术要求、工序说明和数控加工前应保证的加工余量，是编程员与工艺人员协调工作和编制数控程序的重要依据之一。

表 2—17　　数控加工编程任务书

<table>
<tr><td colspan="2">×××机械厂</td><td colspan="2" rowspan="3">数控加工编程任务书</td><td colspan="2">产品零件图号</td><td colspan="2">DEK 0301</td><td colspan="2">任务书编号</td></tr>
<tr><td colspan="2" rowspan="2">工艺处</td><td colspan="2">零件名称</td><td colspan="2">摇臂壳体</td><td colspan="2">18</td></tr>
<tr><td colspan="2">使用数控设备</td><td colspan="2">BFT 130</td><td colspan="2">共　页　　第　页</td></tr>
<tr><td colspan="10">主要工序说明及技术要求：
数控精加工各孔及铣凹槽，详见本产品工序卡中工序号 70 的要求。</td></tr>
<tr><td colspan="2">编程收到日期</td><td colspan="2"></td><td>经手人</td><td colspan="2"></td><td>批准</td><td colspan="2"></td></tr>
<tr><td>编制</td><td></td><td>审核</td><td></td><td>编程</td><td></td><td>审核</td><td></td><td>批准</td><td></td></tr>
</table>

二、数控加工工序卡

数控加工工序卡与普通加工工序卡有许多相似之处，但不同的是数控加工工序卡中应反映使用的辅具、刀具、切削参数、切削液等，它是操作人员配合数控程序进行数控加工的主要指导性工艺资料。工序卡应按已确定的工步顺序填写。数控加工工序卡的格式见表 2—18。

表 2—18　　数控加工工序卡

<table>
<tr><td colspan="2" rowspan="2">××机械厂</td><td colspan="2" rowspan="2">数控加工工序卡</td><td colspan="2">产品名称或代号</td><td colspan="2">零件名称</td><td>零件图号</td></tr>
<tr><td colspan="2">JS</td><td colspan="2">行星架</td><td>0102—4</td></tr>
<tr><td colspan="2">工艺序号</td><td>程序编号</td><td>夹具名称</td><td colspan="2">夹具编号</td><td colspan="2">使用设备</td><td>车间</td></tr>
<tr><td colspan="2"></td><td></td><td>镗胎</td><td colspan="2"></td><td colspan="2"></td><td></td></tr>
<tr><td>工步号</td><td>工步内容</td><td>加工面</td><td>刀具号</td><td>刀具规格/mm</td><td>主轴转速/（r/min）</td><td>进给速度/（mm/min）</td><td>切削深度/mm</td><td>备注</td></tr>
<tr><td>1</td><td>N5～N30，ϕ65H7 孔镗成 ϕ63 mm</td><td></td><td>T13001</td><td></td><td></td><td></td><td></td><td></td></tr>
<tr><td>2</td><td>N40～N50，ϕ50H7 孔镗成 ϕ48 mm</td><td></td><td>T13006</td><td></td><td></td><td></td><td></td><td></td></tr>
<tr><td>3</td><td>N60～N70，ϕ65H7 孔镗成 ϕ64.8 mm</td><td></td><td>T13002</td><td></td><td></td><td></td><td></td><td></td></tr>
<tr><td>4</td><td>N80～N90，镗 ϕ65H7 孔</td><td></td><td>T13003</td><td></td><td></td><td></td><td></td><td></td></tr>
<tr><td>5</td><td>N100～N105，ϕ65H7 孔边倒角 C1.5 mm</td><td></td><td>T13004</td><td></td><td></td><td></td><td></td><td></td></tr>
<tr><td>6</td><td>N110～N120，ϕ50H7 孔镗成 ϕ49.8 mm</td><td></td><td>T13007</td><td></td><td></td><td></td><td></td><td></td></tr>
<tr><td>7</td><td>N130～N140，镗孔 ϕ50H7</td><td></td><td>T13008</td><td></td><td></td><td></td><td></td><td></td></tr>
<tr><td>8</td><td>N150～N160，ϕ50H7 孔边倒角 C1.5 mm</td><td></td><td>T13009</td><td></td><td></td><td></td><td></td><td></td></tr>
<tr><td>9</td><td>N170～N240，铣 $\phi68^{+0.3}_{0}$ mm 环沟</td><td></td><td>T13005</td><td></td><td></td><td></td><td></td><td></td></tr>
<tr><td>编制</td><td></td><td>审核</td><td></td><td colspan="2">批　准</td><td></td><td>共　页</td><td>第　页</td></tr>
</table>

若在数控机床上只加工零件的一个工步时，也可不填写工序卡。在工序加工内容不十分复杂时，可把零件草图体现在工序卡上。

三、数控刀具调整单

数控刀具调整单主要包括数控刀具卡和数控刀具明细表两部分。

数控加工时，对刀具的要求十分严格，一般要在机外对刀仪上事先调整好刀具直径和长度。刀具卡主要反映刀具编号、刀具结构、尾柄规格、组合件名称代号、刀片型号和材料等，它是组装刀具和调整刀具的依据。数控刀具卡的格式见表 2—19。

表 2—19 **数控刀具卡**

零件图号	JS0102－4	数控刀具卡				使用设备
刀具名称	镗刀					TC—30
刀具编号	T13003	换刀方式	自动	程序编号		
刀具组成	序号	编号	刀具名称	规格/mm	数量	备注
	1	7013960	拉钉		1	
	2	390.140—5063050	刀柄		1	
	3	391.35—4063110M	镗刀杆		1	
	4	448S—405628—11	镗刀体		1	
	5	2148C—33—1103	精镗单元	ϕ50～ϕ72	1	
	6	TRMR110304－21SIP	刀片		1	

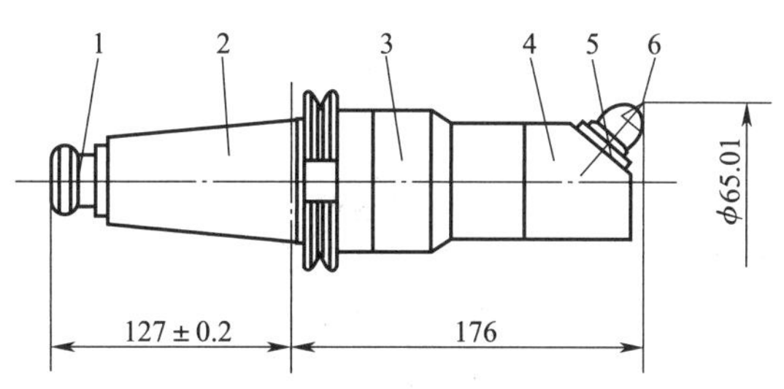

备注							
编制		审核		批准		共 页	第 页

数控刀具明细表是调刀人员调整刀具时输入的主要依据。刀具明细表的格式见表2—20。

表 2—20 **数控刀具明细表**

零件图号	零件名称	材料	数控刀具明细表	程序编号	车间	使用设备
JS0102－4						

刀号	刀位号	刀具名称	刀具图号	刀具			刀补地址		换刀方式	加工部位
				直径/mm		长度/mm				
				设定	补偿	设定	直径	长度	自动/手动	
T13001		镗刀		ϕ63		137			自动	
T13002		镗刀		ϕ64.8		137			自动	
T13003		镗刀		ϕ65.01		176			自动	
T13004		镗刀		ϕ65×45°		200			自动	
T13005		环沟铣刀		ϕ50	ϕ50	200			自动	
T13006		镗刀		ϕ48		237			自动	
T13007		镗刀		ϕ49.8		237			自动	
T13008		镗刀		ϕ50.01		250			自动	
T13009		镗刀		ϕ50×45°		300			自动	
编制		审核		批准			年 月 日		共 页	第 页

四、工件装夹和零点设定卡

数控加工零件装夹和零点（编程坐标系原点）设定卡（简称装夹图和零点设定卡）标明了数控加工零件定位方法和夹紧方法，也标明了工件零点设定的位置和坐标方向、使用夹具的名称和编号等。工件装夹和零点设定卡格式见表 2—21。

表 2—21　　工件装夹和零点设定卡

<table>
<tr><td>零件图号</td><td>JS0102－4</td><td colspan="2" rowspan="2">数控加工工件装夹和零点设定卡</td><td colspan="3">工序号</td></tr>
<tr><td>零件名称</td><td>行星架</td><td colspan="3">装夹次数</td></tr>
<tr><td colspan="4" rowspan="3"> 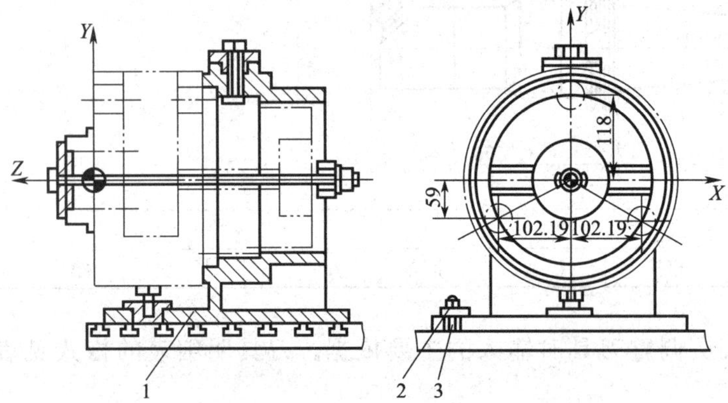</td><td>3</td><td>梯形槽螺栓</td><td></td></tr>
<tr><td>2</td><td>压板</td><td></td></tr>
<tr><td>1</td><td>镗铣夹具板</td><td>GS52－61</td></tr>
<tr><td>编制</td><td>审核</td><td>批准</td><td>第　页</td><td></td><td></td><td></td></tr>
<tr><td></td><td></td><td></td><td>共　页</td><td>序号</td><td>夹具名称</td><td>夹具图号</td></tr>
</table>

五、数控加工进给路线图

在数控加工中，刀具相对于零件运动的轨迹称为加工进给路线。设计好数控加工刀具进给路线是编制合理加工程序的条件之一。另外在数控加工中要经常注意并防止刀具在运动中与工件、夹具等发生意外的碰撞。因此，机床操作者要了解刀具进给路线，了解并计划好夹紧位置及控制夹紧元件的高度，以避免碰撞事故发生。这在上述工艺文件中难以说明或表达清楚，常采用进给路线图加以说明。

为简化进给路线图，一般可采取统一约定的符号来表示，不同的机床可以采用不同的图例与格式。在数控机床上工件的进给路线见表 2—22。

表 2—22 **数控机床上工件的进给路线**

数控机床工件进给路线		零件图号	ZG03.01	工序号	50	工步号	2	程序编号	ZG03.01—2
机床型号	程序段号	N8301～N8339	加工内容	铣扇形框内外形				共　页	第　页

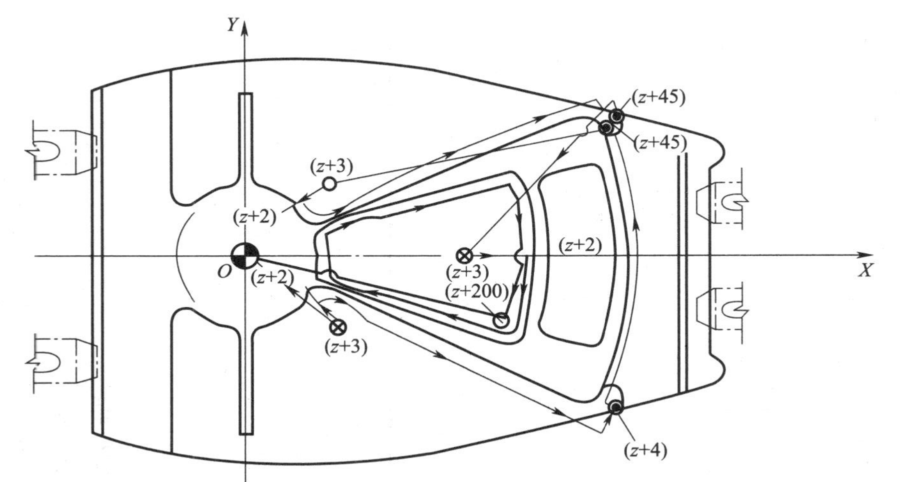

							编程		校对		审核	
符号	⊙	⊗										
含义	抬刀	下刀	编程原点	起始	进给方向	进给线相交	爬斜坡	钻孔	行切	轨迹重叠	回切	

六、数控加工程序单

数控加工程序单是编程员根据工艺分析情况，经过数值计算，按照机床特定的指令代码编制的。它是记录数控加工工艺过程、工艺参数、位移数据的清单，也是手动数据输入（MDI）和置备控制介质、实现数控加工的主要依据，格式见表 2—23。

表 2—23　　数控加工程序单

<table>
<tr><td colspan="2" rowspan="2">单位</td><td colspan="3" rowspan="2">CNC 机床程序单</td><td>程序号</td><td></td><td colspan="2">零件图号</td><td></td><td>机床</td><td></td></tr>
<tr><td>产品号</td><td></td><td colspan="2">零件名称</td><td></td><td>共　页</td><td>第　页</td></tr>
<tr><td>材料</td><td></td><td>毛坯种类</td><td colspan="2"></td><td>第一次加工数量</td><td></td><td colspan="2">每台数量</td><td></td><td>单件质量</td><td></td></tr>
<tr><td>工步号</td><td>程序段号</td><td colspan="5">程序内容</td><td colspan="5">备注</td></tr>
<tr><td></td><td></td><td colspan="5"></td><td colspan="5"></td></tr>
<tr><td></td><td></td><td colspan="5"></td><td colspan="5"></td></tr>
<tr><td></td><td></td><td colspan="5"></td><td colspan="5"></td></tr>
<tr><td>标记</td><td>修改内容</td><td colspan="2">修改者</td><td colspan="3">修改日期</td><td>编制日期</td><td colspan="2">审核日期</td><td>批准日期</td><td>反馈日期</td></tr>
<tr><td></td><td></td><td colspan="2"></td><td colspan="3"></td><td></td><td colspan="2"></td><td></td><td></td></tr>
</table>

看一看

您所在的学校中所用的数控工艺文件是否与此相同？

思考与练习

1. 数控加工工艺的主要内容有哪些？
2. 零件加工可分为哪几个加工阶段？
3. 划分加工阶段的目的是什么？
4. 加工工序的划分原则是什么？数控车削与铣削工序的划分方法有哪些？
5. 粗、精基准的选择原则是什么？
6. 常用的定位元件有哪几类？
7. 数控机床用夹具的作用是什么？
8. 怎样确定加工工件的加工余量？
9. 影响加工余量的因素有哪些？
10. 表面质量对零件使用性能的影响表现在哪几个方面？
11. 常用的数控加工工艺文件有哪几种？

12. 已知如图 2—68 所示台阶轴，其加工步骤为：车平右端面，车 $\phi32$ mm 的外径，长为 L；车 $\phi60$ mm 的外径，长为 30 mm；切断，保证总长为 $80_{-0.1}^{0}$ mm。求编制程序时的尺寸 L。

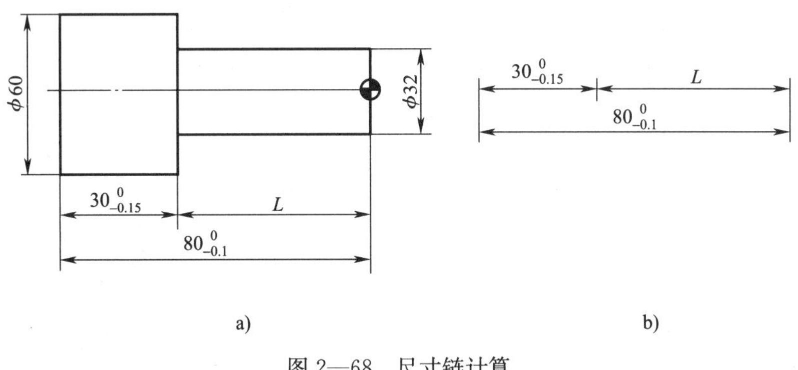

图 2—68 尺寸链计算
a）零件图 b）尺寸链图

13. 加工如图 2—69 所示零件，计算 $\phi24$ mm 外圆（含倒角）轴向尺寸的变化范围。

14. 铣削如图 2—70 所示零件槽（$10_{-0.036}^{0}$ mm）时，通过保证尺寸 H 间接保证图样要求，问 H 的尺寸及其公差应为多少？

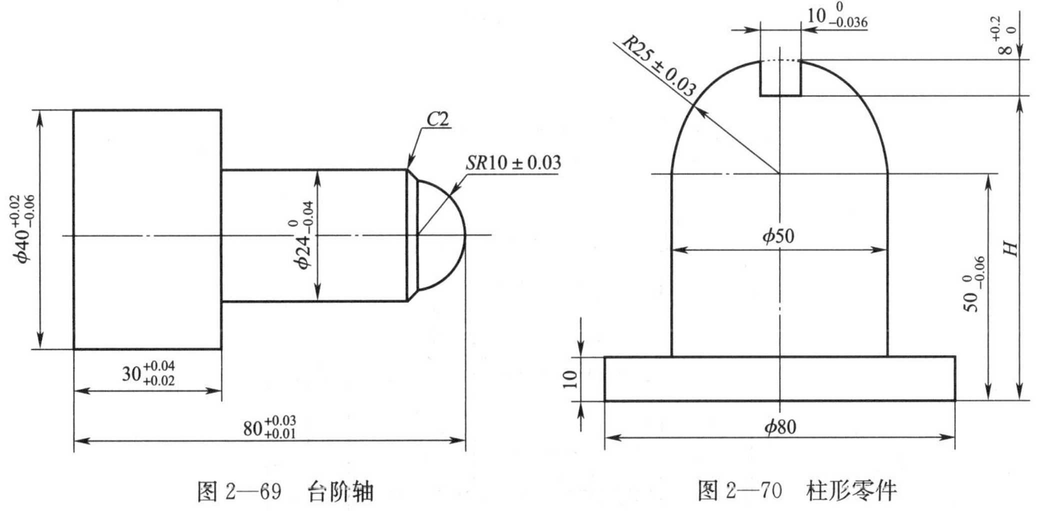

图 2—69 台阶轴　　图 2—70 柱形零件

15. 图 2—71a 为轴套零件图，图 2—71b 为车削工序图，图 2—71c 为钻孔时三种定位方案的加工简图。钻孔时需保证设计尺寸（10±0.1）mm，试计算三种定位方案的工序尺寸 A_1、A_2、A_3。

16. 图 2—72 所示为轴套零件，在车床上已加工好外圆、内孔及各面，现需在铣床上铣出右端槽，并保证尺寸 $5_{-0.06}^{0}$ mm、（26±0.2）mm，求试切调刀时的尺寸 H、A 及其上下偏差。

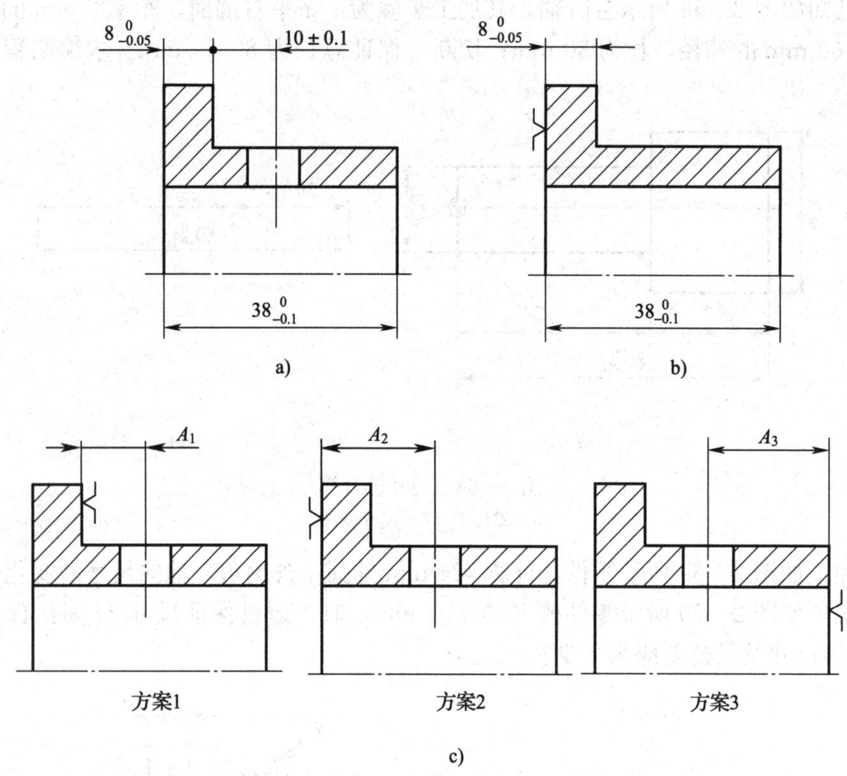

图 2—71　轴套零件及加工方案

a）零件图　b）车外圆及端面工序图　c）钻孔

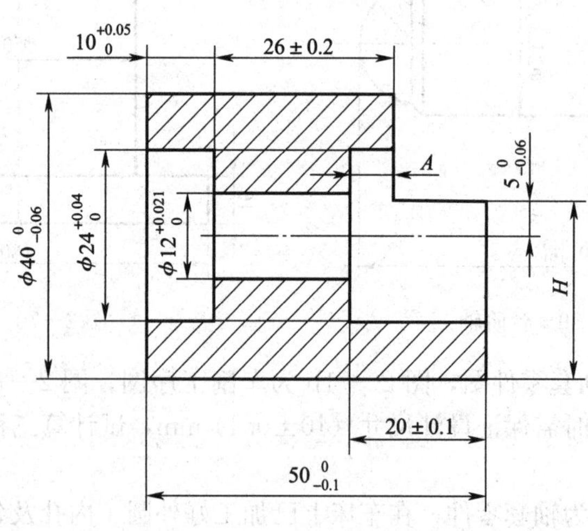

图 2—72　轴套零件

第三章

数控车削加工工艺

数控车削是数控加工中应用最多的加工方法之一，表 3—1 是适合在数控车床上加工的零件。数控车削加工工艺是以普通车削加工工艺为基础，结合数控车床的特点，综合运用多方面的知识解决数控车削加工过程中面临的工艺问题，其内容包括金属切削原理、刀夹具、加工工艺等方面的基础知识和基本原理。

表 3—1　　适合在数控车床上加工的零件

加工应用	实例
几何精度、尺寸精度、表面质量要求高的回转体零件	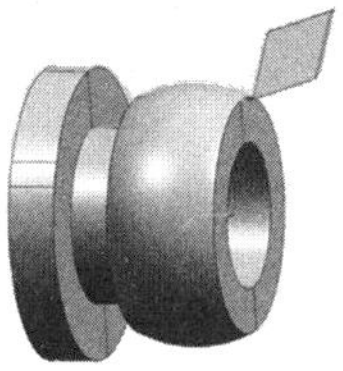
表面形状复杂的回转体零件	 
带特殊螺纹的回转体零件	

第一节　零件在数控车床上的装夹

一、三爪自定心卡盘

如图 3—1 所示，三爪自定心卡盘是车床上最常用的自定心夹具，用它夹持工件时一般不需要找正，装夹速度较快。把它略加改进，还可以方便地装夹方料及其他形状的材料（图 3—2）；同时还可以装夹小直径的圆棒料（图 3—3）。

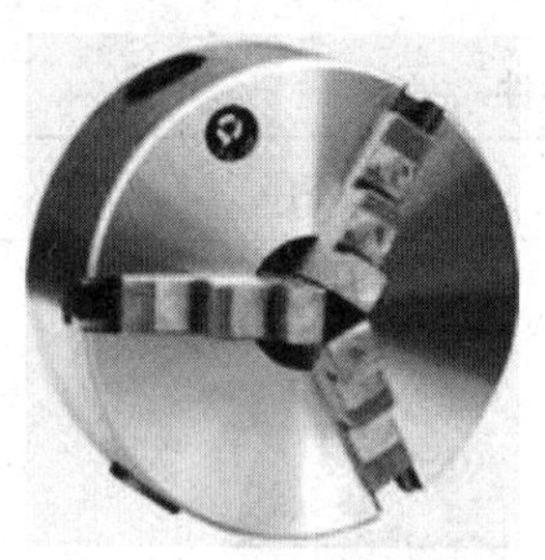

图 3—1　三爪自定心卡盘

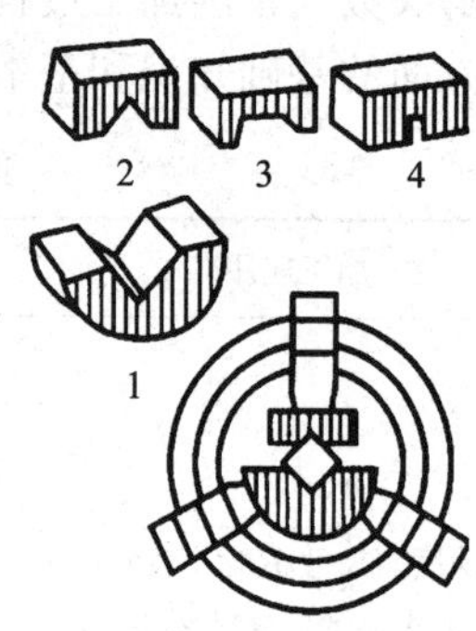

图 3—2　三爪自定心卡盘装夹方料

1—带 V 形槽的半圆体　2—带 V 形槽的矩形件　3、4—带其他形状的矩形件

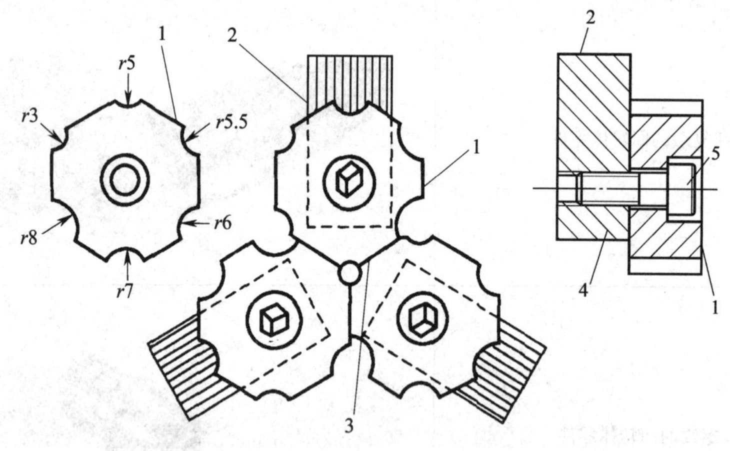

图 3—3　三爪自定心卡盘装夹小直径的圆棒料

1—附加软六方卡爪　2—三爪自定心卡盘的卡爪　3—垫片　4—凸起定位键　5—螺栓

想一想

三爪自定心卡盘的卡爪是怎样调整的？

二、四爪单动卡盘

四爪单动卡盘如图 3—4 所示，是车床上常用的夹具，它适用于装夹形状不规则或大型的工件，夹紧力较大，装夹精度较高，不受卡爪磨损的影响，但装夹不如三爪自定心卡盘方便。装夹圆棒料时，如果在四爪单动卡盘内放置一块 V 形架（图 3—5），装夹就快捷多了。

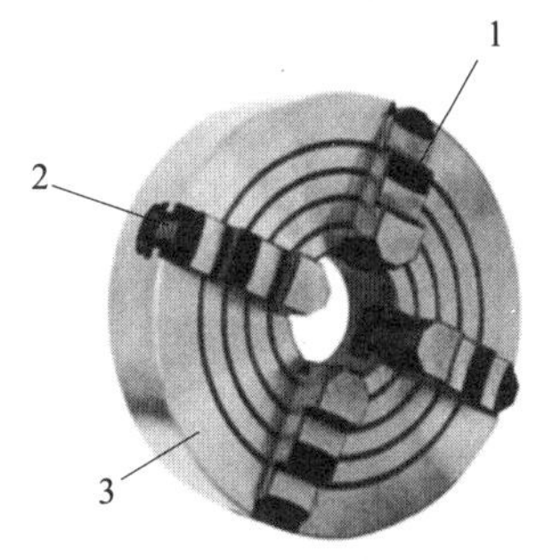

图 3—4 四爪单动卡盘

1—卡爪 2—螺杆 3—卡盘体

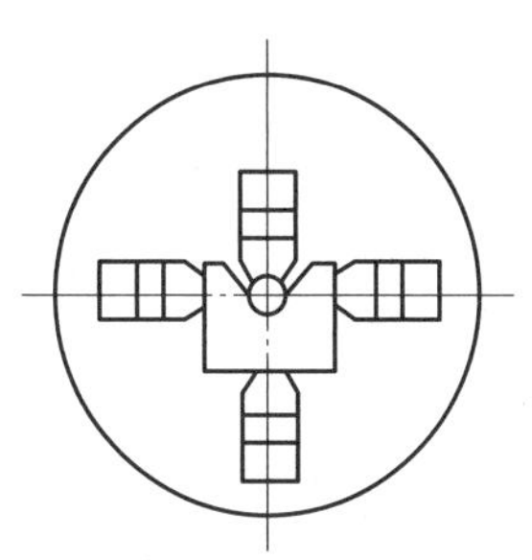

图 3—5 放置 V 形架装夹圆棒料

想一想

四爪单动卡盘是如何找正的？

三、其他常用的装夹方法（表 3—2）

表 3—2 一般工件常用的其他装夹方法

序号	装夹方法	图示	特点	适用范围
1	外梅花顶尖装夹		顶尖顶紧即可车削，装夹方便、迅速	适用于带孔工件，孔径大小应在顶尖允许的范围内
2	内梅花顶尖装夹		顶尖顶紧即可车削，装夹简便、迅速	适用于不留中心孔的轴类工件，需要磨削时，采用无心磨床磨削
3	摩擦力装夹		利用顶尖顶紧工件后产生的摩擦力克服切削力	适用于精车加工余量较小的圆柱面或圆锥面

续表

序号	装夹方法	图示	特点	适用范围
4	中心架装夹	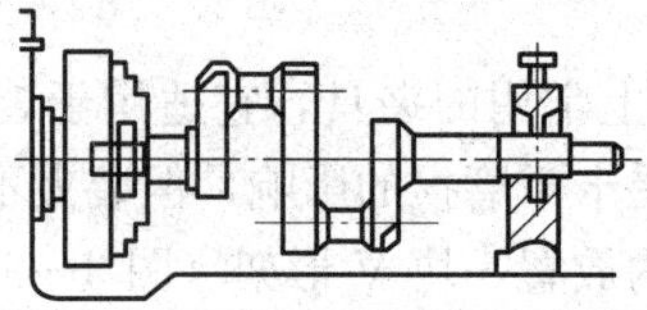	三爪自定心卡盘或四爪单动卡盘配合中心架紧固工件，切削时中心架受力较大	适用于加工曲轴等较长的异形轴类工件
5	锥形心轴装夹	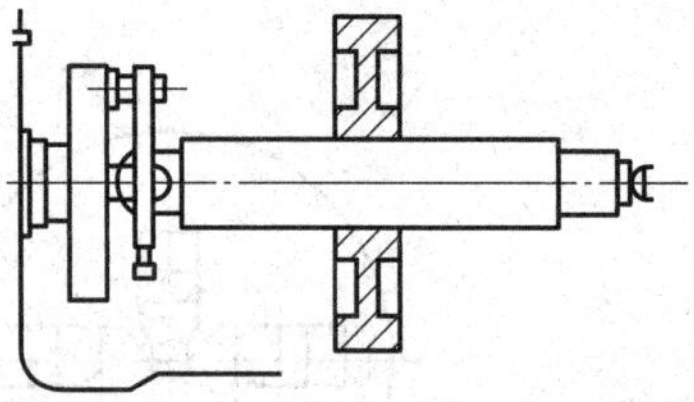	心轴制造简单，工件的孔径可在心轴锥度允许的范围内适当变动	适用于齿轮拉孔后精车外圆等
6	夹顶式整体心轴装夹	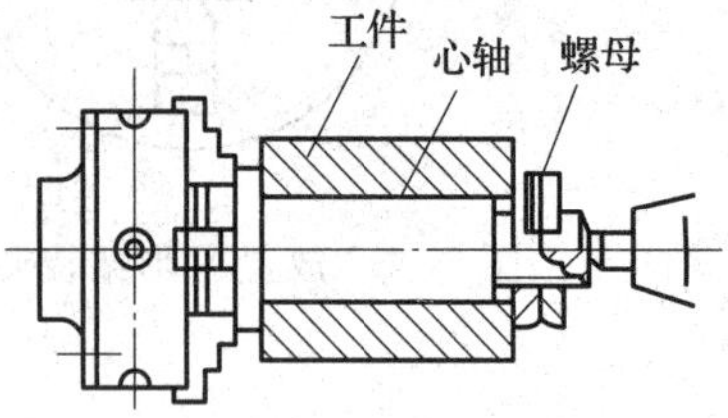 工件 心轴 螺母	工件与心轴间隙配合，靠螺母旋紧后的端面摩擦力克服切削力	适用于孔与外圆同轴度要求一般的工件外圆车削
7	胀力心轴装夹	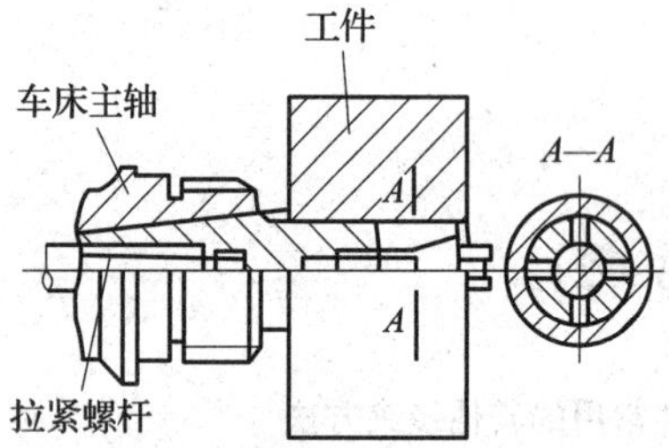 工件 车床主轴 A—A A A 拉紧螺杆	心轴通过圆锥的相对位移产生弹性变形而胀开把工件夹紧，装卸工件方便	适用于孔与外圆同轴度要求较高的工件外圆车削
8	带花键心轴装夹	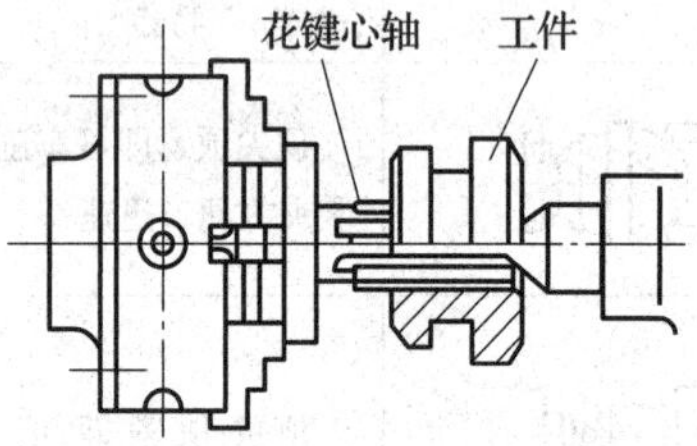 花键心轴 工件	花键心轴外径带有锥度，工件轴向推入即可夹紧	适用于具有矩形花键或渐开线花键孔的齿轮
9	外螺纹心轴装夹	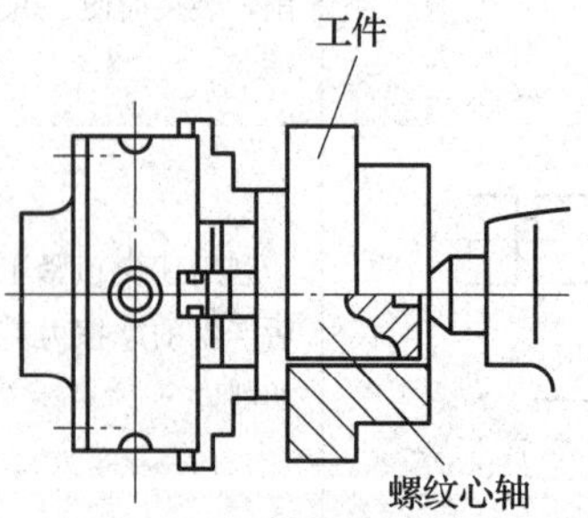 工件 螺纹心轴	利用工件本身的内螺纹旋入心轴后紧固，装卸工件不太方便	适用于有内螺纹和对外圆同轴度要求不高的工件

续表

序号	装夹方法	图示	特点	适用范围
10	内螺纹心轴装夹	工件 内螺纹心轴	利用工件本身的外螺纹旋入心套后紧固，装卸工件不太方便	适用于多台阶而轴向尺寸较短的工件

第二节　可转位刀片及数控车削用刀具系统

一、机夹可转位刀片及代码

硬质合金可转位刀片的国家标准采用了 ISO 国际标准，产品型号的表示方法、品种规格、尺寸系列、制造公差以及测量方法等都和 ISO 标准相同。另外，为适应我国的国情，在 ISO 标准规定的 9 个号位之后，加一短横线，再用一个字母和一位数字表示刀片断屑槽型式和宽度。因此，我国可转位刀片的型号，共用了 10 个号位来表示主要参数的特征。按照规定，任何一个型号的刀片都必须有前 7 个号位，后 3 个号位在必要时才使用。但对于车刀片，第 10 号位属于标准要求标注的部分。不论有无第 8、9 两个号位，第 10 号位都必须用短横线"—"与前面号位隔开，并且不得使用第 8、9 两个号位可使用的（E、F、T、S、R、L、N）字母。第 8、9 两个号位如只使用其中一位，则写在第 8 号位上，中间不需要空格。

可转位刀片 10 个号位表示的内容见表 3—3，刀片型号表示方法如图 3—6 所示。

表 3—3　　可转位刀片 10 个号位表示的内容

位号	表示内容	代表符号	备注
1	刀片形状	1 个英文字母	具体含义可查阅《数控加工技术手册》
2	刀片主切削刃法向后角	1 个英文字母	
3	刀片尺寸精度	1 个英文字母	
4	刀片固定方式及有无断屑槽	1 个英文字母	
5	刀片主切削刃长度	2 位数	
6	刀片厚度、主切削刃到刀片定位底面的距离	2 位数	
7	刀尖圆弧半径或刀尖转角形状	2 位数或 1 个英文字母	
8	切削刃截面形状	1 个英文字母	

续表

位号	表示内容	代表符号	备注
9	切削方向	1个英文字母	具体含义可查阅《数控加工技术手册》
10	刀片断屑槽型式及槽宽	1个英文字母及1个阿拉伯数字	

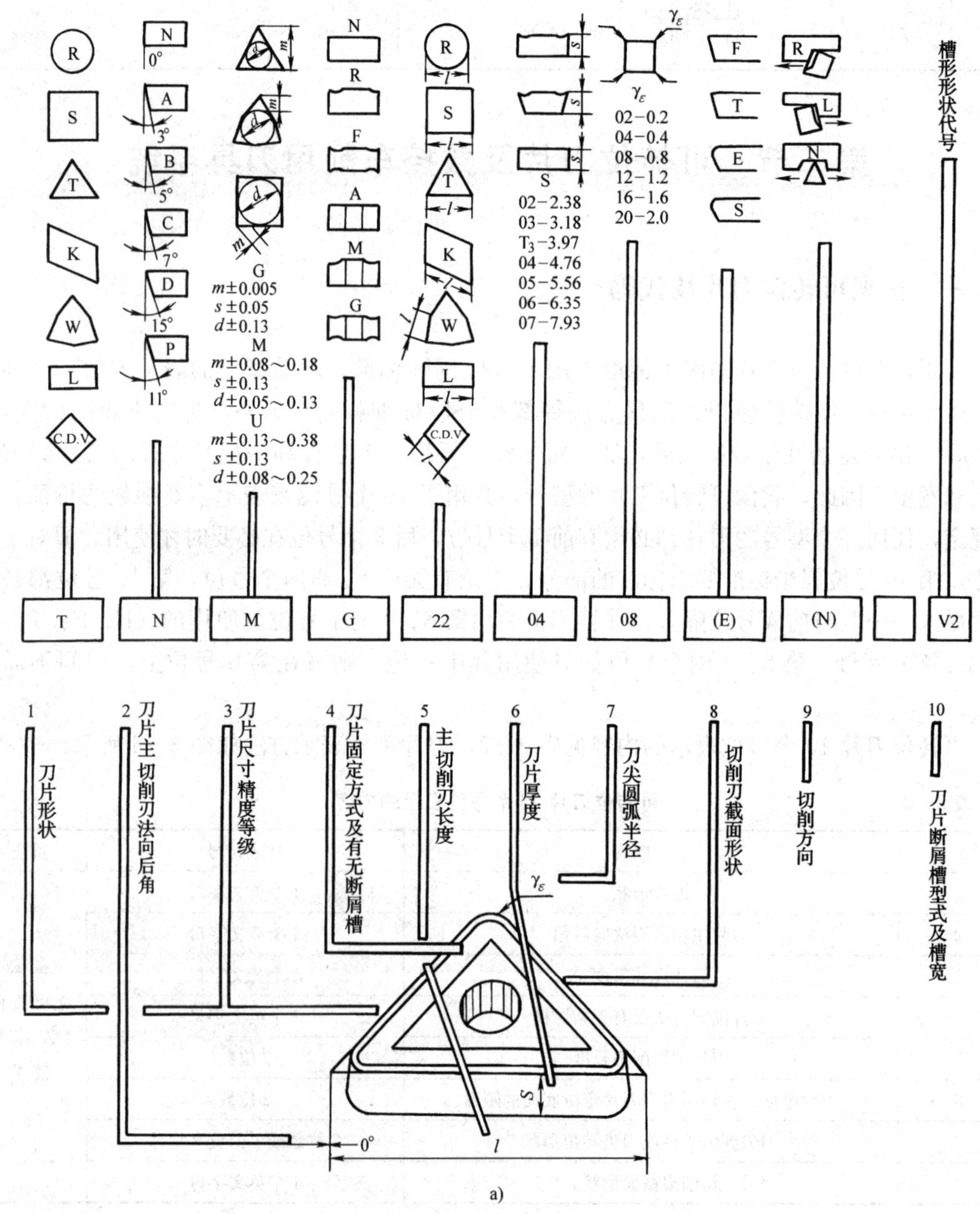

a)

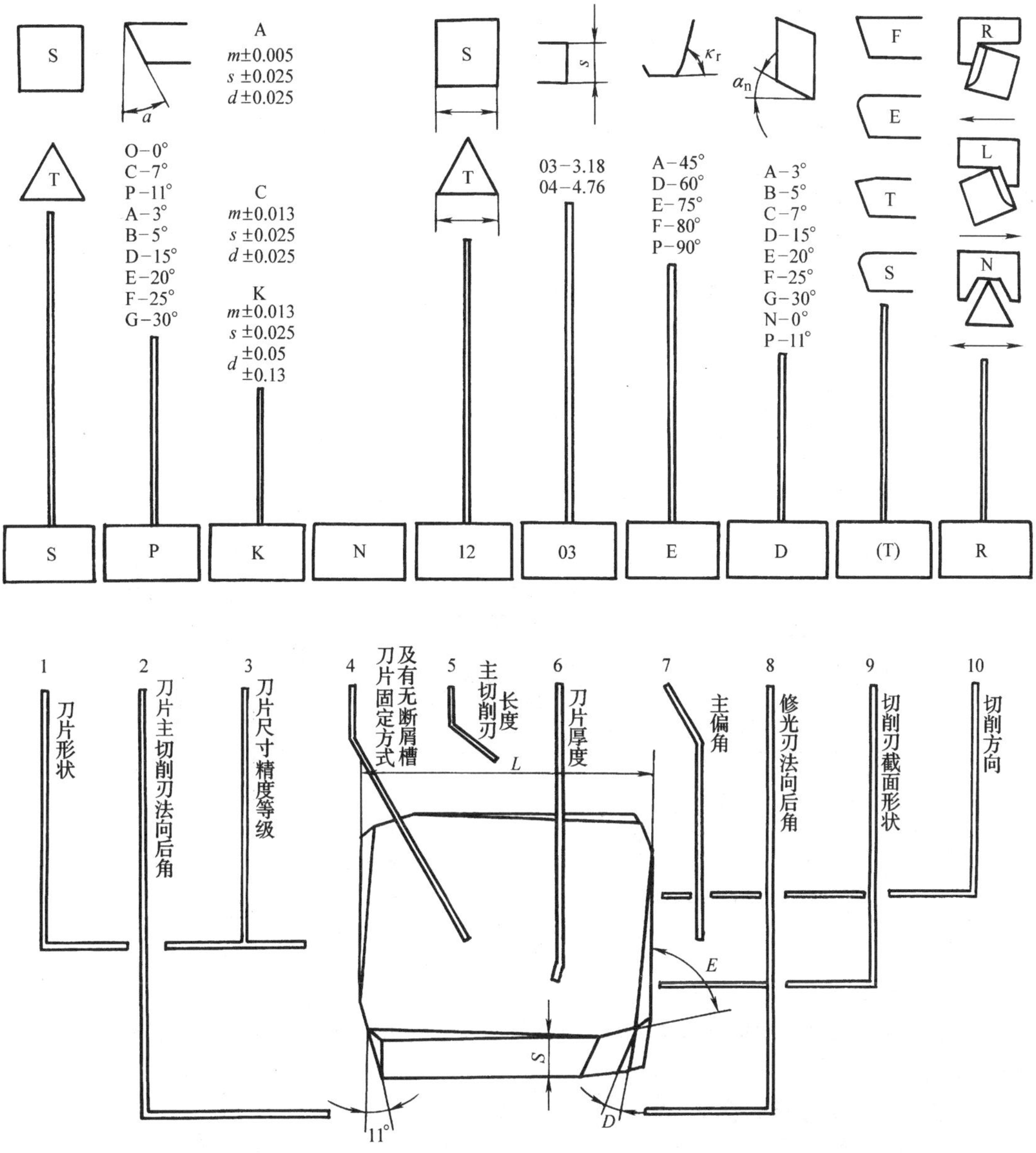

b)

图 3—6　可转位刀片型号表示方法

a）可转位车刀刀片型号的含义　b）可转位铣刀刀片型号的含义

查一查

可转位刀片每位字母（或每组数字）表示的含义。

二、机夹可转位车刀刀片的夹紧方式

机夹可转位车刀有外圆车刀、内孔车刀、端面车刀、仿形车刀、切槽车刀、螺纹车刀等。车刀的用途不同，刀片的夹紧方式也有所不同。国家标准把夹紧方式规定为4类：上压式（标准代号C）、杠杆式（代号S）、螺钉式（代号P）和复合式（代号M）。各国对于这4种夹紧方式所采用的具体结构虽然有不同，但大同小异。我国普遍采用上压式、钩销式、杠杆式、杠销式、偏心销式、压孔式、楔销式和复合式夹紧机构。

1. 上压式夹紧机构（图3—7）

（1）结构特点

上压式夹紧机构靠底面及侧面定位，结构简单，夹紧可靠，切削力与夹紧力方向一致，多采用不带固定孔的刀片。压板要超过刀片中心1 mm左右。排屑空间不能过窄，过窄时则会阻碍切屑的流动。这种夹紧方式使得刀头体积大，影响操作，但装卸容易。

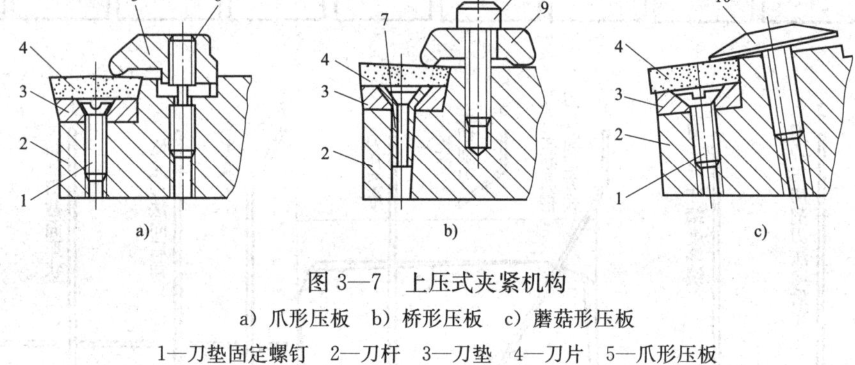

图3—7　上压式夹紧机构

a）爪形压板　b）桥形压板　c）蘑菇形压板

1—刀垫固定螺钉　2—刀杆　3—刀垫　4—刀片　5—爪形压板

6—双头螺钉　7—弹簧圈　8—螺钉　9—桥形压板　10—蘑菇头螺钉

（2）适用场合

前角可为正或负，刃倾角多数为0°，少数为负。适用于精车，也可用于中型、重型及间断车削。

2. 钩销式夹紧机构（图3—8）

（1）结构特点

钩销式夹紧机构通过旋紧螺钉，推动钩销，把刀片压紧在刀片槽的定位面上。钩销式夹紧机构结构简单，夹紧可靠，定位精度高，排屑通畅。定位面为底面及侧面。钩销头部有一倒锥形，使刀片夹紧受力好，但刀片孔必须有一段相应的锥形，且更换刀片不方便。

（2）适用场合

钩销式装夹结构适用于有正前角和负刃倾角时的车削。在立装刀片的车刀上，常采用钩销式装夹结构，可用于轻型和中型车削。

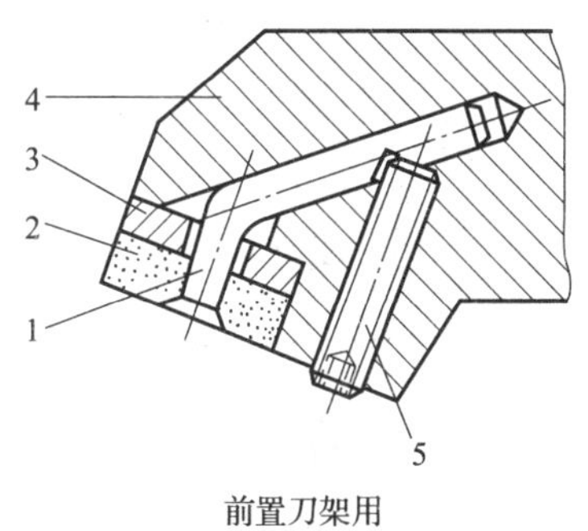

前置刀架用

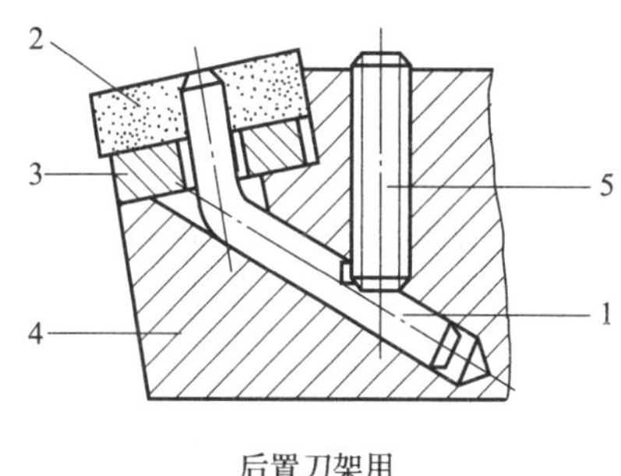

后置刀架用

图 3—8　钩销式夹紧机构

1—钩销　2—刀片　3—刀垫　4—刀杆　5—螺钉

3. 杠杆式夹紧机构（图 3—9）

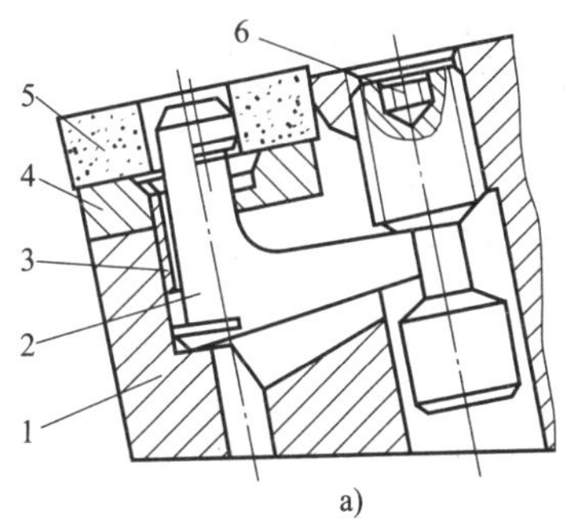

a)

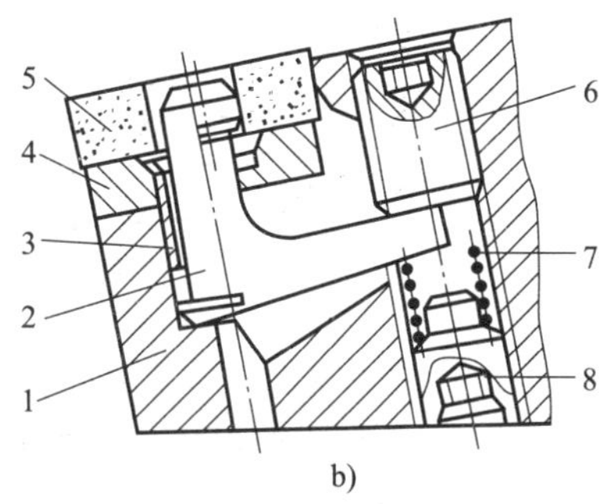

b)

图 3—9　杠杆式夹紧机构

a）压紧螺钉中部的斜面使杠杆摆动　b）压紧螺钉下端面使杠杆摆动

1—刀杆　2—杠杆　3—弹簧套　4—刀垫　5—刀片　6—压紧螺钉　7—弹簧　8—调节螺钉

（1）结构特点

压紧螺钉使杠杆受力摆动，把带孔刀片压紧在刀杆上。杠杆式夹紧机构定位精度高，夹紧可靠，能迅速使刀片转位或更换，排屑方便。但结构较复杂，制造杠杆比制造钩销困难。定位面为底面与侧面。

（2）适用场合

刀片后角常为 0°，刀具有正前角和负刃倾角，适用于轻型和中型负荷的车削。

4. 杠销式夹紧机构（图 3—10）

（1）结构特点

杠销式夹紧机构应用杠杆原理，顶压螺钉使杠销下端受力后绕中部台阶球面接触点摆动，把刀片压紧在刀槽中。杠销式装夹结构较简单，夹紧力稳定，定位精度较高。定位面为底面与侧面。

（2）适用场合

适用于小型和中型机床车削。

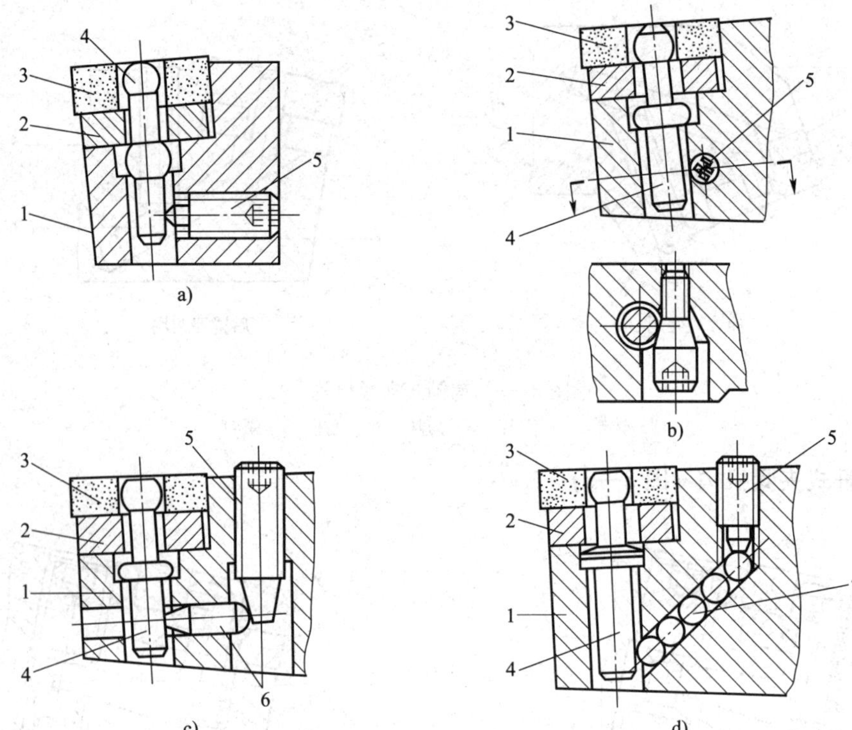

图 3—10　杠销式夹紧机构

a）用螺钉头部顶压　b）用螺钉锥面施力　c）用螺钉和滑块施力　d）用螺钉和钢球施力

1—刀杆　2—刀垫　3—刀片　4—杠销　5—顶压螺钉　6—滑块　7—滚珠

5. 偏心销式（图 3—11）

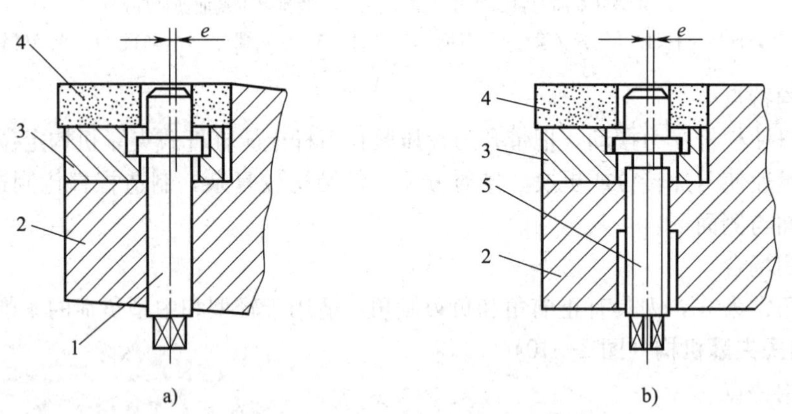

图 3—11　偏心销式夹紧机构

a）光圆柱偏心销结构　b）带螺纹的偏心销结构

1—光偏心销　2—刀杆　3—刀垫　4—刀片　5—螺纹偏心销

（1）结构特点

偏心销旋转时，它的头部把刀片压紧。偏心销式夹紧机构零件少，结构紧凑，刀片转位和更换迅速、方便。但是，如果设计或装夹不当，容易使刀片靠向一个定位侧面，遇到大的冲击时，夹紧不十分可靠。定位面为底面与侧面。

（2）适用场合

适用于小型和中型机床车削。

6．压孔式（图 3—12）

（1）结构特点

采用带深孔刀片，用螺钉压紧。刀杆上螺孔轴线和刀片中心至两侧定位面有 0.1～0.2 mm 的偏心，能使刀片贴紧定位面。压孔式夹紧机构零件少，结构简单，夹紧可靠，排屑通畅。定位面为底面与锥孔。

（2）适用场合

刀片的前角、刃倾角通常为 0°，有后角，广泛用于铜、铝及塑料等材料的车削。

图 3—12　压孔式夹紧机构

1—刀杆　2—刀片　3—螺钉

7．楔销式（图 3—13）

用楔块将刀片压向定位销，将刀片压紧。楔销式夹紧机构结构简单，使用方便，夹紧力大，夹紧可靠，但中心销容易变形，精度低。

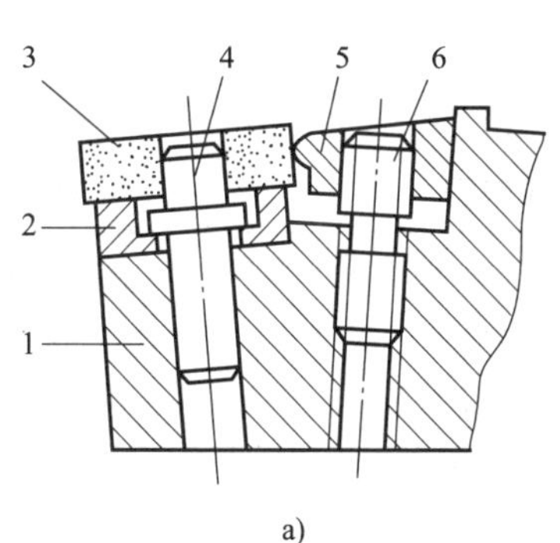

a)

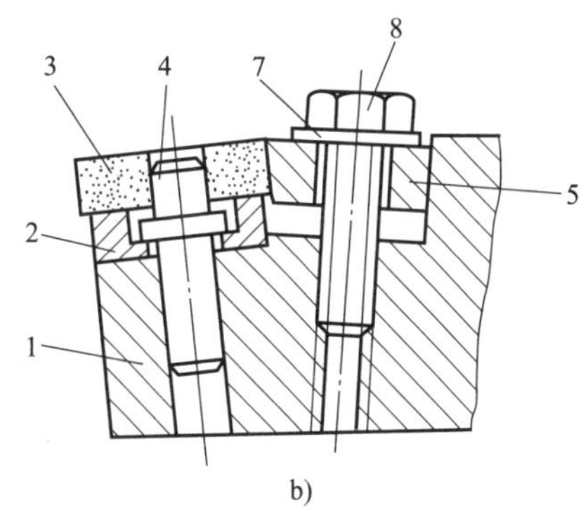

b)

图 3—13　楔销式夹紧机构

a）用双头螺钉　b）用单头螺钉

1—刀杆　2—刀垫　3—刀片　4—定位销　5　楔块　6　双头螺钉　7　垫片　8　单头螺钉

8．复合式（图 3—14）

（1）结构特点

采用两种夹紧方式夹紧刀片，夹紧可靠，能承受较大的切削力和冲击。

（2）适用场合

适用于重负荷车削。图 3—14a、b 所示的两种形式适于平装刀片，图 3—14c、d 所示的两种形式适于立装刀片。

为满足不同的加工范围，应选择最合适的夹紧方式，按照适应性将它们分为 1～3 级，其中 3 级表示最合适的选择，见表 3—4。

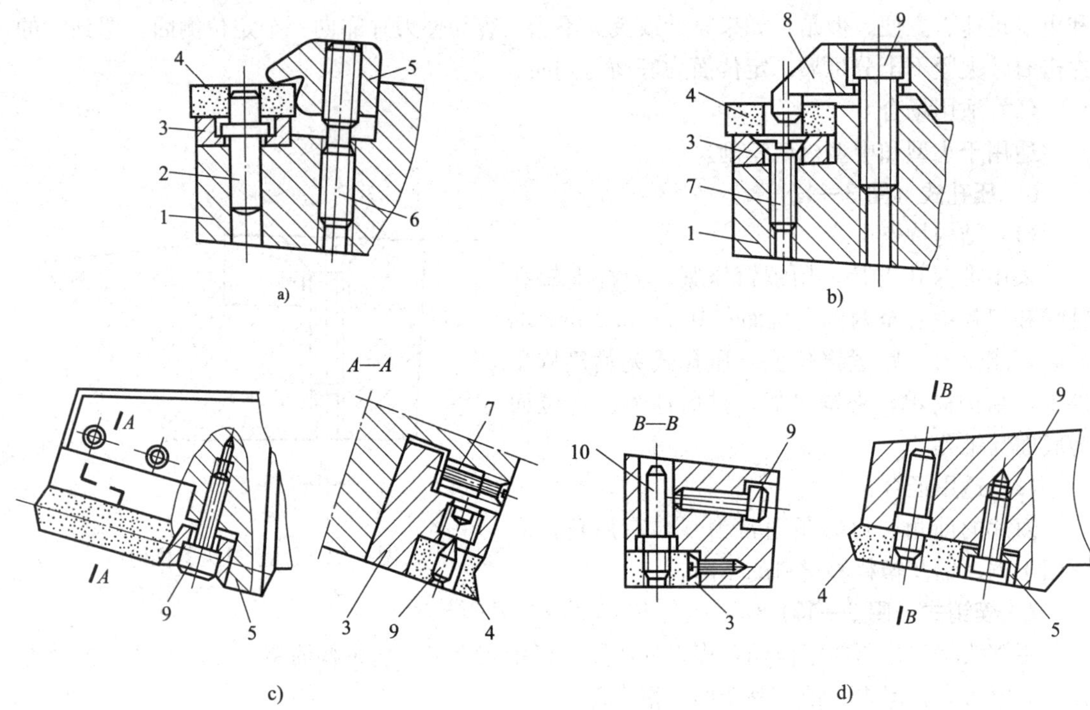

图 3—14　复合式夹紧机构

a）楔压复合式　b）拉压复合式　c）偏心楔块复合式　d）杠销楔块复合式

1—刀杆　2—定位销　3—刀垫　4—刀片　5—楔块　6—双头螺钉　7—刀垫固定螺钉　8—拉压板　9—螺钉　10—杠销

表 3—4　　部分常见夹紧方式最合适的加工范围

夹紧方式 加工范围	上压式	杠杆式	螺钉式
可靠夹紧/紧固	3	3	3
仿形加工/易接近性	3	2	3
重复性	2	3	3
仿形加工/轻负荷加工	3	2	3
断续加工工序	2	3	3
外圆加工	1	3	3
内圆加工	3	3	3

看一看

你所在的学校所用的可转位刀片应用的是哪种装夹方法？

三、可转位刀片的选择

根据被加工零件的材料、表面粗糙度要求和加工余量等条件来决定刀片的类型。这里主要介绍车削加工中刀片的选择方法。

1. 刀片材料的选择

车刀刀片的材料主要有高速钢、硬质合金、涂层硬质合金、陶瓷、立方氮化硼和金刚石等，其应用见表 3—5。选择刀片材料，主要依据被加工工件的材料、被加工表面的精度要求、切削载荷的大小以及切削过程中有无冲击和振动等。

表 3—5　　刀片材料的种类、特点及应用

<table>
<tr><th>种类</th><th colspan="2">特点、应用</th></tr>
<tr><td rowspan="3">高速钢</td><td colspan="2">高速钢是一种含碳（C）、钨（W）、钼（Mo）、铬（Cr）、钒（V）等元素的合金钢，热处理后具有高热硬性。当切削温度高达 600℃以上时，该合金钢硬度仍无明显下降，用其制造的刀具切削速度可达 60 m/min 以上，因此而得名“高速钢”。按化学成分不同，高速钢可分为普通高速钢及高性能高速钢</td></tr>
<tr><td>通用高速钢</td><td>分为两种：钨系高速钢和钨钼系高速钢。主要用于制造切削硬度 HB≤HBW300 的金属材料的切削刀具（如钻头、丝锥、锯条）和精密刀具（如滚刀、插齿刀、拉刀）</td></tr>
<tr><td>高性能高速钢</td><td>包括钴高速钢和超硬型高速钢（硬度 HRC68～70），主要用于制造切削难加工金属（如高温合金、钛合金和高强钢等）的刀具</td></tr>
<tr><td>硬质合金</td><td colspan="2">硬质合金的分类及代号如下：
<table>
<tr><th>代号</th><th>材料组成</th></tr>
<tr><td>HW</td><td>主要含碳化钨（WC）的未涂层的硬质合金，粒度≥1 μm</td></tr>
<tr><td>HF</td><td>主要含碳化钨（WC）的未涂层的硬质合金，粒度<1 μm</td></tr>
<tr><td>HT</td><td>主要含碳化钛（TiC）或氮化钛（TiN）或两者都有的未涂层的硬质合金</td></tr>
<tr><td>HC</td><td>上述硬质合金进行了涂层</td></tr>
</table>
切削加工用硬质合金的应用按照被加工材料不同，可分为 P、M、K、N、S、H（分别代表切屑的颜色为蓝、黄、红、绿、褐、灰）
硬质合金刀具的应用范围相当广泛，在数控刀具材料中占主导地位，既可用于加工各种铸铁、有色金属和非金属材料，也适用于加工各种钢材和耐热合金等。硬质合金既可用于制造各种机夹可转位刀具和焊接刀具，也可制造各种尺寸较小的整体复杂刀具，如整体式立铣刀、铰刀、丝锥、钻头、复合孔加工刀具和齿轮滚刀等</td></tr>
<tr><td rowspan="3">陶瓷</td><td colspan="2">陶瓷刀具的硬度可达 91～95 HRA，耐磨性比硬质合金高十几倍，适用于加工冷硬铸铁和淬火钢。陶瓷刀具有良好的抗粘性能，它与多种金属的亲和力小，化学稳定性好，即使在熔化时也不与钢起化合作用
陶瓷刀具最大的缺点是脆、抗弯强度和冲击韧度低、热导率差</td></tr>
<tr><td>Al_2O_3基陶瓷</td><td>有较好抗弯强度和断裂韧性，抗机械冲击和耐热冲击的能力也有所提高，适用于铣削、刨削。可对各种铸铁及钢料进行精加工、粗加工</td></tr>
<tr><td>Si_3N_4基陶瓷</td><td>这类陶瓷刀具有比 Al_2O_3基陶瓷刀具更高的强度、韧性和疲劳强度，有更高的切削稳定性能，更高的热稳定性，在 1 300～1 400℃能正常切削，并允许更高的切削速度
Si_3N_4基陶瓷热导率为 Al_2O_3基陶瓷的 2～3 倍，耐热冲击能力比 Al_2O_3基陶瓷提高 1～2 倍，具有良好的抗崩刃能力
此类刀具适于端铣和切削有氧化皮的毛坯工件，可对铸铁、淬火钢等高硬材料进行精加工和半精加工</td></tr>
</table>

续表

<table>
<tr><th colspan="2">种类</th><th>特点、应用</th></tr>
<tr><td rowspan="2">陶瓷</td><td>Sialon 陶瓷</td><td>它是迄今陶瓷刀具材料中强度最高的材料。其断裂韧性、化学稳定性、抗氧化性能都很好，有些品种的强度甚至随温度的升高而升高。它在断续切削中不易崩刃，是高速粗加工铸铁及镍基合金理想的刀具材料</td></tr>
<tr><td>其他陶瓷</td><td>氧化锆（ZrO_2）陶瓷刀具可用来加工铝合金、铜合金
二硼化钛（TiB_2）陶瓷材料具有高熔点（T=2 980℃）、高硬度、极好的化学稳定性和物理性能。其导热性能强、热膨胀系数小，与熔融金属不侵蚀，在高温下具有优异的力学性能。二硼化钛及其复合材料是极具发展前景的高新技术材料。二硼化钛陶瓷刀具可用来加工汽车发动机用的精密铝合金件</td></tr>
<tr><td colspan="2">立方氮化硼</td><td>立方氮化硼材料非常适合数控机床加工用刀具。立方氮化硼刀具有很好的红硬性，可以高速切削高温合金，切削速度要比硬质合金高 3～5 倍，在 1 300℃高温下仍能保持良好的切削性能，使用寿命是硬质合金的 20～200 倍
立方氮化硼刀具可加工以前只能用磨削方法加工的特种钢材，并能获得很高的尺寸精度和极好的表面粗糙度，可以实现以车代磨
它具有优良的化学稳定性，适用于加工钢铁类材料
虽然它的导热性比金刚石差，但比其他材料高，抗弯强度和断裂韧性介于硬质合金和陶瓷之间</td></tr>
<tr><td colspan="2">金刚石</td><td>金刚石刀具适合加工的金属材料有铝及其铝合金、铜及其铜合金、硬质合金，以及钛、镁、锌、铅等各种有色金属，广泛应用于飞机、汽车、摩托车、内燃机、船舶等壳体、缸体等重要部件和各类通用机械、精密机械、电子仪器的零件加工。它适合加工的非金属材料有木材、增强塑料、橡胶、石墨、陶瓷，广泛应用于各种设备的重要配件加工
金刚石刀具有天然金刚石刀具、人造聚晶金刚石（PCD）刀具和复合金钢石刀片三类。其中，人造聚晶金刚石（PCD）较为常用。它的主要加工对象是有色金属，如铝合金、铜合金、镁合金等，也用于加工钛合金、金、银、铂、各种陶瓷制品。人造聚晶金刚石刀具具有刀具寿命长、金属切除率高等优点，缺点是价格昂贵，加工成本高</td></tr>
</table>

2. 涂层刀具的选择

数控加工刀具常用涂层刀具的选择可参考表 3—6。

表 3—6　　刀具涂层技术及涂层材料

项目	说明
特点	(1) 刀具表面涂层技术是一种优质的表面改性技术，它是在普通高速钢和硬质合金刀片表面，采用化学气相沉积（CVD）或物理气相沉积（PVD）的工艺方法，涂覆一薄层（5～12 μm）高硬度难熔金属化合物（TiC、TiN、Al_2O_3等） (2) 刀片既保持了普通刀片基体的强度和韧性，又使表面有高的硬度和耐磨性，更小的摩擦因数和高的耐热性，较好地解决了材料硬度与强度及韧性的矛盾

续表

项目	说明		
涂层技术	CVD（化学气相沉积）技术		（1）CVD技术在硬质合金可转位刀具上应用极广 （2）在CVD工艺中，气相沉积所需金属源的制备相对容易，可实现 TiN、TiC、TiCN、TiBN、TiB_2、Al_2O_3等单层及多元多层复合涂层，其涂层与基体结合强度高，薄膜厚度可达 7～9 μm （3）CVD工艺主要用于硬质合金车削类刀具的表面涂层，其涂层刀具适合于中型、重型切削的高速粗加工及半精加工 （4）在干式切削加工中，CVD涂层技术仍占有极其重要的地位 （5）CVD工艺先天性的缺陷：一是工艺处理温度高，易造成刀具材料抗弯强度的下降；二是薄膜内部为拉应力状态，使用中易导致微裂纹的产生；三是CVD工艺所排放的废气、废液会造成工业污染，对环境影响较大，与目前所提倡的绿色工业相抵触
	PVD（物理气相沉积）技术		（1）可作为高速钢类刀具涂层的最终处理工艺 （2）PVD工艺处理温度低，在600℃以下对刀具材料的抗弯强度没有影响，薄膜内部为压应力，更适合于硬质合金精密复杂类刀具的涂层 （3）涂层成分由第一代的 TiN 发展到了 TiC、TiCN、ZrN、CrN、MoS_2、TiAlN、TiAl-CN、TiN－AlN、CN_x（纳米氮化碳）等多种多元复合涂层，且由于纳米级涂层的出现，使得PVD涂层刀具质量又有了新的突破，这种薄膜涂层不仅结合强度高、硬度接近CBN、抗氧化性能好，并可有效地控制精密刀具刃口形状及精度，在进行高精度加工时，加工精度毫不逊色于未涂层刀具 （4）PVD工艺对环境没有不利影响，符合目前绿色工业的发展方向 （5）普遍用于硬质合金立铣刀、钻头、阶梯钻、油孔钻、铰刀、丝锥、可转位铣刀片、异形刀具、焊接刀具等的涂层处理
刀具涂层材料	硬质合金刀具的表面涂层材料	TiC涂层	（1）TiC涂层的CVD法是将基体刀片送入四氯化钛、氢气、甲烷的蒸气混合气中，在1 000℃高温时产生反应物 TiC。TiC 沉积在刀片表面上形成涂层 （2）TiC涂层有很高的显微硬度和耐磨性，抗磨料磨损的能力强，可使切削速度提高40%左右
		TiN涂层	（1）TiN涂层的主要优点是与铁基金属的亲和力比 TiC 更小，抗粘接能力和抗扩散能力更好 （2）TiN涂层易于沉积和控制，涂层可较厚（8～12 μm） （3）虽然 TiN 涂层的显微硬度不及 TiC 涂层，刀具后面抗磨损能力稍差，但与切屑的摩擦因数较小，刀具前面月牙洼抗磨损性能比 TiC 涂层优越，最适合切削易粘刀的材料，使已加工表面粗糙度值减小，刀具寿命提高

续表

项目	说明		
刀具涂层材料	硬质合金刀具的表面涂层材料	Al_2O_3涂层	Al_2O_3涂层是超硬化合物中化学稳定性能最好的一种材料，在高温切削时，具有优越的抗高温氧化性能和（刀具前面月牙洼）抗磨损的性能，适于高速加工钢和铸铁
		TiC—TiN复合涂层	先涂 TiC，后涂 TiN，涂层总厚度可增至 10 μm，这种涂层兼顾了 TiC 涂层和 TiN 涂层的优点，扩大了涂层刀片的综合性能和适用范围
		TiC—Al_2O_3涂层	（1）TiC 涂层与基体结合牢固，并有较高抗磨料磨损性能，Al_2O_3涂层有较高的热稳定性和化学稳定性 （2）复合涂层刀片能像陶瓷刀具一样高速切削，寿命比 TiC、TiN 涂层刀片高，且不易崩刃 （3）主要用在硬质合金车削、铣削类刀具上，适用于中型、重型、高速切削的粗加工及半精加工，特别在干式切削中占有极其重要的地位
	高速钢刀具的涂层材料		（1）高速钢刀具主要采用 PVD 涂层技术，在刀具表面涂覆 TiN 等硬膜，以提高刀具性能 （2）在 500℃环境下进行，汽化的钛离子与氮反应，在阳极刀具表面上生成 TiN。TiN 涂层表面硬度可达 2 200 HV，厚度一般只有 2 μm，对刀具的尺寸影响不大 （3）TiN 涂层有较高的热稳定性，与钢的摩擦因数低，而且与高速钢结合牢固，可用于钻头、丝锥、铣刀、滚刀等复杂刀具
	金刚石涂层材料		（1）金刚石涂层是用化学气相沉积（CVD）方法将金刚石沉积在可转位刀片或旋转刀具的表面上 （2）综合了天然金刚石的硬度和硬质合金的强度及断裂韧性 （3）用于具有复杂形状切削刃的旋转刀具以及具有复杂断屑槽形的多刃刀具 （4）金刚石涂层的硬质合金刀具在加工非金属复合材料和塑料时，刀具寿命可比不涂层的硬质合金刀具提高 10～20 倍，而且在加工非铁金属和复合材料时提高了材料切除率 （5）加工表面质量要求高、抗磨粒磨损和抗腐蚀磨损的材料，最适宜采用金刚石涂层刀具 （6）金刚石薄膜涂层刀具适宜加工铝合金、铜合金、石墨、陶瓷预烧体等材料，不适宜加工铁基材料、钛合金、硬质陶瓷等材料

3. 刀片尺寸选择

刀片尺寸的大小取决于有效的切削刃长度 L，有效切削刃长度与背吃刀量 a_p 和主偏角 κ_r 有关，如图 3—15 所示。

4. 刀片形状选择

刀片形状主要依据被加工工件的表面形状、切削方法、刀具寿命和刀片的转位次数等因素来选择。刀尖角度会影响到加工性能，两者的关系如图 3—16 所示。

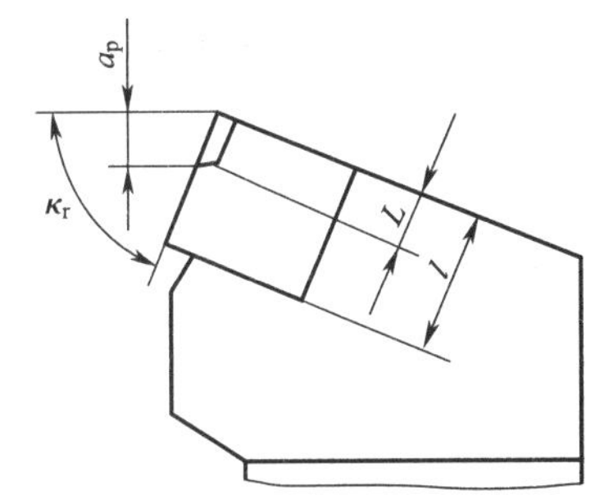

图 3—15 有效切削刃长度 L 与背吃刀量 a_p、主偏角 κ_r 的关系

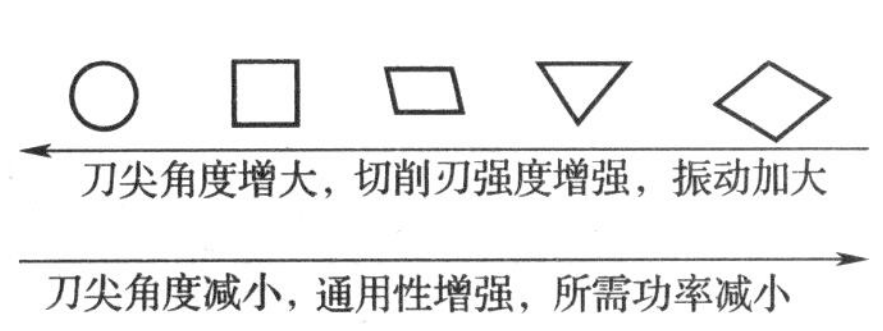

图 3—16 刀尖角度与加工性能的关系

请看一看你所在的学校所用刀片的形状是哪一种。

5. 刀片的刀尖圆弧半径选择

刀尖圆弧半径的大小直接影响刀尖的强度及被加工零件的表面粗糙度。刀尖圆弧半径大，表面粗糙度值增大，切削力增大且易产生振动，切削性能变坏，但切削刃强度增加，刀具前、后面磨损减少。通常在背吃刀量较小的精加工、细长轴加工、机床刚度较差的情况下，刀尖圆弧半径应小些；而在需要切削刃强度高、工件直径大的粗加工中，刀尖圆弧半径可大些。国家标准规定刀尖圆弧半径的尺寸系列为 0.2 mm、0.4 mm、0.8 mm、1.2 mm、1.6 mm、2.0 mm、2.4 mm、3.2 mm。刀尖圆弧半径一般适宜选取进给量的 2～3 倍。

四、数控车削刀具系统的形式

1. 刀具系统的常用形式

数控车床的刀具系统常用的有两种形式，一种是刀块式车刀系统，用凸键定位，螺钉夹紧定位可靠，夹紧牢固，刚度好，但换装费时，不能自动夹紧，如图 3—17 所示。另一种是圆柱齿条式车刀系统，可实现自动夹紧，换装快捷，刚度较刀块式车刀系统稍差，如图 3—18 所示。

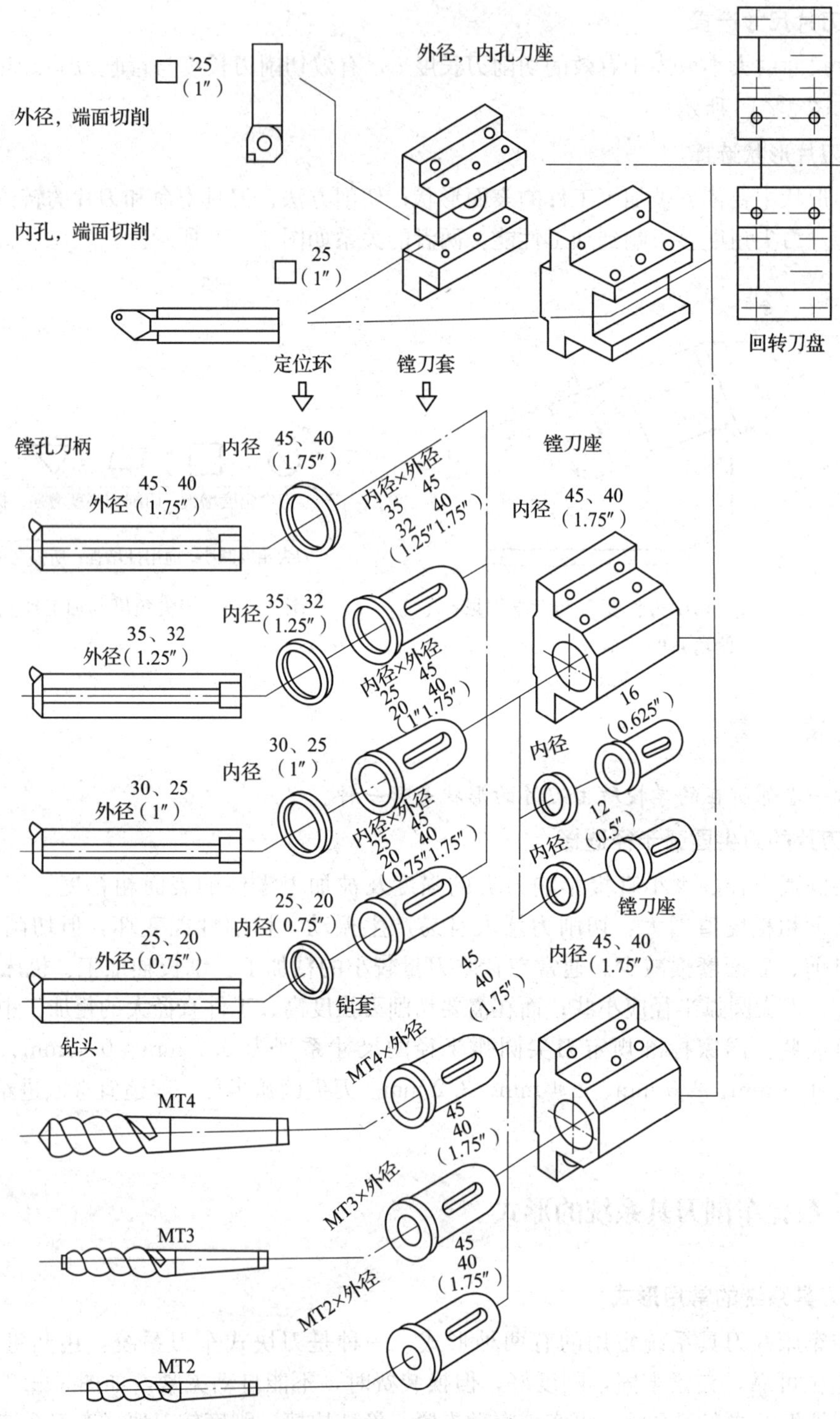

图 3—17　刀块式车刀系统

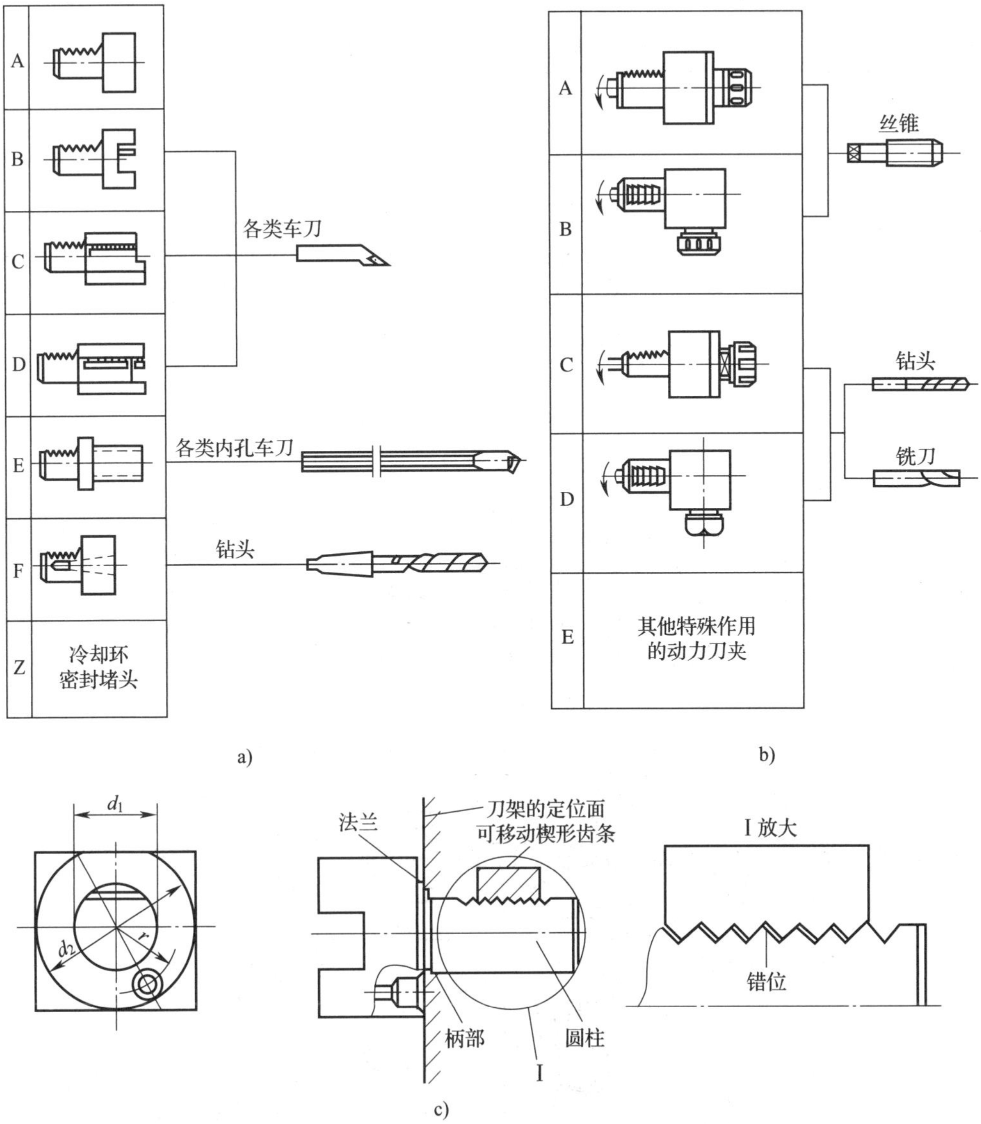

a)　　b)

c)

图 3　18　圆柱齿条式车刀系统

a）非动力刀夹组合形式　b）动力刀夹组合形式　c）柄部及其工作状态

看一看

你所在的学校有没有以上介绍的车刀系统？若有，属于哪一种？

2. 刀具系统连接结构

表 3—7 为模块式车削工具（刀具）系统典型的连接结构。有些工具生产厂已实现了这两种工具系统的通用化，进一步增加了工具系统的柔性，并方便使用和管理，如德国 Krupp Widia 公司与美国 Kennametal 公司联合开发的 KM－Widanex 工具系统、Ceratizit 公司的

Maxiflex—UTS 工具系统等。

表 3—7　　模块式车削工具系统典型连接结构

公司及系统名称	模块连接简图	定位及锁紧方式
Kennametal 公司的 KM 系统 Ceratizit 公司的 Maxiflex—UTS 系统	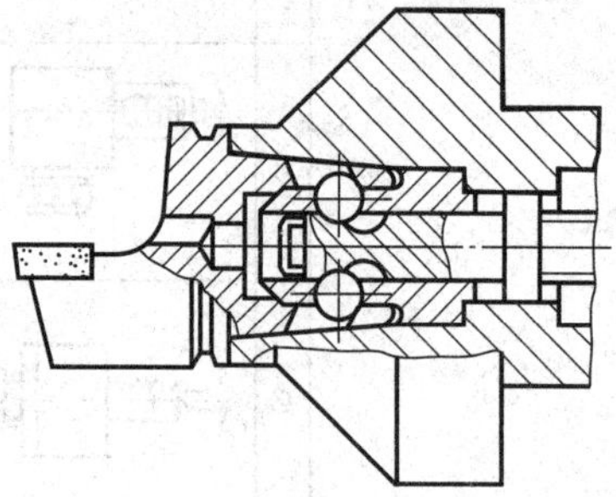	靠端圆锥和法兰端面定位，由中心拉杆通过钢球轴向拉紧
Seco 公司的 Capto 系统	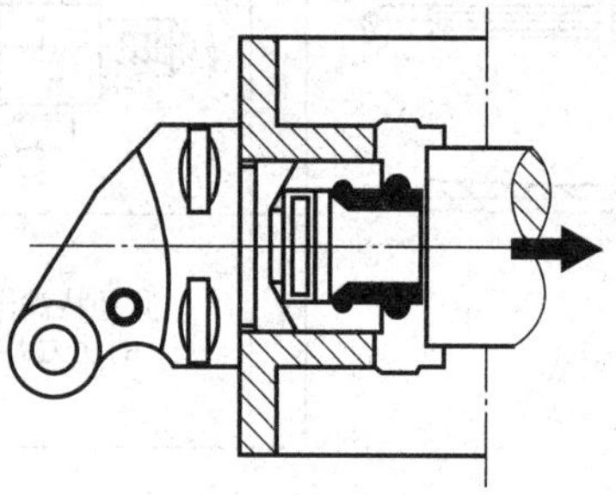	靠工作模块端面和圆锥定位，拉杆拉紧时，使弹性夹紧套径向胀开并使其左端嵌入工作模块锥部内锥孔的环形槽内，并与拉杆的短锥贴紧，从而消除径向及轴向间隙
Hertel 公司的 FTS 系统	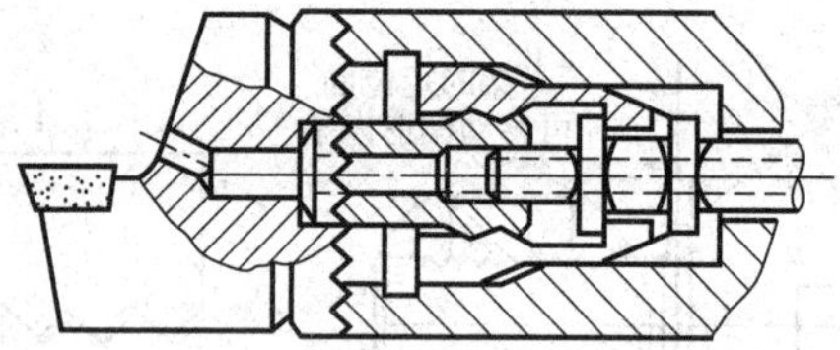	靠端齿定位，由中心拉杆通过弹簧夹头拉紧
Sandvik 公司的 BTS 系统	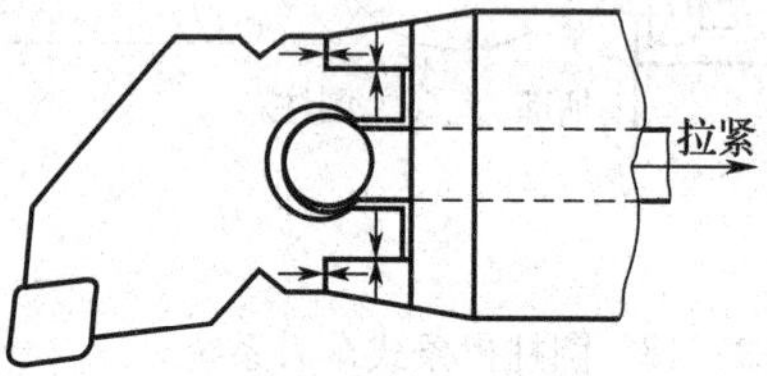	拉杆拉紧时，不仅刀头与端面贴紧，并且其两侧能产生变形向外胀开，消除侧面间隙
Widia 公司的 Multiflex 系统	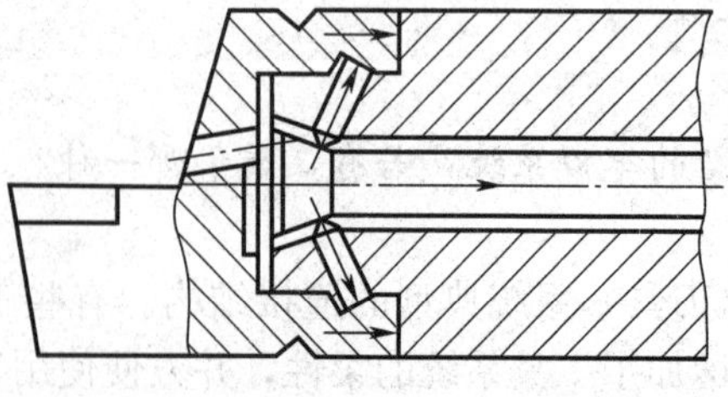	通过碟形弹簧和增力杠杆将力传到拉杆前端，然后拉杆前端的锥面再通过圆柱销拉紧切削头

看一看

模块式车削刀具系统在装夹刀具方面与经济性四工位刀具系统相比有什么优越性?

五、刀杆的选用

以外圆车刀刀杆为例来介绍刀杆的选用。

1. 刀杆

可转位刀片外圆刀杆有两种基本类型：采用模压断屑槽的可转位刀片（图 3—19）和采用单独断屑块的可转位刀片（图 3—20）。可转位刀片外圆刀杆主要由以下几部分组成：

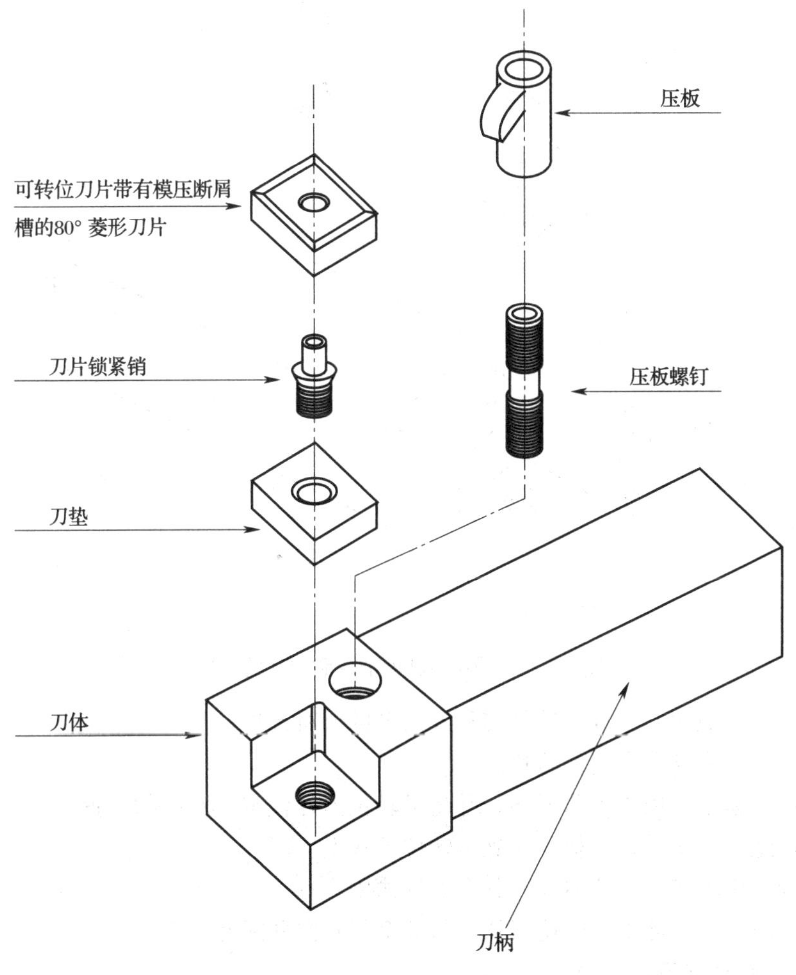

图 3—19 采用模压断屑槽刀片的刀杆

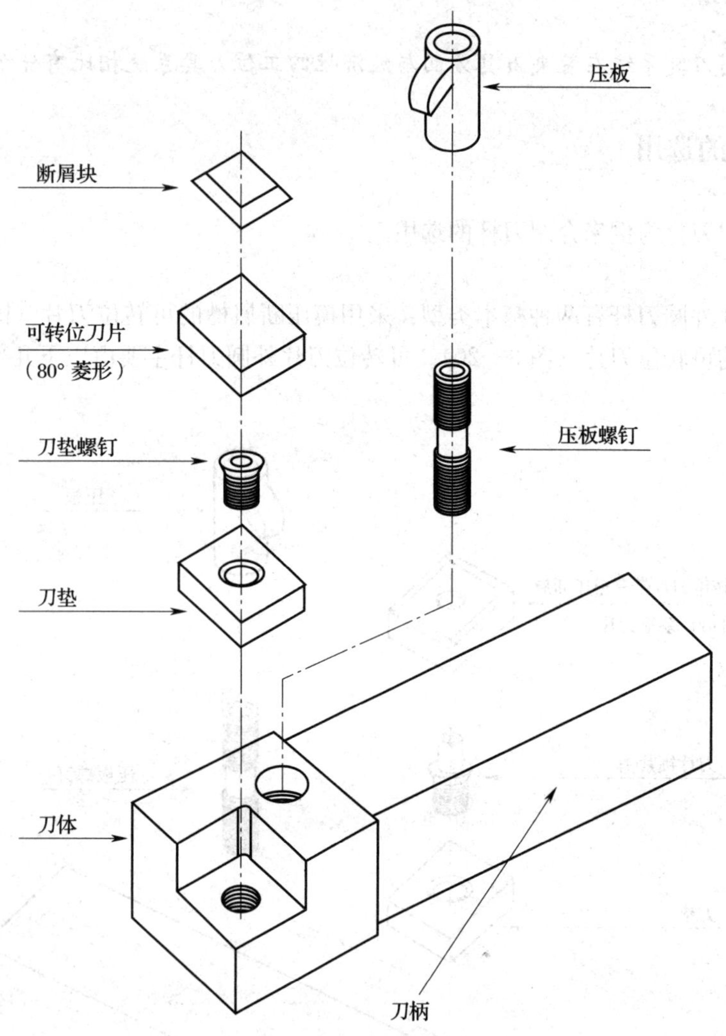

图 3—20　采用单独断屑块和刀片的刀杆

（1）刀体。一般用于安放可转位刀片及需要的所有部件。

（2）刀垫。用来支撑可转位刀片。

（3）刀片锁紧销。用于夹紧刀垫，并将可转位刀片锁定到对应的位置。

（4）夹紧螺钉。用于将压板压紧到可转位刀片上。

（5）压板。用于将可转位刀片夹紧在刀杆槽中。

（6）断屑块。用于使由可转位刀片切除的金属卷曲并断开。

2．刀具前倾角与刀杆标识

图 3—21 说明了正前倾角、零前倾角及负前倾角的特征与特性，同时还说明了各种前倾角的角度。外圆车刀刀杆用标准的标号系统标识（图 3—22）。标号系统用来标记刀柄的尺

寸、刀片的尺寸与形状、刀杆切削方向、夹紧系统及刀杆切削特征。刀柄的宽度和高度一般尺寸相同（即正方形），其尺寸为 1/2～1.1/2 in（1 in＝25.4 mm）；刀杆的总长度（OAL）一般为 2.5～8.0 in，并以 1 in 为增量递增。

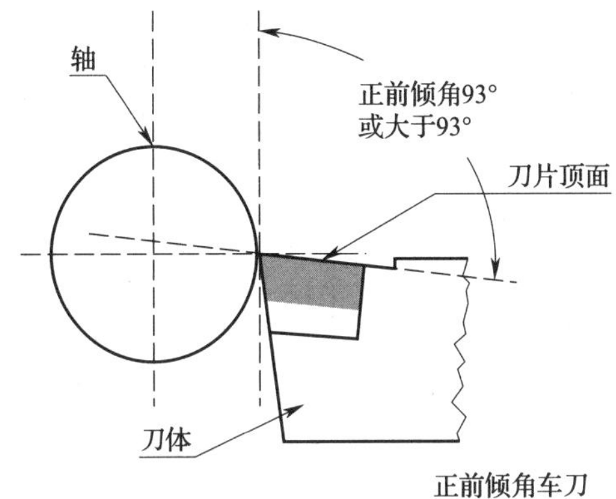

正前倾角车刀

- 切削刃强度较低
- 产生的刀具压力较小
- 切削时需要的功率较小
- 刀片费用较高
- 只有一个主切削刃
- 品种较少

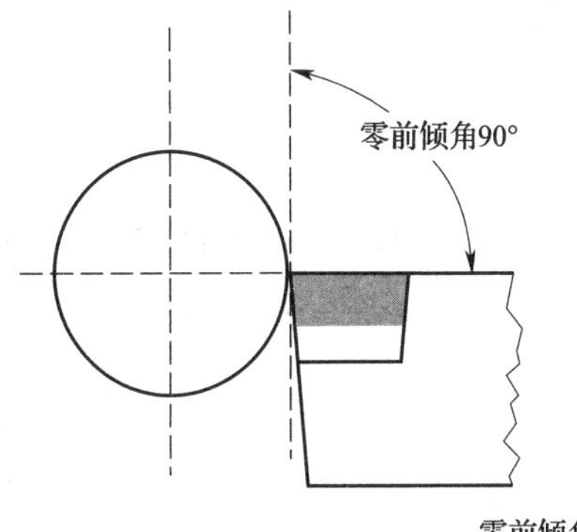

零前倾角车刀

- 切削刃强度较低
- 产生一定的刀具压力
- 切削时需要一定的功率
- 刀片费用高
- 只有一个主切削刃
- 品种较少

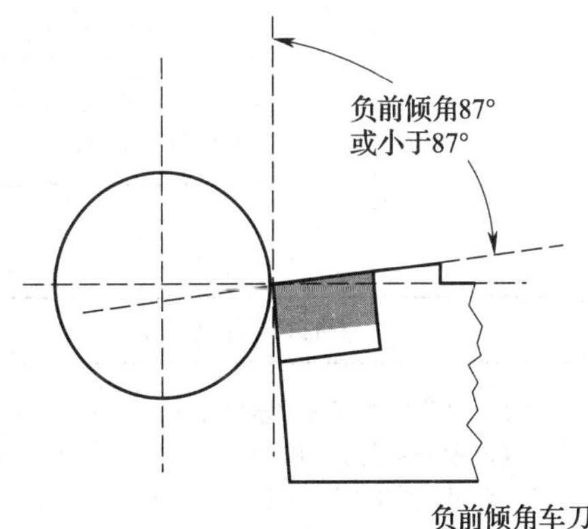

负前倾角车刀

- 切削刃强度较高
- 产生的刀具压力大
- 切削时需要较大的功率
- 刀片费用较低
- 有两个主切削刃
- 品种多

图 3—21　刀杆刀片前倾角特征与特性

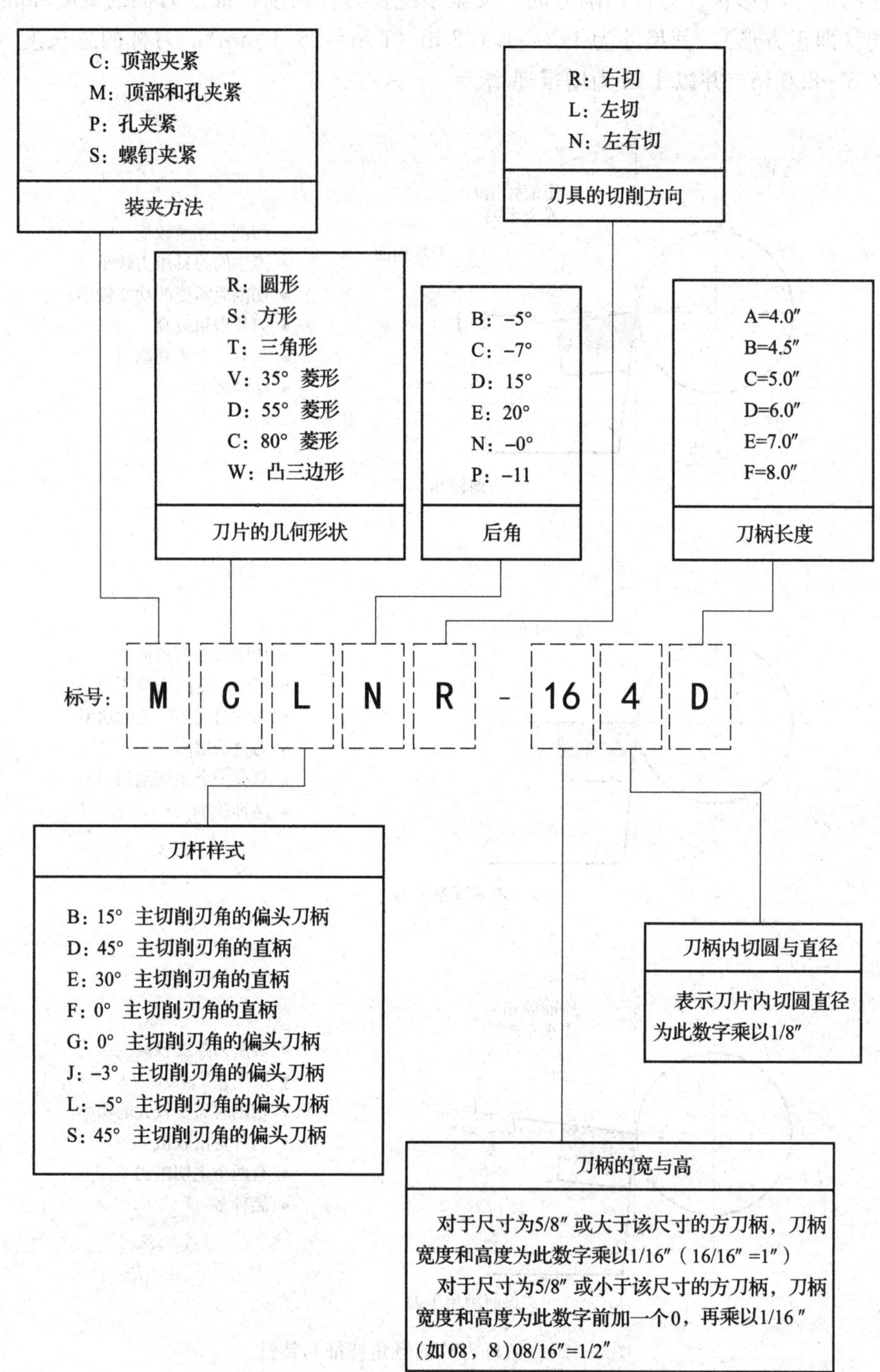

图 3—22　外圆车刀刀杆标号系统

第三节 数控车削的孔加工刀具

数控车削加工中，经常需要对工件进行孔加工。在数控车床上孔加工的方式包括钻孔、车孔、铰孔。

一、孔加工刀具分类

孔加工刀具按照其用途可分为两类：一类是钻头，主要用于在实心材料上加工孔（有时也用于扩孔），根据钻头构造及用途的不同，可分为麻花钻、可转位浅孔钻、深孔钻、扁钻、中心钻等；另一类是对已有孔进行再加工的刀具，如扩孔钻、铰刀及镗刀等。

二、钻孔刀具

钻孔刀具应根据工件材料、加工尺寸及加工质量要求等合理选用。

1. 麻花钻

在数控车床上钻孔主要采用普通麻花钻。

（1）麻花钻的组成

麻花钻的组成如图 3—23 所示。它主要由工作部分和柄部组成。工作部分包括切削部分和导向部分。麻花钻导向部分起导向、修光、排屑和输送切削液作用，也是切削部分的后备。

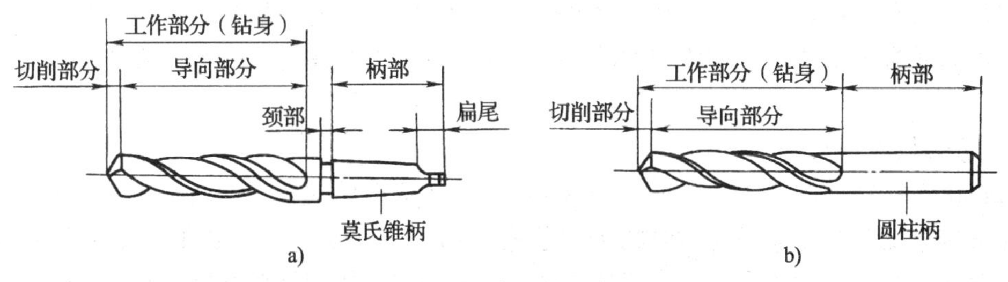

图 3—23 麻花钻的组成

a）锥柄 b）直柄

（2）麻花钻的分类

根据材质不同，麻花钻有两种：高速钢麻花钻和硬质合金麻花钻。

根据柄部不同，麻花钻有莫氏锥柄和圆柱柄（直柄）两种。直径为 8～80 mm 的麻花钻多为莫氏锥柄，可直接装在带有莫氏锥孔的刀柄内，刀具长度不能调节。直径为 0.1～20 mm的麻花钻多为圆柱柄，可装在钻夹头刀柄上。中等尺寸麻花钻两种形式均可选用。图 3—24 所示为常见的锥柄、圆柱柄麻花钻，图 3—25 所示为数控车床钻头及夹头刀杆。

麻花钻有标准型和加长型，为了提高钻头刚度，应尽量选用较短的钻头，但麻花钻的工作部分应大于孔深，以便排屑和输送切削液。

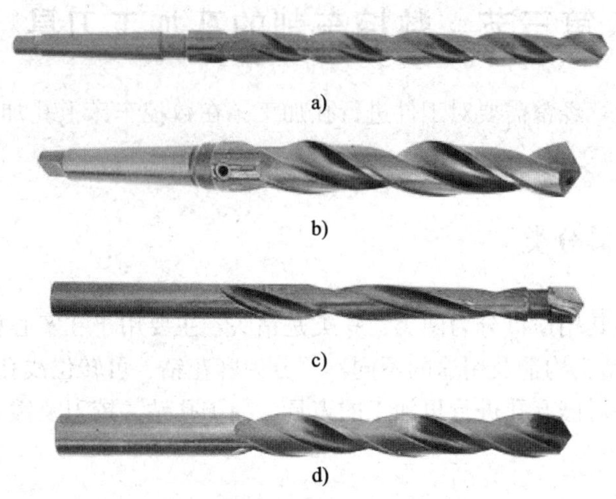

图 3—24　锥柄麻花钻和直柄麻花钻

a）锥柄加长麻花钻　b）内冷却锥柄麻花钻　c）镶硬质合金直柄麻花钻　d）直柄麻花钻

对于数控车床，麻花钻用于在工件的中心位置钻孔。然而，有些数控车床还配备有可选的动力刀头，这种刀具可以在中心位置以外钻孔。

2. 硬质合金可转位刀片钻头

硬质合金可转位刀片钻头（图 3—26）代表了数控钻孔技术发展的新成就。有时要用可转位硬质合金刀片钻头代替高速钢麻花钻。用可转位刀片钻孔时的钻孔速度可以比高速钢麻花钻的钻孔速度高许多。可转位刀片适用于钻直径为 5/8～3.0 in 的孔。此外，可转位硬质合金刀片钻头具有可转位或可更换刀片的优点，因此可以节省设置时间和换刀时间。大多数情况下，硬质合金刀片钻头需要较大的加工功率，并需要采用能使切削液流向刀具的高压冷却系统。

3. 可转位浅孔钻

可转位浅孔钻如图 3—27 所示。它用于在数控机床上钻浅孔，如钻箱体零件的孔。其结构是在带排屑槽及内冷却通道钻体的头部装有一组刀片（多为凸多边形、菱形和四边形），多采用深孔刀片，通过该中心压紧刀片。靠近钻心的刀片用韧性较好的材料，靠近钻头外径的刀片选用较为耐磨的材料。为了提高刀具的使用寿命，可以在刀片上涂镀碳化钛涂层。

4. 深孔钻

图 3—28 所示为在数控车床上用于深孔加工的喷吸钻。工作时，带压力的切削液从进液口流入连接套，其中 1/3 的切削液从内管四周月牙形喷嘴喷入内管。由于月牙槽缝隙很窄，切削液喷入时产生喷射效应，能使内管里形成负压区。另外约 2/3 的切削液流入内、外管壁间隙到切削区，汇同切屑被吸入内管，并迅速向后排出，压力切削液流速快，到达切削区时呈雾状喷出，有利于冷却，经喷口流入内管的切削液流速增大，加强“吸”的作用，提高排屑效果。

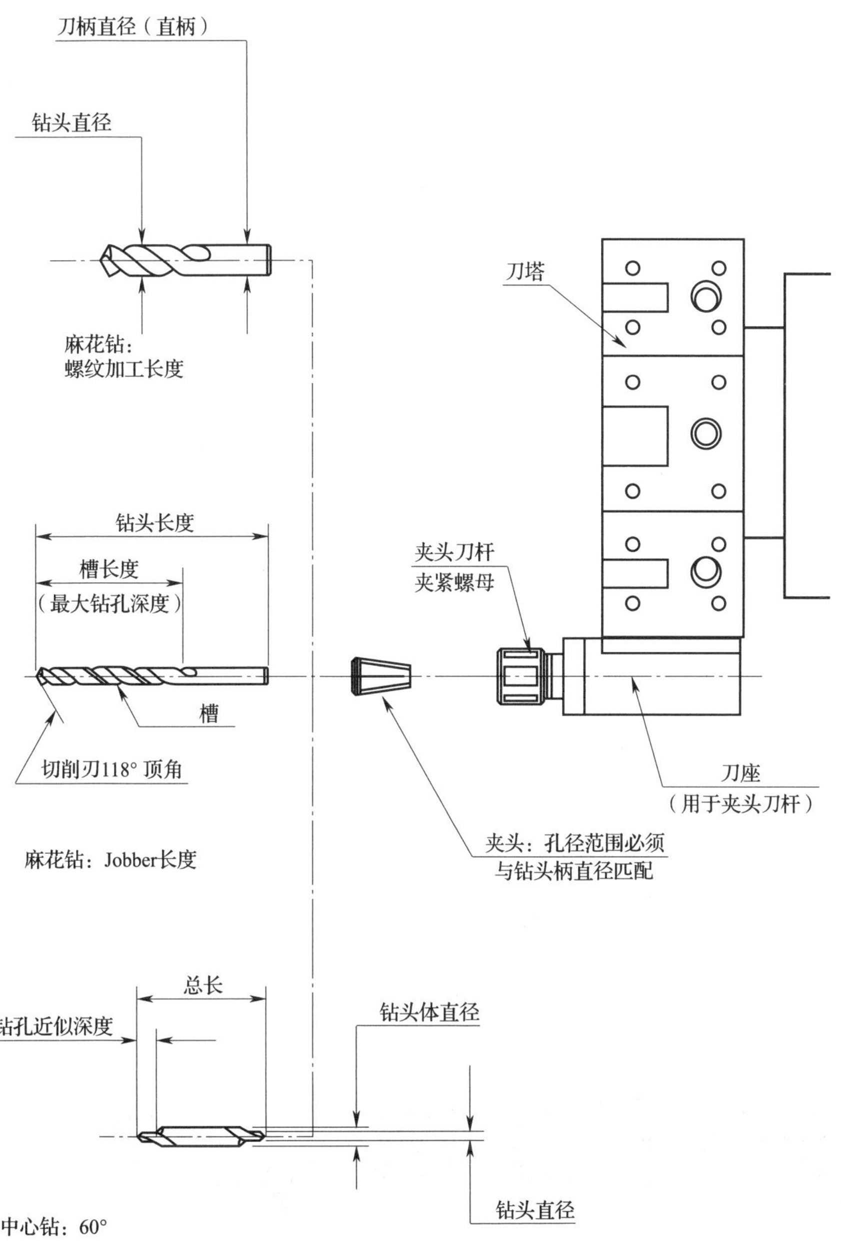

图 3—25　数控车床钻头及夹头刀杆

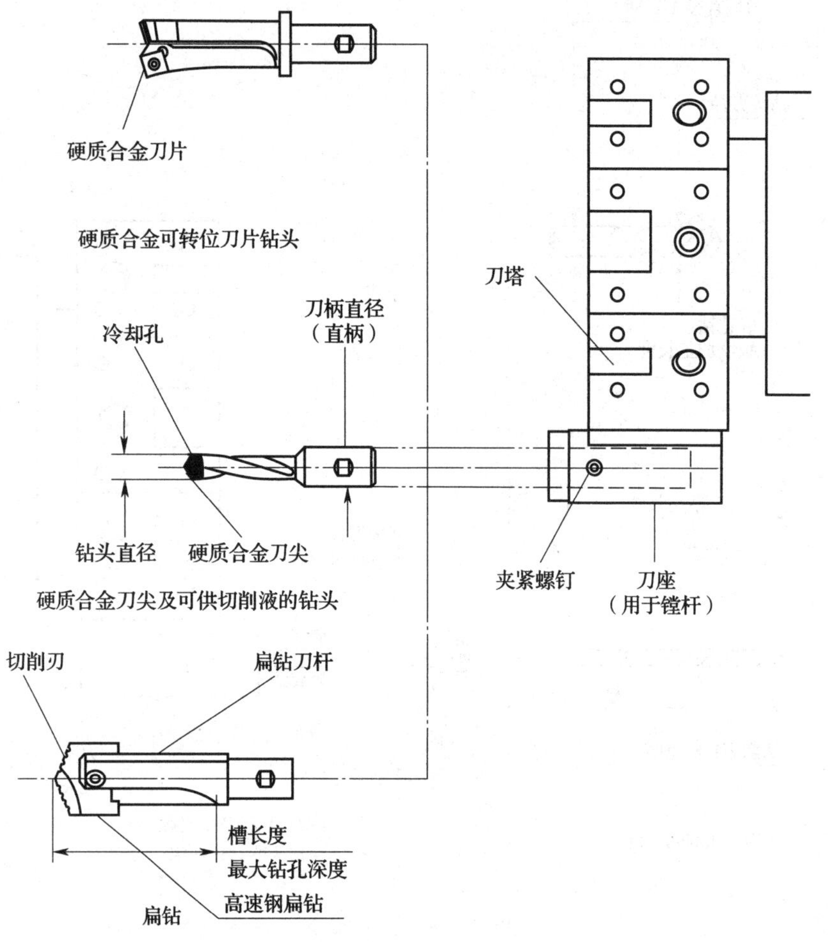

图 3—26　硬质合金可转位刀片钻头

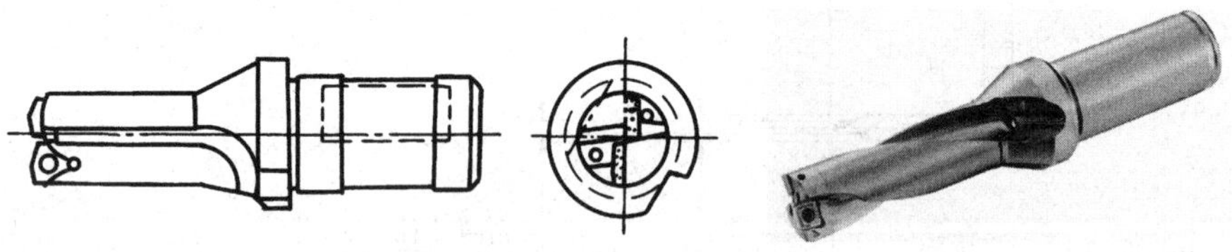

图 3—27　可转位浅孔钻

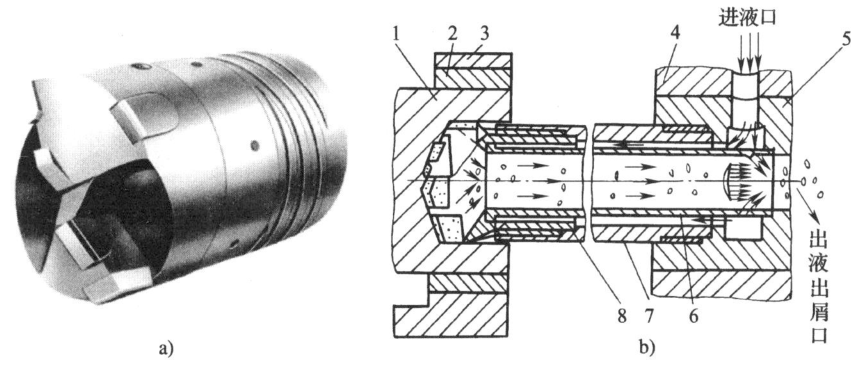

图 3—28 喷吸钻

a）实物图 b）喷吸钻工作原理

1—工件 2—夹爪 3—中心架 4—支持座 5—连接套 6—内管 7—外管 8—钻头

喷吸钻一般用于加工直径在 $\phi65\sim\phi180$ mm 的深孔，孔的精度可达 IT7～IT10 级，表面粗糙度 Ra 值可达 0.8～1.6 μm。

5. **扁钻**

扁钻切削部分磨成一个扁平体，主切削刃磨出顶角、后角，并形成横刃，副切削刃磨出后角与副偏角并控制钻孔的直径。扁钻没有螺旋槽，制造简单，成本低，它的结构与参数如图 3—29 所示。

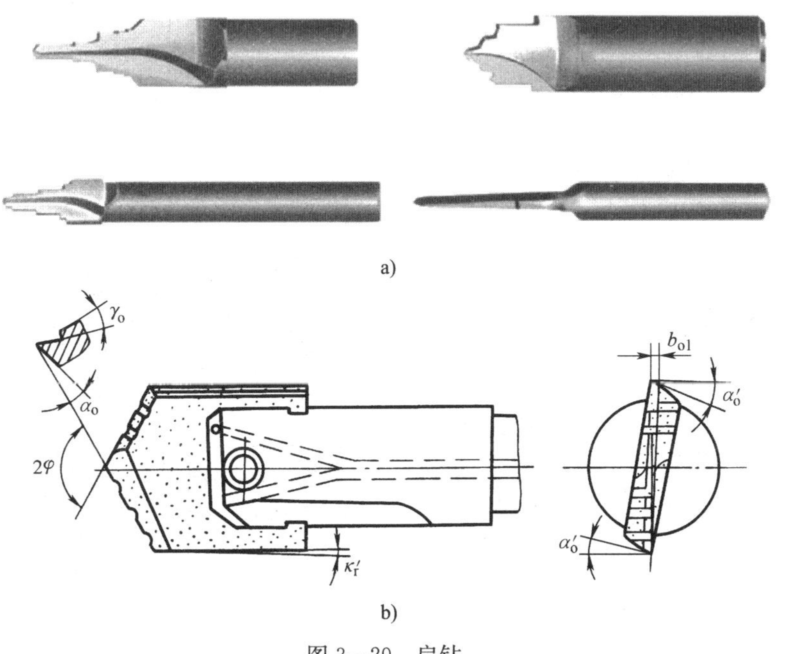

图 3—29 扁钻

a）实物图 b）装配式扁钻结构图

6．中心钻

中心钻常用于在零件两端钻中心孔。常用的中心钻如图 3—30 所示。

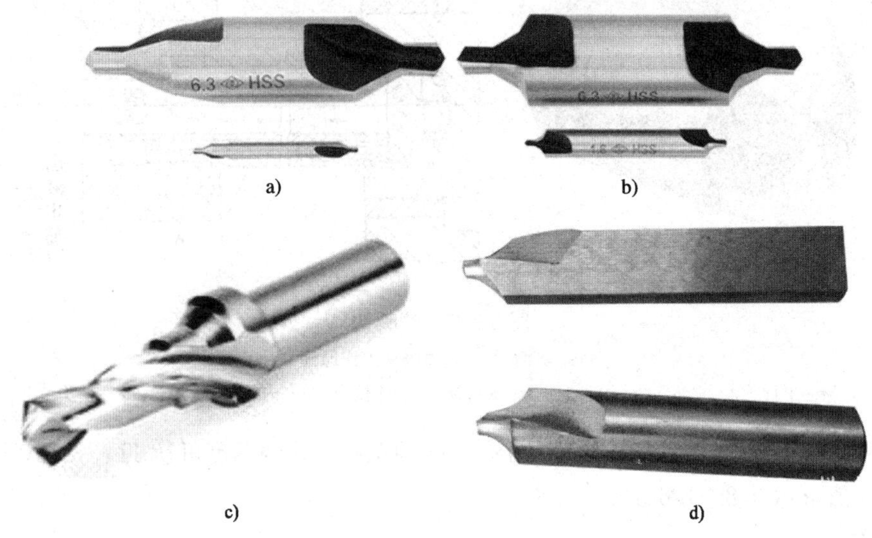

图 3—30　常用中心钻

a）A 型　b）B 型　c）C 型　d）R 型

三、扩孔、铰孔刀具

1．扩孔钻

标准扩孔钻一般有 3～4 条主切削刃，切削部分的材料为高速钢或硬质合金，结构形式有直柄式、锥柄式和套式等。图 3—31a、b、c 所示分别为锥柄式高速钢扩孔钻、套式高速钢扩孔钻和套式硬质合金扩孔钻。

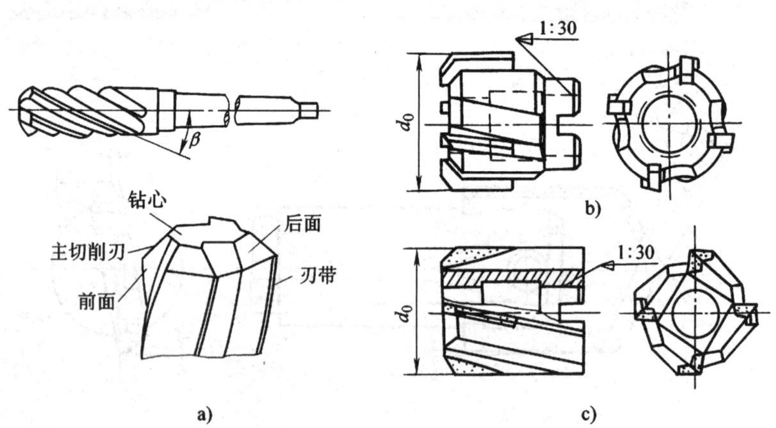

图 3—31　扩孔钻

a）锥柄式高速钢扩孔钻　b）套式高速钢扩孔钻　c）套式硬质合金扩孔钻

扩孔钻的加工余量较小，主切削刃较短，因而容屑槽浅，刀体的强度和刚度较好。它无麻花钻的横刃，加之刀齿多，所以导向性好，切削平稳，加工质量和生产效率都比麻花钻高。在小批量生产时，常用麻花钻改制。

数控车床上，除了使用一般的扩孔钻外，还使用可转位扩孔钻（图 3—32）。这种扩孔钻的两个可转位刀片的外刃位于同一个外圆直径上，并且刀片径向可做微量（±0.1 mm）调整，以控制扩孔直径。

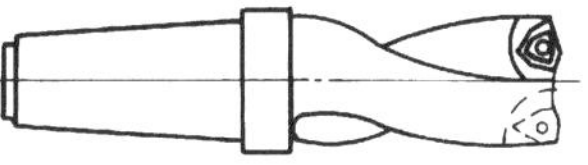

图 3—32　可转位扩孔钻

2. 铰刀

常用的铰刀多是通用标准铰刀，此外还有机夹硬质合金刀片单刃铰刀和浮动铰刀等。

（1）通用标准铰刀

通用标准铰刀（图 3—33）有直柄、锥柄和套式 3 种。锥柄铰刀直径为 $\phi10 \sim \phi32$ mm，直柄铰刀直径为 $\phi1 \sim \phi20$ mm，套式铰刀直径为 $\phi25 \sim \phi80$ mm。

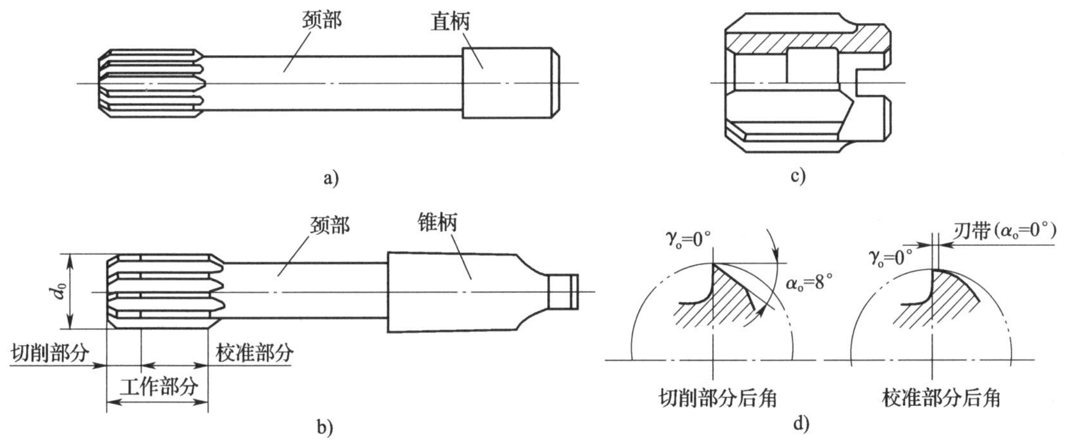

图 3—33　通用标准铰刀

a）直柄铰刀　b）锥柄铰刀　c）套式铰刀　d）切削校准部分角度

铰刀工作部分包括切削部分与校准部分。切削部分为锥形，担负主要切削工作。切削部分的主偏角为 5°～15°，前角一般为 0°，后角一般为 5°～8°。校准部分的作用是校正孔径、修光孔壁和导向。为此，这部分带有很窄的刃带（$\gamma_o=0°$，$\alpha_o=0°$）。校准部分包括圆柱部分和倒锥部分，圆柱部分保证铰刀直径和便于测量，倒锥部分可减少铰刀与孔壁的摩擦和减小孔径扩大量。标准铰刀有 4～12 齿。

（2）硬质合金刀片单刃铰刀

硬质合金刀片单刃铰刀的结构如图 3—34 所示。刀片 3 通过楔套 4 用螺钉 1 固定在刀体上，通过螺钉 7、销 6 可调节铰刀尺寸。导向块 2 可采用黏结或铜焊固定。机夹单刃铰刀应有很高的刃磨质量，因为精密铰削时，半径上的铰削余量为 10 μm 以下，所以刀片的切削刃口要磨得异常锋利。

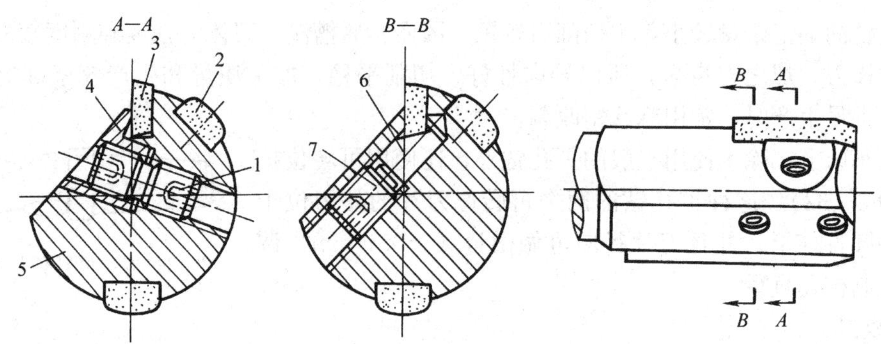

图 3—34　硬质合金单刃铰刀

1、7—螺钉　2—导向块　3—刀片　4—楔套　5—刀体　6—销

铰削精度为IT6～IT7 级、表面粗糙度值为 Ra0.8～1.6 μm 的大直径通孔时，可选用专为加工中心设计的浮动铰刀。

铰刀也可用于加工需要有较高尺寸精度和表面精度的孔。加工时采用铰刀还是镗杆取决于孔的直径。当孔直径为 0.125～0.625 in 时，一般选用铰刀。铰孔时需要考虑到的一个重要问题是铰刀要由已有孔导向，因此铰孔不能纠正孔的位置误差或直线度误差。如果孔存在这些误差，建议先镗孔，然后再铰孔。

四、内孔车刀（镗刀）

数控车削的孔加工除了使用麻花钻、扩孔钻、铰刀外，还可以采用内孔车刀（镗刀）进行车（镗）削。根据不同孔的加工情况，内孔车刀可分为通孔车刀和不通孔车刀两种，如图 3—35 所示。

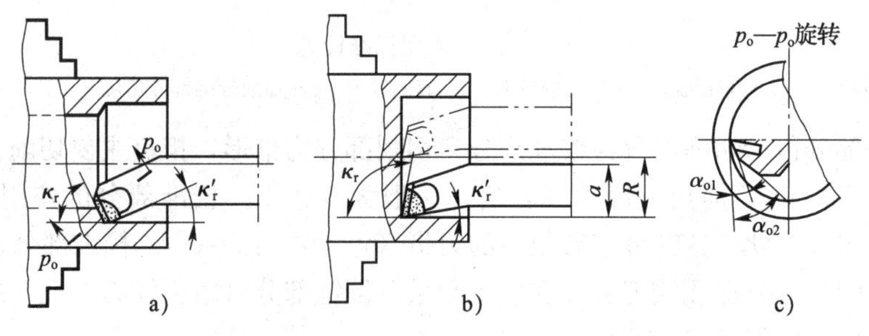

图 3—35　内孔车刀

a）通孔车刀　b）不通孔车刀　c）内孔车刀的两个后角

1. 通孔车刀

切削部分的几何形状基本上与外圆车刀相似（图 3—35a），为了减小径向切削抗力，防止车孔时振动，主偏角 κ_r 应取得大些，一般在 60°～75°，副偏角 κ'_r 一般为 15°～30°。为了防止内孔车刀后刀面和孔壁的摩擦又不使后角磨得太大，一般磨成两个后角，如图 3—35c 所示 α_{o1} 和 α_{o2}。其中，α_{o1} 取 6°～12°，α_{o2} 取 30°左右。

2. 不通孔车刀

不通孔车刀用来车削不通孔或台阶孔，切削部分的几何形状基本上与偏刀相似，它的主偏角 κ_r 大于 90°，一般为 92°～95°（图 3—35b），后角的要求和通孔车刀一样。不同之处是不通孔车刀夹在刀杆的最前端，刀尖到刀杆外端的距离 a 小于孔半径 R，否则无法车平孔的底面。

内孔车刀可以做成整体式（图 3—36a），也可把高速钢或硬质合金做成的较小的刀头安装在碳钢或合金钢制成的刀柄前端的方孔中，并在顶端或上面用螺钉固定（图 3—36b、c）。

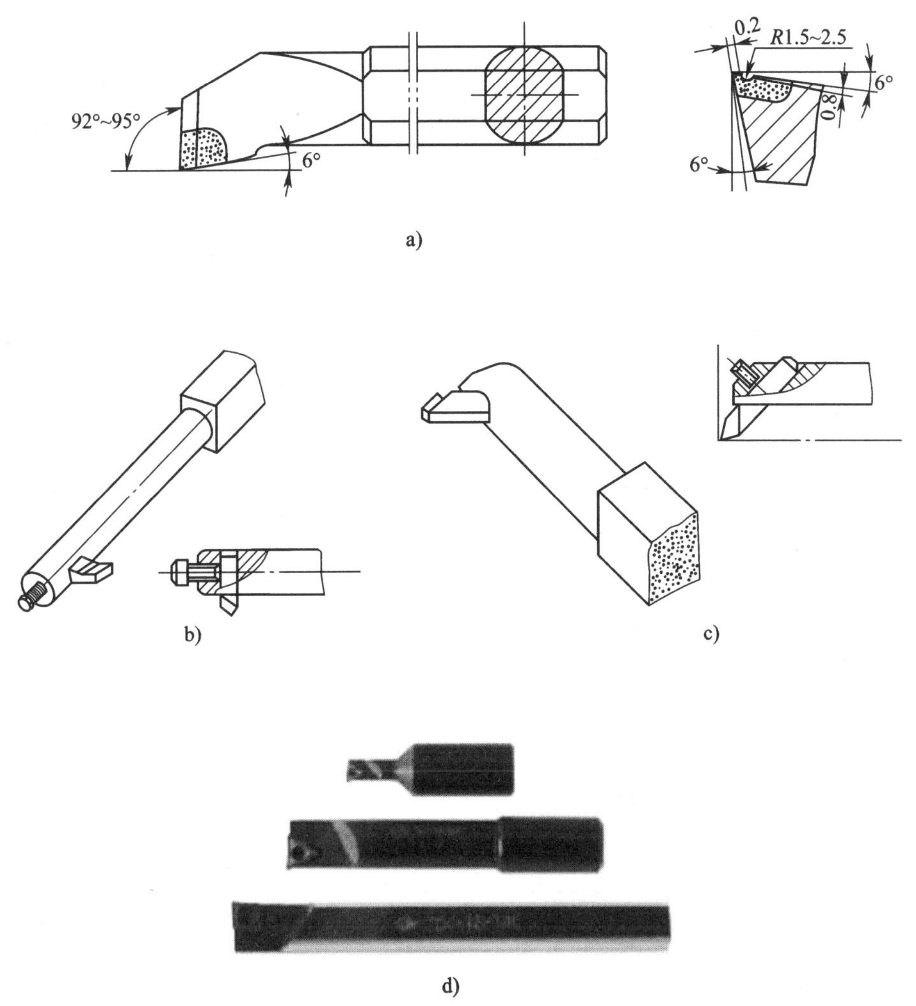

图 3—36 内孔车刀的结构

a）整体式 b）通孔车刀 c）不通孔车刀 d）实物图

第四节　数控车削切削用量的确定

一、一般数控车削切削用量的确定

1．背吃刀量 a_p 的确定

背吃刀量根据机床、工件和刀具的刚度来确定。在刚度允许的条件下，应尽可能使背吃刀量等于工件的加工余量，这样可以减少进给次数，提高生产效率。为了保证加工表面质量，可留少许精加工余量，一般为 0.2～0.5 mm。

2．主轴转速 n 的确定

车削加工的主轴转速 n 应根据允许的切削速度 v 和工件直径 d 来选择，按式 $v=\pi dn/1\,000$ 计算。切削速度 v 的单位为 m/min，由刀具的耐用度决定，计算时可参考表 3—8 或切削用量手册选取。对有级变速的车床，须按车床说明书选择与所计算转速 n 接近的转速。

表 3—8　　硬质合金外圆车刀切削速度的参考值

工件材料	热处理状态	a_p=0.3～2 mm	a_p=2～6 mm	a_p=6～10 mm
		f=0.08～0.3 mm/r	f=0.3～0.6 mm/r	f=0.6～1 mm/r
		v_c/（m/min）		
低碳钢易切削钢	热轧	140～180	100～120	70～90
中碳钢	热轧	130～160	90～110	60～80
	调质	100～130	70～90	50～70
合金结构钢	热轧	100～130	70～90	50～70
	调质	80～110	50～70	40～60
工具钢	退火	90～120	60～80	50～70
灰铸铁	<190 HBW	90～120	60～80	50～70
	190～225 HBW	80～110	50～70	40～60
高锰钢（w_{Mn}=13%）	—	—	10～20	—
铜及铜合金	—	200～250	120～180	90～120
铝及铝合金	—	300～600	200～400	150～200
铸造铝合金（w_{Si}=13%）	—	100～180	80～150	60～100

3．进给速度 v_f 的确定

进给速度 v_f 是数控机床切削用量中的重要参数，其大小直接影响表面粗糙度值和车削效率，主要根据零件的加工精度和表面粗糙度要求以及刀具、工件的材料性质选取。最大进给

速度受机床刚度和进给系统的性能限制。

计算进给速度时，可参考表 3—9、表 3—10 或查阅切削用量手册选取进给量 f，然后按式 $v_f = nf$（mm/min）计算进给速度。确定进给速度的原则如下。

（1）当工件的质量要求能够得到保证时，为提高生产效率，可选择较高的进给速度，一般在 100～200 mm/min 范围内选取。

（2）在切断、加工深孔或用高速钢刀具加工时，宜选择较低的进给速度，一般在 20～50 mm/min 范围内选取。

（3）当加工精度、表面粗糙度要求较高时，进给速度应选小些，一般在 20～50 mm/min 范围内选取。

（4）刀具空行程时，特别是远距离"回参考点"时，可以按该数控机床允许的最高进给速度设定。

表 3—9　硬质合金车刀粗车外圆及端面的进给量

工件材料	车刀刀杆尺寸 $B\times H$/(mm×mm)	工件直径 d_w/mm	背吃刀量 a_p/mm ≤3	3～5	5～8	8～12	>12
			进给量 f/（mm/r）				
碳素结构钢、合金结构钢及耐热钢	16×25	20	0.3～0.4	—	—	—	—
		40	0.4～0.5	0.3～0.4	—	—	—
		60	0.5～0.7	0.4～0.6	0.3～0.5	—	—
		100	0.6～0.9	0.5～0.7	0.5～0.6	0.4～0.5	—
		400	0.8～1.2	0.7～1.0	0.6～0.8	0.5～0.6	—
	20×30 25×25	20	0.3～0.4	—	—	—	—
		40	0.4～0.5	0.3～0.4	—	—	—
		60	0.5～0.7	0.5～0.7	0.4～0.6	—	—
		100	0.8～1.0	0.7～0.9	0.5～0.7	0.4～0.7	—
		400	1.2～1.4	1.0～1.2	0.8～1.0	0.6～0.9	0.4～0.6
铸铁及铜合金	16×25	40	0.4～0.5	—	—	—	—
		60	0.5～0.8	0.5～0.8	0.4～0.6	—	—
		100	0.8～1.2	0.7～1.0	0.6～0.8	0.5～0.7	—
		400	1.0～1.4	1.0～1.2	0.8～1.0	0.6～0.8	—
	20×30 25×25	40	0.4～0.5	—	—	—	—
		60	0.5～0.9	0.5～0.8	0.4～0.7	—	—
		100	0.9～1.3	0.8～1.2	0.7～1.0	0.5～0.8	—
		400	1.2～1.8	1.2～1.6	1.0～1.3	0.9～1.1	0.7～0.9

注：①加工断续表面及有冲击的工件时，表内进给量应乘系数 k（k=0.75～0.85）。

②在无外皮加工时，表内进给量应乘系数 k（k=1.1）。

③加工耐热钢及其合金时，进给量不大于 1 mm/r。

④加工淬硬钢时，进给量应减少。当钢的硬度为 44～56 HRC 时，乘系数 k=0.8；当钢的硬度为 57～62 HRC 时，乘系数 k=0.5。

表 3—10　　按表面粗糙度值选择进给量的参考值

工件材料	表面粗糙度 $Ra/\mu m$	切削速度范围 v_c/（m/min）	刀尖圆弧半径 r_ε/mm		
			0.5	1.0	2.0
			进给量 f/（mm/r）		
铸铁、青铜、铝合金	3.2～6.3 1.6～3.2 0.8～1.6	不限	0.25～0.40 0.15～0.25 0.10～0.15	0.40～0.50 0.25～0.40 0.15～0.20	0.50～0.60 0.40～0.60 0.20～0.35
碳钢及合金钢	3.2～6.3	＜50 ＞50	0.30～0.50 0.40～0.55	0.45～0.60 0.55～0.65	0.55～0.70 0.65～0.70
	1.6～3.2	＜50 ＞50	0.18～0.25 0.25～0.30	0.25～0.30 0.30～0.35	0.30～0.40 0.30～0.50
	0.8～1.6	＜50 50～100 ＞100	0.10 0.11～0.16 0.16～0.20	0.11～0.15 0.16～0.25 0.20～0.25	0.15～0.22 0.25～0.35 0.25～0.35

注：r_ε=0.5 mm 时，用 12 mm×12 mm 以下刀杆；r_ε=1 mm 时，用 30 mm×30 mm 以下刀杆；r_ε=2 mm 时，用 30 mm×45 mm 及以上刀杆。

想一想

在数控车床上进给量的设定与在普通车床上有什么不同？

二、螺纹数控车削切削用量的确定

1. 主轴转速

因数控机床系统和结构等不同，车削螺纹时主轴的转速有一定的限度，该限度因机床的种类而异。例如，大多数经济型数控车床的数控系统，推荐切削螺纹时的主轴转速为：

$$n \leqslant \frac{1\,200}{P} - k$$

式中　P——工件螺纹的导程，mm；

k——保险系数，一般取 80。

想一想

在普通机床上车削螺纹时对于主轴转速有没有限制？

2. 螺纹牙型高度（螺纹总切深）

螺纹牙型高度 H 是指在螺纹牙型上，牙顶到牙底之间垂直于螺纹轴线的距离。如图 3—37 所示，螺纹牙型高度即为车削时车刀总切入深度。根据普通螺纹国家标准规定，普通螺纹的牙型理论高度 $H=0.866P$。实际加工时，由于螺纹车刀刀尖半径的影响，螺纹的实际切深有变化。另外，螺纹车刀可在牙底最小削平高度 $H/8$ 处削平或倒圆，则螺纹实际牙型高度可按下式计算：

$$h = 0.6495P$$

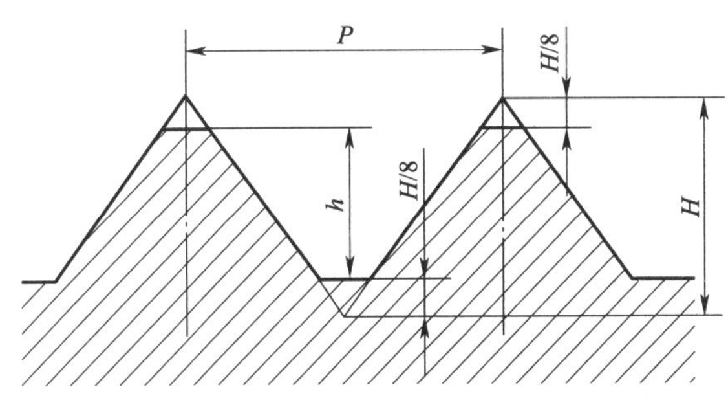

图 3—37　螺纹牙型高度示意图

查一查

以上介绍的螺纹牙型高度，是以三角形螺纹为例，请查一查梯形螺纹牙型高度的计算公式。

3. 径向起点和终点的确定

在外螺纹加工中，径向起点（编程大径）的确定决定于螺纹大径；径向终点（编程小径）的确定决定于螺纹小径。因为编程大径确定后，螺纹总切深在加工时是由编程小径（螺纹小径）来控制的。螺纹小径的确定应满足螺纹中径公差要求。对于普通螺纹可用粗略算法来编制程序，通常螺纹大径 D 比公称尺寸减小 $0.12P$，螺纹小径可根据公式 $d_1=M-2h$ 来确定。

4. 分段切削背吃刀量

如果牙型较深，螺距较大，可分几次进给切削。每次进给切削背吃刀量用螺纹深度减精加工背吃刀量所得的差按递减规律分配，如图 3—38 所示。常用螺纹进给切削次数与背吃刀量可参考表 3—11～表 3—13。

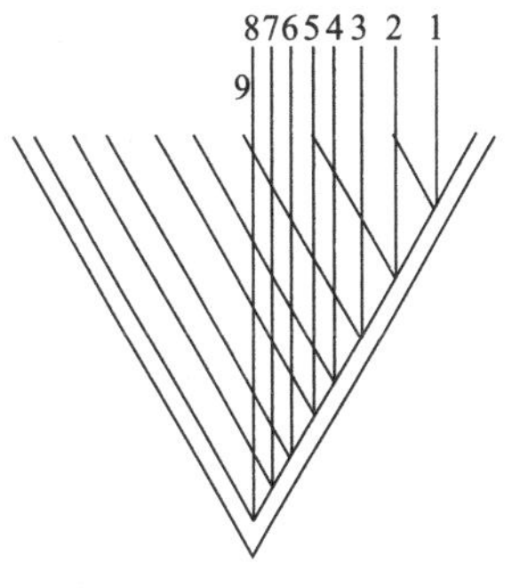

图 3—38　螺纹分段切削示意图

表 3—11　　外径螺纹车刀切削次数与背吃刀量（ISO 米制螺纹）

螺距 P/mm		0.5	0.75	1.0	1.25	1.5	1.75	2.0	2.5	3.0	3.50	4.0	4.50	5.0	5.5	6.0
牙/in		48	32	24	20	16	14	12	10	8	—	6	—	—	—	4
牙高/mm		0.34	0.50	0.67	0.80	0.94	1.14	1.28	1.58	1.89	2.20	2.50	2.80	3.12	3.41	3.72
切削次数及背吃刀量/mm	1	0.11	0.17	0.19	0.20	0.22	0.22	0.25	0.27	0.28	0.34	0.34	0.37	0.41	0.43	0.46
	2	0.09	0.15	0.16	0.17	0.21	0.21	0.24	0.24	0.26	0.31	0.32	0.34	0.39	0.40	0.43

续表

螺距 P/mm		0.5	0.75	1.0	1.25	1.5	1.75	2.0	2.5	3.0	3.50	4.0	4.50	5.0	5.5	6.0
牙/in		48	32	24	20	16	14	12	10	8	—	6	—	—	—	4
牙高/mm		0.34	0.50	0.67	0.80	0.94	1.14	1.28	1.58	1.89	2.20	2.50	2.80	3.12	3.41	3.72
切削次数及背吃刀量/mm	3	0.07	0.11	0.13	0.14	0.17	0.17	0.18	0.20	0.21	0.25	0.25	0.28	0.32	0.32	0.35
	4	0.07	0.07	0.11	0.11	0.14	0.14	0.16	0.17	0.18	0.21	0.22	0.24	0.27	0.27	0.30
	5	—	—	0.08	0.10	0.12	0.12	0.14	0.15	0.16	0.18	0.19	0.22	0.24	0.24	0.27
	6	—	—	—	0.08	0.08	0.10	0.12	0.13	0.14	0.17	0.17	0.20	0.22	0.22	0.24
	7	—	—	—	—	—	0.10	0.11	0.12	0.13	0.15	0.16	0.18	0.20	0.20	0.22
	8	—	—	—	—	—	0.08	0.08	0.11	0.12	0.14	0.15	0.17	0.19	0.19	0.21
	9	—	—	—	—	—	—	—	0.11	0.12	0.14	0.14	0.16	0.18	0.18	0.20
	10	—	—	—	—	—	—	—	0.08	0.11	0.12	0.13	0.15	0.17	0.17	0.19
	11	—	—	—	—	—	—	—	—	0.10	0.11	0.12	0.14	0.16	0.16	0.18
	12	—	—	—	—	—	—	—	—	0.08	0.08	0.12	0.13	0.15	0.15	0.16
	13	—	—	—	—	—	—	—	—	—	—	0.11	0.12	0.12	0.13	0.15
	14	—	—	—	—	—	—	—	—	—	—	0.08	0.10	0.10	0.13	0.14
	15	—	—	—	—	—	—	—	—	—	—	—	—	—	0.12	0.12
	16	—	—	—	—	—	—	—	—	—	—	—	—	—	0.10	0.10

表 3—12　　内径螺纹车刀切削次数与背吃刀量（ISO 米制螺纹）

螺距 P/mm		0.5	0.75	1.0	1.25	1.5	1.75	2.0	2.5	3.0	3.50	4.0	4.50	5.0	5.5	6.0
牙/in		48	32	24	20	16	14	12	10	8	—	6	—	—	—	4
牙高/mm		0.34	0.48	0.63	0.80	0.90	1.07	1.99	1.48	1.76	2.04	2.32	2.62	2.89	3.20	3.46
切削次数及背吃刀量/mm	1	0.11	0.17	0.19	0.20	0.22	0.22	0.25	0.27	0.28	0.32	0.33	0.36	0.41	0.41	0.44
	2	0.09	0.14	0.16	0.17	0.21	0.21	0.23	0.25	0.26	0.30	0.31	0.33	0.38	0.38	0.41
	3	0.07	0.10	0.11	0.13	0.15	0.15	0.17	0.18	0.20	0.23	0.24	0.27	0.30	0.32	0.35
	4	0.07	0.07	0.09	0.10	0.13	0.13	0.14	0.15	0.16	0.19	0.21	0.23	0.25	0.26	0.28
	5	—	—	0.08	0.09	0.11	0.10	0.12	0.13	0.14	0.17	0.18	0.21	0.22	0.22	0.24
	6	—	—	—	0.08	0.08	0.09	0.11	0.12	0.13	0.15	0.15	0.19	0.20	0.20	0.22
	7	—	—	—	—	—	0.09	0.09	0.10	0.11	0.14	0.14	0.16	0.17	0.18	0.20
	8	—	—	—	—	—	0.08	0.08	0.10	0.11	0.13	0.13	0.15	0.16	0.17	0.19
	9	—	—	—	—	—	—	—	0.10	0.10	0.12	0.12	0.14	0.15	0.16	0.18
	10	—	—	—	—	—	—	—	0.08	0.10	0.11	0.12	0.13	0.15	0.15	0.16

续表

螺距 P/mm		0.5	0.75	1.0	1.25	1.5	1.75	2.0	2.5	3.0	3.50	4.0	4.50	5.0	5.5	6.0
牙/in		48	32	24	20	16	14	12	10	8	—	6	—	—	—	4
牙高/mm		0.34	0.48	0.63	0.80	0.90	1.07	1.19	1.48	1.76	2.04	2.32	2.62	2.89	3.20	3.46
切削次数及背吃刀量/mm	11	—	—	—	—	—	—	—	—	0.09	0.10	0.11	0.12	0.14	0.14	0.15
	12	—	—	—	—	—	—	—	—	0.08	0.08	0.10	0.12	0.14	0.14	0.15
	13	—	—	—	—	—	—	—	—	—	—	0.10	0.11	0.12	0.13	0.14
	14	—	—	—	—	—	—	—	—	—	—	0.08	0.10	0.10	0.12	0.13
	15	—	—	—	—	—	—	—	—	—	—	—	—	—	0.12	0.12
	16	—	—	—	—	—	—	—	—	—	—	—	—	—	0.10	0.10

表 3—13　　常用英制螺纹切削次数与背吃刀量

牙（英制）		24	18	16	14	12	10	8
牙深/mm		0.678	0.904	1.016	1.162	1.355	1.626	2.033
切削次数及背吃刀量/mm	1 次	0.8	0.8	0.8	0.8	0.9	1.0	1.2
	2 次	0.4	0.6	0.6	0.6	0.6	0.7	0.7
	3 次	0.16	0.3	0.5	0.5	0.5	0.6	0.6
	4 次	—	0.11	0.14	0.3	0.4	0.4	0.5
	5 次	—	—	—	0.13	0.21	0.4	0.5
	6 次	—	—	—	—	—	0.16	0.4
	7 次	—	—	—	—	—	—	0.17

第五节　典型轮廓的数控车削工艺

一、车外圆

工件旋转，车刀做纵向进给的运动轨迹，严格与工件轴线平行，就能车出外圆柱面。

1. 外圆车刀及其安装

（1）外圆车刀

1）90°车刀。90°车刀又称偏刀，主偏角 κ_r 为 90°，可分为右偏刀和左偏刀两种，如图 3—39 所示。

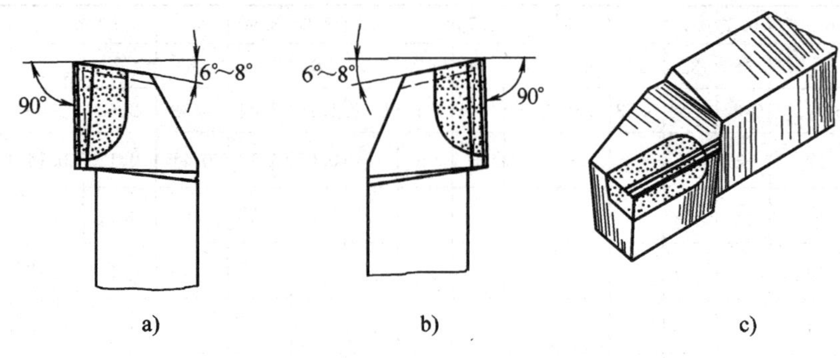

图 3—39 偏刀

a）右偏刀 b）左偏刀 c）右偏刀外形

右偏刀是车刀从车床尾座向主轴箱方向进给的车刀，一般用来车削工件的外圆、端面和右向台阶（图 3—40a)。车外圆时，因其主偏角较大，作用于工件的径向切削力较小，不易将工件顶弯。

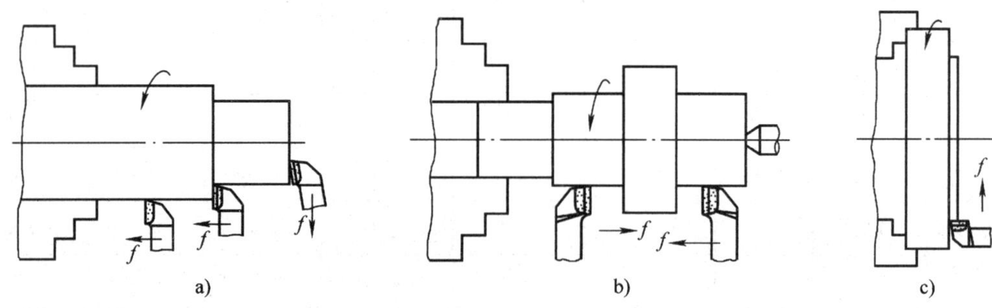

图 3—40 偏刀的使用

a）右偏刀的使用 b）车台阶轴 c）车端面

左偏刀是车刀从车床主轴箱向尾座方向进给的车刀，一般用来车削左向台阶和工件的外圆，也可以车削直径较大、长度较短的工件端面（图 3—40b、c)。

2）75°车刀。75°车刀的主偏角 κ_r 为 75°，刀尖角 ε_r 大于 90°。刀头强度好，较耐用，适用于粗车轴类工件的外圆以及强力切削铸、锻件等加工余量较大的工件，如图 3—41 所示。

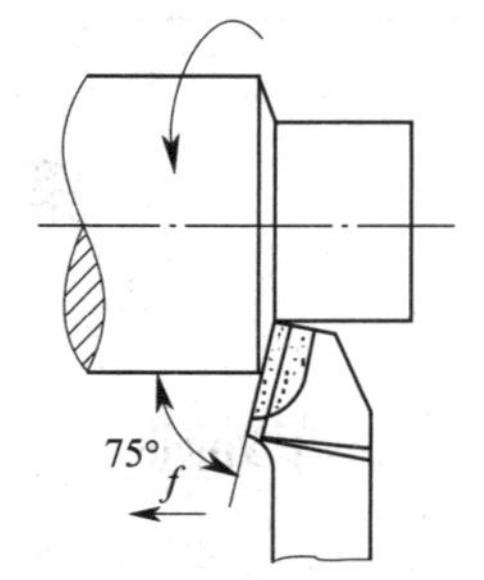

图 3—41 75°车刀车外圆

想一想

在车削外圆时，75°车刀与 90°车刀有什么不同？

(2) 车刀的安装

车刀安装得正确与否，将直接影响切削能否顺利进行和工件的加工质量。因此，安装车刀时，应注意下列几个问题：

1）车刀安装在刀架上，伸出部分不宜过长，一般为刀杆高度的 1～1.5 倍。伸出部分过长会使刀杆刚度变差，切削时易产生振动，影响工件的表面质量。

2）车刀垫铁要平稳，数量要少，垫铁应与刀架对齐。车刀至少要用两个螺钉压紧在刀架上，并逐个轮流拧紧。

3）车刀刀尖一般应与工件轴线等高（图 3—42a），否则会因基面和切削平面的位置发生变化，而改变车刀工作时的前角和后角的数值。当车刀刀尖高于工件轴线时，会使后角减小并增大后面与工件的摩擦，致使工件质量下降（图 3—42b）；当车刀刀尖低于工件轴线时，会使前角减小，切削不顺利，并致使车刀崩刃（图 3—42c）。

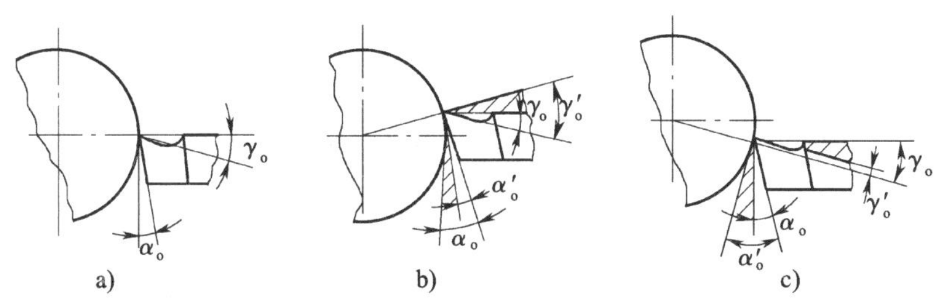

图 3—42 装刀高低对前后角的影响

a）正确 b）太高 c）太低

4）车刀刀杆中心线应与进给方向垂直，否则会使主偏角和副偏角的数值发生变化，如图 3—43 所示。

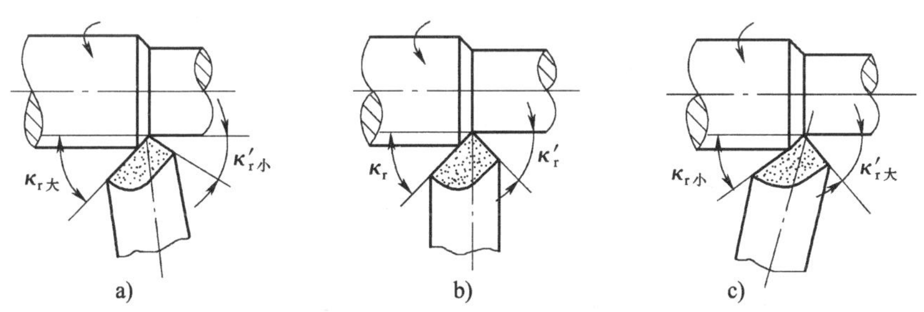

图 3—43 车刀装偏对主、副偏角的影响

a）κ_r增大 b）装夹正确 c）κ_r减小

2. 车外圆的进给路线

车外圆的进给路线可以应用直线插补加工，也可以应用循环加工，如图 3—44 所示。

二、车端面和台阶

1. 车刀的选择

一般车削端面和台阶常用的车刀为 45°车刀、90°的左偏刀或右偏刀，也可用 75°左车刀。

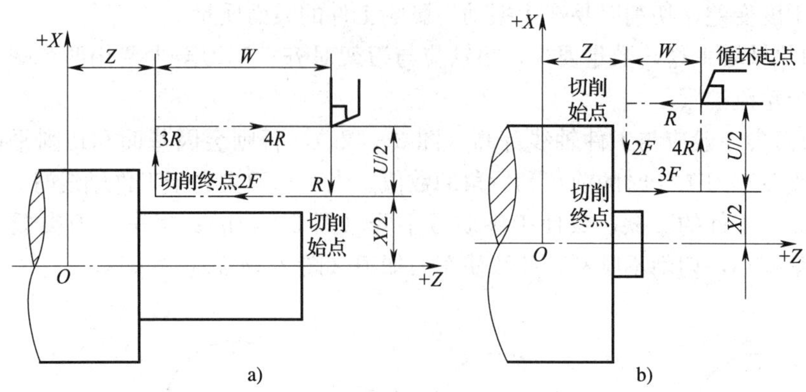

图 3—44　车外圆进给路线

a）进给路线一　b）进给路线二

2．车刀的安装

车端面时，车刀的刀尖要对准工件的中心，否则车削后工件端面中心处会留有凸头，如图 3—45a 所示。使用硬质合金车刀时，如不注意这一点，车削到中心处会使刀尖崩碎，如图 3—45b 所示。

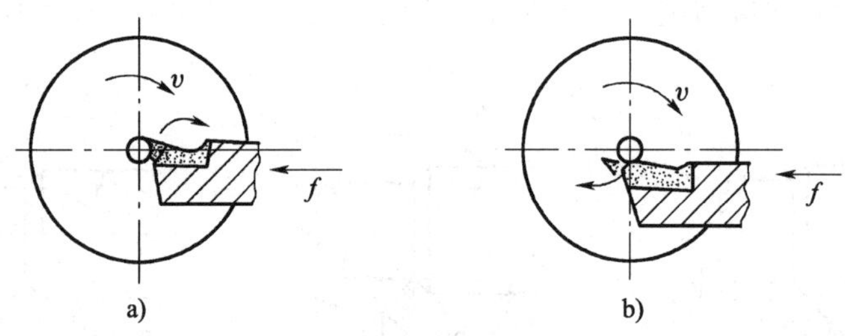

图 3—45　车刀刀尖不对准工件中心的后果

a）工件中心留有凸头　b）刀尖崩碎

用右偏刀车削台阶时，必须使车刀主切削刃与工件轴线之间的夹角安装后等于或大于 90°，否则车出来的台阶面与工件轴线不垂直。

3．车端面和台阶的方法

（1）端面的车削

1）用 45°车刀车削。45°车刀的刀头强度和散热条件比 90°车刀好，常用于车削工件的端面、倒角。但由于 45°车刀主偏角较小（κ_r为 45°），车削外圆时，径向切削力较大，所以，一般只车削长度较短的外圆（图 3—46）。

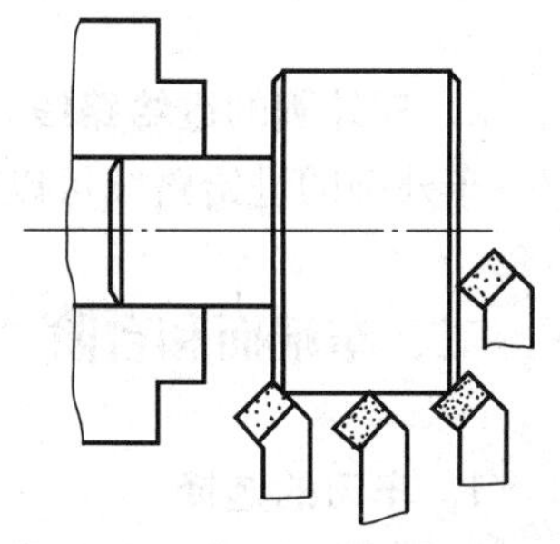

图 3—46　45°车刀的使用

2）用右偏刀车削。用右偏刀车削端面时，若车刀由工件的外缘向中心进给，则是副切削刃切削。当背吃刀量 a_p较大时，切削力会使车刀扎入工件而形成凹面，如图 3—47a 所示。为防止产生凹面，可改为由中心向外缘进给，用主切削刃切削，如图 3—47b 所示，但背吃刀量要小。或者在车刀副切削刃上磨出前角，使之成为主切削刃来车削，如图 3—47c 所示。

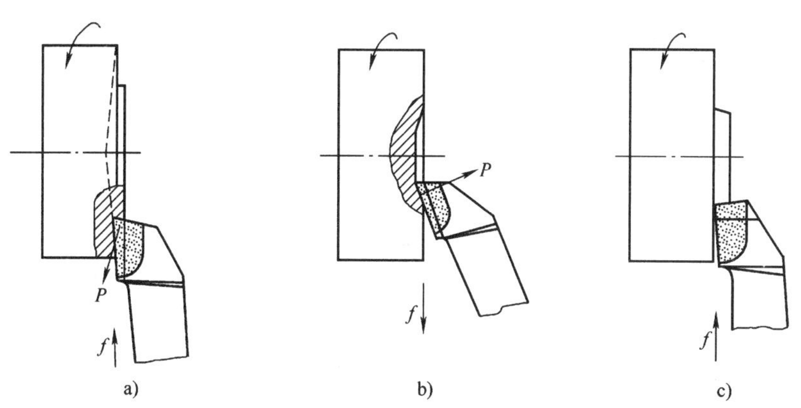

图 3—47 用右偏刀车削平面

a）向中心进给 b）由中心向外进给 c）在副切削刃上磨前角

3）用 75°左偏刀车削。75°左偏刀是用主切削刃进行切削的，如图 3—48 所示。其刀尖强度和散热条件好，车刀寿命长，适用于车削铸、锻件的大平面。

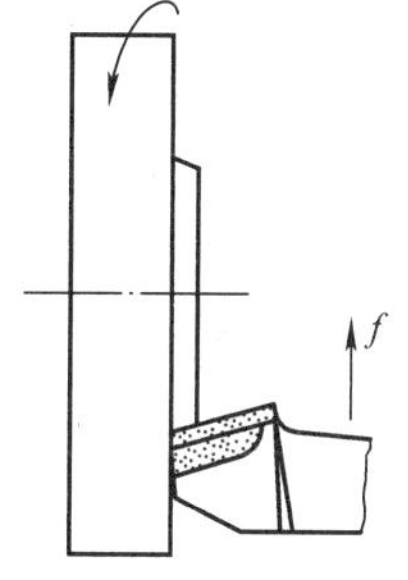

图 3—48 75°左偏刀车削平面

看一看

在数控车床上用 75°的车刀车削端面时，是哪个轴在运动？

（2）台阶的车削

当车削相邻两个直径相差不大的台阶时，可用 90°偏刀。这样既可车削外圆又可车削端面，只要控制住台阶长度，就可得到台阶面，如图 3—49a 所示。应当注意车刀安装后的主偏角必须等于 90°。

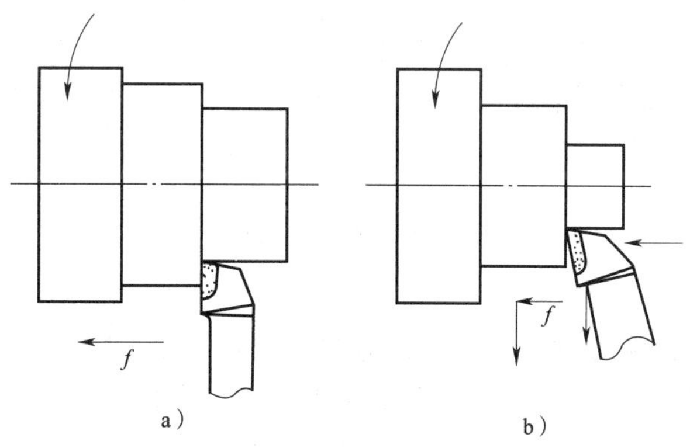

图 3—49 车削台阶的方法

a）车削直径相差不大的台阶 b）车削直径相差较大的台阶

如果车削相邻两个直径相差较大的台阶，可先用主偏角小于 90°的车刀粗车，再把 90°偏刀的主偏角装成 93°～95°，分几次进给，进给时应留精车外圆和端面的余量，如图 3—49b 所示。台阶的车削进给如图 3—50 所示。

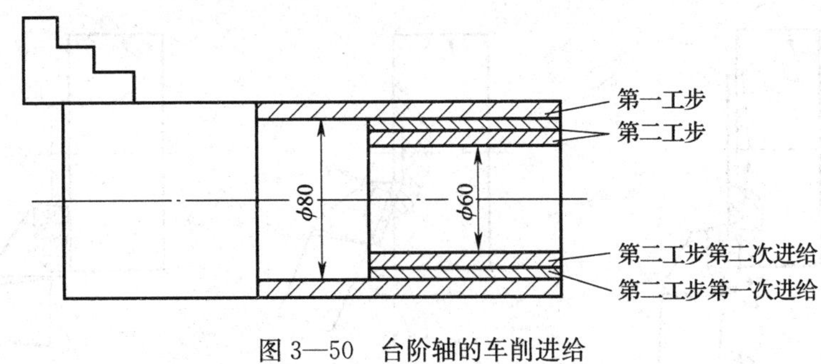

图 3—50　台阶轴的车削进给

三、切断及车槽

1. 车刀的选择

（1）切断刀

切断刀以横向进给为主，前端的切削刃为主切削刃，两侧的切削刃为副切削刃。一般切断刀的主切削刃较窄，刀头较长，所以刀头强度较差。常见的切断刀有高速钢切断刀（图 3—51）、硬质合金切断刀（图 3—52）、反切刀（图 3—53）和弹性切断刀（图 3—54）。

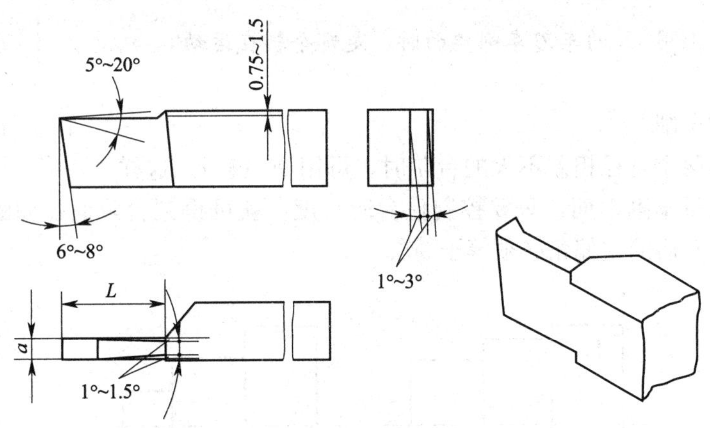

图 3—51　高速钢切断刀

（2）车槽刀

一般外沟槽车刀的角度和形状与切断刀基本相同。在车较窄的外沟槽时，车槽刀的主切削刃宽度应与槽宽相等，刀头长度稍大于槽深。车内沟槽和斜沟槽时，可用专用车刀。

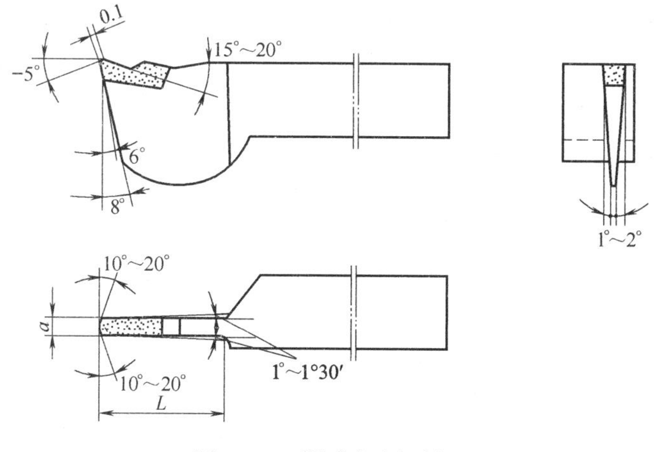

图 3—52 硬质合金切断刀

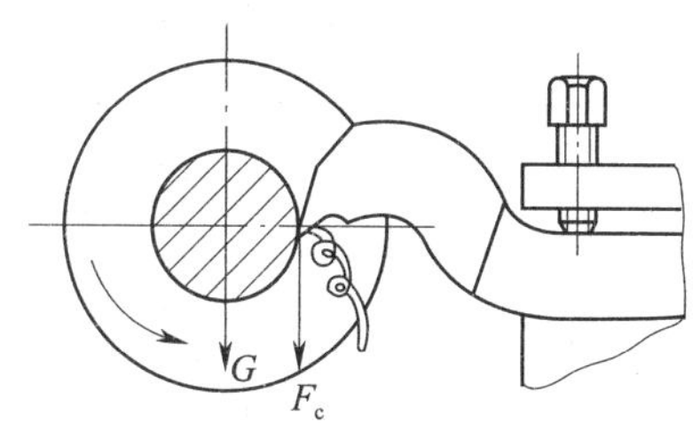

图 3—53 反切刀

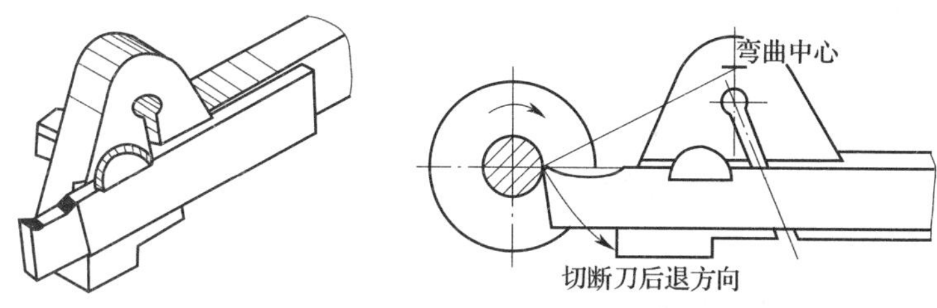

图 3—54 弹性切断刀

2. **切断刀与车槽刀的安装**

(1) 安装时，切断刀与车槽刀不宜伸出过长，同时切断刀的中心线必须与工件中心线垂直，以保证两个副偏角对称。

(2) 切断实心工件时，切断刀的主切削刃必须与工件中心等高，否则不能车到中心，而且易崩刃，甚至折断车刀。

(3) 切断刀与车槽刀的底平面应平整，以保证两个副后角对称。

3. **外沟槽的车削**

(1) 深槽的车削

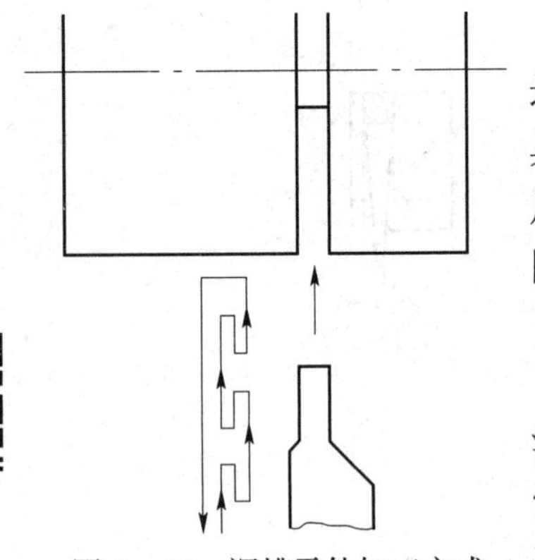

图 3—55　深槽零件加工方式

对于宽度值不大、深度值较大的深槽零件，为了避免车槽过程中由于排屑不畅，使刀具前面压力过大出现扎刀和折断刀具的现象，应采用分次进给的方式，刀具在切入工件一定深度后，停止进给并回退一段距离，以达到断屑和退屑的目的，如图 3—55 所示。同时，注意尽量选择强度较高的刀具。

（2）宽槽的车削

通常把大于一个车槽刀宽度的槽称为宽槽，宽槽的宽度、深度的精度要求及表面质量要求相对较高。在车削宽槽时，常采用排刀的方式进行粗车，然后用精车槽刀沿槽的一侧车至槽底，精加工槽底至槽的另一侧面，并对该侧面进行精加工。车削方式如图 3—56 所示。

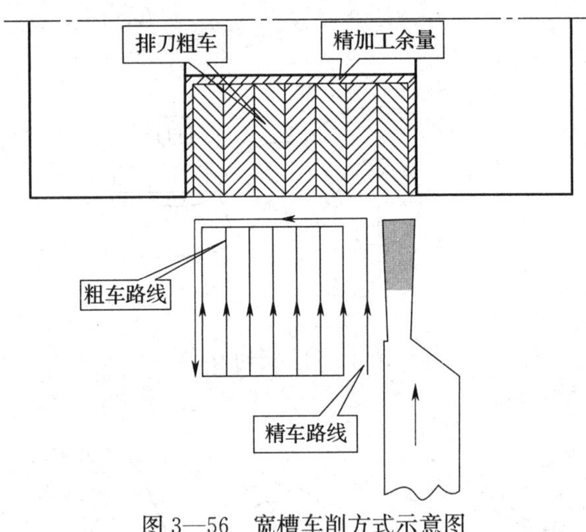

图 3—56　宽槽车削方式示意图

看一看

对深且宽的槽其加工进给路线是怎样的？

四、特征面的加工

1. 车圆锥的加工路线分析

在数控车床上车外圆锥时可以分为车正锥和车倒锥两种情况，每种情况有三种加工路线。图 3—57 所示为车正锥的三种加工路线。

（1）按图 3—57a 的阶梯切削路线是先进行粗加工，再进行精加工。此种加工路线中，粗车时刀具背吃刀量相同，但需要计算终刀点位置；精车时进给路线为斜线。

（2）按图 3—57b 所示的路线车正锥时，需要计算终刀距 S。假设圆锥大径为 D，小径为 d，锥长为 L，背吃刀量为 a_p，由相似三角形可得：

$$\frac{D-d}{2L}=\frac{a_p}{S}$$

则 $S=\frac{2a_pL}{D-d}$。按此种加工路线，刀具切削运动的距离较短。

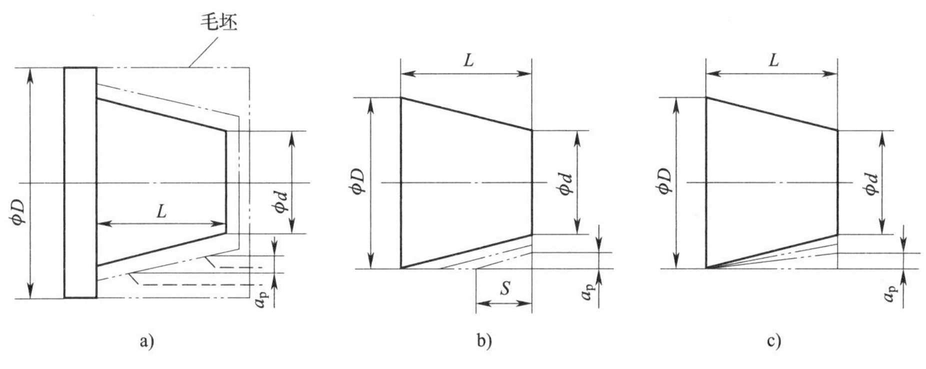

图 3—57 车正锥的三种加工路线

a）阶梯路线 b）平行锥度路线 c）趋近锥度路线

（3）当按图 3—57c 的进给路线加工圆锥时，则不需要计算终刀距 S，只要确定背吃刀量 a_p，即可车出圆锥轮廓，编程方便。但在每次切削中，背吃刀量是变化的，而且切削运动的路线较长。

想一想

在普通机床上车削圆锥是怎样的加工路线？

2. 车圆弧的加工路线分析

若一次进给就把圆弧加工出来，这样背吃刀量太大，容易打刀。所以，实际切削时，需要多次进给，先将大部分余量切除，最后才车出所需的圆弧。

（1）车圆法

图 3—58 所示为车圆法车圆弧的切削路线，即逐次车削出不同的半径圆，最后车削出所需的圆弧来。此方法在确定了每次背吃刀量后，较易确定 90°圆弧的起点、终点坐标。

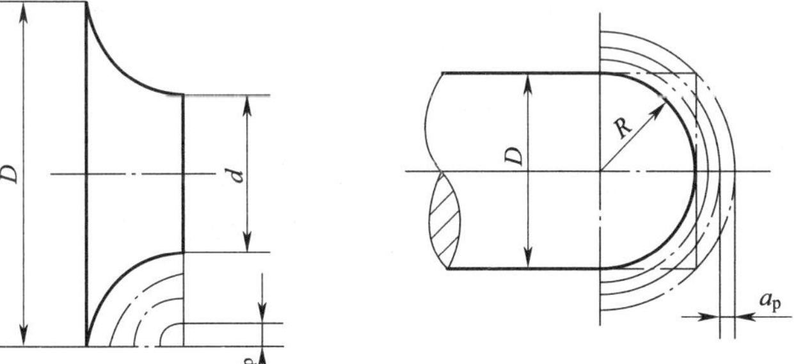

图 3—58 车圆法车圆弧的切削路线

a）车凹圆法 b）车凸圆法

（2）移圆法

图 3—59 所示为移圆法车圆弧的切削路线，即用半径相同、圆心不同的圆切削圆弧。此方法数值计算简单，编程方便，经常采用。移圆法适合于加工较复杂的多圆弧。

（3）车锥法

图 3—60 所示为车锥法车圆弧的切削路线，即先车一个圆锥，再车圆弧。但要注意车锥时的起点和终点的确定，若确定不好，则可能损坏圆弧表面，也可能将余量留得过大。确定的方法是连接 OB 交圆弧于 D，过 D 点作圆弧的切线 AC。由几何关系得：

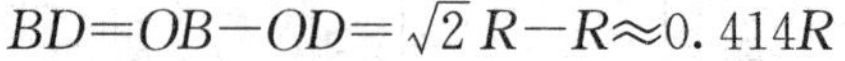

$$BD=OB-OD=\sqrt{2}R-R\approx0.414R$$

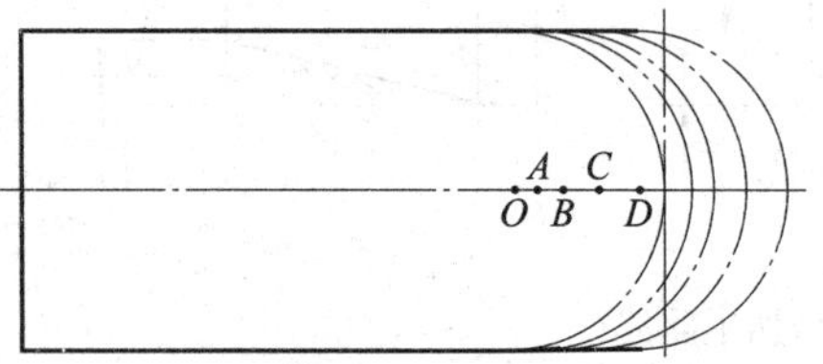

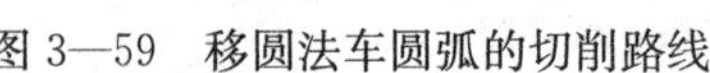

图 3—59　移圆法车圆弧的切削路线

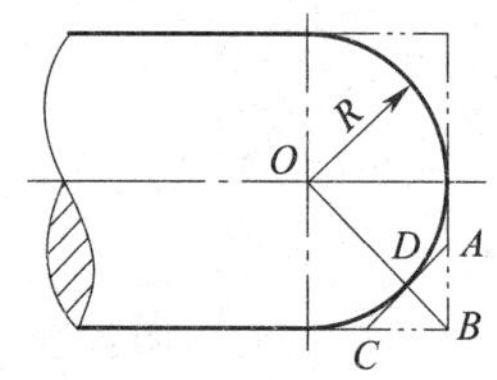

图 3—60　车锥法车圆弧的切削路线

此为车锥时的最大切削余量，即车锥时，加工路线不能超过 AC 线。由 BD 与△ABC 的关系可得，$AB=CB=\sqrt{2}BD=0.586R$。

于是，可以确定出车锥时的起点和终点。当 R 不太大时，可取 $AB=CB=0.5R$。此方法数值计算较烦琐，但其刀具切削路线较短。

（4）阶梯法

图 3—61 所示为阶梯法车圆弧的加工路线。图 3—61a 所示为错误的阶梯切削路线。图 3—61b 所示为正确的切削路线，车刀按照 1～5 的顺序切削，每次切削所留余量相等。在同样背吃刀量的条件下，按照图 3—61a 的方式加工，所留余量过多。

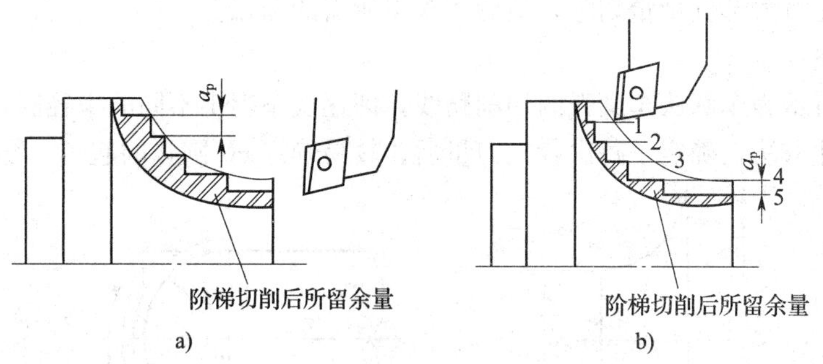

图 3—61　阶梯法车圆弧的切削路线

a）错误　b）正确

（5）双向法

根据数控车床加工的特点，还可以依次采用从轴向和径向进刀，顺着工件毛坯轮廓进给的切削路线加工，如图 3—62 所示。

（6）特殊法

当采用尖形车刀加工大圆弧内表面零件时，有两种不同的进给方法，如图 3—63 所示。

图 3—63a 所示的同向进给法（$-z$ 走向），可能因为在背向 F_p 的作用下使刀尖嵌入零件表面，即出现扎刀现象（图 3—64），并会导致横向拖板产生严重的“爬行”，从而大大降低零件的表面质量。

图 3—63b 所示的反向进给法，因为背向力 F_p 与丝杠传动横向拖板的传动力方向相反，从而可避免产生扎刀现象。因此，图 3—65 所示的进给方案是较合理的。

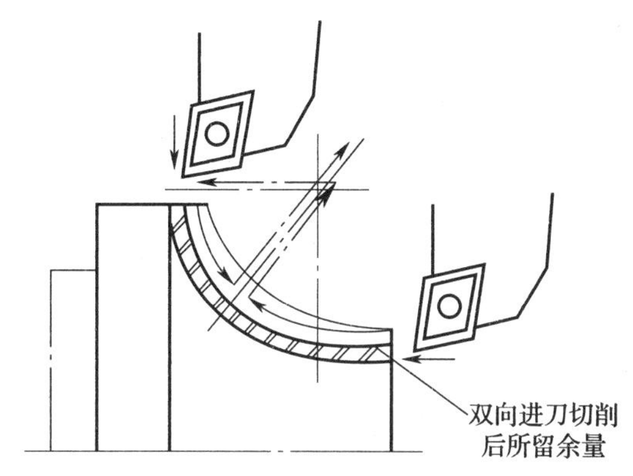

图 3—62 双向法车圆弧的切削路线

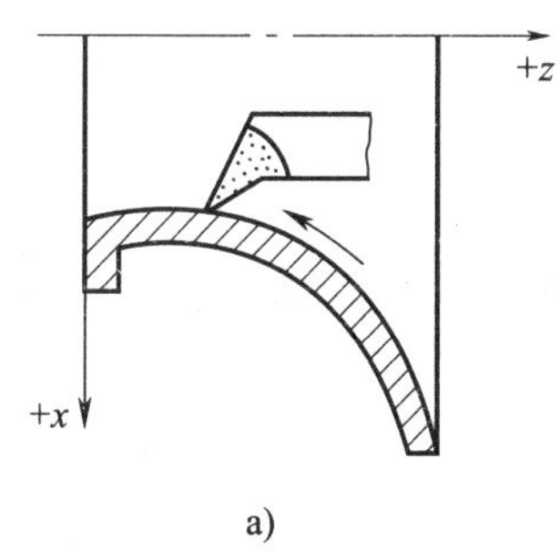

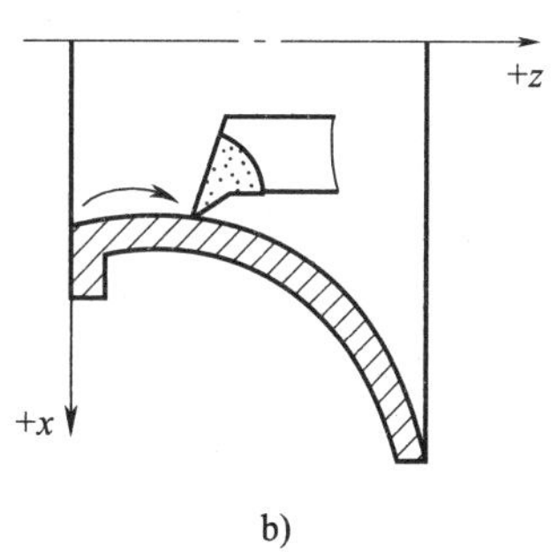

图 3—63 两种不同的进给方法

a）同向进给 b）反向进给

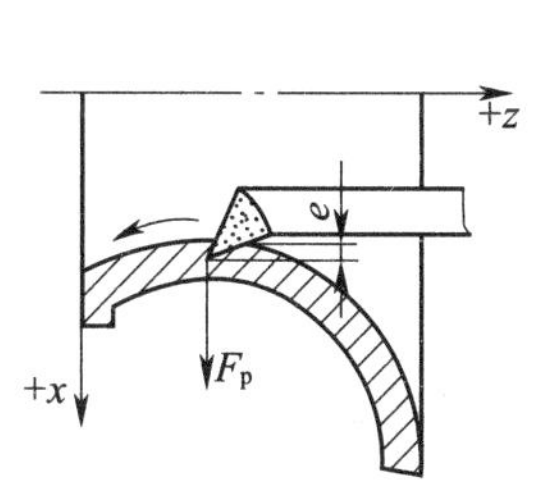

图 3—64 扎刀现象

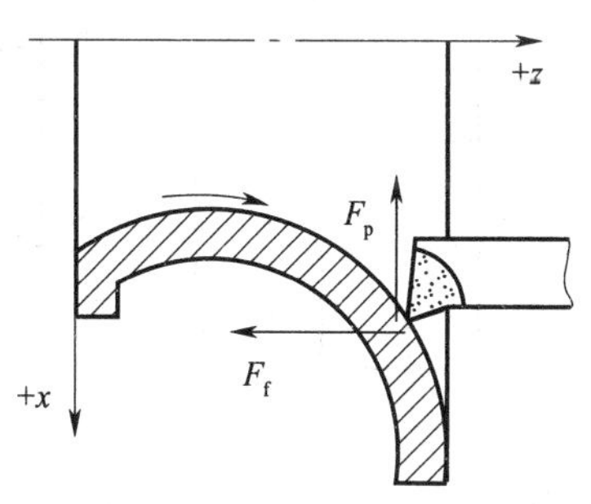

图 3—65 合理的进给方案

想一想

在普通机床上怎样车圆弧？

3. 轮廓粗加工路线分析

切削进给路线越短，生产效率越高，同时能降低刀具损耗。安排切削进给路线时，应同时兼顾工件的刚度和加工工艺性等要求，不要顾此失彼。

（1）粗车的三种切削进给路线

图 3—66 给出了三种不同的轮廓粗车进给路线。图 3—66a 所示为利用数控系统具有的封闭式复合循环功能控制车刀沿着工件轮廓循环进给的路线；图 3—66b 所示为三角形循环进给路线；图 3—66c 所示为矩形循环进给路线。其中，图 3—66c 所示路线总长最短，因此，在同等切削条件下的切削时间最短，刀具损耗最小。在实际加工中应根据实际情况确定零件的加工路线。

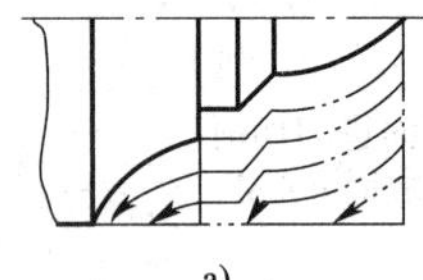

a)

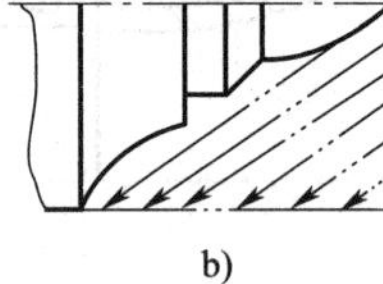

b)

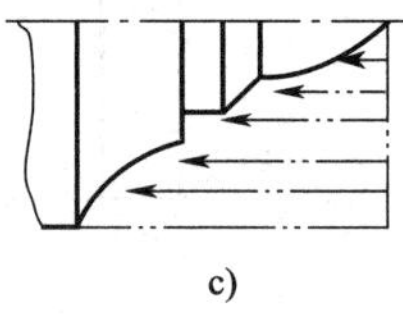

c)

图 3—66　粗车进给路线示意

a）沿轮廓循环进给　b）三角形循环进给　c）矩形循环进给

（2）常见零件的数控加工路线

1）轴套类零件。安排轴套类零件进给路线的原则是“轴向进给，径向进刀”，将循环切除余量的循环终点设置在粗加工起点附近，这样可以减少进给次数，避免不必要的空进给，节省加工时间，如图 3—67 所示。

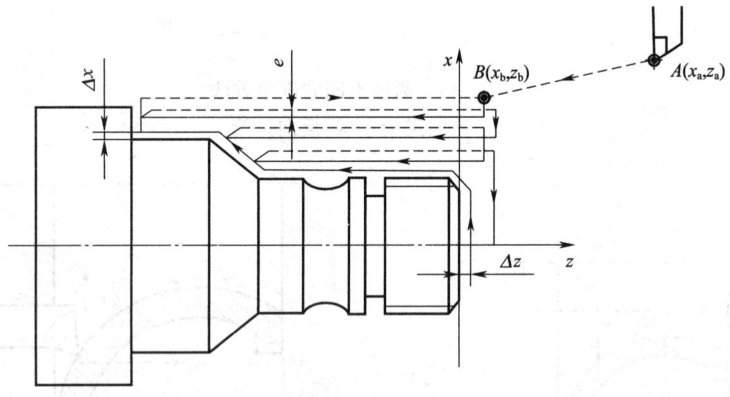

图 3—67　轴套类零件循环切除余量的方式

2）盘类零件。安排盘类零件进给路线的原则是“径向进给，轴向进刀”，循环切除余量的循环终点也设置在粗加工起点附近。编制盘类零件的加工程序时，其进给路线与轴套类零件相反，从大直径端开始加工，如图 3—68 所示。

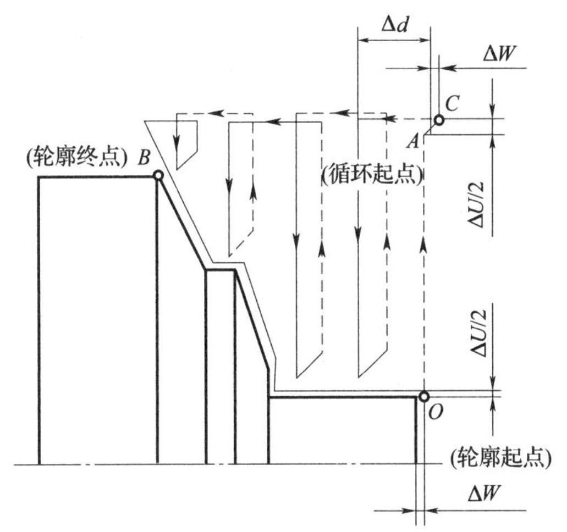

图 3—68 盘类零件循环切除余量的方式

3）铸锻件。铸锻件毛坯的形状与加工后零件的形状相似，留有一定的加工余量。循环切除余量的方式是：刀具轨迹按工件轮廓线运动，逐渐逼近零件图样尺寸。这种方法实质上是采用轮廓车削的方式，如图 3—69 所示。

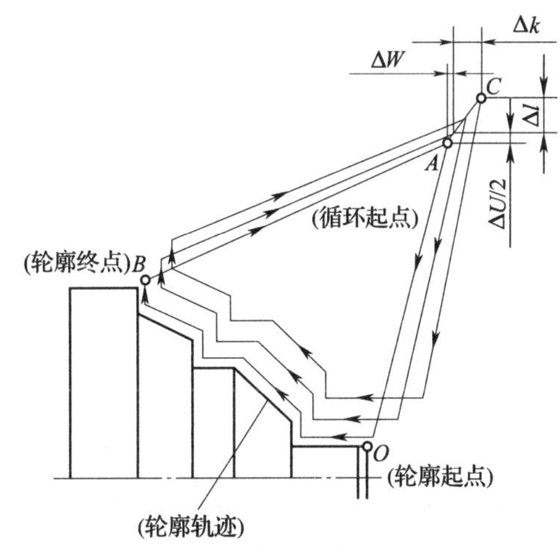

图 3—69 铸锻件类零件循环切除余量的方式

怎样车削非圆曲线组成的轮廓？

五、孔加工

在车床上，可以使用车刀车孔，也可以使用钻头、扩孔钻、铰刀等定尺寸刀具加工孔。

在车床上钻孔、扩孔和铰孔时，应在工件一次装夹中与车外圆、端面一起完成，以保证它们的同轴度、垂直度，如图 3—70 所示。

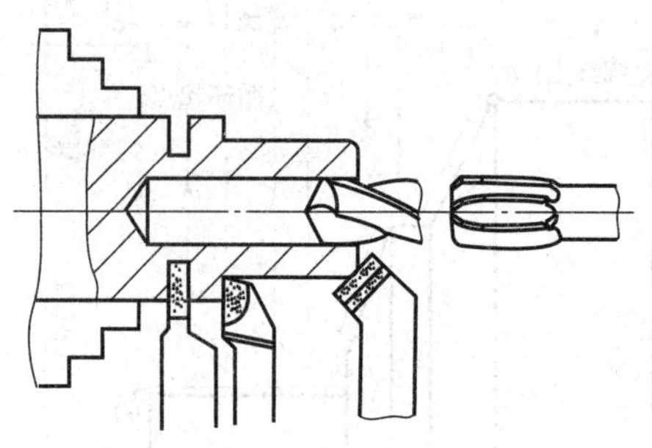

图 3—70　一次装夹中加工工件

1. 加工工艺方法的选择

在数控车床上，孔的加工工艺方法与孔的精度、孔径及孔的深度有很大的关系，具体见表 3—14。

表 3—14　孔的加工工艺方法与孔的精度和孔径的关系

孔的精度等级	孔径范围/mm	工艺方法
IT12、IT13	—	一次钻孔
IT11	≤10	一次钻孔
	10～30	钻孔—扩孔
	30～80	钻孔—扩孔—镗孔刀（或车刀）镗孔
IT10、IT9	≤10	钻孔—铰孔
	10～30	钻孔—扩孔—铰孔
	30～80	钻孔—扩孔—铰孔（或者用镗刀镗孔）
IT8、IT7	≤10	钻孔——次或两次铰孔
	10～30	钻孔—扩孔——次或两次铰孔
	30～80	钻孔—扩孔（或者用镗孔刀镗孔）——次或两次铰孔

另外，孔的加工工艺还与孔的位置精度有关。当孔的位置精度要求较高时，可以通过在数控车床上镗孔实现。在数控车床上镗孔时，合理安排孔的加工路线比较重要，安排不当就可能把坐标轴的反向间隙带入到加工中，从而直接影响孔的位置精度。

2. 麻花钻的选用

（1）对于精度要求不高的孔，可以用麻花钻直接钻出；对于精度要求较高的孔，钻孔后还需要再进行车削或扩孔、铰孔才能完成。

（2）在数控机床上钻孔时，因无夹具钻模导向，受两切削刃上切削力不对称的影响，容易引起钻孔偏斜，故要求麻花钻钻头的两切削刃必须有较高的刃磨精度，即两刃长度一致，顶角 2ϕ 对称于钻头中心线（或先用中心钻加工中心孔，再用钻头钻孔）。

(3) 在数控机床上，钻削直径在 ϕ20～ϕ60 mm、孔的深径比小于等于 3 的中等浅孔时，还可选用可转位浅孔钻。这种钻头具有切削效率高、加工质量好的特点，适用于箱体零件的钻孔加工，可比普通麻花钻的效率提高 4～6 倍。

(4) 对深径比大于 5 而小于 100 的深孔，因其在加工中散热差，排屑困难，钻杆刚度差，易使刀具损坏和引起孔的轴线偏斜，影响加工精度和生产率，故应选用深孔刀具加工。

(5) 钻削大直径孔时，可采用刚度较好的硬质合金扁钻。

(6) 在零件加工精度要求较高的情况下，为了保证工件的定位装夹，一般采用中心钻钻出中心孔。

3. 扩孔钻的选用

扩孔多采用扩孔钻，也有采用镗刀扩孔的。扩孔直径较小时，可选用直柄式扩孔钻；扩孔直径中等时，可选用锥柄式扩孔钻；扩孔直径较大时，可选用套式扩孔钻。当扩孔直径在 ϕ20～ϕ60 mm 时，且机床刚度好、功率大，还可选用可转位扩孔钻。

4. 铰刀的选用

(1) 加工精度为 IT8～IT9 级、表面粗糙度 *Ra* 值为 0.8～1.6 μm 的孔时，多选用通用标准铰刀。铰刀的齿数与铰刀直径有关，铰刀齿数的选择见表 3—15。

表 3—15　　铰刀齿数的选择

铰刀直径/mm		1.5～3	3～14	14～40	>40
齿　数	一般加工精度	4	4	6	8
	高加工精度	4	6	8	10～12

(2) 加工精度为 IT5～IT7 级、表面粗糙度 *Ra* 值为 0.8 μm 的孔时，可采用机夹硬质合金刀片的单刃铰刀。

应当注意：新购入的铰刀，需按工件孔的配合和精度等级进行研磨和试切后才能投入使用。

5. 车孔

对于铸造孔、锻造孔或用钻头钻出的孔，为达到所要求的尺寸精度、位置精度和表面粗糙度，可采用车孔的方法。车孔是车削加工的主要内容之一，也可以作为半精加工和精加工。车孔后的精度一般可达 IT7～IT8 级，表面粗糙度 *Ra* 值可达 1.6～3.2 μm，精车后 *Ra* 值可达 0.8 μm。车孔时，要保证内孔车刀的正确安装及工件的正确装夹，并处理好车刀的刚度和排屑问题。

(1) 内孔车刀的安装

内孔车刀安装得正确与否，直接影响到车削情况及孔的精度，所以在安装时一定要注意以下几点：

1) 刀尖应与工件中心等高或稍高。如果装得低于中心，由于切削力的作用，容易将刀柄压低而产生扎刀现象，并可造成孔径扩大。

2）刀柄伸出刀架不宜过长，一般比被加工孔长 5～6 mm。

3）刀柄基本平行于工件轴线，否则，在车削到一定深度时刀柄后半部容易碰到工件孔口。

4）不通孔车刀装夹时，内偏刀的主切削刃应与孔底平面成 3°～5°角（图 3—71），并且在车平面时要求横向有足够的退刀空间。

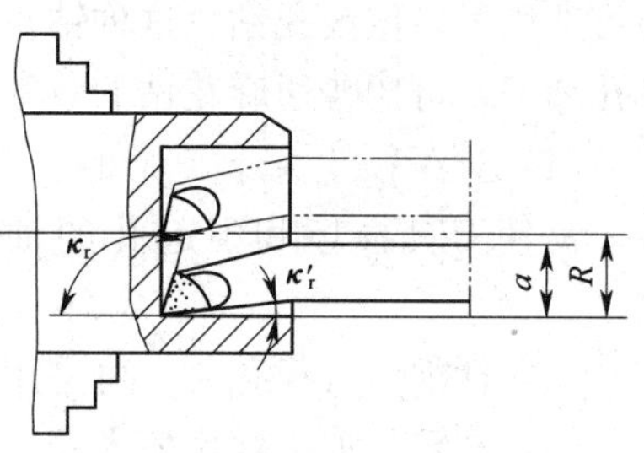

图 3—71　不通孔车刀的安装

（2）工件的装夹

车孔时，工件一般采用三爪自定心卡盘装夹；对于较大和较重的工件可采用四爪单动卡盘装夹。加工直径较大、长度较短的工件（如盘类工件等），必须找正外圆和端面。一般情况下先找正端面再找正外圆，如此反复几次，直至达到要求为止。

（3）内孔车刀的刚度和排屑问题

1）增加内孔车刀的刚度可采取以下措施：

①尽量增加刀柄的截面积。通常当内孔车刀的刀尖位于刀柄的上面时，刀柄的截面积较小，小于孔截面积的 1/4（图 3—72a）；当内孔车刀的刀尖位于刀柄的中心线上时，则刀柄在孔中的截面积可大大地增加（图 3—72b）。

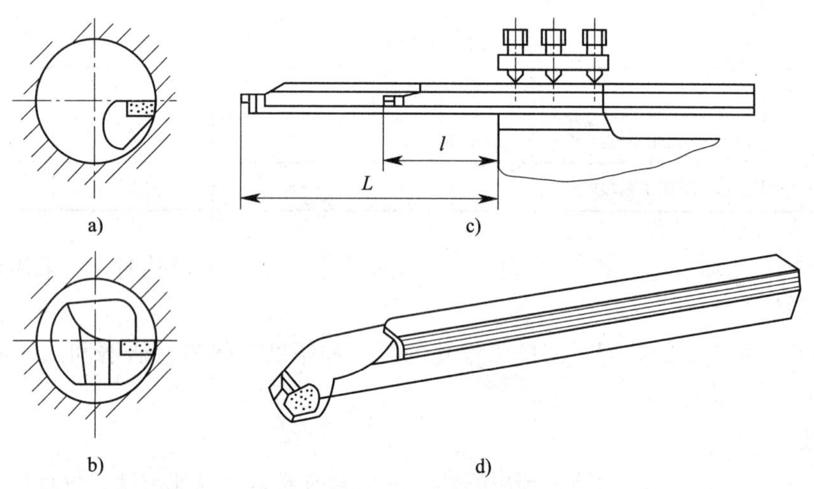

图 3—72　可调节刀柄长度的内孔车刀

a）刀尖位于刀柄的上面　b）刀尖位于刀柄的中心线上

c）刀柄伸出长度　d）车刀外形

②尽可能缩短刀柄的伸出长度，以增加车刀刀柄刚度，减小切削过程中的振动，如图 3—72c 所示。此外，还可将刀柄上下两个平面做成相互平行，这样就能很方便地根据孔深调节刀柄的伸出长度。

2）解决排屑问题，主要是控制切屑流出方向。加工通孔时要求切屑流向待加工表面（前排屑），应采用正刃倾角的内孔车刀（图 3—73a）；加工不通孔时，应采用负的刃倾角，使切屑从孔口排出（图 3—73b）。

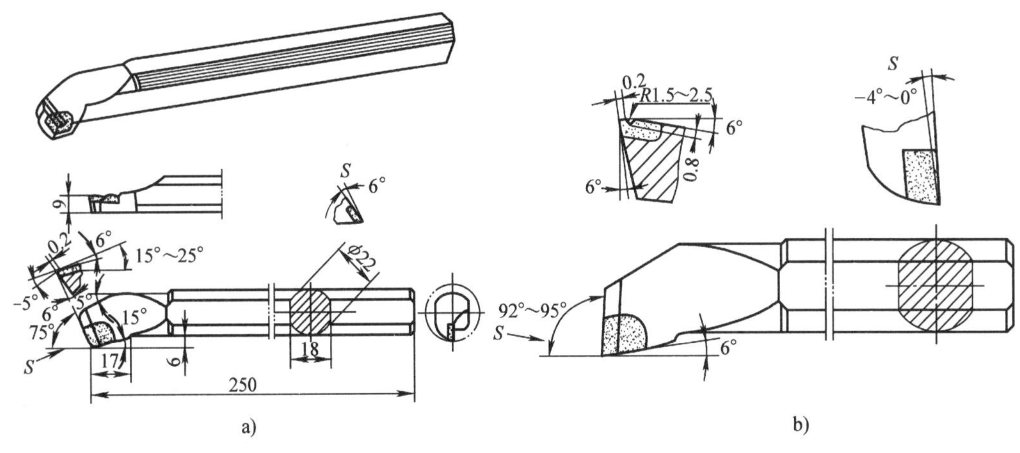

图 3—73 典型车孔刀

a）前排屑通孔车刀 b）后排屑不通孔车刀

高精度的孔应怎样加工？

六、车螺纹

螺纹按牙型分，主要有三角形、矩形、梯形、锯齿形等几种。车削前应将刀头磨成与螺纹牙型相同的形状。车削时，应保证车刀的轴向位移与工件的角位移成正比。换句话说，每当工件转一圈时，车刀相应地在轴向移动一个螺距（对于单线螺纹）或一个导程（对于多线螺纹）。

1. 对螺纹车刀的要求

螺纹车刀属于成形车刀，为保证螺纹牙型精确，必须正确刃磨和安装车刀，对螺纹车刀的要求主要有以下几点：

（1）车刀的刀尖角一定要等于螺纹的牙型角。

（2）精车时，车刀的纵向前角应等于 0°；粗车时，允许有 5°～15°的纵向前角。

（3）因受螺纹升角的影响，车刀两侧面的静止后角应刃磨得不相等，进给方向的后角较大，一般应保证两侧面均有 3°～5°的工作后角。

（4）车刀两侧刃的直线性要好。

2. 车刀的装夹

现以梯形螺纹车刀的安装为例来介绍螺纹车刀的装夹。梯形螺纹常作为传动螺纹，一般精度要求较高，车刀刃磨时除保证几何形状正确外，车刀安装得正确与否将直接影响加工精度。若车刀装得过高或过低，会造成纵向前角和纵向后角变化，不仅车削不顺利，更重要的是会影响螺纹牙型角的正确性，车出的螺纹牙型侧面不是直线而是曲线。如果螺纹车刀安装得高低正确但左右偏斜，则车出的螺纹牙型半角会不对称。

安装梯形螺纹车刀的方法是：首先使车刀对准工件中心，保证车刀高低正确，然后用对刀板对刀（最好用万能角度尺），保证车刀不左右歪斜，如图 3—74 所示。另外，车刀伸出不要太长，压紧力要适当。其他螺纹车刀的装夹与梯形螺纹车刀相类似，这里不作赘述。

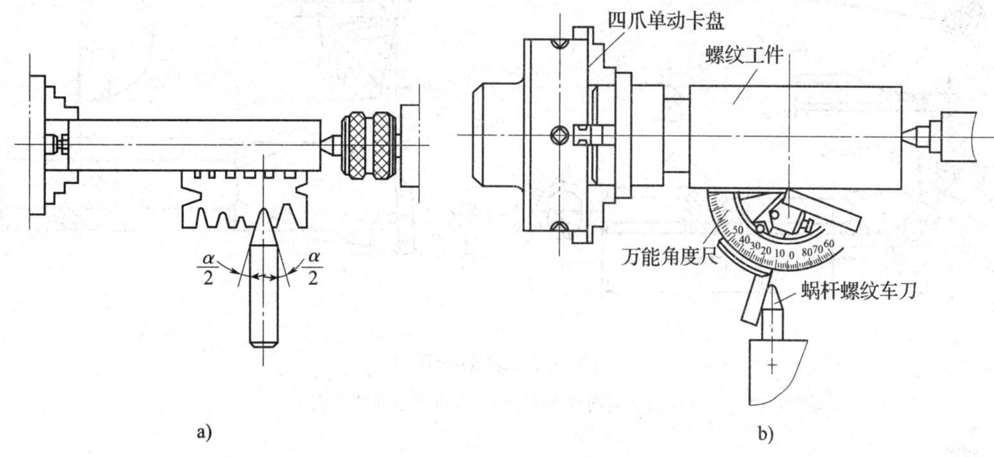

图 3—74　梯形螺纹车刀的安装方法

a）用对刀板对刀　b）用万能角度尺对刀

3. 螺纹车削时的轴向进给距离分析

在数控车床上车削螺纹时，沿螺距方向的 Z 向进给应和车床主轴的旋转保持严格的速比关系，因此，应避免在进给机构加速或减速的过程中切削。为此，要有一定的引入距离（升速进刀段）δ_1 和超越距离（降速退刀段）δ_2，在切削螺纹时能保证在升速后使刀具接触工件，刀具离开工件后再降速，如图 3—75 所示。δ_1 和 δ_2 的数值与车床拖动系统的动态特性、螺纹的螺距和精度有关，δ_1一般为 2～5 mm，对大螺距和高精度的螺纹取大值；δ_2 一般为 1～2 mm。另外，δ_1和 δ_2也可以由下面的经验公式计算得出。

$$\delta_1=\frac{3.605SF}{1\ 800}\quad \delta_2=\frac{SF}{1\ 800}$$

式中　S——主轴转速；

　　　F——螺纹导程。

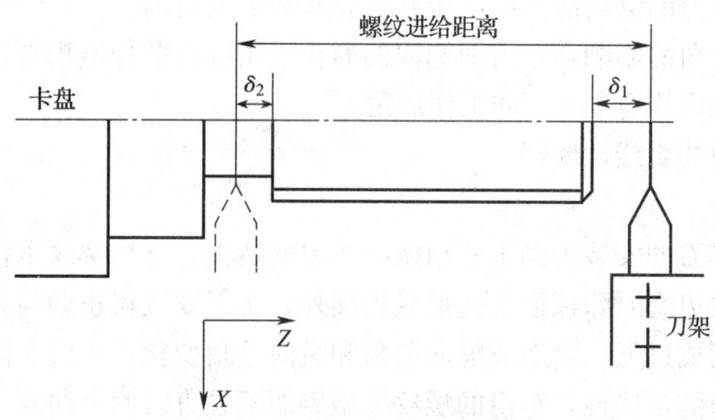

图 3—75　车削螺纹时的引入距离和超越距离

数控车床加工螺纹时，因其传动链的改变，原则上其转速只要能保证主轴每转一周时，刀具沿主进给轴（多为 Z 轴）方向位移一个螺距即可，不应受到其他限制。数控车床加工螺纹时，会受到以下几方面的影响：

（1）螺纹加工程序段中，指令的螺距值相当于以进给量 f（mm/r）表示的进给速度 F，如果机床的主轴转速选择得过高，其换算后的进给速度 v_f（mm/min）必定大大超过正常值。

（2）刀具在其位移过程的始/终，都将受到伺服驱动系统升/降频率和数控装置插补运算速度的约束，由于升/降频率特性不能满足加工需要等原因，则可能因主进给运动产生的“超前”和“滞后”导致部分螺纹的螺距不符合要求。

（3）车削螺纹必须通过主轴的同步运行功能而实现，即车削螺纹需要有主轴脉冲发生器（编码器）。当其主轴转速选择得过高时，通过编码器发出的定位脉冲（即主轴每转一周时所发出的一个基准脉冲信号）可能因“过冲”（特别是当编码器的质量不稳定时）而导致工件螺纹产生乱纹（俗称“烂牙”）。

4. 车螺纹前直径尺寸的确定

车外螺纹时，由于受车刀挤压，螺纹大径尺寸会胀大，所以车螺纹前圆杆直径应比螺纹大径小 0.2～0.4 mm（约 $0.13P$），车好螺纹后牙顶处有 $0.125P$ 的宽度（P 为螺距）。同理，车削三角形内螺纹时，内孔直径会缩小，所以车削内螺纹前的孔径要比内螺纹小径略大些，可采用下列近似公式计算：

车削外螺纹时：$d_{杆}=d-0.13P$

车削塑性金属的内螺纹时：$D_{孔}\approx D-P$

车削脆性金属的内螺纹时：$D_{孔}\approx D-1.05P$

上式中，$d_{杆}$ 为车螺纹前圆杆直径，mm；$D_{孔}$ 为车螺纹前的孔径，mm；D（d）为螺纹公称直径，mm；P 为螺距，mm。

5. 车削螺纹的进刀方式

低速车削螺纹时，可根据不同的情况，选择图 3—76 所示的不同进刀方法，它们各自的特点和应用场合见表 3—16。

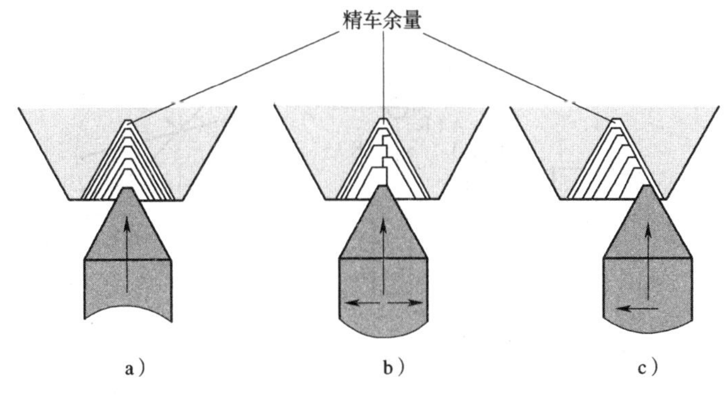

图 3—76 低速车削螺纹时的进刀方法

a）直进法 b）左右切削法 c）斜进法

表 3—16　　三种进刀方法的特点及应用场合

进刀方法	直进法	左右切削法	斜进法
方法	车削时只沿一个坐标轴进给	车削时，除沿一个坐标轴进给外，同时刀具沿另一轴向左或向右做微量进给（俗称借刀）	车削时，除沿一个坐标轴进给外，同时刀具沿另一轴的一个方向做微量进给
加工性质	双面切削	单面切削	单面切削
加工特点	能获得正确的牙型，但左右切削刃同时参加切削，表面粗糙度值不易降低，并容易产生扎刀现象	不易产生扎刀现象，但左右移动量不宜太大	不易产生扎刀现象，采用该法粗车螺纹后，必须用左右切削法精车，以获得两侧面表面粗糙度值都较低的螺纹
适用场合	适合于车削螺距较小（$P<$ 2.5 mm）的螺纹	适合于车削螺距较大（$P>$ 2.5 mm）的螺纹	适合于车削螺距较大（$P>$ 2.5 mm）的螺纹

6. 螺纹加工的进给路线

当螺纹收尾处没有退刀槽时，可按 45°退刀收尾（图 3—77）。有退刀槽时的进给路线如图 3—78 所示。

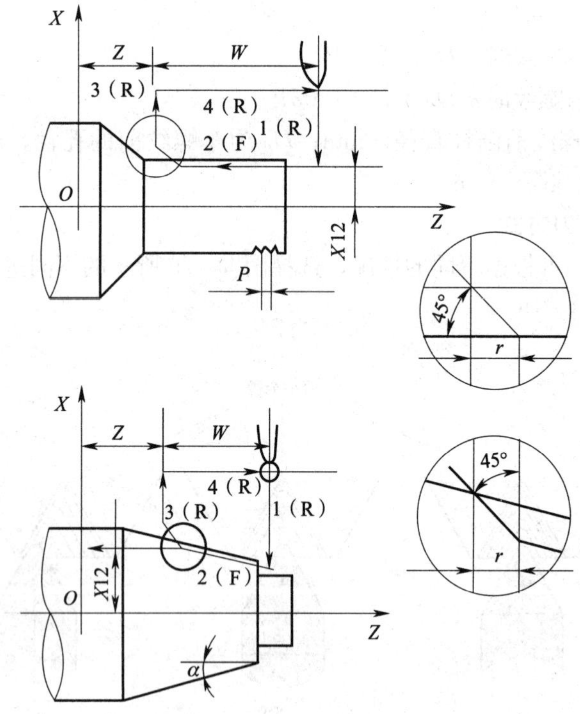

图 3—77　在没有退刀槽时按 45°退刀收尾

F—切削进给　R—快速进给

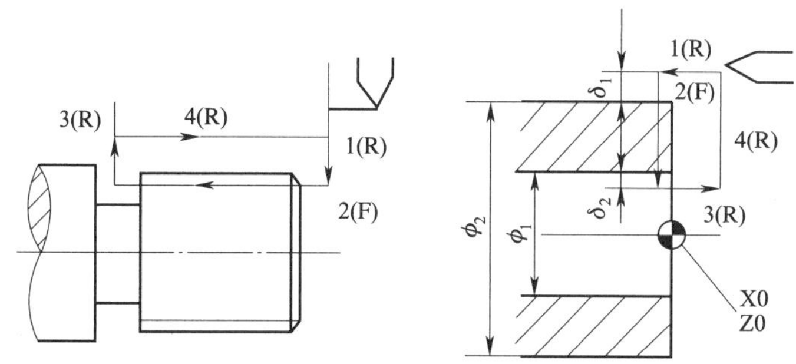

图 3—78 圆柱螺纹切削有退刀槽时的进给路线

F—切削进给 R—快速进给

7. 多线螺纹的加工

多线螺纹的加工可以采用周向起始点偏移法或轴向起始点偏移法，如图 3—79 所示。周向起始点偏移法车多线螺纹时，不同螺旋线在同一起点切入，利用周向错位 $360°/n$（n 为螺纹线数）的方法分别进行车削。轴向起始点偏移法车多线螺纹时，不同螺旋线在轴向上错开一个螺距位置切入。

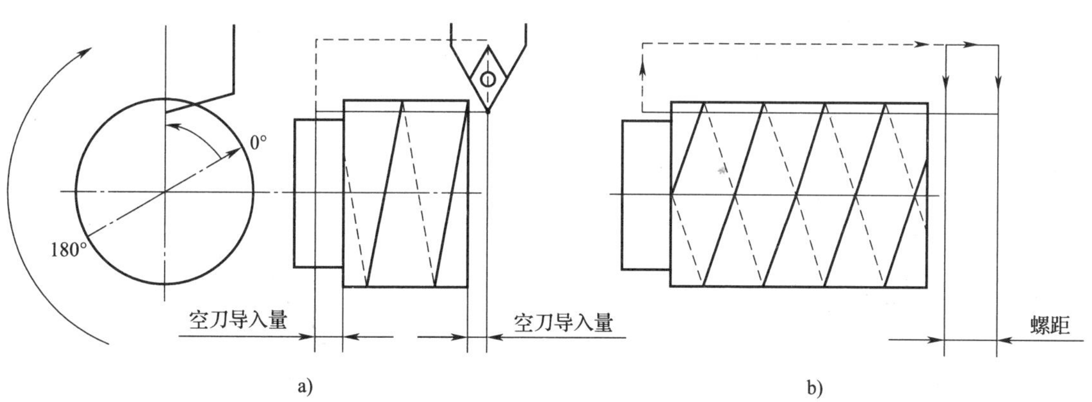

图 3—79 多线螺纹的加工

a）周向起始点偏移法 b）轴向起始点偏移法

做一做

若要车削螺距为 6 mm 的三线螺纹，采用轴向起始点偏移法时，每一线的刀具起点分别在哪里？采用周向起始点偏移法应怎样处理？

8. 攻螺纹

攻螺纹是用丝锥切削内螺纹的一种加工方法，一般用 G01 加工，有的数控机床上也有攻螺纹循环。丝锥的特征、类型及标识如图 3—80 所示。

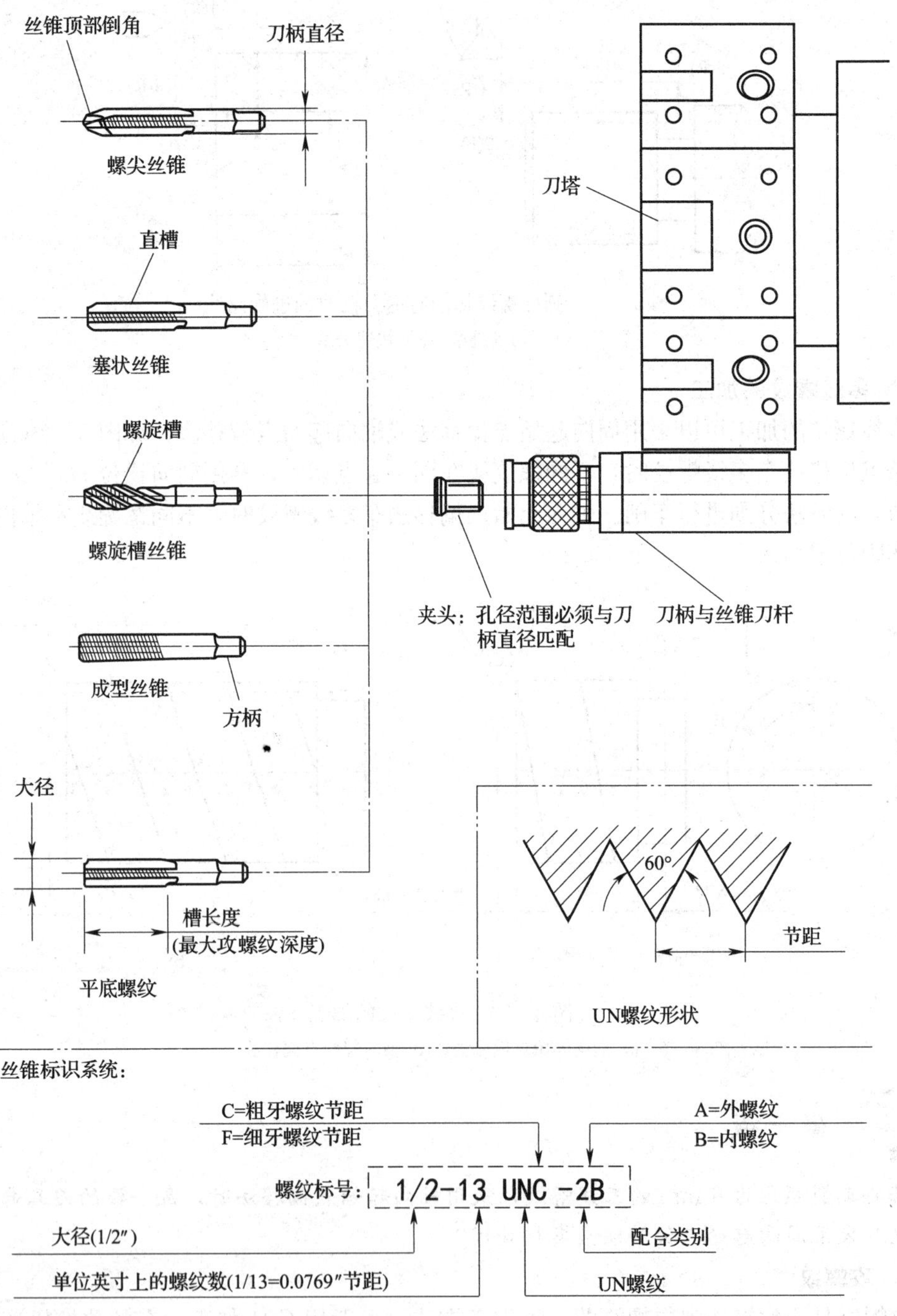

图 3—80　丝锥的特征、类型及标识

第六节 典型零件的数控车削工艺分析

一、轴类零件数控车削加工工艺分析

1. 零件图分析

在数控车床上加工一个如图 3—81 所示的轴类零件。该零件由外圆柱面、外圆锥面、圆弧面、螺纹构成，外形较复杂，毛坯尺寸为 ϕ72 mm×360 mm，其材料为铝棒料。

2. 确定工件的装夹方式

由于该工件是一个实心轴类零件，并且轴的长度较短，所以，采用工件的右端面和 ϕ72 mm 外圆作为定位基准。使用普通三爪自定心卡盘夹紧工件，取工件的右端面中心为工件坐标系的原点，对刀点选在（150，60）处。

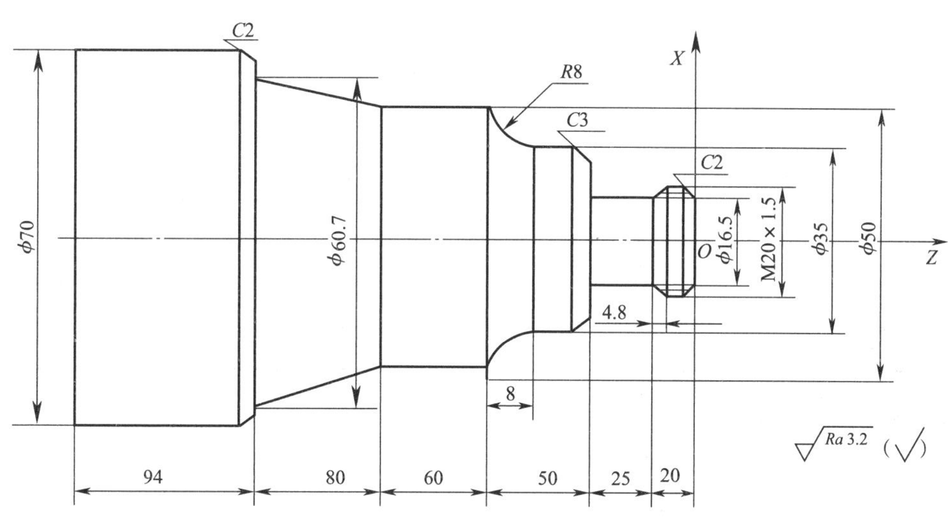

图 3—81 轴类零件

3. 确定数控加工刀具

根据零件的外形和加工要求，选用如下刀具：T01 号 45°端面车刀、T02 号 90°外圆粗车刀、T03 号 90°外圆精车刀、T04 号螺纹车刀、T05 号切断刀。以 T01 号刀具为对刀基准，分别将其余 4 把刀的位置偏差测出并进行补偿。该零件的数控加工工序卡见表 3—17。

表 3—17 数控加工工序卡

零件名称	轴	数量	12	年 月	
工序	名称	工艺要求		操作者	日期
1	下料	ϕ72 mm×360 mm 棒料，12 根			
2	普通车	车削外圆至 ϕ70 mm			

续表

零件名称	轴	数量		12	年　　月	
工序	名称	工艺要求			操作者	日期
3	数控车	工步	工步内容		刀具号	
		1	车端面		T01	
		2	自右向左粗车外轮廓		T02	
		3	自右向左精车外轮廓		T03	
		4	车槽		T05	
		5	车螺纹		T04	
		6	切断，并保证总长		T05	
4	检验					

4. **选择切削用量（表 3—18）**

表 3—18　　　　数控加工刀具卡

刀具号	刀具规格名称	数量	加工内容	主轴转速/(r/min)	进给速度/(mm/min)	备注
T01	45°外圆偏刀	1	车端面	450	0.25	
T02	90°外圆偏刀	1	粗车轮廓	650	0.3	
T03	90°外圆偏刀	1	精车轮廓	650	0.3	
T04	螺纹车刀	1	车螺纹	600	1.5	
T05	切断刀	1	切断	600	0.1	

5. **确定加工工艺**

本零件的加工工艺较为简单，其加工工艺见表 3—17。

二、套类零件数控车削加工工艺分析

以图 3—82 所示的轴承套零件为例，分析其数控车削加工工艺（单件小批量生产，所用机床型号为 CJK6240）。

1. **零件图分析**

该零件表面由内外圆柱面、内圆锥面、顺圆弧、逆圆弧及外螺纹等组成，其中，多个直径尺寸与轴向尺寸有较高的尺寸精度和表面粗糙度要求。零件图尺寸标注完整，符合数控加工尺寸标注要求，轮廓描述清楚完整。零件材料为 45 钢，切削加工性能较好，无热处理和硬度要求。

通过上述分析，采取以下工艺措施：

(1) 零件图样上带公差的尺寸，因公差值较小，故编程时不必取其平均值，而取基本尺寸即可。

(2) 左右端面均为多个尺寸的设计基准，所以，相应工序加工前，应先将左右端面车出来。

(3) 内孔尺寸较小，车 1∶20 锥孔与车 ϕ32 mm 孔及 15°斜面时需掉头装夹。

2. 确定工件的装夹方式

内孔加工时以外圆定位，用三爪自定心卡盘夹紧。加工外轮廓时，为保证一次安装加工出全部外轮廓，需要设计一圆锥心轴装置（图 3—83 双点画线部分），用三爪自定心卡盘夹持心轴左端，心轴右端留有中心孔并用尾座顶尖顶紧，以提高工艺系统的刚度。

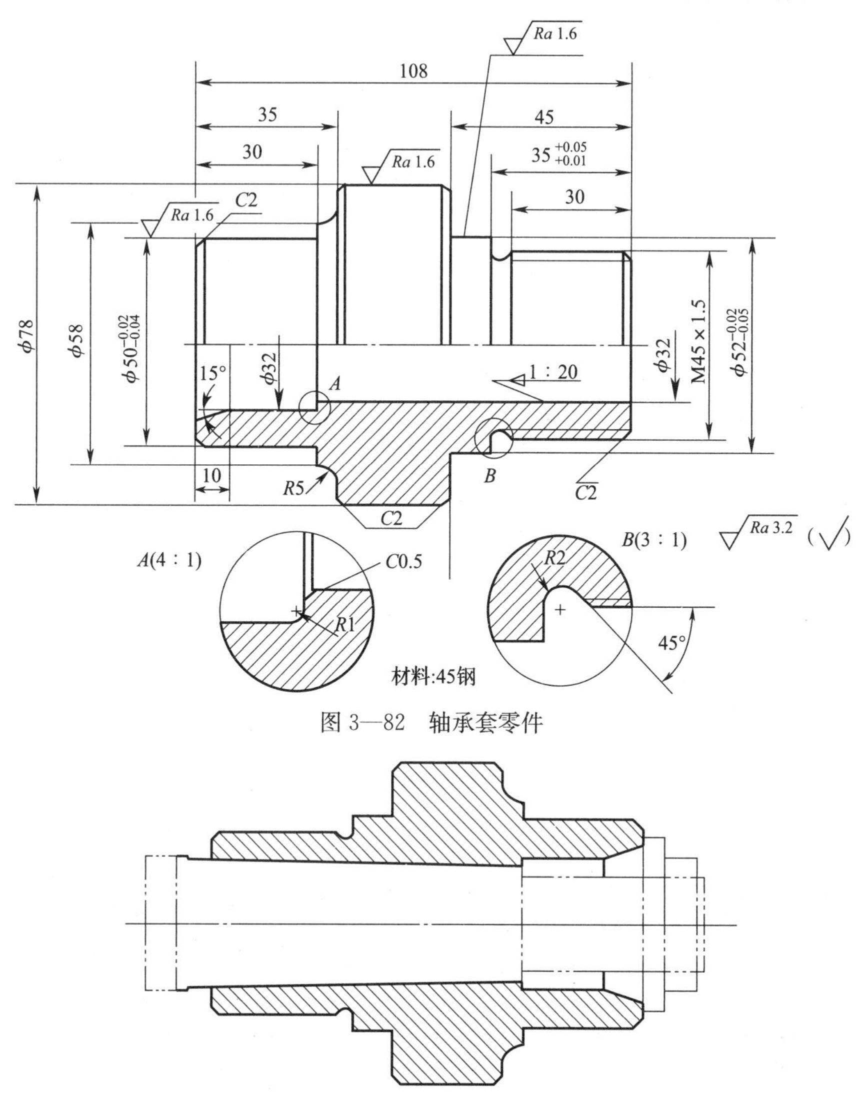

图 3—82 轴承套零件

图 3—83 外轮廓车削装夹方案

3. 刀具选择

将所选定的刀具参数填入表 3—19 轴承套数控加工刀具卡中，以便于编程和操作管理。

表 3—19　轴承套数控加工刀具卡

产品名称或代号			零件名称	轴承套	零件图号	
序号	刀具号	刀具规格名称	数量	加工表面	刀尖半径/mm	备注
1	T01	45°硬质合金端面车刀	1	车端面	0.5	
2	T02	ϕ5 mm 中心钻	1	钻 ϕ5 mm 中心孔		
3	T03	ϕ26 mm 钻头	1	钻底孔		
4	T04	内孔车刀	1	车内孔各表面	0.4	
5	T05	93°右偏刀	1	从右至左车外表面	0.3	
6	T06	93°左偏刀	1	从左至右车外表面	0.2	
7	T07	60°外螺纹车刀	1	车 M45 螺纹	0.1	
编制	审核	批准		年　月　日	共　页	第　页

车削外轮廓时，为防止车刀副后面与工件表面发生干涉，应选择较大的副偏角，必要时可作图检验。本例中选副偏角 $\kappa_r'=55°$ 。

4．选择切削用量

根据被加工表面质量要求、刀具材料和工件材料，参考切削用量手册或有关资料，选取切削速度与每转进给量，然后根据式 $v_c=\pi dn/1\ 000$ 和式 $v_f=nf$ 计算主轴转速与进给速度（计算过程略），计算结果填入轴承套数控加工工艺卡中。

背吃刀量的选择因粗、精加工而不同。粗加工时，在工艺系统刚度和机床功率允许的情况下，尽可能取较大的背吃刀量，以减少进给次数；精加工时，为保证零件表面粗糙度要求，背吃刀量取 0.1～0.4 mm 较为合适。

5．确定加工工艺

（1）确定加工顺序及进给路线

加工顺序的确定按由内到外、由粗到精、由近到远的原则，在一次装夹中，尽可能加工出较多的工件表面。结合本零件的结构特征，可先加工内孔各表面，然后加工外轮廓表面。由于该零件为单件小批量生产，进给路线设计不必考虑最短进给路线或最短空行程路线，外轮廓表面车削进给路线可沿零件轮廓顺序进行，如图 3—84 所示。

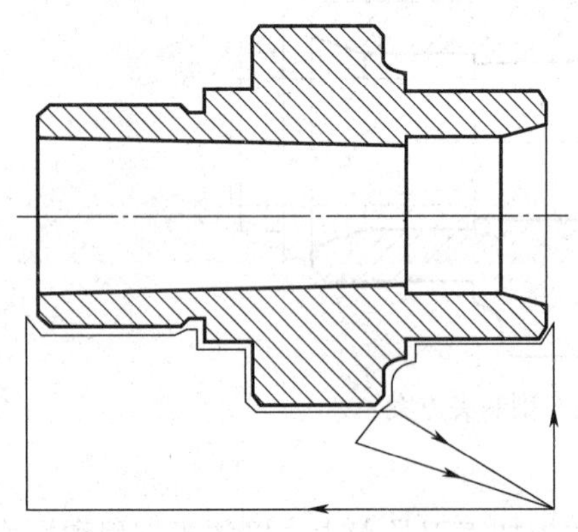

图 3—84　外轮廓车削进给路线

（2）数控加工工艺卡的制订

将前面分析的各项内容综合成表 3—20 表示的数控加工工艺卡，此表是编制加工程序的主要依据，也是操作人员结合数控程序进行数控加工的指导性文件。

表 3—20 轴承套数控加工工艺卡

单位名称		产品名称或代号			零件名称		零件图号	
					轴承套			
工序号	程序编号	夹具名称			使用设备		车间	
001		三爪自定心卡盘和自制心轴			CJK6240		数控中心	
工步号	工步内容		刀具号	刀具规格/(mm×mm)	主轴转速/(r/min)	进给速度/(mm/min)	背吃刀量/mm	备注
1	车端面		T01	25×25	320		1	手动
2	钻 ϕ5 mm 中心孔		T02	ϕ5 mm	950		2.5	手动
3	钻底孔		T03	ϕ26 mm	200		13	手动
4	粗车 ϕ32 mm 内孔、15°斜面及 C0.5 mm 倒角		T04	20×20	320	40	0.8	自动
5	精车 ϕ32 mm 内孔、15°斜面及 C0.5 mm 倒角		T04	20×20	400	25	0.2	自动
6	掉头装夹粗车 1∶20 锥孔		T04	20×20	320	40	0.8	自动
7	精车 1∶20 锥孔		T04	20×20	400	20	0.2	自动
8	心轴装夹从右至左粗车外轮廓		T05	25×25	320	40	1	自动
9	从左至右粗车外轮廓		T06	25×25	320	40	1	自动
10	从右至左精车外轮廓		T05	25×25	400	20	0.1	自动
11	从左至右精车外轮廓		T06	25×25	400	20	0.1	自动
12	卸心轴，改为三爪自定心卡盘装夹，粗车 M45 螺纹		T07	25×25	320	480	0.4	自动
13	精车 M45 螺纹		T07	25×25	320	480	0.1	自动
编制		审核		批准		年 月 日	共 页	第 页

三、盘类零件数控车削加工工艺分析

1. 零件图分析

图 3—85 所示为一个盘类零件，该零件由外圆柱面、外圆锥面、内阶梯孔及倒角构成，其材料为 45 钢。选择毛坯尺寸为 ϕ65 mm×32 mm（预留 ϕ14 mm 的内孔），如图 3—86 所示。

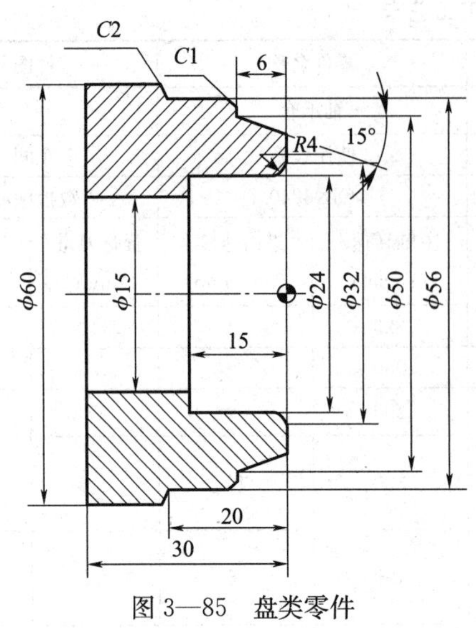

图 3—85　盘类零件

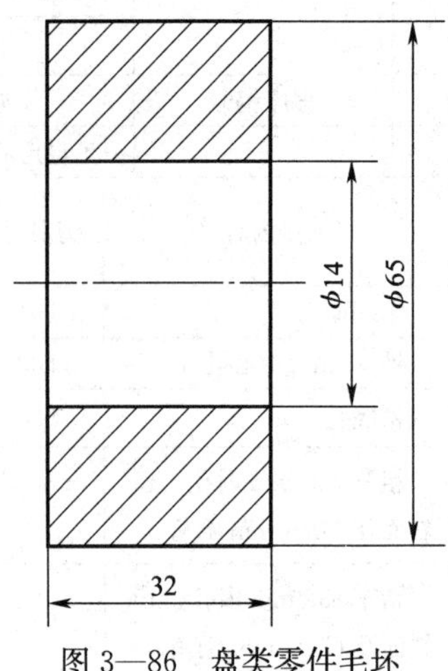

图 3—86　盘类零件毛坯

2. 确定工件的装夹方式

由于该零件壁厚较大，所以可采用零件的左端面作为定位基准。使用普通卡盘夹紧工件，一次装夹即可完成全部加工，取工件的右端面中心为工件坐标系的原点，对刀点选在(200，200) 处。

3. 确定数控加工刀具

根据零件的加工要求，选用 T01 号 45°硬质合金机夹粗车外圆偏刀、T02 号硬质合金机夹精车外圆偏刀和 T03 号内孔精车刀。该零件的数控加工工序卡见表 3—21，选用的刀具及其参数见表 3—22。

表 3—21　　数控加工工序卡

<table>
<tr><td>零件名称</td><td>轴套</td><td colspan="2">数量</td><td>10</td><td colspan="2">年　月</td></tr>
<tr><td>工序</td><td>名称</td><td colspan="3">工艺要求</td><td>操作者</td><td>日期</td></tr>
<tr><td>1</td><td>下料</td><td colspan="3">φ65 mm×32 mm（预留 φ14 mm 的内孔）</td><td></td><td></td></tr>
<tr><td>2</td><td>普通车</td><td colspan="3">车削，内孔及各外圆均留 2 mm 加工余量</td><td></td><td></td></tr>
<tr><td>3</td><td>热处理</td><td colspan="3">调质处理 220～250 HBW</td><td></td><td></td></tr>
<tr><td rowspan="4">4</td><td rowspan="4">数控车</td><td>工步</td><td colspan="2">工步内容</td><td>刀具号</td><td></td></tr>
<tr><td>1</td><td colspan="2">车端面</td><td>T01</td><td></td></tr>
<tr><td>2</td><td colspan="2">精车外圆</td><td>T02</td><td></td></tr>
<tr><td>3</td><td colspan="2">精车内孔</td><td>T03</td><td></td></tr>
<tr><td>5</td><td>检验</td><td colspan="3"></td><td></td><td></td></tr>
<tr><td colspan="2">材料</td><td colspan="2">45 钢</td><td colspan="3" rowspan="2">备注：</td></tr>
<tr><td colspan="2">规格数量</td><td colspan="2"></td></tr>
</table>

4. 选择切削用量（表 3—22）

表 3—22　数控加工刀具卡

刀具号	刀具规格名称	数量	加工内容	刀尖半径/mm	主轴转速/(r/min)	进给速度/(mm/min)	备注
T01	45°外圆偏刀	1	车端面	0.5	600	0.15	
T02	90°外圆偏刀	1	粗车外圆	0.5	400	0.3	
T03	90°外圆偏刀	1	精车外圆	0.2	350	0.08	
T04	内孔粗镗刀	1	粗镗内孔	0.5	400	0.2	
T05	内孔精镗刀	1	精镗内孔	0.2	350	0.08	

5. 确定加工工艺

其加工工艺见表 3—21。

四、复合零件数控车削加工工艺分析

1. 零件图分析

图 3—87 所示零件由圆柱、圆锥、顺圆弧、逆圆弧及螺纹等表面组成，内外表面有较严格的尺寸、形状、位置和表面粗糙度等要求。尺寸标注完整，轮廓描述清楚。零件材料为 45 钢，无热处理和硬度要求。图样上给定的几个精度要求较高（IT7～IT8）的尺寸，因其公差数值小，同时公差值偏向一边，故编程时不必取平均值，而全部取其基本尺寸即可。

2. 确定工件的装夹方式

采用三爪自定心卡盘定心夹紧。

3. 确定数控加工刀具

(1) 中心钻。

(2) ϕ15 mm 的麻花钻，刃长大于 125 mm。

(3) 外圆粗车刀为主偏角 $\kappa_r=90°$的硬质合金车刀。

(4) 内孔精车刀。

(5) 外圆精车刀的主偏角 $\kappa_r=90°$，副偏角 $\kappa_r'=30°$。

(6) 外车槽刀，刃宽 2 mm。

(7) 外车槽刀，刃宽 4 mm。

(8) 外螺纹车刀。

4. 切削用量的选择

(1) 背吃刀量

粗车时，背吃刀量 $a_p=3$ mm；精车时，背吃刀量 $a_p=0.25$ mm。

(2) 主轴转速

切削速度可通过查表得到：粗车时，取切削速度 $v_c=90$ m/min；精车时，取切削速度 $v_c=120$ m/min。加工直线和圆弧轮廓时，主轴转速可根据坯件直径（精车时取平均直径）并结合机床说明书选取：粗车时，主轴转速 n=400 r/min；精车时，主轴转速 n=900 r/min。车螺纹时的主轴转速，根据主轴转速公式计算，取主轴转速 n=320 r/min。

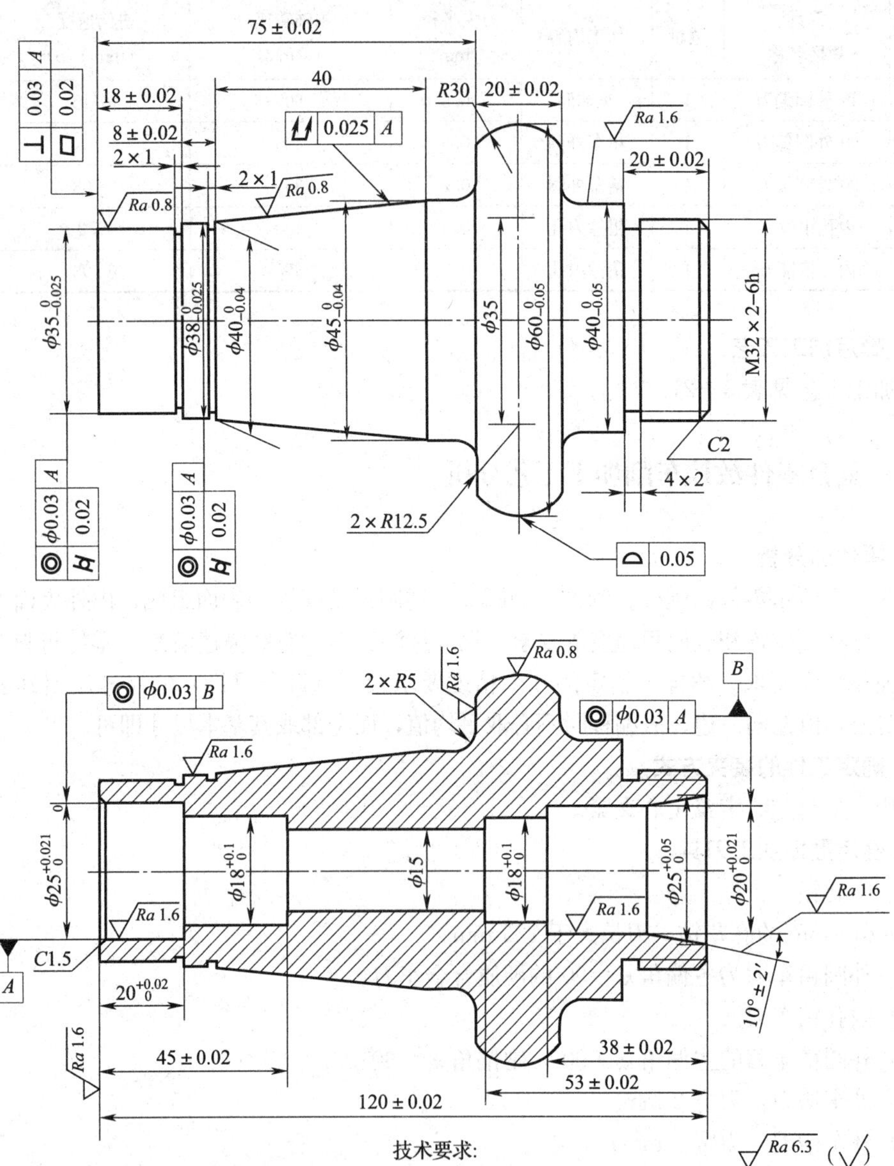

技术要求：

①未注倒角为C1。

②材料45钢，未标注尺寸公差按GB/T 1804—2000选取。

③不得用油石、砂布等工具对表面进行修饰加工。

图 3—87　复合（典型轴类）零件

（3）进给速度

粗车时，选取进给量 f=0.3 mm/r；精车时，选取进给量 f=0.10 mm/r。根据相关公式计算得：粗车时，进给速度 v_f=120 mm/min；精车时，进给速度 v_f=90 mm/min。车螺纹的进给量等于螺纹导程，即 f=2 mm/r。

5. 确定加工工艺

（1）制订加工方案

加工顺序按先粗后精、先内后外、先近后远（从右到左）、互为基准的原则确定。即先从右到左进行粗车（单边留 0.25 mm 精车余量），然后从右到左进行精车，最后车削螺纹。

1）工件坐标系。该零件加工时需掉头，每次掉头后加工，工件坐标系原点均定于工件右端面的中心。

2）装夹及加工顺序的处理。毛坯为 ϕ65 mm×125 mm 的棒料，首先进行粗加工，按先内后外的原则进行处理。

第一步：夹持左端，工件伸出长度 70 mm，先加工右端。

车右端面→钻中心孔→钻 ϕ15 mm 的通孔→粗车外圆，从右到左加工到 ϕ60 mm 圆弧的最高点，单边留余量 0.25 mm。

第二步：掉头装夹后粗加工，夹持已加工过的尺寸 $\phi 40_{-0.05}^{0}$ mm 的部分。

车左端面→粗车外圆，从右到左加工到 ϕ60 mm 圆弧的最高点，与前一次车削的刀痕相接。

第三步：夹持部位不变，精加工左端。

精车左端面→精车内孔 $\phi 18_{0}^{+0.1}$ mm、$\phi 25_{0}^{+0.021}$ mm 并倒角 C1.5 mm→精车外圆 $\phi 60_{-0.05}^{0}$ mm→车槽 2 mm×1 mm（2 处）。

第四步：掉头装夹 $\phi 35_{-0.025}^{0}$ mm 部分，找正，精加工图 3—87 所示右端部分。

精车右端面保证总长 120 mm→精车内孔 $\phi 18_{0}^{+0.1}$ mm、$\phi 20_{0}^{+0.021}$ mm 及内锥孔面到 $\phi 25_{0}^{+0.05}$ mm→精车外圆→车槽 4 mm×2 mm→车外螺纹 M32×2－6h。

（2）填写工艺文件

1）按加工顺序将工步的加工内容、所用刀具及切削用量等填入表 3—23 数控加工工序卡中。

2）将选定的各工步所用刀具的刀具型号、刀片型号、刀片牌号及刀尖圆弧半径等填入表 3—24 数控加工刀具卡中。

表 3—23　　数控加工工序卡

<table>
<tr><td rowspan="2">单位</td><td colspan="3" rowspan="2">××××××××××</td><td colspan="2">产品名称或代号</td><td>零件名称</td><td>材料</td><td>零件图号</td></tr>
<tr><td colspan="2">××××××××</td><td>轴套</td><td>45 钢</td><td></td></tr>
<tr><td>工序号</td><td>程序编号</td><td colspan="2">夹具名称</td><td>夹具编号</td><td>使用设备</td><td colspan="3">车间</td></tr>
<tr><td></td><td></td><td colspan="2">三爪自定心卡盘</td><td></td><td></td><td colspan="3"></td></tr>
<tr><td>工步号</td><td colspan="2">工步内容</td><td>刀具号</td><td>主轴转速/(r/min)</td><td>进给量/(mm/r)</td><td>背吃刀量/mm</td><td colspan="2">备注</td></tr>
<tr><td>1</td><td colspan="2">粗车右端面</td><td>T01</td><td>400</td><td>0.3</td><td>3</td><td colspan="2"></td></tr>
<tr><td>2</td><td colspan="2">钻中心孔</td><td>T02</td><td>1 500</td><td>0.02</td><td></td><td colspan="2"></td></tr>
</table>

续表

工步号	工步内容	刀具号	主轴转速 /（r/min）	进给量 /（mm/r）	背吃刀量 /mm	备注
3	钻通孔 $\phi15$ mm	T03	800	0.1		
4	粗车外圆，从右到左加工到 $\phi60_{-0.05}^{0}$ mm 圆弧的最高点，单边留余量 0.25 mm	T01	400	0.3	3	
5	先粗车左端面，再粗车外圆，从右到左加工到 $\phi60_{-0.05}^{0}$ mm 圆弧的最高点，与前一次车削的刀痕相接	T01	400	0.3	3	
6	精车左端面	T04	900	0.1	0.25	
7	精车内孔 $\phi18_{0}^{+0.1}$ mm、$\phi25_{0}^{+0.021}$ mm，并倒角 C1.5 mm	T05	900	0.1	0.25	
8	精车外圆 $\phi60_{-0.05}^{0}$ mm 至符合图样要求	T04	900	0.1	0.25	
9	切槽 2 mm×1 mm（2 处）	T06	500	0.02		
10	掉头装夹 $\phi35_{-0.025}^{0}$ mm 的部分，找正，精加工图 3—87 所示的右端部分；精车右端面，保证总长 120 mm	T04	900	0.1	0.25	
11	精车内孔 $\phi18_{0}^{+0.1}$ mm、$\phi20_{0}^{+0.021}$ mm 及内锥孔面至 $\phi25_{0}^{+0.05}$ mm	T05	900	0.1	0.25	
12	精车外圆	T04	900	0.1	0.25	
13	车槽 4 mm×2 mm	T07	500	0.01		
14	车外螺纹 M32×2—6h	T08	320	2		

编制		审核		批准		共 页	第 页

表 3—24 **数控加工刀具卡**

产品名称或代号		零件名称		零件图号		程序编号	
工步号	刀具号	刀具名称	刀具型号	刀片		刀尖半径 /mm	备注
				型号	牌号		
1	T01	外圆粗车刀	DCLNL2525M12	CNMM160612—PR	GC4035	0.8	
2	T02	中心钻					
3	T03	$\phi15$ mm 钻头					

续表

产品名称或代号			零件名称		零件图号		程序编号	
工步号	刀具号	刀具名称	刀具型号	刀片		刀尖半径/mm	备注	
				型号	牌号			
4	T01	外圆粗车刀	DCLNL2525M12	CNMM160612—PR	GC4035	0.8		
5	T01	外圆粗车刀	DCLNL2525M12	CNMM160612—PR	GC4035	0.8		
6	T04	外圆精车刀	PCLNL2525M12	DNMG150404—PF	GC4015	0.4		
7	T05	内圆精车刀	PCLNR09	CNMG090304—PF		0.4		
8	T04	外圆精车刀	PCLNL2525M12	DNMG150404—PF	GC4015	0.4		
9	T06	车槽刀	LF123H13—2525B	N123H2—0200—0003—GM	GC4025	0.3		
10	T04	外圆精车刀	PCLNL2525M12	DNMG150404—PF	GC4015	0.4		
11	T05	内圆精车刀	PCLNR09	CNMG090304—PF		0.4		
12	T04	外圆精车刀	PCLNL2525M12	DNMG150404—PF	GC4015	0.4		
13	T07	车槽刀	LF123H13—2525B	N123H2—0400—0003—GM	GC4025	0.3		
14	T08	螺纹刀	L166.4FG—2525—16	R166.0G—16MM01—200	GC1020			
编制		审核		批准		共 页	第 页	

做一做

根据加工工艺画出本零件的加工路线图。

思考与练习

1. 可转位刀片的十个号位分别表示什么?
2. 怎样选择可转位刀片?
3. 可转位刀片的夹紧方式分为哪几种?
4. 数控机床车刀系统分为哪几类?
5. 数控车削切削用量怎样确定?
6. 螺纹车削切削用量怎样确定?
7. 确定图 3—88 至图 3—93 所示零件的加工顺序及进给路线，并选择相应的加工刀具。毛坯为棒料。

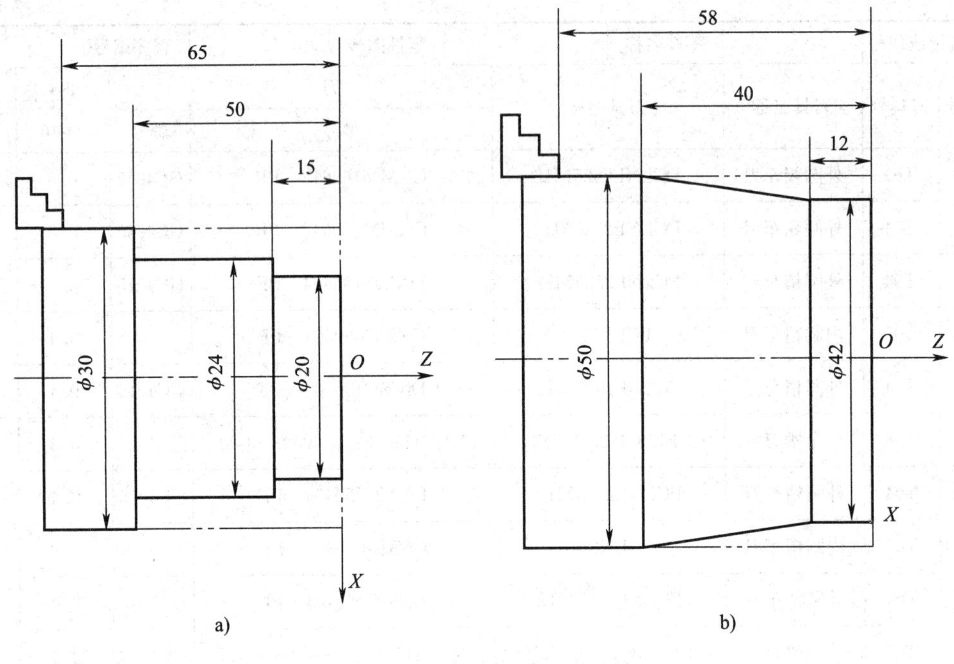

图 3—88 零件一

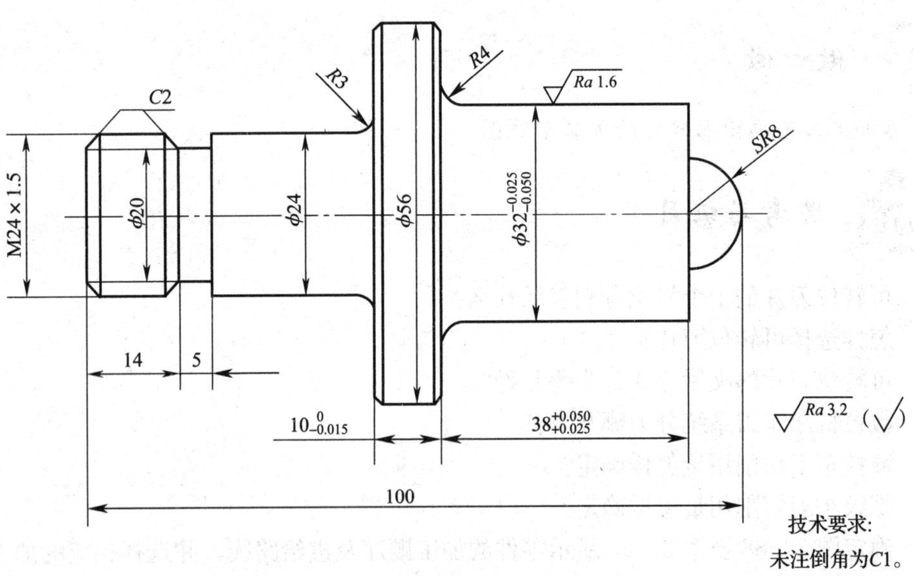

图 3—89 零件二

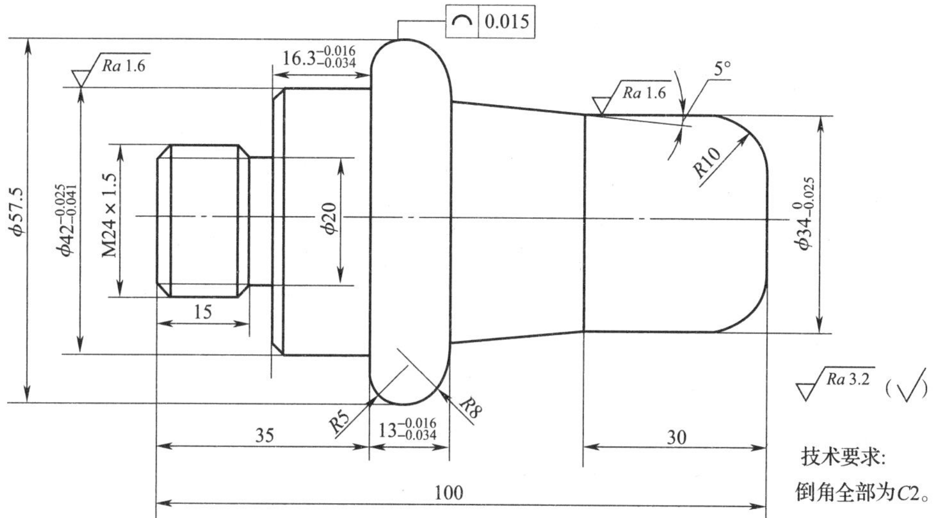

图 3—90　零件三

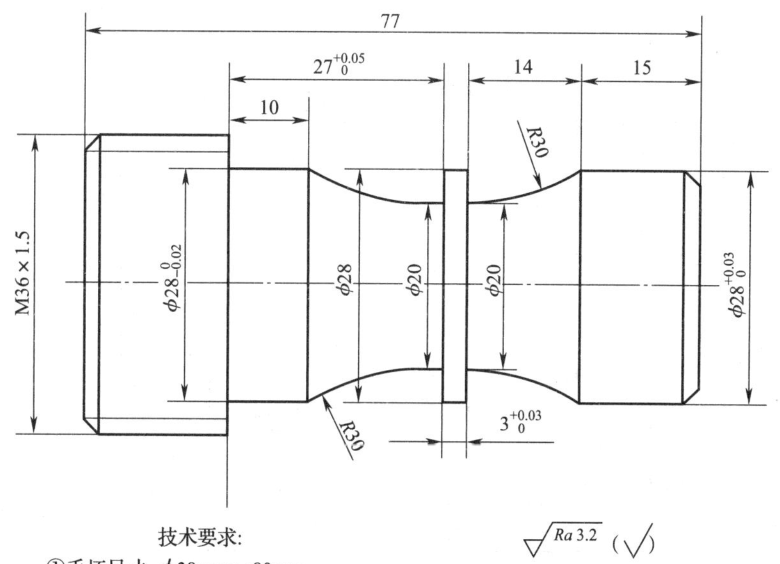

技术要求:

Ra 3.2 (√)

①毛坯尺寸: ϕ38 mm × 80 mm。
②未注公差的尺寸, 允许误差 ± 0.07 mm。
③未注倒角为C2。

图 3—91　零件四

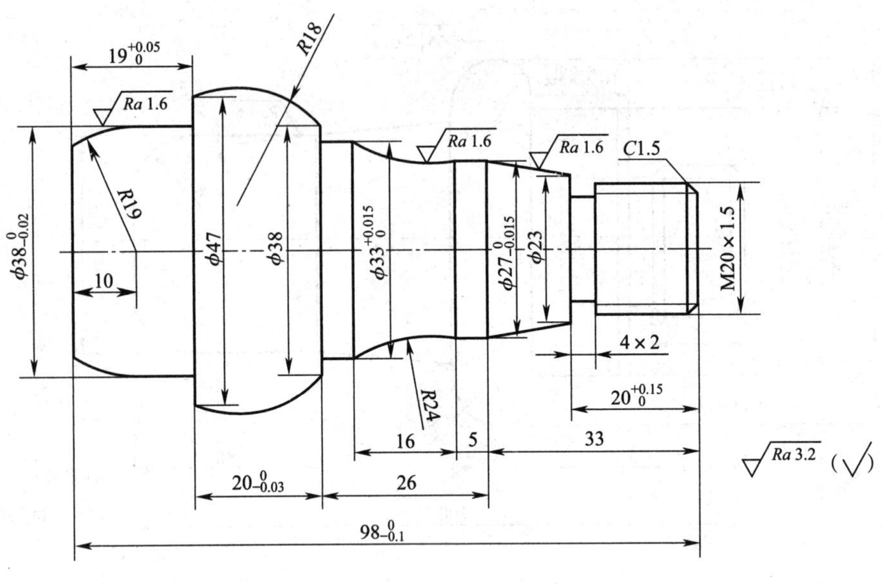

图 3—92 零件五

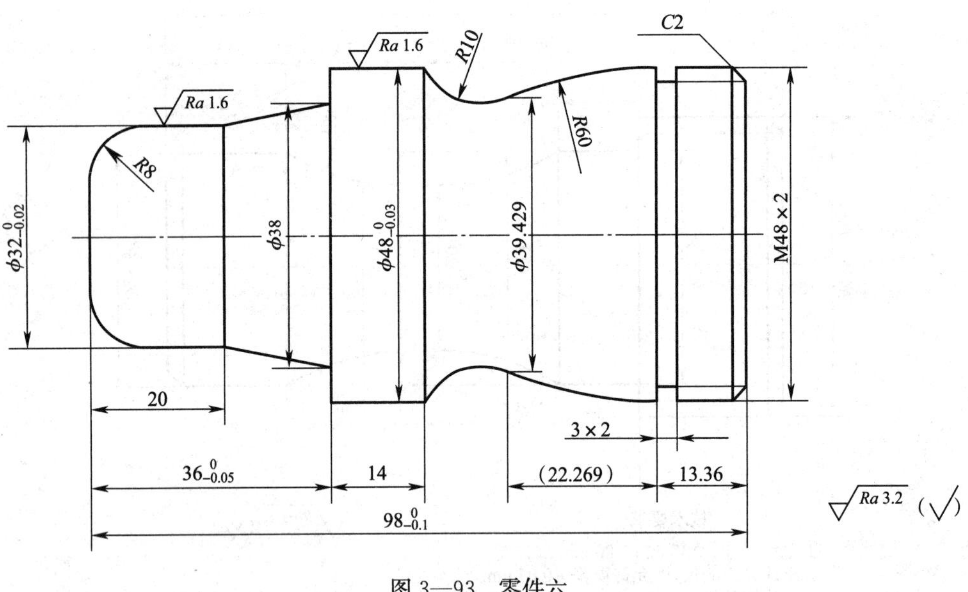

图 3—93 零件六

第四章

数控铣削加工工艺

第一节　数控铣床/加工中心上的零件装夹

一、数控铣削通用夹具

1. 平口虎钳

在铣床与加工中心上加工中小型工件时，一般都采用平口虎钳来装夹。平口虎钳又称机床用平口虎钳（俗称虎钳），具有较大的通用性和经济性，适用于尺寸较小的方形工件的装夹。数控铣床常用平口虎钳如图 4—1 所示。在精密平口虎钳上装夹工件的过程（图 4—2）如下：

（1）利用对正键将虎钳安放到工作台，或安装时人工对正（对于卧式加工中心，应使用 90°弯板，并使虎钳的活动钳口位于上方）。

（2）用 T 形螺栓和螺母将虎钳紧固。

（3）定位、夹紧挡块。

（4）将零件放在虎钳两钳口之间并夹紧。

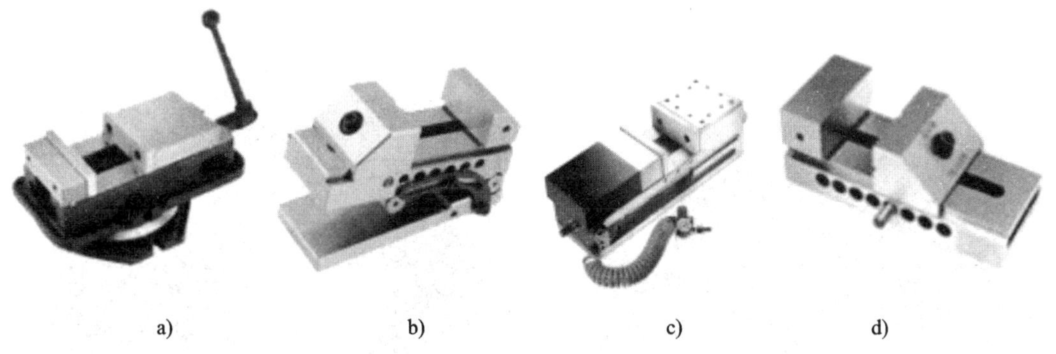

a)　b)　c)　d)

图 4—1　平口虎钳

a）螺旋夹紧式通用平口虎钳　b）液压式正弦规平口虎钳

c）气动式精密平口虎钳　d）液压式精密平口虎钳

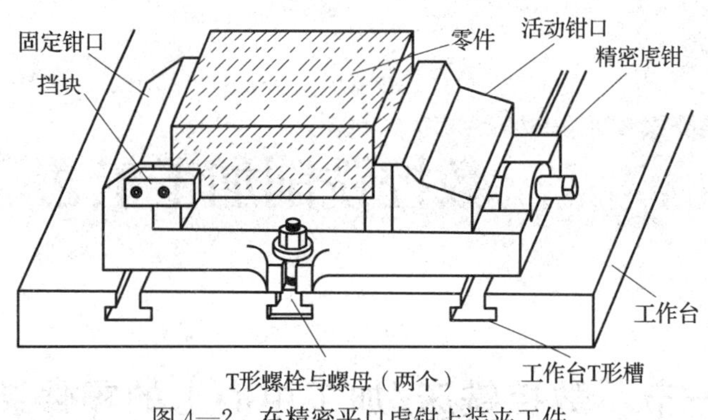

图 4—2　在精密平口虎钳上装夹工件

想一想

正弦规平口虎钳与通用平口虎钳的应用有什么不同?

2. 压板

中型和大型工件多采用压板来装夹。在铣床上用压板装夹工件时，所用工具比较简单，主要有压板、垫铁、T 形螺栓（或 T 形螺母）及螺母等（图 4—3）。图 4—4 是压板在立式数控铣床上的应用情况，图 4—5 是压板在卧式加工中心上的应用情况。

图 4—3　压板安装工件所用工具

图 4—4　压板在立式数控铣床上的应用

图 4—5　压板在卧式加工中心上的应用

3. 分度回转用夹具

有等分结构的零件在立式数控铣床或加工中心上可利用分度头来装夹，如图 4—6 所示。

在卧式加工中心上可用回转工作台（简称转台）或分度工作台来装夹，图 4—7 所示是分度工作台，图 4—8 所示为回转工作台及其应用。为了提高工作效率，还可以应用交换工作台装夹，如图 4—9 所示。

图 4—6 数控分度头及应用

图 4—7 分度工作台

回转工作台

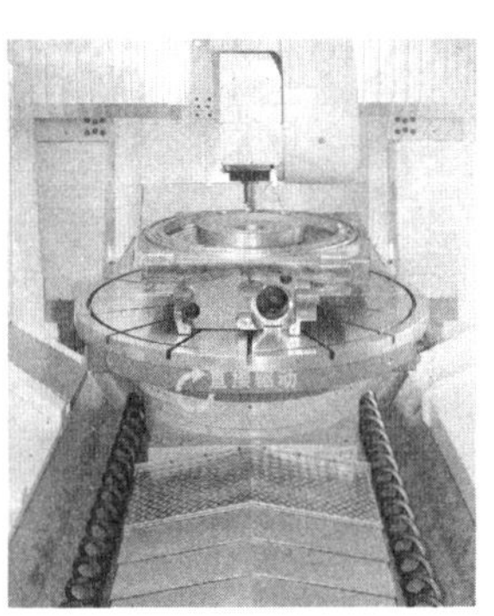

应用

图 4—8 回转工作台及应用

图 4—9 交换工作台

注意

回转工作台与分度工作台在外形上虽然很相似，但它们的工作原理及用途却不相同。回转工作台在回转时可以加工工件，常作为一个回转轴出现，但分度工作台在分度时不能加工工件。因此，回转工作台可以作为分度工作台使用，但分度工作台却不能作为回转工作台使用。

使用回转工作台的程序一般由准备功能实现，使用分度工作台的程序一般由第二辅助功能（B功能）实现，这一点必须注意。

4. **角铁**

对基准面较宽而加工面较窄的工件，在铣削垂直面时，可利用角铁来装夹，如图4—10所示。

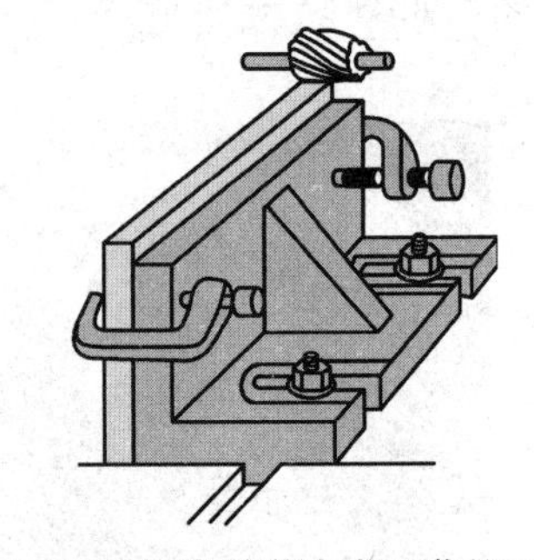

图4—10 用角铁装夹宽而薄的工件

5. **V形架**

如图4—11所示，把圆柱形工件放在V形架内，并用压板紧固的装夹方法来铣削键槽，是铣床上常用的方法之一。图4—11a、b所示分别为立铣、卧铣键槽。对直径为20～60 mm的长轴，可直接装夹在工作台的T形槽口上。此时，T形槽口的倒角起到V形槽的作用，如图4—11c所示。

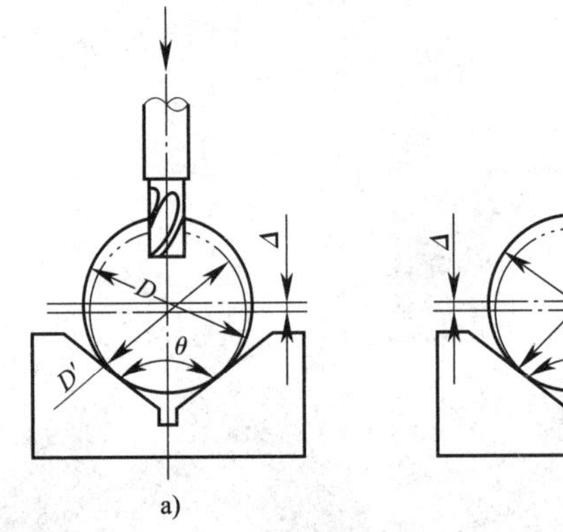

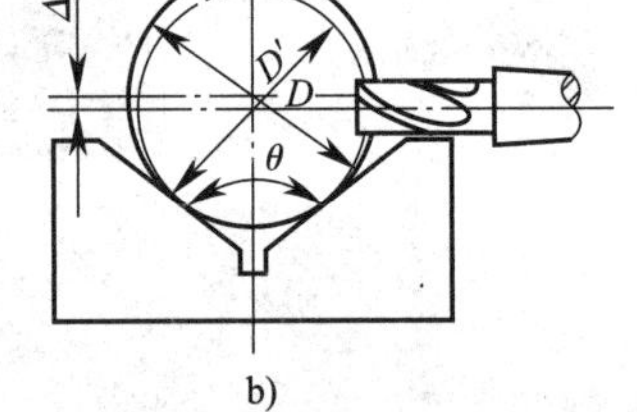

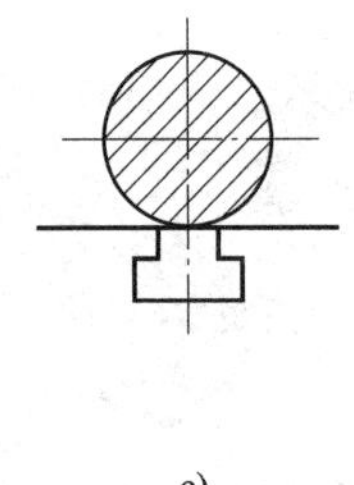

图4—11 用V形架装夹工件铣键槽

6. **轴用虎钳**

如图4—12所示，用轴用虎钳装夹轴类零件时，因轴用虎钳带有V形槽，故此种装夹方式兼具虎钳装夹和V形架装夹的优点，装夹简便迅速。轴用虎钳的V形槽能两面使用，其夹角大小不同，以适应直径的变化。

7. **三爪自定心卡盘**

在加工中心上，通常用三爪自定心卡盘（图4—13）作为圆柱形毛坯的夹具，用压板将三爪自定心卡盘压紧在工作台面上，使卡盘轴线与机床主轴平行。用三爪自定心卡盘装夹圆柱形工件的找正如图4—14所示，当找正工件外圆圆心时，将百分表固定在主轴上，触头接触外圆侧母线，可手动旋转主轴，根据百分表的读数值在XY平面内手摇移动X轴或Y轴，直至手动旋转主轴时百分表读数值不变，此时，工件中心与主轴轴心同轴，记下X、Y机床坐标系的坐标值，可将该点（圆柱中心）设为工件坐标系XY平面的编程原点。内孔中心的找正方法与外圆圆心找正方法相同。

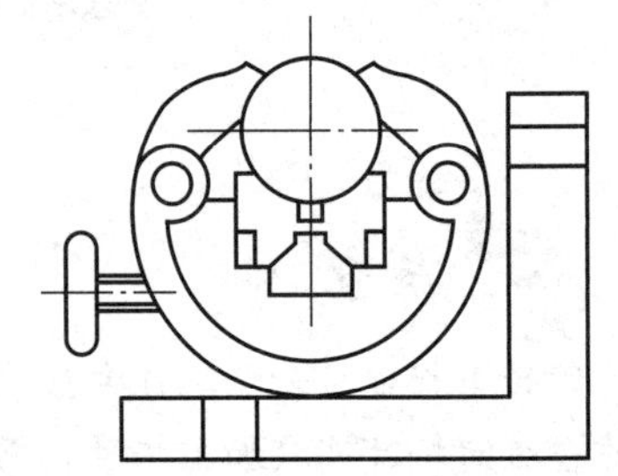

图4—12 用轴用虎钳装夹轴类零件

用三爪自定心卡盘、两顶尖等方法装夹，工件的轴线必在三爪自定心卡盘（或前顶尖）的中心与后顶尖的连心线上，轴线的位置不受工件直径改变的影响。用三爪自定心卡盘装夹时，轴线的位置受三爪自定心卡盘精度的影响（图 4—15a）。若在分度头上没有三爪自定心卡盘而装有前顶尖时，则可利用鸡心夹头把工件紧固在两顶尖之间（图 4—15b）。这种装夹方法与用三爪自定心卡盘装夹相比，工件中心的准确度高，但刚度差，且不稳固，装拆也较费时。

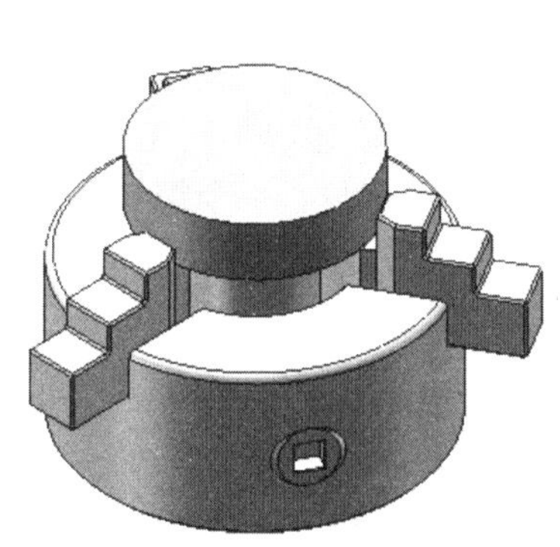

图 4—13　用卡盘装夹工件

图 4—14　用三爪自定心卡盘装夹圆柱形工件的找正

想一想

在数控铣床或加工中心上应用三爪自定心卡盘装夹与在数控车床上有什么不同？

8. 自定心虎钳

用自定心虎钳装夹工件（图 4—15c）时，轴线的位置不受轴径变化的影响。但由于两个钳口都是活动的，故精度不是很高。用自定心虎钳装夹轴类零件方便、迅速，也很稳固，键槽位置不受钳口和压板的影响，但工件中心位置的准确度略差。

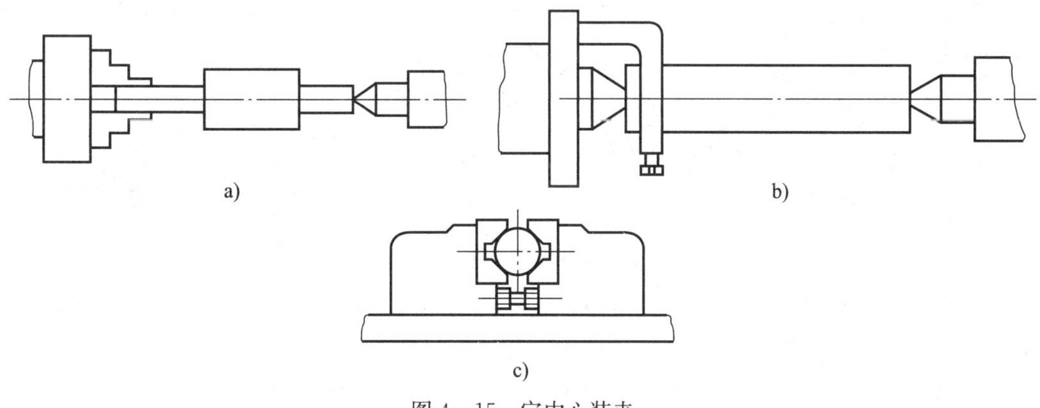

图 4—15　定中心装夹

a）用三爪自定心卡盘装夹　b）用两顶尖装夹　c）用自定心虎钳装夹

二、组合夹具

组合夹具的基本特点是满足标准化、系列化、通用化，具有组合性、可调性、柔性、应急性和经济性等特点，使用寿命长，能适应产品加工中的周期短、成本低等要求，比较适合加工中心使用。

1. 孔系组合夹具

孔系组合夹具主要元件表面上具有光孔和螺纹孔。组装时，通过圆柱定位销（一面两孔）和螺栓实现元件的相互定位和紧固。

孔系组合夹具根据孔径、孔距及螺钉直径的不同分为不同系列，以适应不同工件的装夹。图 4—16 是孔系组合夹具组装示意图，元件与元件间用两个销钉定位，一个螺钉紧固。定位孔孔径有 ϕ10 mm、ϕ12 mm、ϕ16 mm、ϕ24 mm 四个规格，孔径公差为 H7，相应的孔距为30 mm、40 mm、50 mm、80 mm，孔距公差为±0.01 mm。

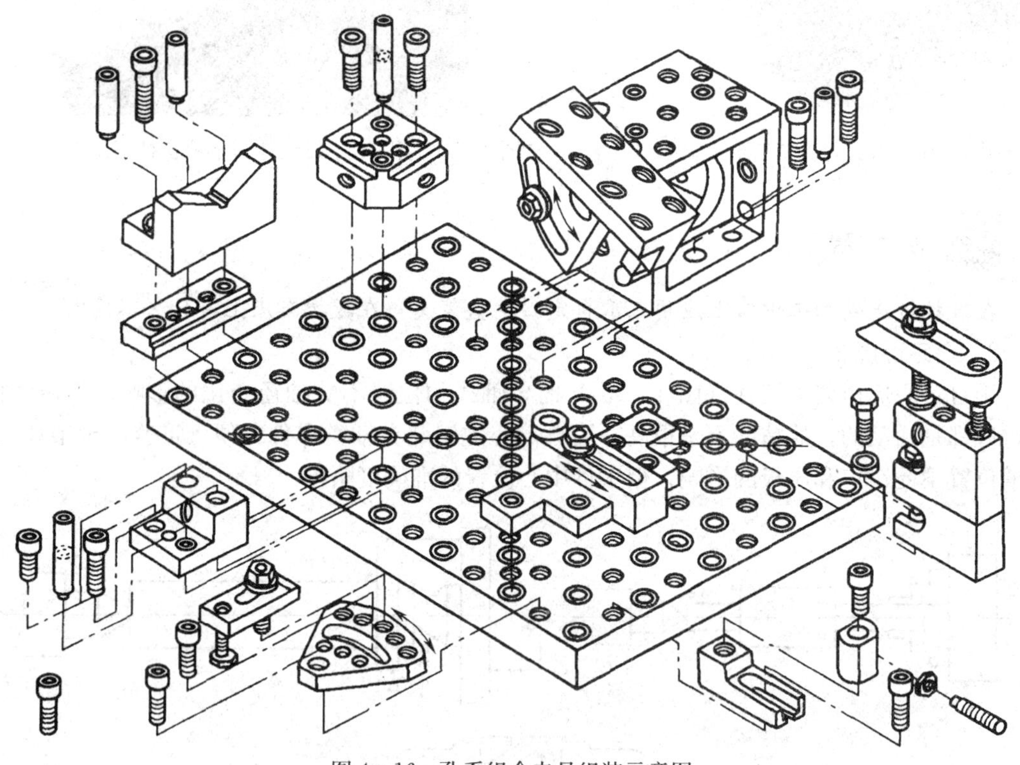

图 4—16　孔系组合夹具组装示意图

孔系组合夹具的元件用一面两孔定位，属允许使用的过定位，其定位精度高，刚度比槽系组合夹具好，组装可靠，体积小，元件的工艺性好，成本低，可用作数控机床夹具。但组装时元件的位置不能随意调节，常用偏心销钉或部分开槽元件弥补。

2. 槽系组合夹具

图 4—17 所示为一套槽系组合夹具及其组装过程。

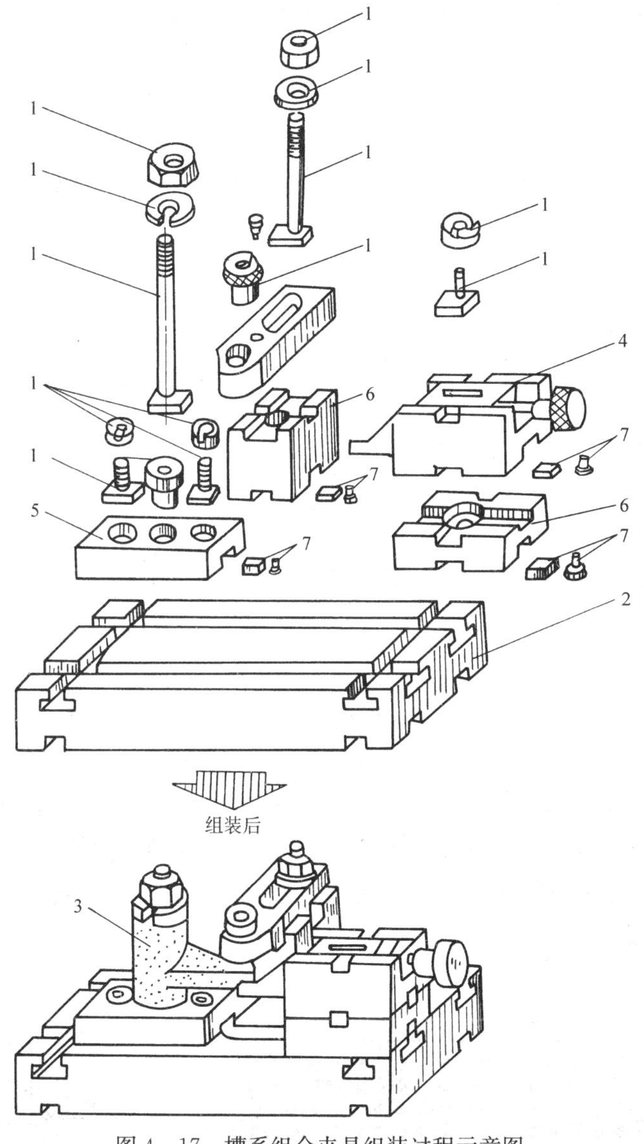

图 4—17　槽系组合夹具组装过程示意图

1—紧固件　2—基础板　3—工件　4—活动 V 形架组合件　5—支撑板　6—垫铁　7—定位键及其紧定螺钉

查一查

组合夹具由哪几部分组成？

三、成组夹具（拼装夹具）

一套成组夹具元件系统包括若干组合件和元件，按其用途可分为四类：基础件、定位支撑件、夹压件及紧固件。这里主要介绍基础件，其他元件与组合夹具的类似，不再赘述。

基础件包括矩形基础板、圆基础板、基础角铁、分度支架等，这些都可作为成组夹具的主体元件。图 4—18 所示为矩形基础板，板上有纵向 T 形槽和按坐标分布的定位孔系。由于没有横向 T 形槽和底面的凹槽，基础板的刚度比槽系组合夹具的基础板约高一倍，板上的定位孔可用于安置定位销，同时也可作为夹具安置在机床工作台上时的位置点，也可作为编程的起始点。矩形基础板具有集槽系和孔系组合夹具基础板的优点于一身的特点，孔槽结合使用非常方便。

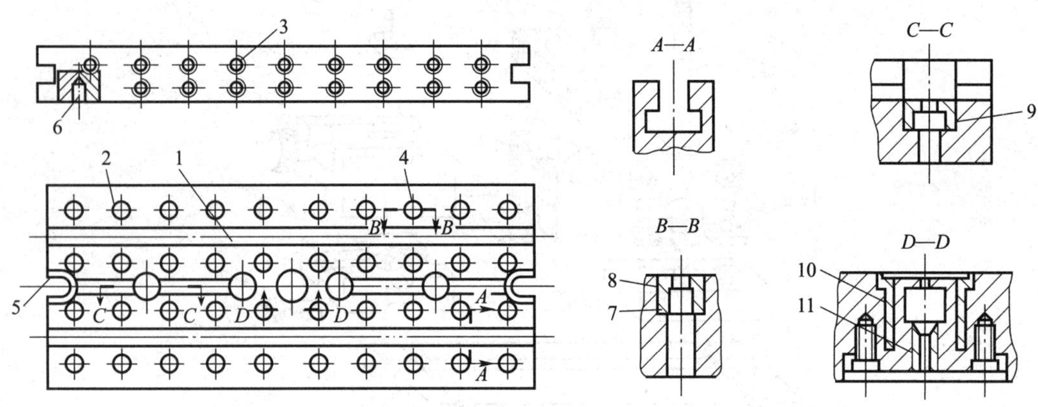

图 4—18　矩形基础板

1—T 形槽　2、6—定位销孔　3—紧固螺纹孔　4—连接孔
5—耳座　7、10—衬套　8、9—防尘罩　11—法兰盘

图 4—19a 所示为大工件的基础板，也可作为多个小工件的公共基础板。图 4—19b 所示为安装在卧式加工中心分度工作台上、四周可装夹一件或多件工件的立方基础板，可依次加工装夹在各面上的工件。当一面在加工位置上进行加工时，另一面可同时装卸工件，因此，能显著减少换刀次数和停机时间。

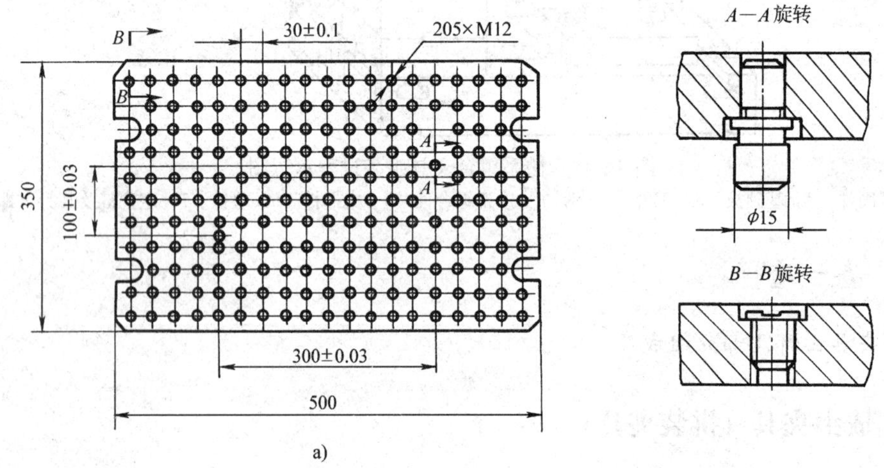

a)

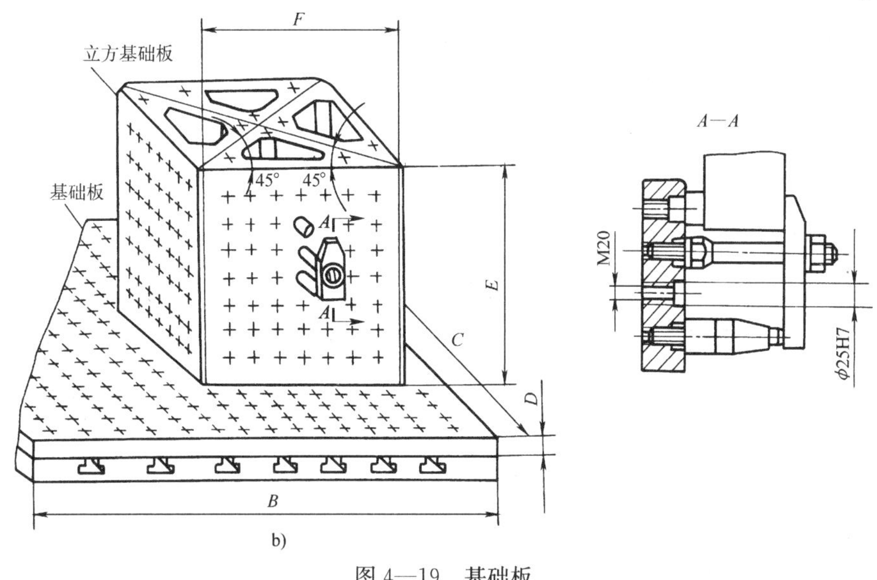

图 4—19　基础板

a）大工件基础板　b）立方基础板

实际上，一套成组夹具的组合件和元件总数一般在 1 000 件左右。成组夹具的应用实例如图 4—20 所示。

图 4—20　成组夹具的应用

查一查

应用成组夹具在卧式加工中心上加工板类零件与在立式加工中心上相比较有哪些优点？

四、专用夹具

对于工厂中批量较大、轮换加工，且精度要求较高的关键性零件，在加工中心上加工时，选用专用夹具是非常必要的。

专用夹具是根据某一零件的结构特点专门设计的夹具，具有结构合理、刚度大、装夹稳定可靠、操作方便、安装精度高及装夹速度快等优点。图 4—21 所示为连杆加工专用夹具。选用这种夹具，成批工件加工后尺寸比较稳定，互换性也较好，可大大提高生产率。但是，专用夹具只能用于加工一种零件，不能适应产品品种不断变型更新的形势，特别是专用夹具的设计和制造周期长，花费的劳动量较大，加工简单零件显然不太经济。

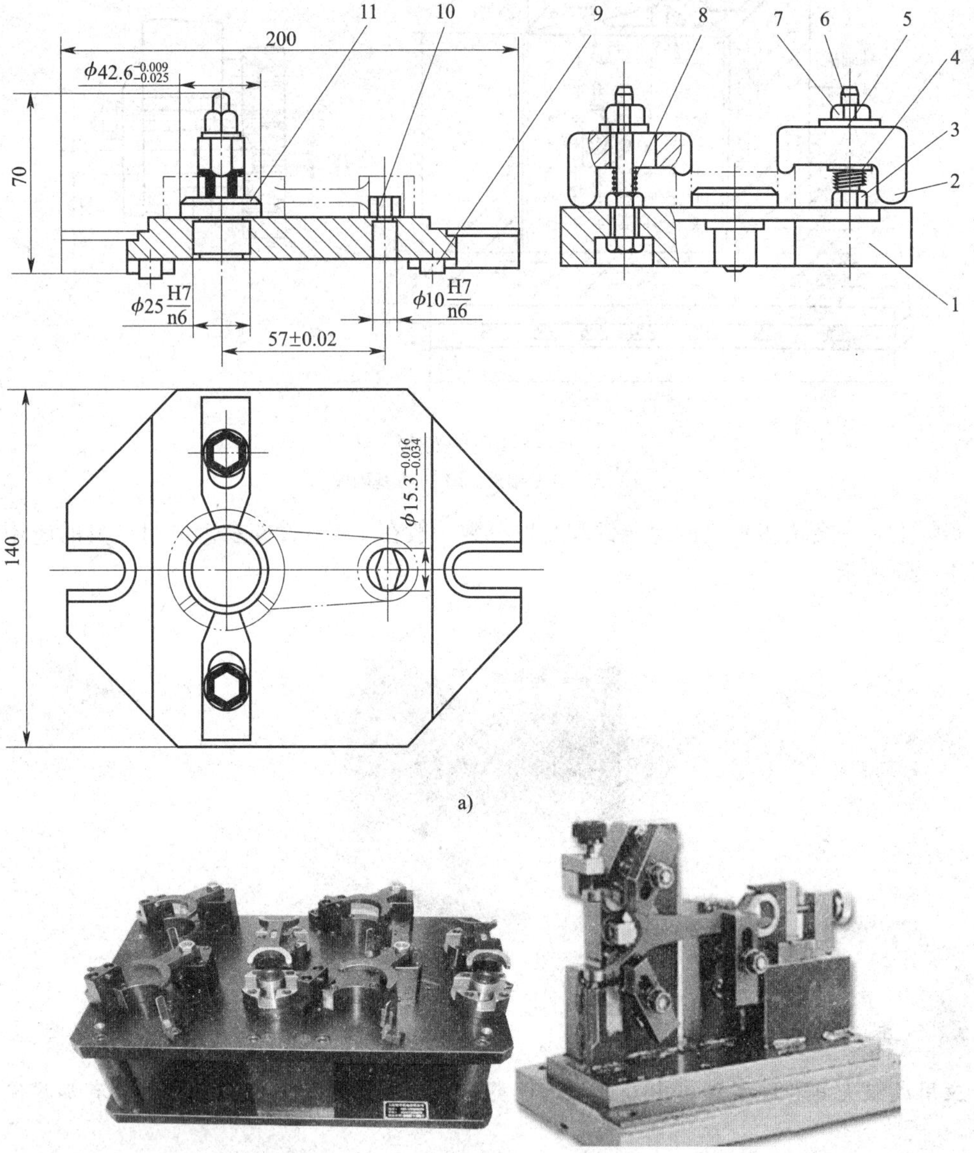

a)

b)　　c)

图 4—21　连杆加工专用夹具

a）零件图　b）实物图　c）应用图

1—夹具体　2—压板　3、7—螺母　4、5—垫圈　6—螺栓　8—弹簧　9—定位键　10—菱形销　11—圆柱销

查一查

数控铣削加工中还用到哪类专用夹具?

不论选用哪种夹具和装夹方法，其共同目的是使工件装夹稳固，不产生工件变形和损坏已加工好的表面，以免影响加工质量，不发生损坏刀具、机床和人身事故等情况。

第二节　数控铣削用刀具

一、铣削用刀具的种类

铣削用刀具的种类很多，图 4—22 列出了常见的几种数控铣削用刀具，这里只介绍在数控铣床上经常用到的几种。

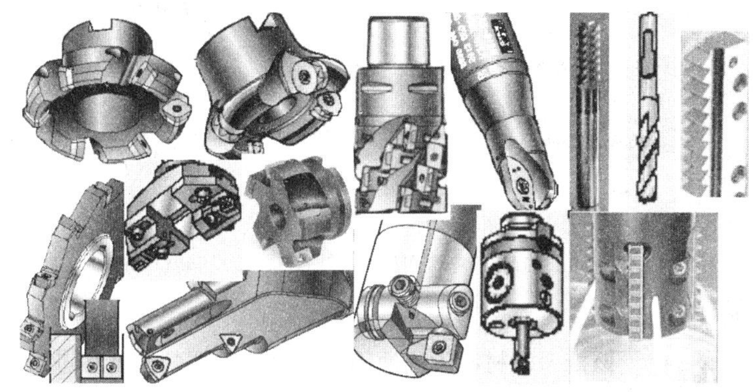

图 4—22　数控铣削用刀具

1. 圆柱铣刀

圆柱铣刀主要用于卧式铣床加工平面。圆柱铣刀一般为整体式，其几何角度如图 4—23 所示。

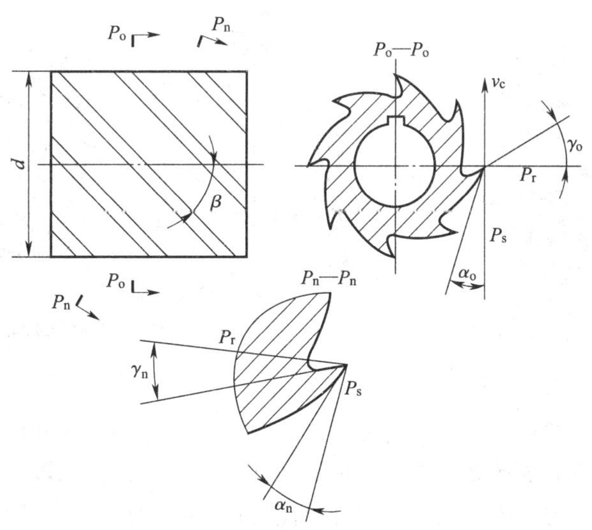

图 4—23　圆柱铣刀的几何角度

该铣刀的材料为高速钢，主切削刃分布在圆柱表面上，无副切削刃。该铣刀有粗齿和细齿之分。粗齿铣刀的齿数少，刀齿强度大，容屑空间也大，可重磨次数多，适合于粗加工。细齿铣刀的齿数多，工作平稳，适合于精加工。圆柱铣刀的直径 $d=50\sim100$ mm，齿数一般为 $z=6\sim14$，螺旋角 $\beta=30°\sim45°$。

2. 面铣刀

面铣刀主要用于立式铣床加工平面和台阶面。面铣刀的主切削刃分布在铣刀的圆柱面或圆锥面上，副切削刃分布在铣刀的端面上。面铣刀按结构可以分为整体式面铣刀、硬质合金整体焊接式面铣刀、硬质合金机夹焊接式面铣刀、硬质合金可转位式面铣刀。如图 4—24 所示为常见面铣刀的实物。

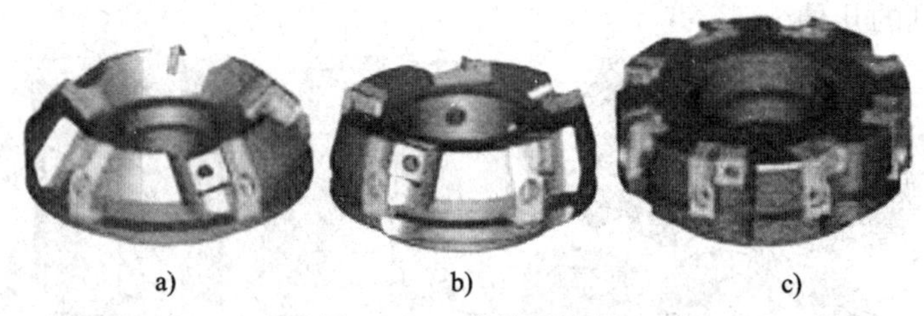

图 4—24　常见面铣刀

a）45°可转位面铣刀　b）75°可转位面铣刀　c）90°可转位面铣刀

（1）整体式面铣刀

如图 4—25 所示，由于该铣刀的材料为高速钢，所以，其切削速度和进给量都受到一定的限制，生产效率较低。由于该铣刀的刀齿损坏后很难修复，所以，整体式面铣刀的应用较少。

（2）硬质合金整体焊接式面铣刀

如图 4—26 所示，该面铣刀由硬质合金刀片与合金钢刀体焊接而成，其结构紧凑，切削效率高。由于它的刀齿损坏后也很难修复，所以，这种铣刀的应用也不多。

图 4—25　整体式面铣刀

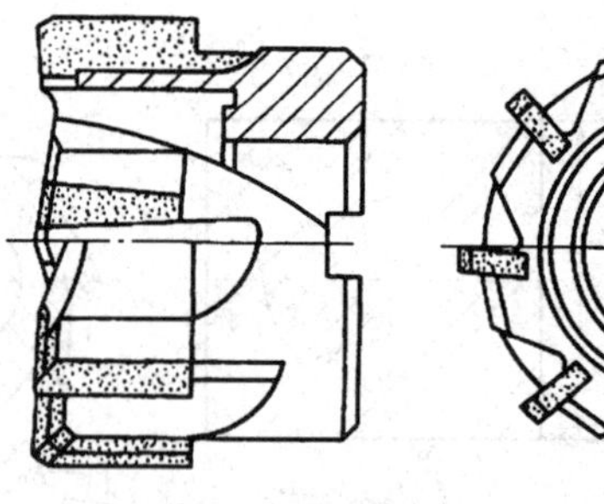

图 4—26　硬质合金整体焊接式面铣刀

（3）硬质合金可转位式面铣刀

如图 4—27 所示，这种面铣刀是将硬质合金可转位刀片直接装夹在刀体槽中，切削刃磨钝后，只需将刀片转位或更换新的刀片即可继续使用。硬质合金可转位式面铣刀具有加工质量稳定、切削效率高、刀具寿命长、刀片的调整和更换方便以及刀片重复定位精度高等特点，所以，该铣刀是目前生产上应用最广的刀具之一。

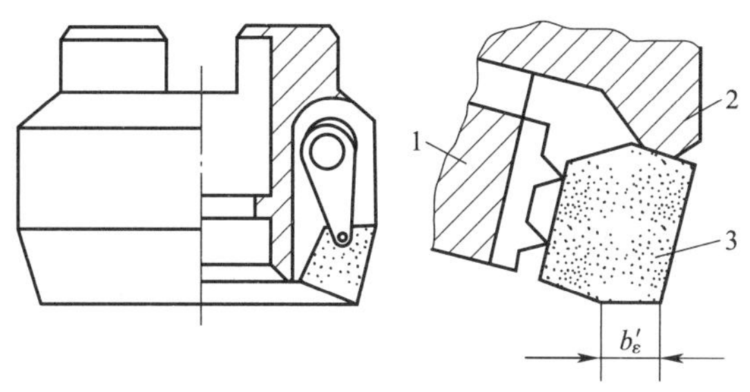

图 4—27　硬质合金可转位式面铣刀

1—刀垫　2—轴向支撑块　3—可转位刀片

面铣刀用于粗铣、精铣、铣软材料（如铝）或硬材料（如合金钢）等各种场合。面铣刀一般用来铣平面，所加工平面的尺寸公差在 0.001～0.010 in，表面精度范围从粗到精。

面铣刀有多种直径系列，包括 2.0、3.0、4.0、5.0、6.0、8.0、10.0 及 12.0 in。面铣刀有轴向前倾角和径向前倾角，其角度范围可以为正或为负（图 4—28）。平面铣削由硬质合金刀片完成。硬质合金刀片可以是各种几何形状，如方形、圆形、三角形、矩形和八边形等，其装夹过程如图 4—29 所示。

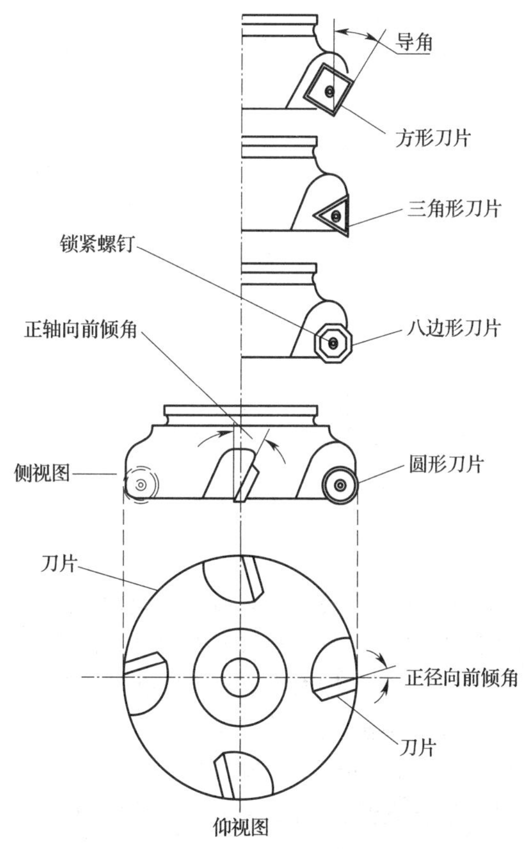

图 4—28　面铣刀的特征与组成

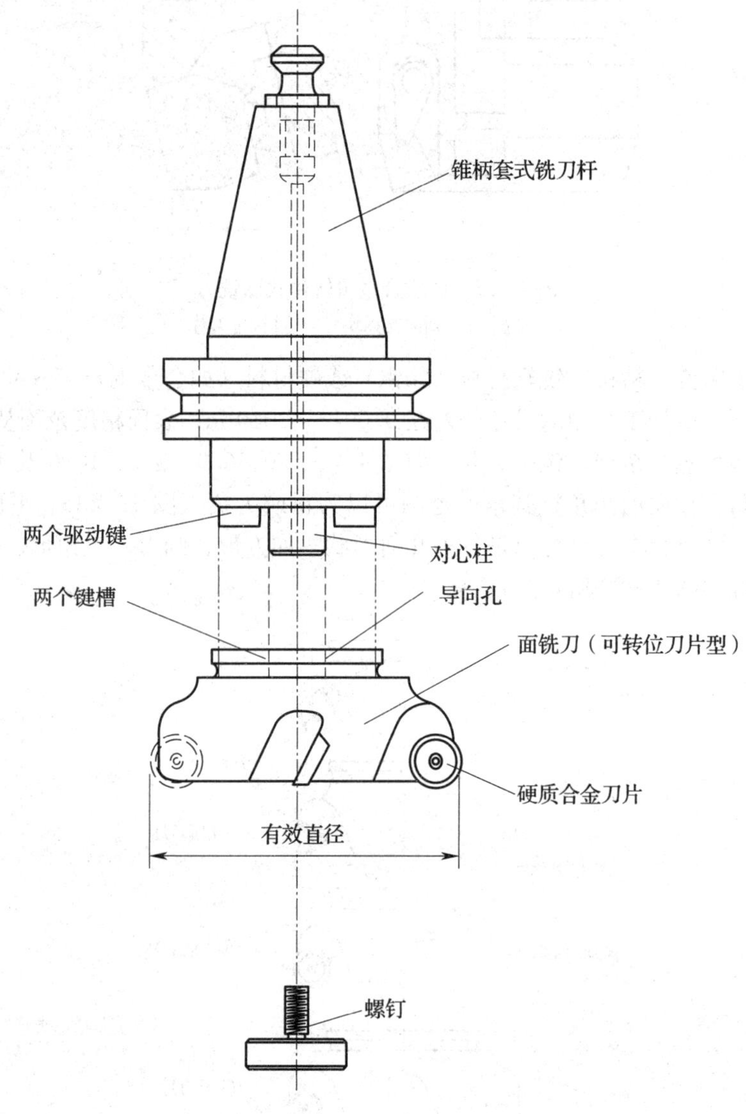

图 4—29　面铣刀的装夹

3. 立铣刀

立铣刀是数控铣削加工中应用最广的一种铣刀，其结构如图 4—30、图 4—31 所示。立铣刀主要用于立式铣床上加工凹槽、台阶面和成形面等。立铣刀的主切削刃分布在铣刀的圆柱表面，副切削刃分布在铣刀的端面，端面中心有中心孔，因此，铣削时一般不能沿铣刀轴向做进给运动，而只能沿铣刀径向做进给运动。立铣刀也有粗齿和细齿之分，粗齿铣刀的刀齿为3～6 个，一般用于粗加工；细齿铣刀的刀齿为 5～10 个，适合于精加工。立铣刀的直径范围在 ϕ2～ϕ80 mm。其刀柄有直柄、莫氏锥柄和 7∶24 锥柄等多种形式。图 4—32 所示为常见立铣刀。

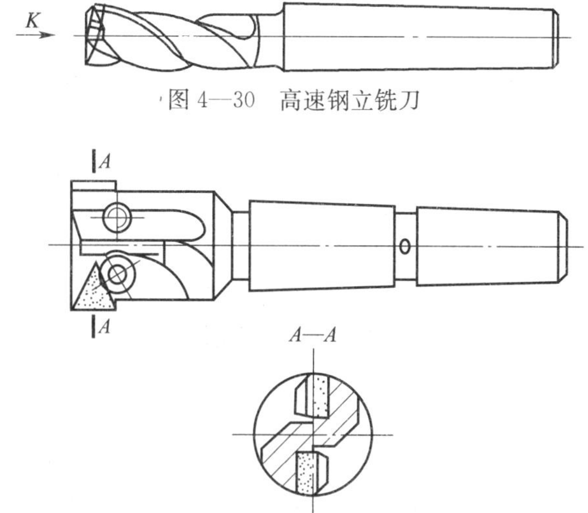

图 4—30　高速钢立铣刀

图 4—31　硬质合金可转位式立铣刀

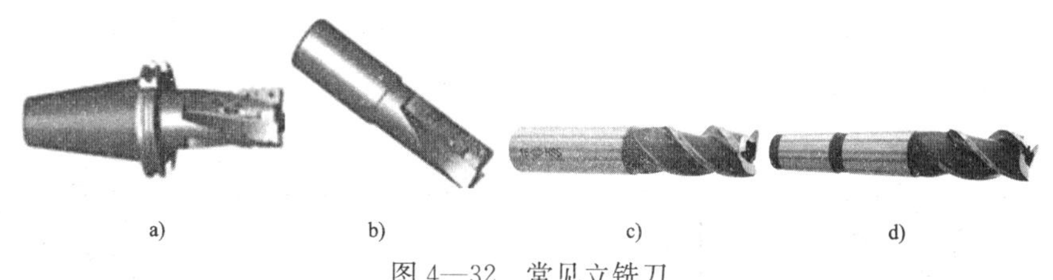

图 4—32　常见立铣刀

a）可转位螺旋锥柄立铣刀　b）可转位螺旋直柄立铣刀　c）直柄三齿立铣刀　d）锥柄三齿立铣刀

为了提高生产效率，除采用普通高速钢立铣刀外，数控铣床上还普遍采用硬质合金螺旋齿立铣刀和波形刃立铣刀。

（1）硬质合金螺旋齿立铣刀

如图 4—33 所示，硬质合金螺旋齿立铣刀的刀刃有焊接、机夹及可转位三种，具有较高的刚度和良好的排屑性能，可对工件的平面、阶梯面、内侧面及沟槽进行粗、精铣削加工，生产效率比同类型高速钢铣刀高 2～5 倍。当铣刀的长度足够时，可以在一个刀槽中焊上两片或更多的硬质合金刀片，并使相邻刀齿间的接缝相互错开，利用同一刀槽中刀片之间的接缝作为分屑槽，如图 4—33b 所示，这种铣刀俗称“玉米铣刀”，通常在粗加工时使用。

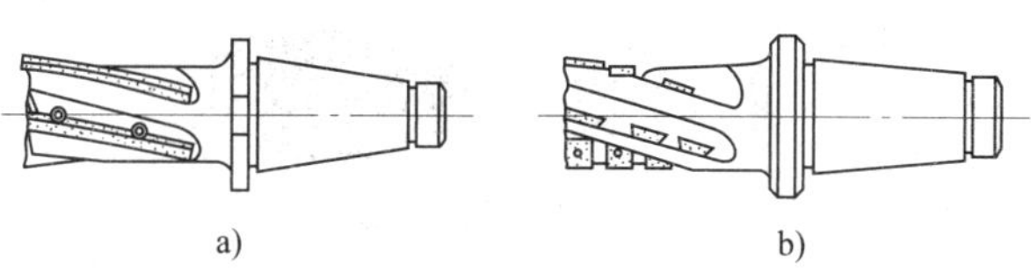

图 4—33　硬质合金螺旋齿立铣刀

a）每齿单个刀片　b）每齿多个刀片

（2）波形刃立铣刀

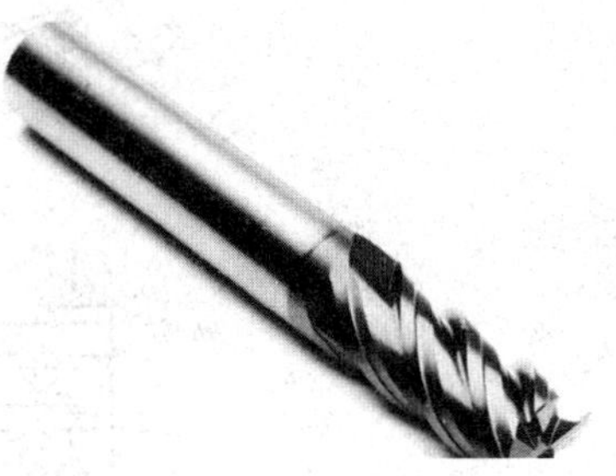

图 4—34 波形刃立铣刀

波形刃立铣刀与普通立铣刀的最大区别是其切削刃为波形，如图 4—34 所示。采用波形刃立铣刀能有效降低切削阻力，防止铣削时产生振动，并显著地提高铣削效率。它能将狭长的薄切屑变为厚而短的碎块切屑，使排屑顺畅。由于切削刃为波形，使它与被加工工件接触的切削刃长度较短，刀具不容易产生振动；波形刃还能使切削刃的长度增大，有利于散热；它还可以使切削液较易渗入切削区，能充分发挥切削液的冷却效果。

4. 键槽铣刀

键槽铣刀主要用于立式铣床上加工圆头封闭键槽等，如图 4—35 所示。键槽铣刀外形近似于立铣刀，端面无顶尖孔，端面刀齿从外圆开至轴心，且螺旋角较小。端面刀齿上的切削刃为主切削刃，圆柱面上的切削刃为副切削刃。加工键槽时，每次先沿铣刀轴向进给较小的量，然后再沿径向进给，这样反复多次，即可完成键槽的加工。由于该铣刀在使用中磨损的部位为端面和靠近端面的外圆部分，所以，修磨时只需修磨端面切削刃，铣刀直径可保持不变，加工键槽精度高，铣刀寿命长。

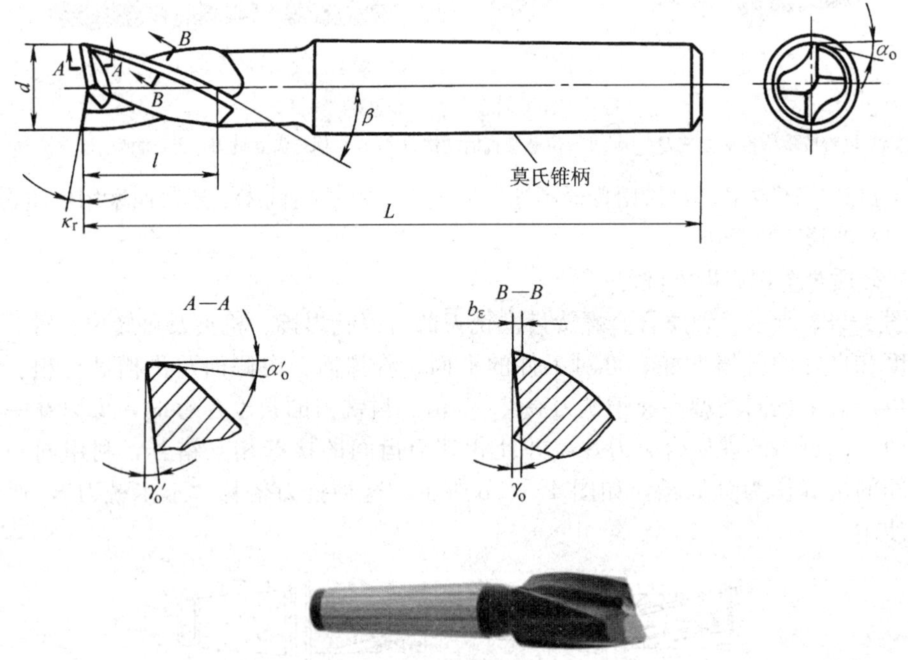

图 4—35 键槽铣刀

键槽铣刀的直径范围为 ϕ2～ϕ63 mm，刀柄有直柄和莫式锥柄之分。CNC stub 刀杆及槽铣刀的特征与组成如图 4—36 所示。

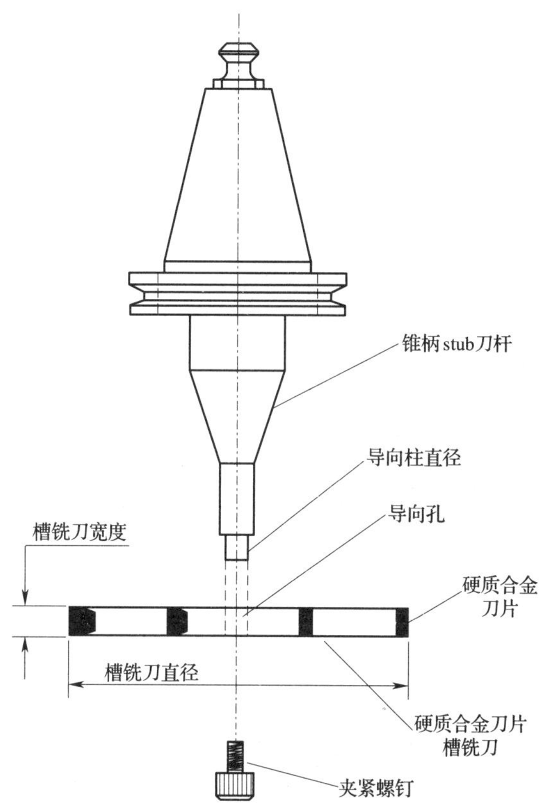

图 4—36　CNC stub 刀杆及槽铣刀的特征与组成

 **想一想**

立铣刀与键槽铣刀有什么不同?

5. 模具铣刀

模具铣刀主要用于立式铣床上加工模具型腔、三维成型表面等。模具铣刀按工作部分形状不同，可分为圆柱形球头铣刀、圆锥形球头铣刀和圆锥形立铣刀三种形式。

圆柱形球头铣刀如图 4—37 所示，圆锥形球头铣刀如图 4—38 所示。这两种铣刀的圆柱面、圆锥面和球面上的切削刃均为主切削刃，铣削时不仅能沿铣刀轴向做进给运动，也能沿铣刀径向做进给运动，而且球头与工件接触往往为一点，铣刀在数控铣床的控制下，能加工出各种复杂的成形表面。

圆锥形立铣刀如图 4—39 所示。圆锥形立铣刀的作用与立铣刀基本相同，只是该铣刀可以利用本身的圆锥体，方便地加工出模具型腔的出模角。

在模具铣刀的圆柱面（或圆锥面）和球头上都有切削刃，可以进行轴向和径向进给切削。铣刀的工作部分用高速钢或硬质合金制造，硬质合金模具铣刀如图 4—40 所示。小尺寸的硬质合金模具铣刀一般制成整体结构；直径 $\phi6$ mm 以上的，可制成焊接结构或可转位刀片形式。模具铣刀的刀柄形式有直柄、削平形直柄和莫氏锥柄。

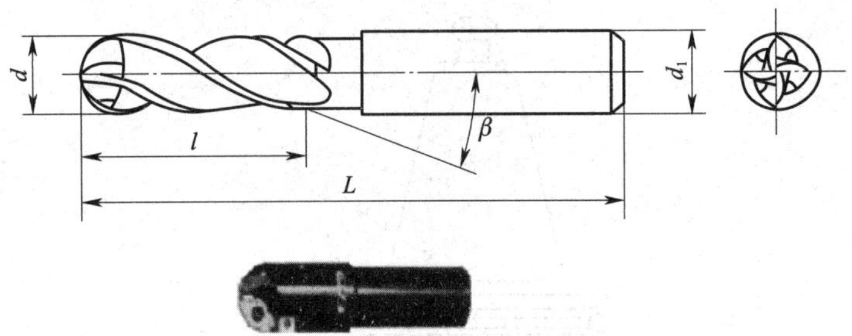

图 4—37　圆柱形球头铣刀

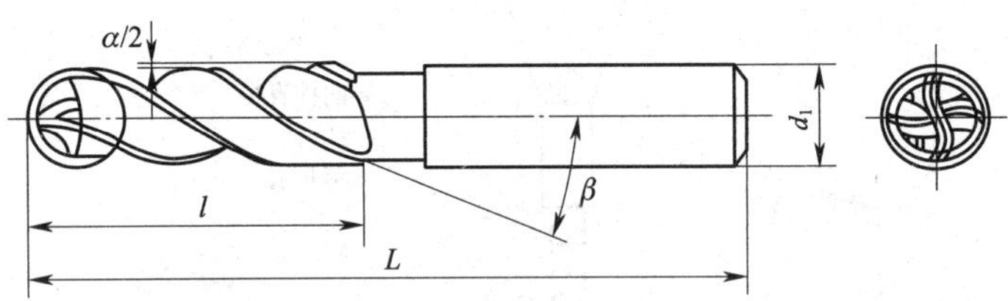

图 4—38　圆锥形球头铣刀

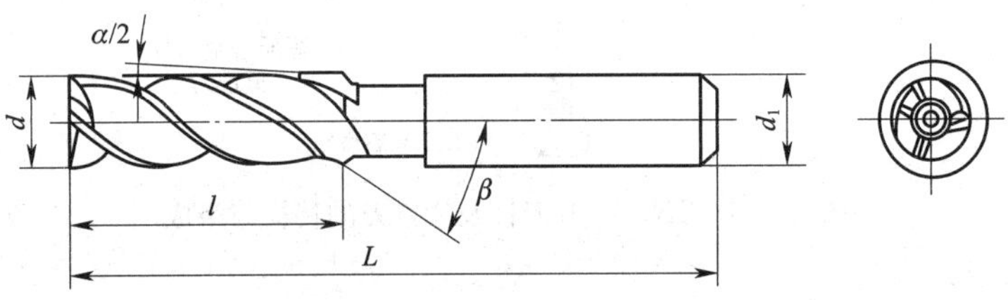

图 4—39　圆锥形立铣刀

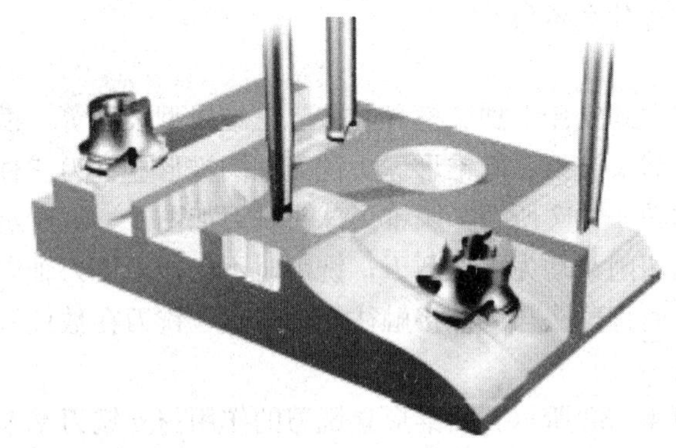

图 4—40　硬质合金模具铣刀

6. 成形铣刀

成形铣刀一般是为特定形状的工件或加工内容专门设计制造的，如渐开线齿面、燕尾槽和 T 形槽等。常用的几种成形铣刀如图 4—41 所示。

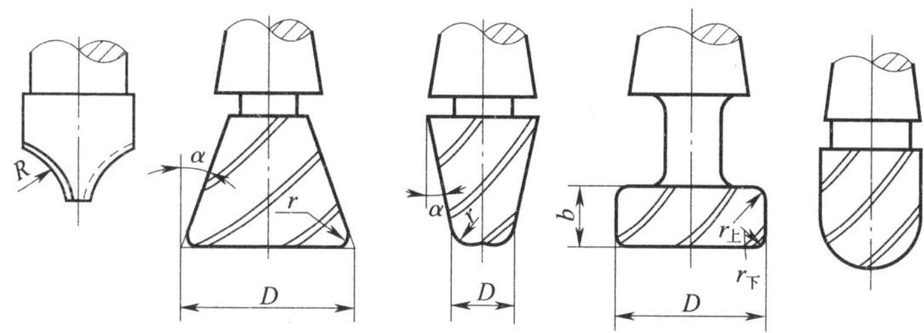

图 4—41　几种常用的成形铣刀

7. 鼓形铣刀

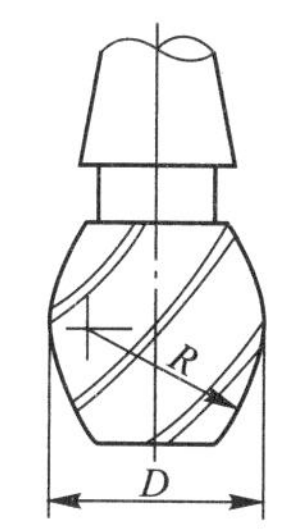

图 4—42　鼓形铣刀

鼓形铣刀切削刃分布在半径为 R 的中凸的鼓形外廓上，如图 4—42 所示，其端面无切削刃。铣削时通过控制铣刀上下位置改变刀刃的切削部位，从而在工件上加工出由负到正的不同斜角表面，常用于数控铣床和加工中心加工立体曲面或变斜角面。R 值越小，鼓形铣刀所能加工的斜角范围越广，而加工后的表面粗糙度值也越高。这种刀具的缺点是：刃磨困难，切削条件差，而且不能加工有底的轮廓。

8. 角度铣刀

角度铣刀主要用于卧式铣床上加工各种角度槽、斜面等。角度铣刀的材料一般是高速钢。根据铣刀外形的不同，可分为单角铣刀、不对称双角铣刀和对称双角铣刀三种。

(1) 单角铣刀

单角铣刀如图 4—43 所示，圆锥面上的切削刃是主切削刃，端面上的切削刃是副切削刃。该铣刀的直径为 d=40～100 mm；角度为 θ=18°～90°。

(2) 不对称双角铣刀

不对称双角铣刀如图 4—44 所示，两圆锥面上的切削刃是主切削刃，无副切削刃。该铣刀直径为 d=40～100 mm，角度为 θ=50°～100°、δ=15°～25°。

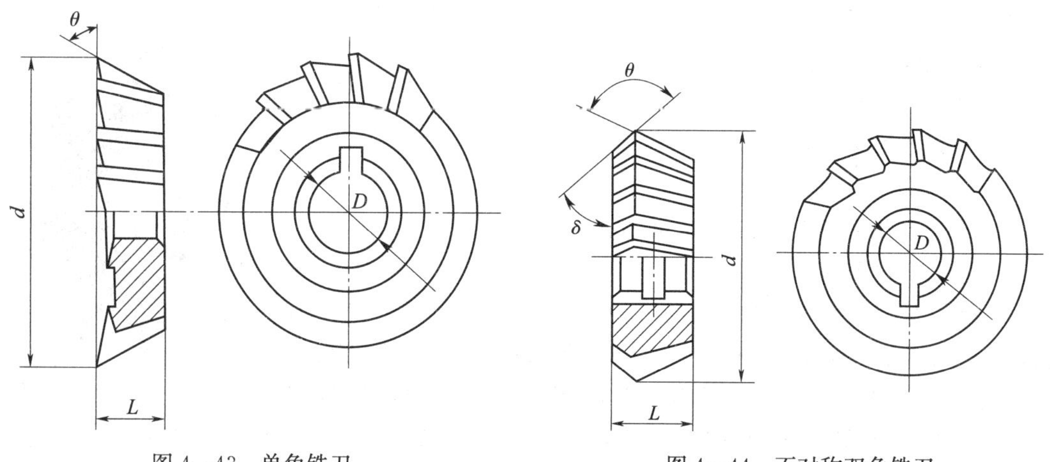

图 4—43　单角铣刀

图 4—44　不对称双角铣刀

(3) 对称双角铣刀

对称双角铣刀如图 4—45 所示，两圆锥面上的切削刃是主切削刃，无副切削刃。该铣刀直径为 d=50～100 mm，角度为 θ=50°～100°。

角度铣刀的刀齿强度较小，铣削时，应选择恰当的切削用量，防止振动和崩刃。

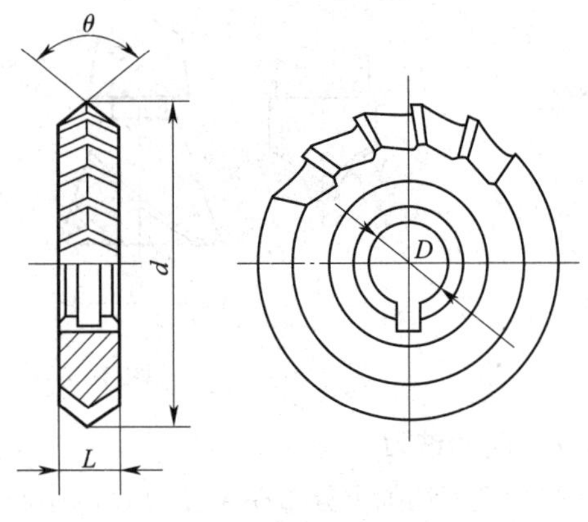

图 4—45 对称双角铣刀

9. 锯片铣刀

锯片铣刀可分为中小规格的锯片铣刀和大规格的锯片铣刀，数控铣床和加工中心主要用中小规格的锯片铣刀，其分类及主要尺寸参数范围见表 4—1。目前，国外有可转位锯片铣刀生产，如图 4—46 所示。锯片铣刀主要用于大多数材料的铣槽、切断、内外槽铣削、组合铣削、缺口试验的槽加工和齿轮毛坯粗齿加工等。

表 4—1　中小规格的锯片铣刀的分类及主要尺寸参数范围

主要尺寸范围 / 分类	锯片铣刀外圆直径 d/mm		锯片铣刀厚度 l/mm
高速钢	粗	ϕ50～ϕ315	0.80～6.0
	中	ϕ32～ϕ315	0.30～6.0
	细	ϕ20～ϕ315	0.20～6.0
整体硬质合金 (GB/T 14301—2008)	ϕ18～ϕ125		0.20～5.0

除上述几种类型的铣刀外，数控铣床也可以使用各种通用铣刀。但因少数数控铣床的主轴内有特殊的拉刀装置，或因主轴内孔锥度有别，必须配置过渡套和拉杆。

10. 孔加工用刀具

参见第三章第三节。

11. 螺纹加工刀具

(1) 铣螺纹用刀具

螺纹铣刀及可换刀片如图 4—47 所示。

(2) 攻螺纹刀具

攻螺纹是用丝锥切削内螺纹的一种加工方法，在加工中心上有两种攻螺纹方法，浮动攻螺纹（张力补偿型攻螺纹）和刚性攻螺纹。浮动攻螺纹（图 4—48）所用的刀杆较为昂贵，而刚性攻螺纹（图 4—49）则要求数控机床主轴驱动具有同步攻螺纹功能。

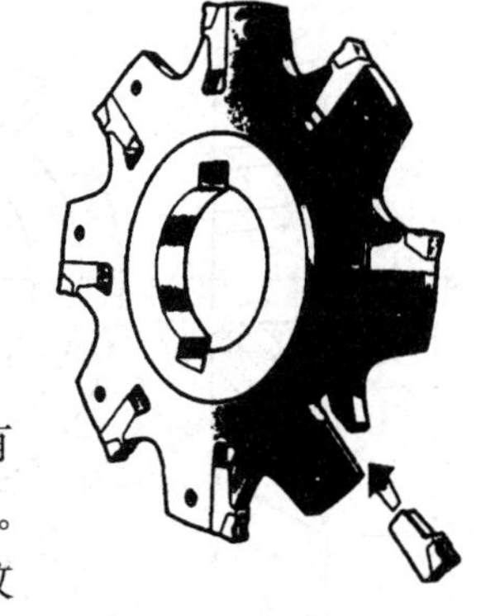
图 4—46 可转位锯片铣刀

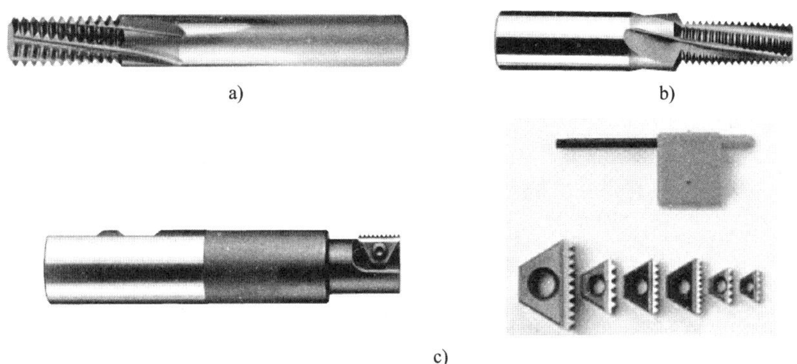

图 4—47　螺纹铣刀及可换刀片

a）整体螺纹铣刀　b）带组合倒角的整体螺纹铣刀　c）带可换刀片的螺纹铣刀及可换刀片

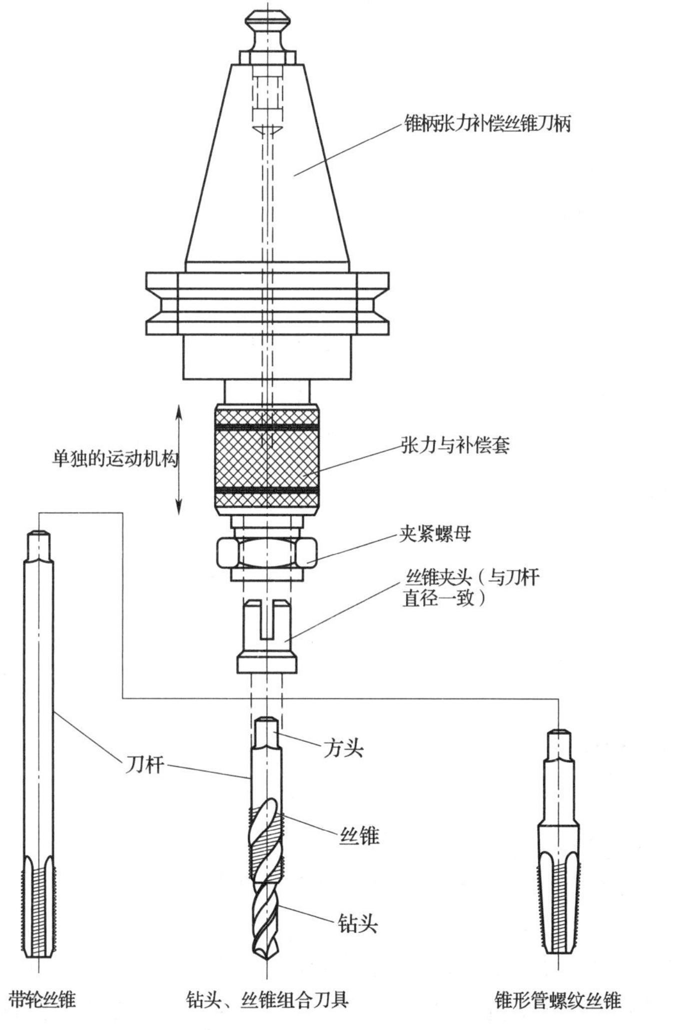

图 4—48　浮动攻螺纹刀杆和丝锥

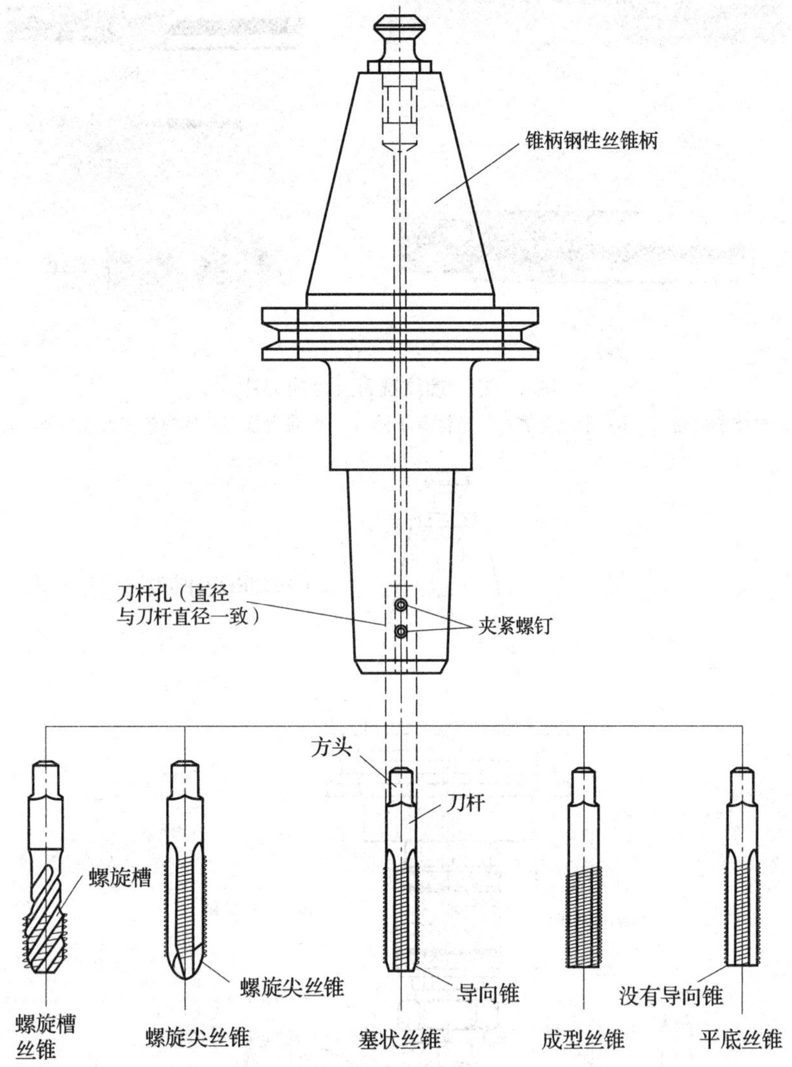

图 4—49　刚性攻螺纹刀杆和丝锥

二、铣刀的选择

1. 铣刀形式的选择

铣刀的选择必须符合铣刀使用的规范，超规范使用会损坏铣刀，并造成废品。常规铣刀的选用方法见表 4—2。

除了掌握对常用的标准铣刀的合理选用和组合使用方法外，对一些改进后的铣刀，选用时也应掌握铣刀特点和铣削用量。表 4—3 列出了一些改进后的铣刀特点与切削用量，供使用参考。

表 4—2 数控铣削刀具选用

序号	名称	选择刀具	加工内容
1	平面铣削	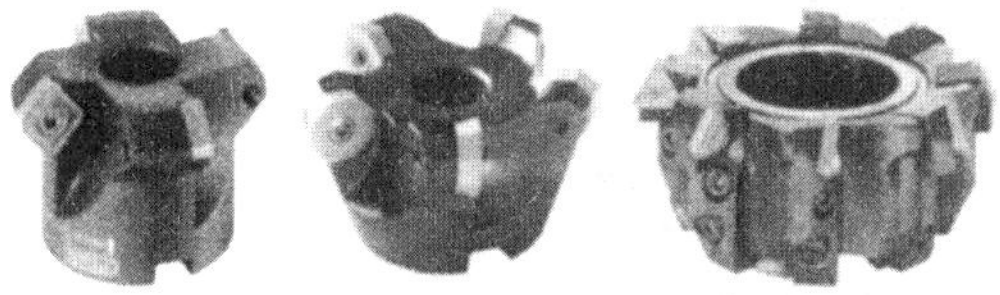 45° 面铣刀 八角面铣刀 65° 面铣刀 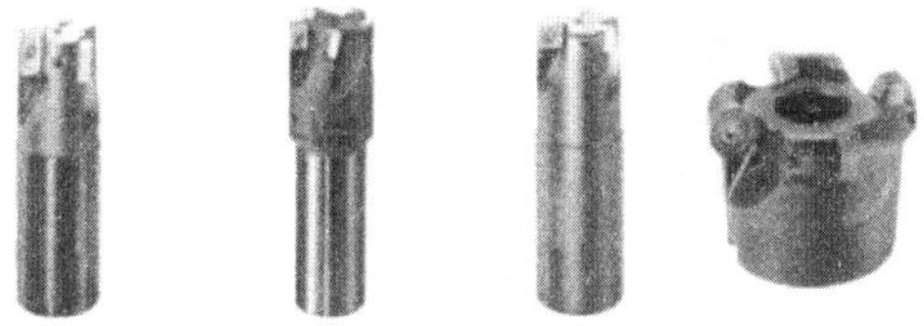 立铣刀 立铣刀 立铣刀 八角铣刀	
2	轮廓铣削	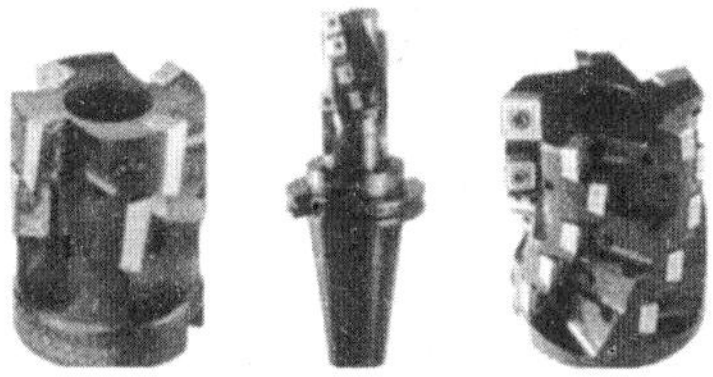 粗切削铣刀	
3	台阶铣削	 粗切削铣刀 粗切削铣刀 粗切削铣刀 立铣刀  圆刃端铣刀 圆刃端铣刀 圆刃端铣刀 立铣刀	 
4	倒角铣削	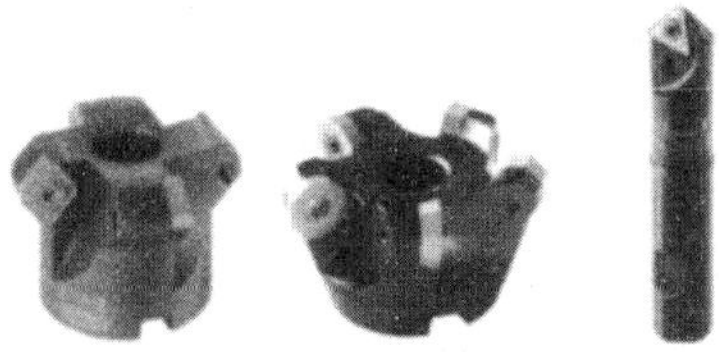 45° 倒角铣刀	

续表

序号	名称	选择刀具	加工内容
5	槽铣削	 粗切削铣刀 粗切削铣刀 立铣刀 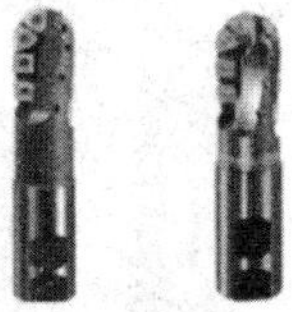 球形端铣刀  立铣刀 粗切削铣刀 粗切削铣刀 圆刃端铣刀	
6	型腔铣削	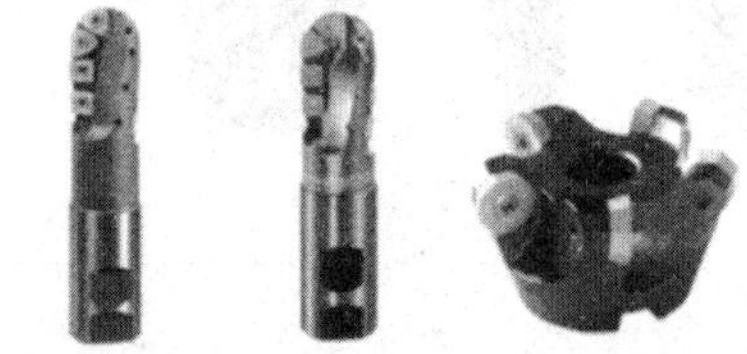 球形端铣刀 球形端铣刀 八角面铣刀 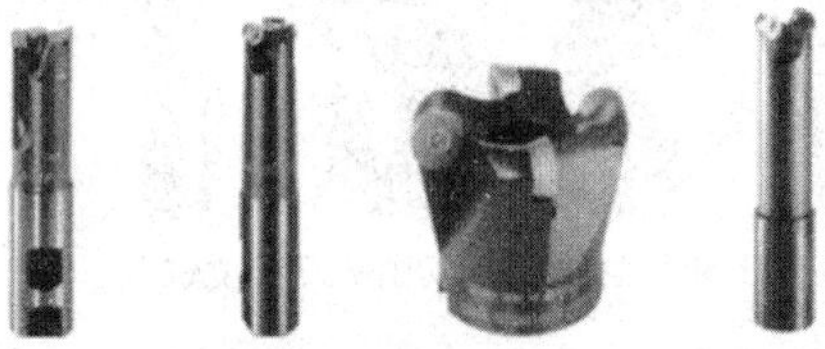 立铣刀 立铣刀 圆刃端铣刀 圆刃端铣刀	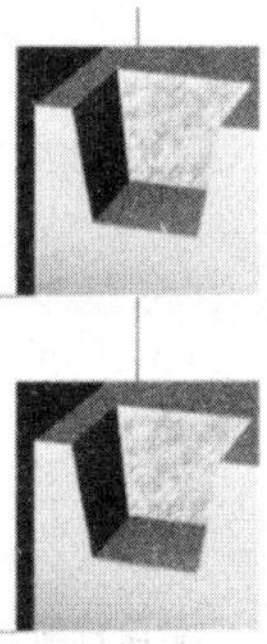
7	沉孔铣削	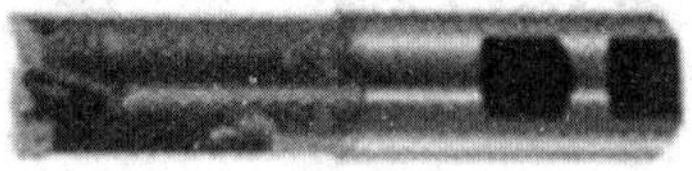 锪孔铣刀	

2. 铣刀主要结构参数的合理选择

(1) 铣刀直径的选择

一般情况下，尽可能选用较小直径规格的铣刀，因为铣刀的直径大，铣削力矩增大，易造成铣削振动，而且铣刀的切入长度增加，使铣削效率下降。对于刚度较差的小直径立铣刀，则应按加工情况尽可能选用较大直径，以增加铣刀的刚度。各种常用铣刀直径的选择见表 4—4、表 4—5。

表 4—3　　**改进后铣刀的特点与切削用量**

名称	刀具几何图形	刀具特点	切削用量	备注
分屑三面刃铣刀	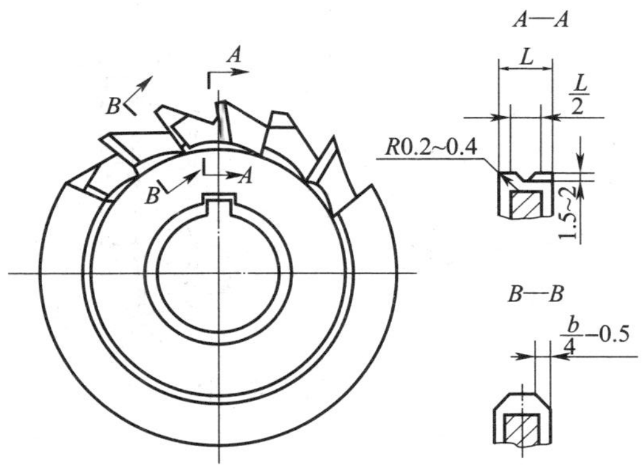	1. 切削阻力小，排屑顺利，能减小加工表面粗糙度值 2. 散热性能好，可延长刀具耐用度 3. 进给量比一般铣刀大，生产效率高	v_c=45～60 m/min v_f=150～190 mm/min a_e≤22 mm	1. 刀具径向圆跳动不大于0.05 mm，端面圆跳动不大于0.03 mm 2. 刀杆有足够的刚度，托架与主轴孔之间不超过400 mm 3. 用乳化液冷却，流量充足
错齿锯片铣刀	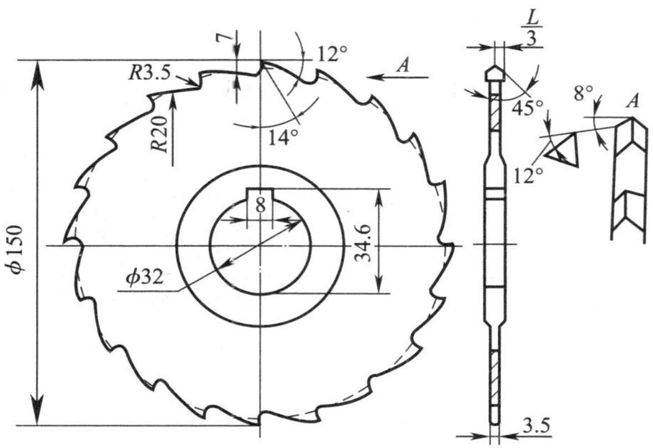	1. 由于实际切削齿数减小，增大了容屑槽，排屑方便 2. 刀具主切削刃磨成8°偏角，并互相交错，使切削轻快，可增大切削用量	加工20 mm×40 mm的45钢时： v_c=89.5 m/min v_f=1 180 mm/min 加工35 mm×45 mm的1Cr18Ni9Ti不锈钢时： v_c=55.6 m/min v_f=235 mm/min	1. 切削时使用乳化液冷却，流量要大一些 2. 在切断材料时，最好不要铣通，防止崩刃

续表

名称	刀具几何图形	刀具特点	切削用量	备注
硬质合金螺旋齿玉米立铣刀	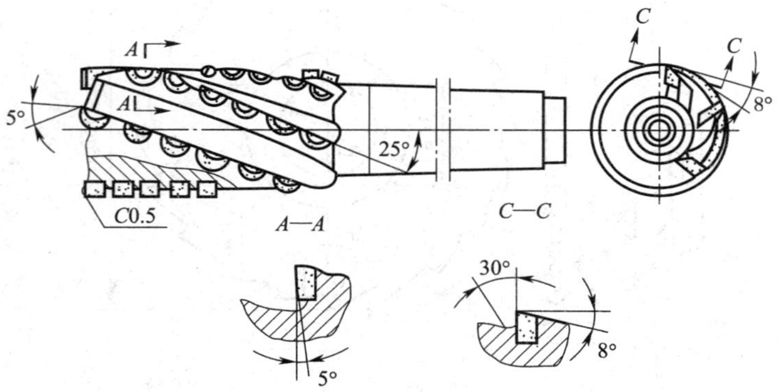	1. 分屑性能好，排屑顺利 2. 刀齿容屑空间大，适用于强力切削 3. 进给量和刀具寿命比高速钢立铣刀提高十几倍	加工铸铁时： $v_c=60\sim90$ m/min $v_f=950\sim1\ 180$ mm/min $a_e=3\sim8$ mm 加工中碳钢时： $v_c=125\sim180$ m/min $v_f=600\sim1\ 180$ mm/min $a_e=2\sim6$ mm	1. 加工铸铁时采用 YG8 刀片，加工钢材时采用 YT5 刀片 2. 使用机床为数控立式铣床
可转位直角刀片面铣刀	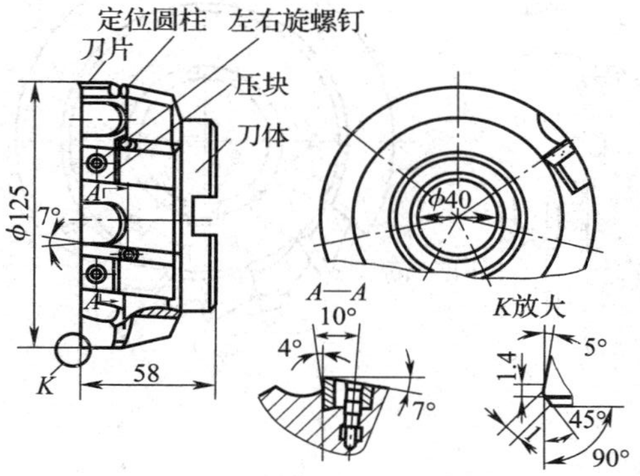	1. 能加工具有台阶的平面或直角槽 2. 采用圆柱轴向定位，防止铣削时刀片产生轴向位移 3. 刀片采用后压形式夹紧，结构简单	加工铸铁时： $v_c=70\sim90$ m/min $v_f=300\sim475$ mm/min $a_p=5\sim8$ mm 加工 45 钢时： $v_c=120\sim150$ m/min $v_f=300\sim475$ mm/min $a_p=5\sim8$ mm	1. 加工铸铁时采用 YG8 刀片，加工 45 钢时采用 YT14 刀片，刀片型号：SPKN1504EDR（改制） 2. 使用机床为数控立式铣床

表 4—4　面铣刀直径的选择　mm

铣削宽度 a_e	<40	40～60	60～80	80～100	100～120	120～150	150～200
铣刀直径 d_0	50～63	80～100	100～125	125～160	160～200	200～250	250～315

表 4—5　盘形槽铣刀和锯片铣刀的直径选择　mm

铣削宽度 a_e	<8	8～15	15～20	20～30	30～45	45～60	60～80
铣刀直径 d_0	63	80	100	125	160	200	250

（2）铣刀齿数的选择

高速钢圆柱铣刀、锯片铣刀和立铣刀按齿数的多少分为粗齿和细齿两种。粗齿铣刀同时工作的齿数少，工作平稳性差，但刀齿强度高，刀齿的容屑槽大，铣削深度和进给量可以大一些，故适用于粗加工。加工塑性材料时，切屑呈带状，需要较大的容屑空间，也可采用粗齿铣刀。细齿铣刀的特点与粗齿铣刀相反，仅适用于半精加工和精加工。

硬质合金面铣刀的齿数有粗齿、中齿和细齿之分，见表 4—6。粗齿面铣刀适用于钢件的粗铣；中齿面铣刀适用于铣削带有断续表面的铸铁件或对钢件的连续表面进行粗铣或精铣；细齿面铣刀适用于机床功率足够的情况下对铸铁进行粗铣或精铣。

表 4—6　硬质合金面铣刀的齿数选择

铣刀直径 d_0/ mm		50	63	80	100	125	160	200	250	315	400	500
齿数	粗齿	—	3	4	5	6	8	10	12	16	20	26
	中齿	3	4	5	6	8	10	12	16	20	26	34
	细齿	—	—	6	8	10	14	18	22	28	36	44

第三节　数控铣削用刀具系统

一、典型刀具系统的种类

1. 整体式数控刀具系统

整体式数控刀具系统的刀柄系列如图 4—50 所示，其种类繁多，基本能满足各种加工的需求。

2. 模块式数控刀具系统

模块式数控刀具系统是将整体式刀杆分解成柄部（主柄）、中间连接块（连接杆）、工作部（工作头）三个主要部分（即模块），然后通过各种连接结构，在保证刀杆连接精度、刚度的前提下，将这三部分连接成一个整体，如图 4—51 所示。

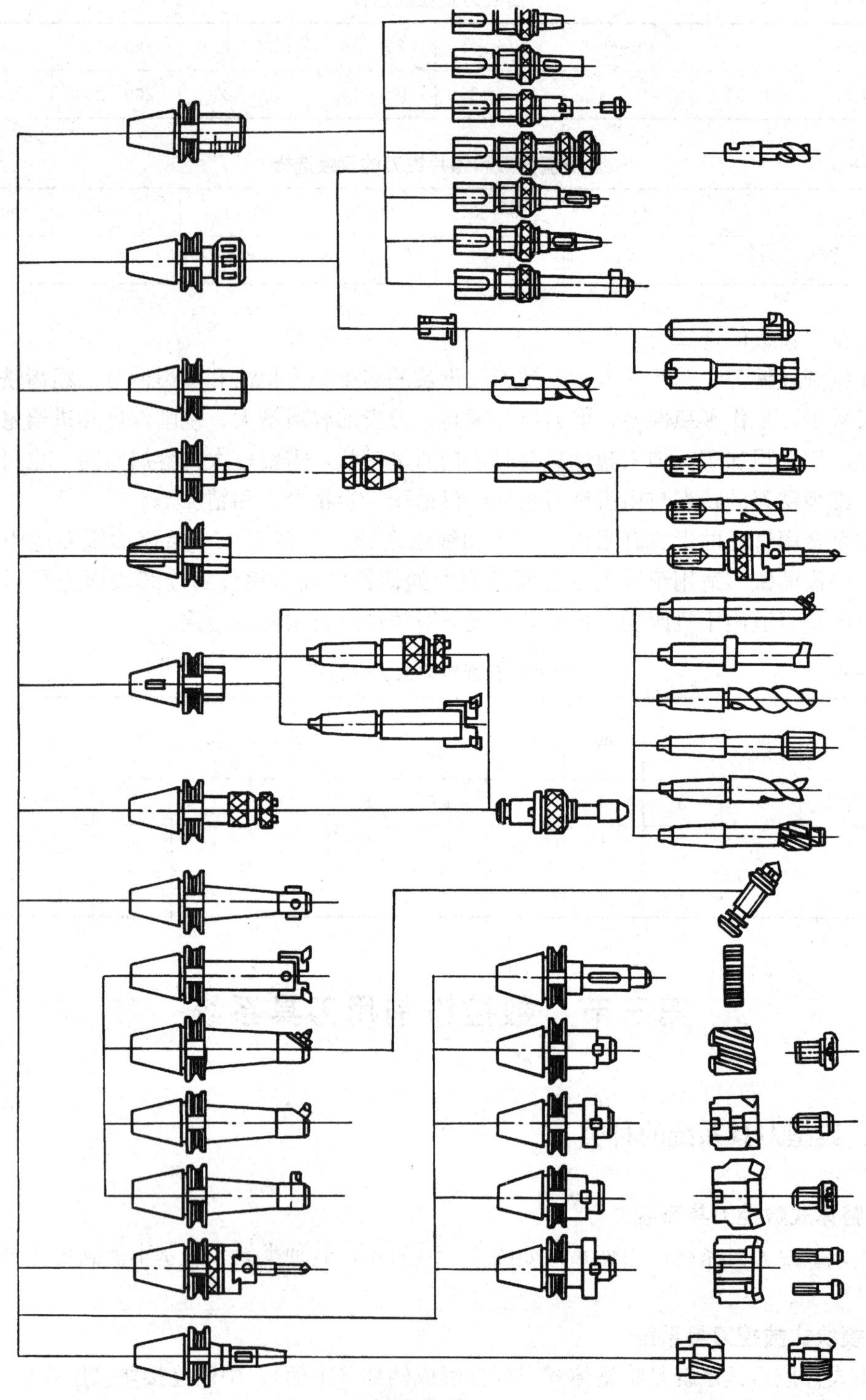

图 4—50　整体式数控刀具系统

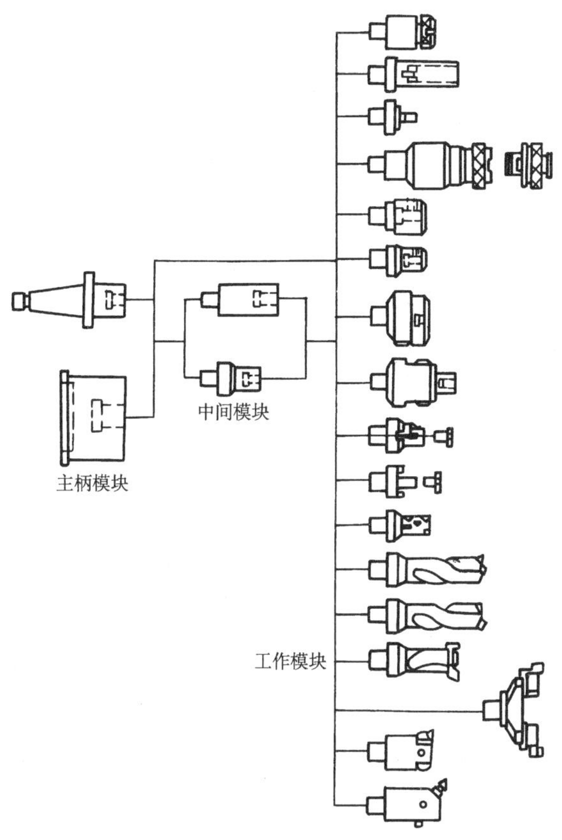

图 4—51 模块式数控刀具系统

看一看

你所在的学校所用的刀具系统属于哪一种?

二、刀具系统

加工中心刀具一般由刀具和刀柄两部分组成，由于要完成自动换刀功能，要求刀柄能满足主轴的自动松开和夹紧的功能，能满足自动换刀机构的机械抓取、移动定位等功能。数控铣削刀具如图 4—52 所示。

1. 刀柄

切削刀具通过刀柄与数控铣床主轴连接，其强度、刚度、耐磨性、制造精度以及夹紧力等对加工均有直接的影响。数控铣床刀柄一般采用 7∶24 锥面与主轴锥孔配合定位，刀柄及刀柄尾部供主轴内拉紧机构用的拉钉已实现标准化，其使用的标准有国际标准（ISO）和中国、美国、德国、日本等各国国家标准。因此，数控铣床刀柄系统应根据所选用的数控铣床要求进行配备。

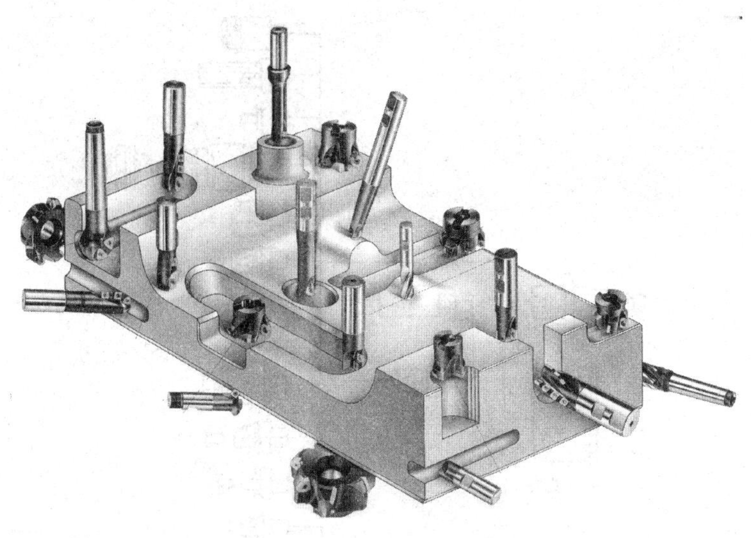

图 4—52　数控铣削常用刀具

加工中心刀柄可分为整体式与模块式两类。根据刀柄柄部形式及所采用国家标准的不同，我国使用的刀柄常分成 BT（日本 MAS 403—75 标准）、JT（GB/T 10944—2013 与 ISO 7388—1983 标准，带机械手夹持槽）、ST（ISO 或 GB，不带机械手夹持槽）和 CAT（美国 ANSI 标准）等几种系列，这几种系列的刀柄除局部槽的形状不同外，其余结构基本相同。根据锥柄大端直径的不同，刀柄又分成 40、45、50（个别的还有 30 和 35）等几种不同的锥度号，如 BT/JT/ST50 和 BT/JT/ST40 分别代表锥柄大端直径为 69.85 mm 和 44.45 mm 的 7∶24 锥度的锥柄。加工中心常用刀柄的类型及其适用场合见表 4—7。

表 4—7　　加工中心常用刀柄的类型及其适用场合

刀柄类型	刀柄实物图	夹头或中间模块	夹持刀具	备注及型号举例
削平型工具刀柄		无	直柄立铣刀、球头刀、削平型浅孔钻等	JT40－XP20－70
弹簧夹头刀柄		ER 弹簧夹头	直柄立铣刀、球头刀、中心钻等	BT30－ER20－60
强力夹头刀柄		KM 弹簧夹头	直柄立铣刀、球头刀、中心钻等	BT40－C22－95

续表

刀柄类型	刀柄实物图	夹头或中间模块	夹持刀具	备注及型号举例
面铣刀刀柄		无	各种面铣刀	BT40－XM32－75
三面刃铣刀刀柄		无	三面刃铣刀	BT40－XS32－90
侧固式刀柄		粗、精镗及丝锥夹头等	丝锥及粗、精镗刀	21A—BT40.32－58
莫氏锥度刀柄		莫氏变径套	锥柄钻头、铰刀	有扁尾 ST40－M1－45
			锥柄立铣刀和锥柄带内螺纹立铣刀等	无扁尾 ST40－MW2－50
钻夹头刀柄		钻夹头	直柄钻头、铰刀	ST50－Z16－45
丝锥夹头刀柄		攻螺纹夹套	机用丝锥	ST50－TPG875
整体式刀柄		粗、精镗刀头	整体式粗、精镗刀	BT0－BCA30－160

BT40－XS32－90 中的字母和数字各代表什么含义？

2. 拉钉

刀柄尾部的拉钉（图 4—53）的尺寸已标准化，ISO 或 GB 规定了 A 型和 B 型两种拉钉，其中 A 型拉钉用于不带钢球的拉紧装置，而 B 型拉钉用于带钢球的拉紧装置。刀柄及拉钉的具体尺寸可查阅有关标准。

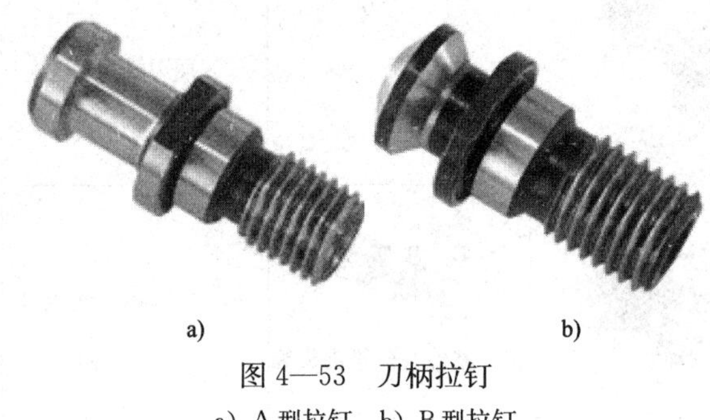

a)　　b)

图 4—53　刀柄拉钉

a）A 型拉钉　b）B 型拉钉

3. 弹簧夹头及中间模块

弹簧夹头有两种，即 ER 弹簧夹头（图 4—54a）和 KM 弹簧夹头（图 4—54b）。其中，ER 弹簧夹头的夹紧力较小，适用于切削力较小的场合；KM 弹簧夹头的夹紧力较大，适用于强力切削。

a)　　b)

图 4—54　弹簧夹头

a）ER 弹簧夹头　b）KM 弹簧夹头

中间模块（图 4—55）是刀柄和刀具之间的中间连接装置，通过中间模块的使用，提高了刀柄的通用性能。例如，镗刀、丝锥与莫氏钻头和刀柄的连接就经常使用中间模块。

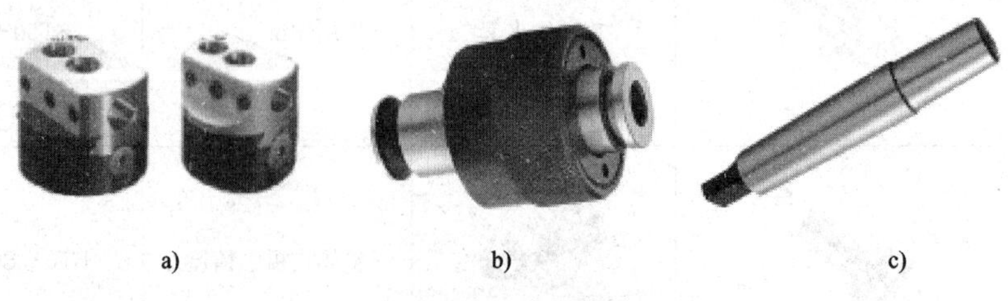

a)　　b)　　c)

图 4—55　中间模块

a）精镗刀中间模块　b）攻螺纹夹套　c）钻夹头接柄

你所在学校所用的刀柄是哪一种？有没有使用中间模块？

第四节　数控铣削用高速切削刀柄

高速切削（High Speed Cutting）和高速加工（High Speed Machining）分别简称 HSC 和 HSM。1931 年 4 月德国物理学家 Carl. J. Salomon 提出了高速切削理论：在常规切削速度范围内，切削温度随着切削速度的提高而升高，但切削速度提高到一定值后，切削温度不但不升高反会降低，且该切削速度值与工件材料有关，如图4—56 所示。

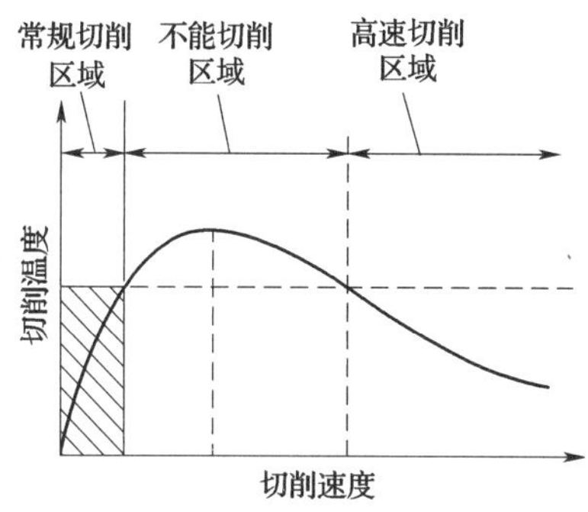

图 4—56　切削速度与切削温度的关系

高速切削技术是在高性能数控系统、机床结构及材料、机床设计、制造技术、高速主轴系统、快速进给系统、高性能刀夹系统、高性能刀具材料及刀具设计制造技术、高效高精度测量测试技术、高速切削机理、高速切削工艺等诸多相关硬件和软件技术均得到充分发展的基础之上综合而成的。因此，高速切削技术是一个复杂的系统工程和一项先进制造技术。

一、常规 7∶24 锥度刀柄存在的问题

高速加工要求确保高速下主轴与刀具的连接状态不发生变化。但是，传统主轴的 7∶24 前端锥孔在高速运转的条件下，由于离心力的作用会发生膨胀，膨胀量的大小随着旋转半径与转速的增大而增大；但是与之配合的 7∶24 实心刀柄则膨胀量较小，因此总的锥度连接刚度会降低，在拉杆拉力的作用下，刀具的轴向位置也会发生改变（图 4—57）。主轴锥孔的喇叭口状扩张还会引起刀具及夹紧机构质心的偏离，从而影响主轴的动平衡。要保证这种连接在高速下仍有可靠的接触，需有一个很大的过盈量来抵消高速旋转时主轴锥孔端部的膨胀，这样大的过盈量要求拉杆产生很大的拉力。这样大的拉力一般很难实现，即使能实现，对快速换刀也非常不利，同时对主轴前轴承也有不良的影响。

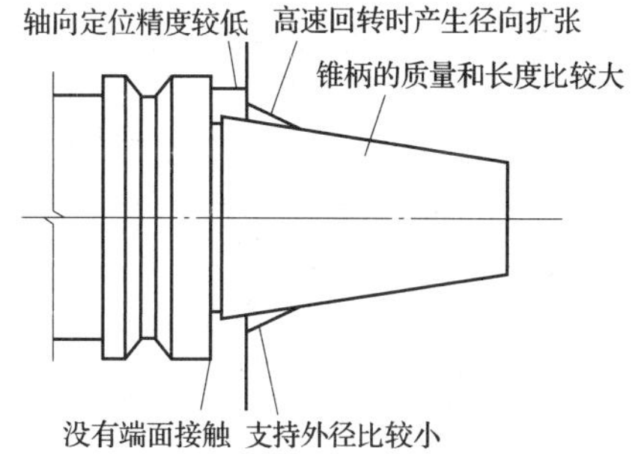

图 4—57　在高速运转中离心力使主轴锥孔扩张

高速加工对动平衡要求非常高，不仅要求主轴组件需精密动平衡（G0.4 级以上），而且刀具及装夹机构也需精确动平衡。但是，传递转矩的键和键槽很容易破坏这个动平衡。而且标准的 7∶24 锥柄较长，很难实现全长无间隙配合，一般只要求配合面前段 70%以上接触，因此配合面后段会有一定的

间隙，该间隙会引起刀具的径向圆跳动，影响主轴部件整体结构的动平衡。

二、常用的高速切削用刀柄

1. HSK 刀柄

（1）HSK 刀柄的工作原理

HSK 刀柄由锥面（径向）和法兰端面（轴向）共同实现与主轴的刚性连接，由锥面实现刀具与主轴之间的同轴度，锥柄的锥度为 1∶10，如图 4—58 所示。

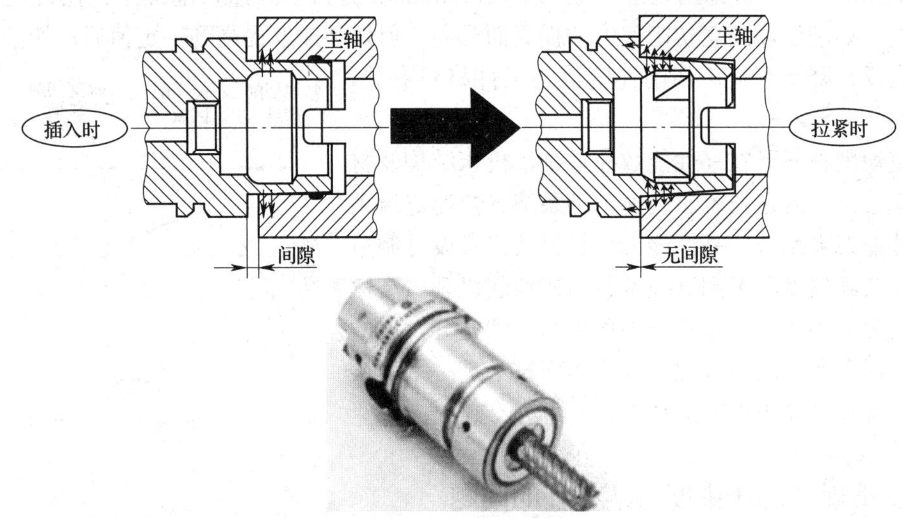

图 4—58　HSK 刀柄与主轴连接结构与工作原理

（2）HSK 刀柄的主要类型及其特点

HSK 刀柄分为六种型式，见表 4—8。A 型、B 型为自动换刀刀柄，C 型、D 型为手动换刀刀柄，E 型、F 型为无键连接、对称结构。

表 4—8　　HSK 各种类型的形状和特点

A 型			
HSK	法兰直径 d_1/mm	锥面基准直径 d_2/mm	
32	32	24	
40	40	30	
50	50	38	
63	63	48	
80	80	60	
100	100	75	
125	125	95	
160	160	120	

续表

——用于加工中心；
——可通过轴心供切削液；
——锥端部有传递转矩的两不对称键槽；
——法兰部有 ATC（自动换刀）用的 V 形槽和用于角向定位的切口。法兰上两不对称键槽，用于刀柄在刀库上定位；
——锥部有两个对称的工艺孔，用于手工锁紧。

B 型

HSK	法兰直径 d_1/mm	锥面基准直径 d_2/mm	
40	40	24	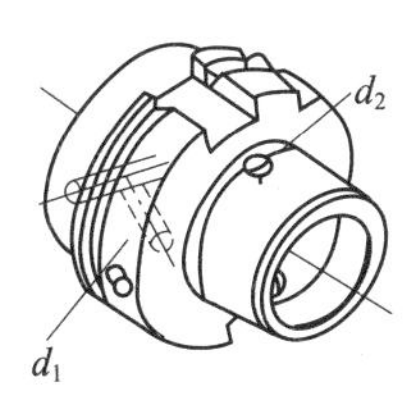
50	50	30	
63	63	38	
80	80	48	
100	100	60	
125	125	75	
160	160	95	

——用于加工中心及车削中心；
——法兰部的尺寸加大而锥部的直径减小，使法兰轴向定位面积比 A 型大，并通过法兰供切削液；
——传递转矩的两对称键槽在法兰上，同时此键槽也用于刀柄在刀库上定位；
——法兰部有 ATC 用的 V 形槽和用于角向定位的切口；
——锥部表面仅有两个用于手工锁紧的对称工艺孔，而无缺口。

C 型

HSK	法兰直径 d_1/mm	锥面基准直径 d_2/mm	
32	32	24	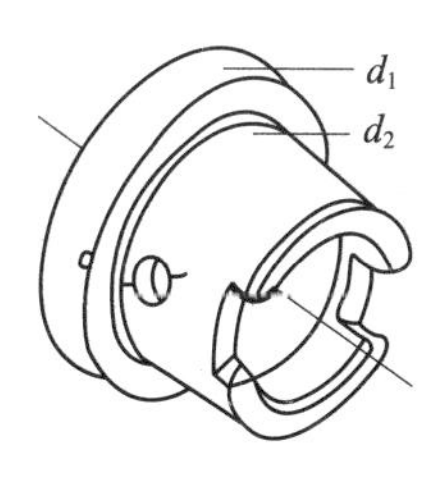
40	40	30	
50	50	38	
63	63	48	
80	80	60	
100	100	75	

——用于没有 ATC 的机床；
——可通过轴心供切削液；
——锥端部有传递转矩的两不对称键槽；
——锥部有两个对称的工艺孔，用于手工锁紧。

续表

D型

HSK	法兰直径 d_1/mm	锥面基准直径 d_2/mm	
40	40	24	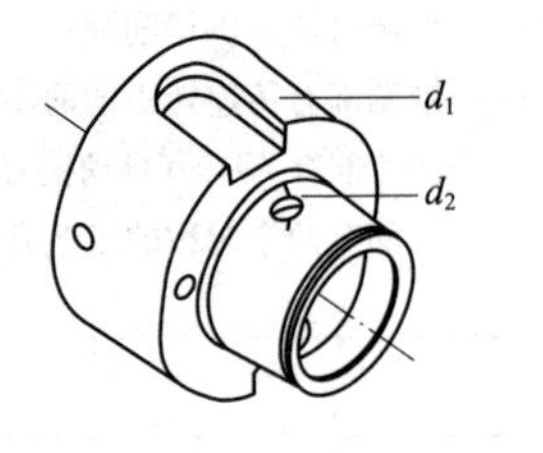
50	50	30	
63	63	38	
80	80	48	
100	100	60	

——用于没有 ATC 的机床；
——法兰部的尺寸加大而锥部的直径减小，使法兰轴向定位面积比 C 型大，并通过法兰供切削液；
——传递转矩的两对称键槽在法兰上，可传递的转矩比 C 型大；
——锥部表面仅有两个用于手工锁紧的对称工艺孔，而无缺口。

E型

HSK	法兰直径 d_1/mm	锥面基准直径 d_2/mm	
25	25	19	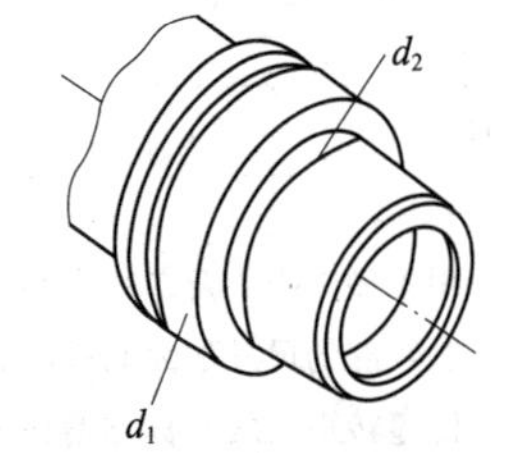
32	32	24	
40	40	30	
50	50	38	
63	63	48	

——用于高速加工中心及木工机床；
——可通过轴心供切削液；
——无任何槽和切口的对称设计，以适应高速动平衡的需要；
——靠摩擦力传递转矩。

F型

HSK	法兰直径 d_1/mm	锥面基准直径 d_2/mm	
50	50	30	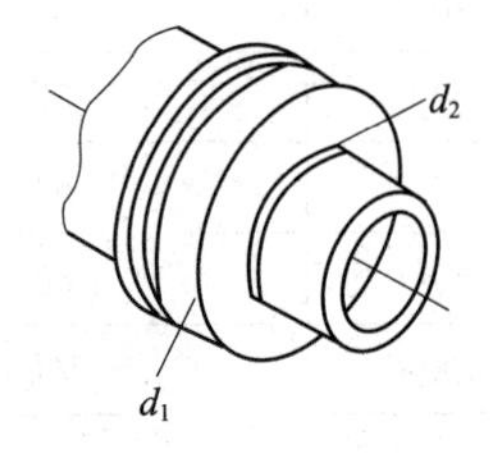
63	63	38	
80	80	48	

——用于高速加工中心及木工机床；
——法兰部的尺寸加大而锥部的直径减小，使法兰轴向定位面积比 E 型大，并通过法兰供切削液；
——无任何槽和切口的对称设计，以适应高速动平衡的需要；
——靠摩擦力传递转矩。

(3) HSK 刀柄的规格与型式（图 4—59）

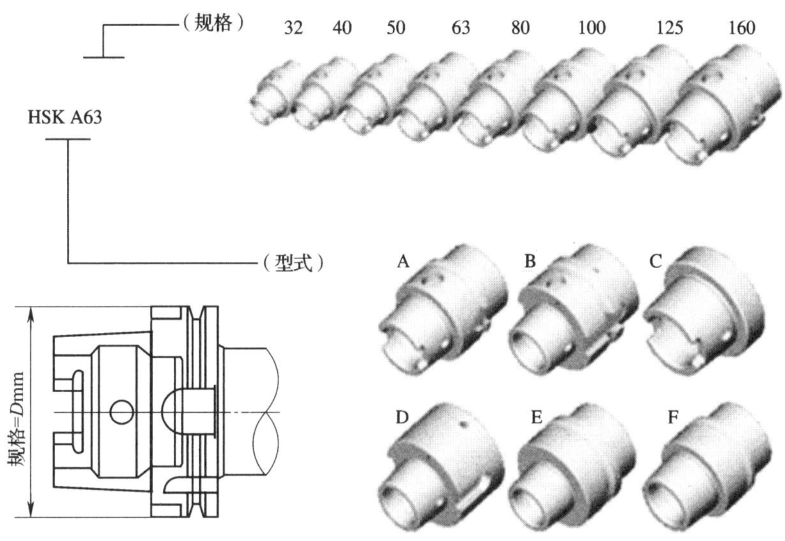

图 4—59 HSK 刀柄的规格与型式

看一看

HSK 刀柄靠什么定位？按常规理解，这样定位是否合适？

2. KM 刀柄

KM 刀柄采用 1∶10 短锥配合，锥柄的长度仅为标准 7∶24 锥柄长度的 1/3，由于配合锥度较短，部分解决了端面与锥面同时定位而产生的干涉问题，如图 4—60 所示。刀柄为中空的结构，在拉杆轴向拉力作用下，短锥可径向收缩，实现端面与锥面同时接触定位。由于锥度配合部分有较大的过盈量（0.02～0.05 mm），所需的加工精度比标准的 7∶24 长锥配合所需的精度低。与其他类型的空心锥连接相比，相同法兰外径采用的锥柄直径较小，主轴锥孔在高速旋转时的扩张小，高速性能好。图 4—61 为 KM 刀柄的一种夹紧机构，在拉杆上有两个对称的圆弧凹槽，该槽底为两段弧形斜面，夹紧刀柄时，拉杆向右移动，钢球沿凹槽的斜面被推出，卡在刀柄上的锁紧孔斜面上，将刀柄向主轴孔内拉紧，薄壁锥柄产生弹性变形，使刀柄端面与主轴端面贴紧。拉杆向左移动，钢球退到拉杆的凹槽内，脱离刀柄的锁紧孔，即可松开刀柄。KM 刀柄分为手动换刀和自动换刀两种。

3. CAPTO 刀柄

Sandvik 公司生产的 CAPTO 刀柄呈锥形三角体结构。这种刀柄不是圆锥形，而是锥形三角体，其棱为圆弧形，锥度为 1∶20 的空心短锥结构，实现了锥面与端面同时接触定位。锥形三角体结构可实现两个方向都无滑动的转矩传递，不再需要传动键，消除了因传动键和键槽引起的动平衡问题，如图 4—62 所示。三棱锥的表面大，使刀具表面压力低，不易变形，磨损小，因而具有始终如一的位置精度。但锥形三角体特别是主轴锥形三角体孔加工困难，加工成本高，与现有刀柄不兼容，配合会自锁。

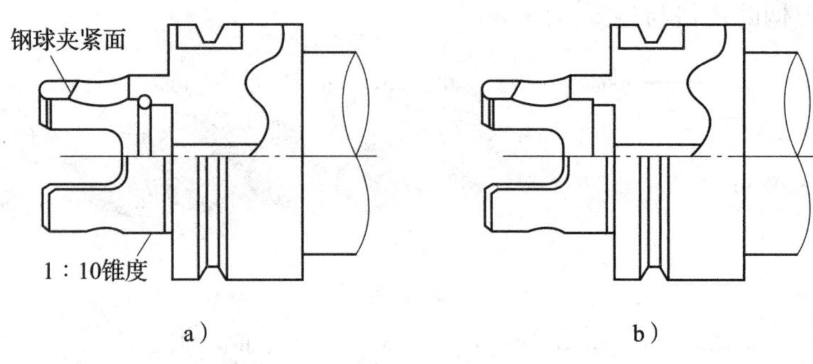

图 4—60　KM 刀柄形状

a）标准压力用　b）高压用

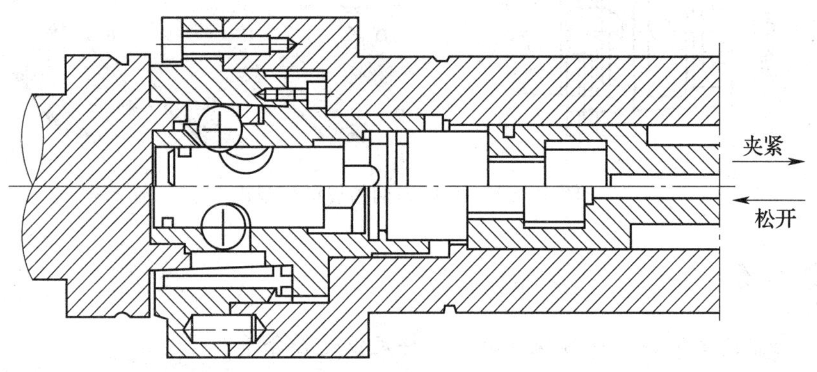

图 4—61　KM 刀柄的一种夹紧机构

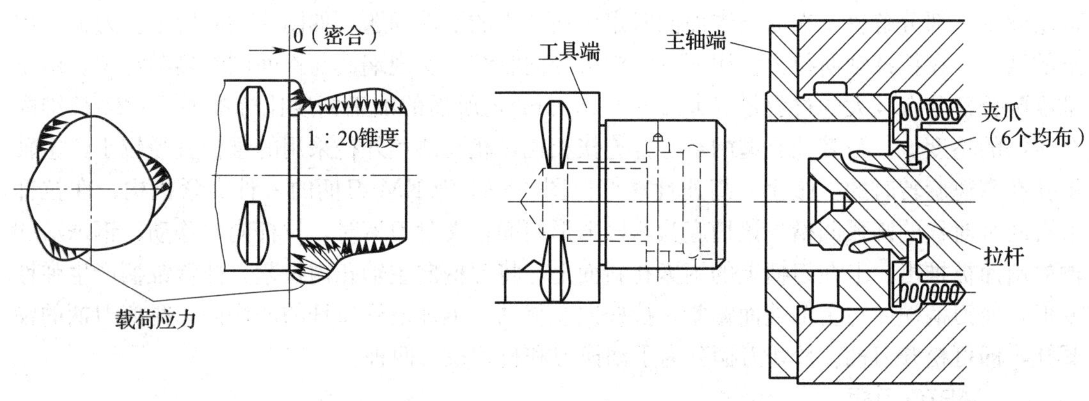

图 4—62　CAPTO 刀柄

4. NC5 刀柄

日本株式会社日研工作所的 NC5 系列刀具系统也是针对 7：24 刀柄的弊端开发的。它也采用了 1：10 锥度的双面定位型结构，与 HSK 不同的是，NC5 采用了实心结构，其抗高频颤振能力优于空心结构。其本体柄部为圆柱形，在该圆柱面上配有带外锥面的锥套，锥套大端与刀柄本体的法兰端面之间设有碟形弹簧，具有缓冲抑振效果（图 4—63）。

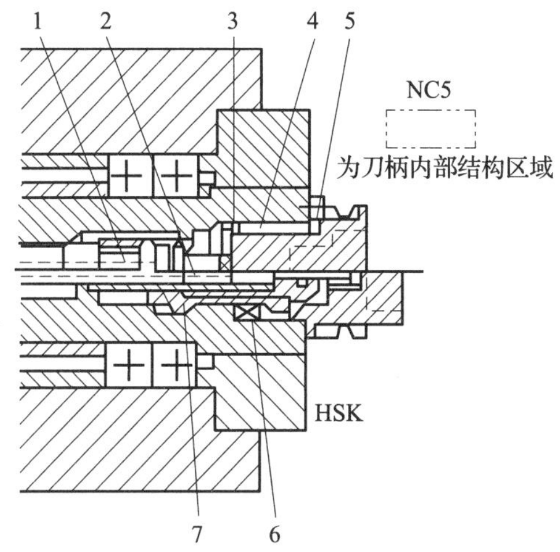

图 4—63　NC5 刀柄结构与 HSK 刀柄结构的比较

1—拉杆牵引机构　2—拉杆　3—预压调整垫　4—锥套　5—碟形弹簧　6—驱动键　7—内胀式弹性套筒机构

5. BIG—PLUS 刀柄

BIG—PLUS 刀柄的锥度仍然是 7∶24，其结构如图 4—64 所示。其设计原理是：将刀柄装入主轴时（锁紧前）端面的间隙小［对于 40 号刀柄，间隙为（0.02±0.005）mm］。锁紧后利用主轴内孔的弹性膨胀补偿间隙，使刀柄与主轴端面贴紧。这种设计产生的效果是：与主轴的接触面积增大，刚度得到增强，振动衰减效果提高；端面的校正作用使 ATC 的重复精度提高；端面的定位作用使轴向尺寸稳定。

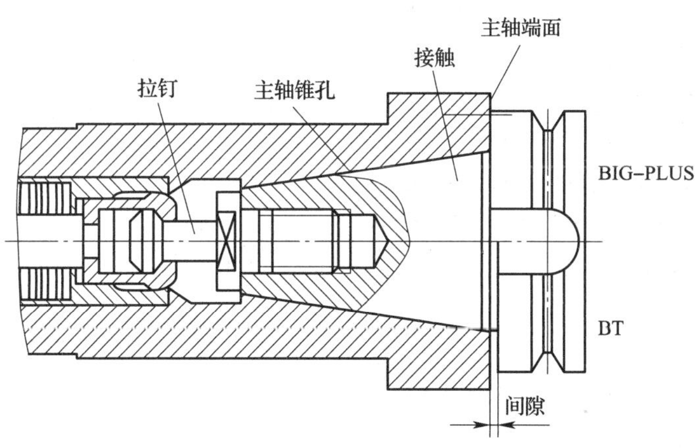

图 4—64　BIG—PLUS 刀柄与 BT 刀柄的比较

6. H. F. C 刀柄

日立精工公司的 H. F. C“日立”端面限位刀柄，是针对高速加工中心开发的双面约束型刀柄，其结构如图 4—65 所示。在刀柄法兰的圆周上设有端面限位螺钉，形成螺钉端部与主轴端部接触的型式；夹持刀具的弹性夹头螺母采用了与主轴轴端一样的碳素纤维周向缠绕的结构，可抑制高速旋转时刀柄锥孔的扩张，增强了对高速旋转的适应能力。此外，H. F. C 刀柄还具有锥部与 BT 7：24 锥连接互换、接触面位置可调、价格低廉等优点。

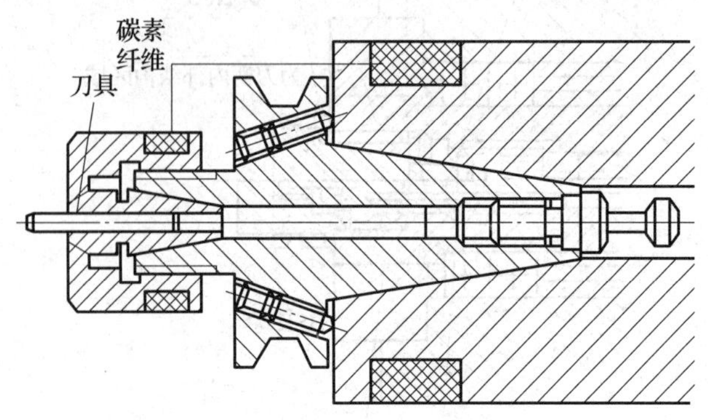

图 4—65 H. F. C 刀柄结构

7. SHOWA D—F—C 刀柄

SHOWA D—F—C 刀柄是圣和精机株式会社针对标准 7：24 刀柄的弊端开发的，主要目的是提高其高速性能。它仍采用了 7：24 锥度，故和 BIG—PLUS 刀柄一样，属于 7：24 锥度的双面定位型结构。其结构如图 4—66 所示，本体柄部为圆柱形，在该圆柱面上配有带外锥面的锥套，锥套大端与刀柄本体的法兰端面之间设有碟形弹簧，具有缓冲抑振效果。

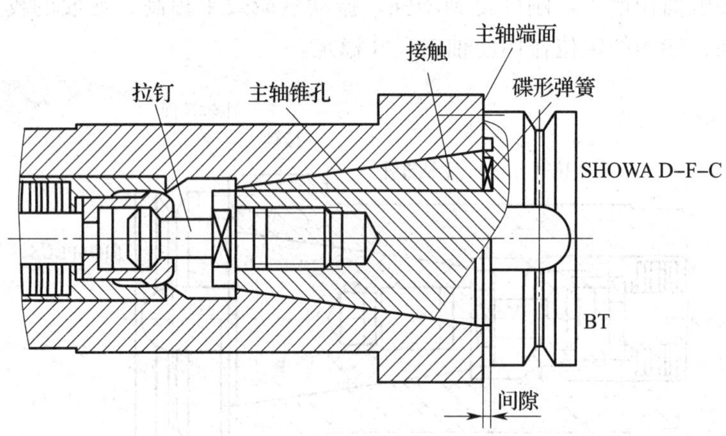

图 4—66 SHOWA D—F—C 刀柄与 BT 刀柄的比较

8. 3LOCK 刀柄

3LOCK 刀柄是属于 7：24 锥度的双面定位型结构，由日本株式会社日研工作所开发，其结构如图 4—67 所示。其本体柄部为圆柱体和锥体的组合，在该复合体上配有带外锥面且有缝的锥套，锥套大端与刀柄本体的法兰端面之间设有碟形弹簧，锥套小端通过拧在刀柄本体上的细牙锁母定位和锁紧。

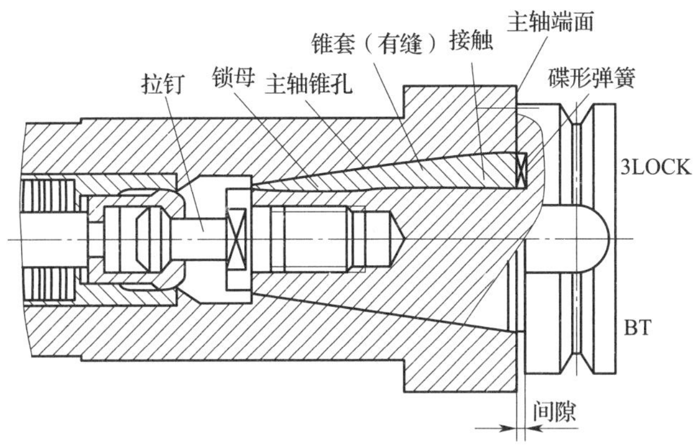

图 4—67　3LOCK 刀柄与 BT 刀柄的比较

9. WSU 刀柄

WSU—1 刀柄的锥面与端面同时接触定位。这种设计利用了“虚拟锥度”的概念，即以离散的点或线形成一个锥面，与主轴内锥孔面接触（图 4—68）。实现这些点线接触的元件是弹性的。因此，当拉杆轴向拉力使刀柄与主轴端面定位接触时，只会使刀柄锥体的这些弹性元件变形，刀柄不变形。这种方法可使接触锥部获得较大的过盈量，而不需太大的拉力，也不会使主轴膨胀，对接触面的污染不敏感。

WSU—1 刀柄要求的加工精度与普通刀柄相同，刀柄的锥部仍采用 7∶24 锥度，但它的直径比相同法兰尺寸的标准刀柄锥度直径要小，锥柄的外表面套有由金属或塑料保持架固定的相同直径的滚珠，由滚珠形成的虚拟锥的直径约比主轴内锥孔直径大 5～10 μm，在拉杆拉力作用下，滚珠发生弹性变形，刀柄在主轴锥孔内移动，直到刀柄法兰与主轴端面接触为止。改进锥配合的 WSU—2 结构如图 4—69 所示。

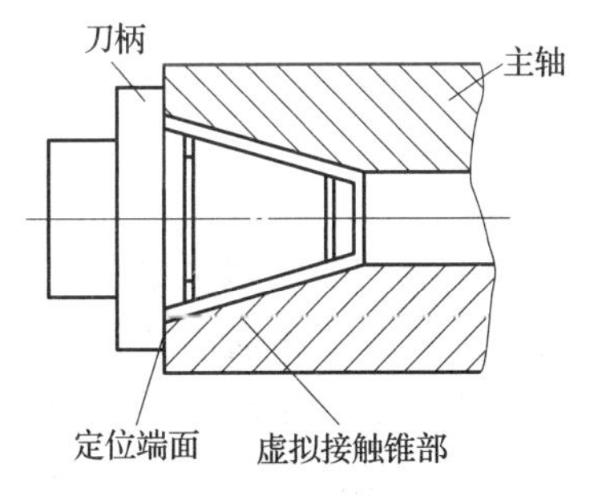

图 4—68　WSU—1 刀柄与主轴连接结构

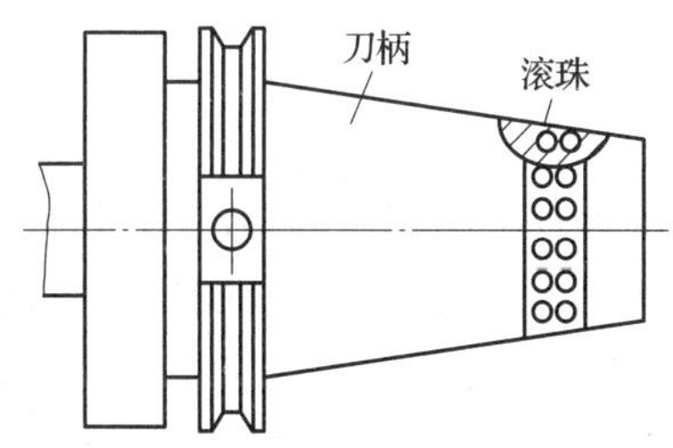

图 4—69　WSU—2 刀柄设计方案

三、高速机床刀具系统的动平衡调整方法

常用的可调平衡刀柄是在标准刀柄上增加可调平衡的部件。一种是在刀柄的外端面上钻出一系列平行于轴线的螺纹孔，用固定螺钉进行调节，根据所需要的平衡量旋入或

退出螺钉，也就是调整刀柄的径向重心位置。在刀具和刀柄装在一起后在动平衡机上检测不平衡量，然后手动调整。另一种是采用带有平衡调整环的刀柄，如图 4—70、图 4—71 所示。

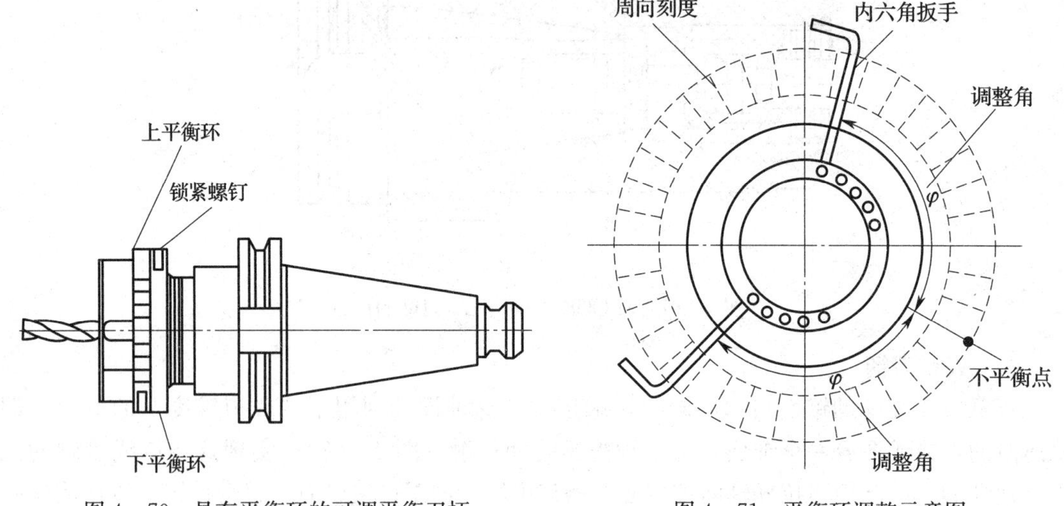

图 4—70　具有平衡环的可调平衡刀柄　　图 4—71　平衡环调整示意图

查一查

除上述方法外，高速机床刀具系统的动平衡调整方法还有哪些？

第五节　数控铣削切削用量的确定

一、切削用量

在铣削过程中所选用的切削用量称为铣削用量。铣削用量的要素包括铣削速度 v_c、进给量 f、背吃刀量 a_p和铣削宽度 a_e。铣削时，由于采用的铣削方法和选用的铣刀不同，背吃刀量 a_p和铣削宽度 a_e的含义也不同。图 4—72 所示为用圆柱形铣刀进行圆周铣与用端铣刀进行端铣时，背吃刀量与铣削宽度的含义。不难看出，无论是采用圆周铣还是端铣，铣削宽度 a_e都表示铣削弧深。因为不论使用哪种铣刀铣削，其铣削弧深的方向均垂直于铣刀轴线。

与切削用量有关的常用切削参数的计算公式见表 4—9。铣削用量的选择与铣削的加工精度、加工表面质量和生产率有着密切的关系。

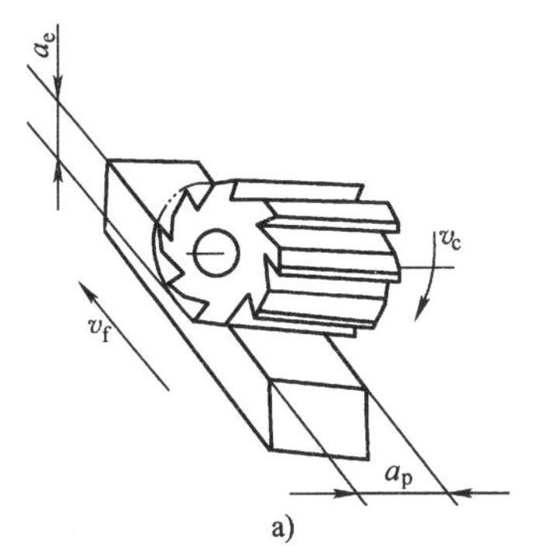

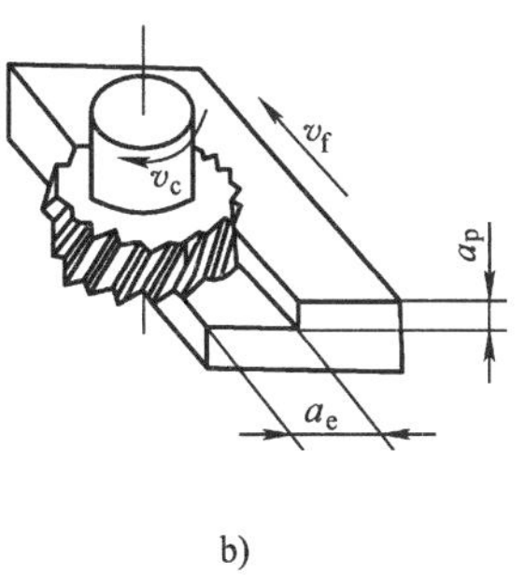

图 4—72 圆周铣与端铣时的铣削用量

a）圆周铣 b）端铣

表 4—9 **切削参数计算公式**

符号	切削参数	单位	公式
v_c	切削速度	m/min	$v_c=\frac{\pi\times D_c\times n}{1\ 000}$
n	主轴转速	r/min	$n=\frac{v_c\times 1\ 000}{\pi\times D_c}$
v_f	工作台进给量（进给速度）	mm/min	$v_f=f_z\times n\times z_n$
		mm/r	$v_f=f_z\times n$
f_z	每齿进给量	mm	$f_z=\frac{v_f}{n\times z_n}$
f_n	每转进给量	mm/r	$f_n=\frac{v_f}{n}$
Q	金属去除率	cm³/min	$Q=\frac{a_p\times a_e\times v_f}{1\ 000}$
D_e	有效切削直径	mm	R 角立铣刀：$D_e=D_3-d+\sqrt{d^2-(d-2\times a_p)^2}$ 球头铣刀：$D_e=2\times\sqrt{a_p\times(D_c-a_p)}$

注：D_c为切削直径；z_n为刀具上切削刃个数；a_p为背吃刀量；a_e为切削宽度；d 为 R 角立铣刀刀角圆直径；D_3为 R 角立铣刀（环形铣刀）外径。

二、铣削用量的选择

1. 背吃刀量或铣削宽度的选择

背吃刀量或铣削宽度的选取主要由加工余量和对表面质量的要求决定。

（1）在工件表面粗糙度值要求较大时，如果圆周铣削的加工余量小于 5 mm，端铣的加工余量小于 6 mm，则粗铣一次进给就可以达到要求。但在加工余量较大，工艺系统刚度较差或机床动力不足时，可分几次进给完成。

（2）在工件表面粗糙度值要求较小时，可分粗铣和半精铣两步进行。粗铣时背吃刀量或铣削宽度选取同前。粗铣后留 0.5～1.0 mm 的余量，在半精铣时切除。

（3）在工件表面粗糙度值要求很小时，可分粗铣、半精铣和精铣三步进行。半精铣时背吃刀量或铣削宽度取 1.5～2 mm；精铣时圆周铣铣削宽度取 0.3～0.5 mm，端铣背吃刀量取 0.5～1 mm。

2．进给量与进给速度的选择

进给量与进给速度是衡量切削用量的重要参数，根据零件的表面粗糙度、加工精度要求、刀具及工件材料等因素，参考有关切削用量手册选择。切削时的进给速度还应与主轴转速和背吃刀量等切削用量相适应，不能顾此失彼。工件刚度差或刀具强度低时，应取小值。加工精度和表面粗糙度要求较高时，进给量应选得小些，但不能选得过小，过小的进给量反而会使表面粗糙度值增大。轮廓加工中，选择进给量时还应注意轮廓拐角处的过切和欠切问题。图 4—73 所示为用圆柱铣刀铣削图示轮廓表面时，铣刀由 A 向 B 运动，进给速度较高时，由于惯性在拐角 B 处可能出现过切现象，拐角处的金属被多切除一些。为此，要选择变化的进给量，即在接近拐角处应当适当降低进给量，过拐角后再逐渐升高，以保证加工精度。另外，在切削过程中，由于切削力的作用，使机床、工件和刀具的工艺系统产生变形，从而使刀具产生滞后，在拐角处会产生欠切现象，采用增加减速程序段或暂停程序的方法，可以减少由此产生的欠切现象。对于铣削时的进给量可以参考表 4—10～表 4—16 进行选择。

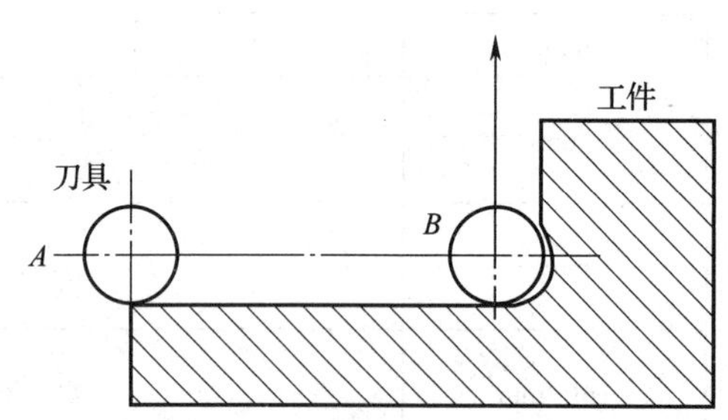

图 4—73　轮廓拐角处的超程现象

表 4—10　　高速钢圆柱铣刀的进给量

加工性质	机床功率/kW	工件—夹具系统刚度	粗齿及镶齿铣刀		细齿铣刀	
			每齿进给量 f_z/（mm/齿）			
			钢	铸铁、铜合金	钢	铸铁、铜合金
粗铣平面	>10	高 中 低	0.4～0.6 0.3～0.4 0.2～0.3	0.6～0.8 0.4～0.6 0.25～0.4		
	5～10	高 中 低	0.2～0.3 0.12～0.2 0.10～0.15	0.25～0.4 0.2～0.3 0.12～0.2	0.10～0.15 0.06～0.10 0.06～0.08	0.12～0.20 0.10～0.15 0.08～0.12

续表

粗铣平面	≤5	中 低	0.10～0.15 0.06～0.10	0.12～0.2 0.1～0.15	0.05～0.08 0.03～0.06	0.06～0.12 0.05～0.10

	表面粗糙度 $Ra/\mu m$	工件材料	铣刀直径 d_0/mm							
			40	60	75	90	110	130	150	200
			铣刀每转进给量 f/（mm/r）							
精铣平面	3.2	钢	1.0～1.8	1.3～2.3	1.5～2.7	1.7～3.0	1.9～3.4	2.1～3.8	2.3～4.1	2.8～5.0
		铸铁、铜合金	1.0～1.6	1.2～2.0	1.3～2.3	1.4～2.5	1.6～2.7	1.7～3.0	1.9～3.2	2.1～3.7
	1.6	钢	0.6～1.0	0.7～1.3	0.8～1.5	1.0～1.7	1.1～1.9	1.2～2.1	1.3～2.3	1.6～2.8
		铸铁、铜合金	0.6～1.0	0.7～1.2	0.7～1.3	0.8～1.4	0.9～1.6	1.0～1.7	1.1～1.9	1.2～2.1

注：①粗铣时，背吃刀量 a_p 和铣削宽度 a_e 小时用较大进给量，a_p、a_e 大时用较小的进给量。

②表中的精铣进给量适用于工艺系统具有足够刚度的条件下，刚度不足时应适当降低。

表 4—11　　高速钢套式面铣刀的进给量

加工性质	机床功率/kW	工件—夹具系统刚度	整体粗齿、镶齿铣刀		整体细齿铣刀	
			每齿进给量 f_z/（mm/齿）			
			碳钢、合金钢、耐热钢	铸铁、铜合金	碳钢、合金钢、耐热钢	铸铁、铜合金
粗铣平面	>10	高 中 低	0.2～0.3 0.15～0.25 0.10～0.15	0.4～0.6 0.3～0.5 0.2～0.3		
	5～10	高 中 低	0.12～0.2 0.08～0.15 0.06～0.10	0.3～0.5 0.2～0.4 0.15～0.25	0.08～0.12 0.06～0.10 0.04～0.08	0.2～0.35 0.15～0.30 0.10～0.20
	≤5	中 低	0.04～0.06 0.04～0.06	0.15～0.30 0.10～0.20	0.04～0.06 0.04～0.06	0.12～0.20 0.08～0.15

	表面粗糙度 $Ra/\mu m$	工件材料			
		45（轧制）、40Cr（轧制、正火）	35	45（调质）	10、20、20Cr
		铣刀每转进给量 f/（mm/r）			
精铣平面	6.3 3.2 1.6	1.2～2.7 0.5～1.2 0.24～0.5	1.4～3.1 0.5～1.4 0.3～0.5	2.6～5.6 1.0～2.6 0.4～1.0	1.8～3.9 0.7～1.8 0.3～1.7

表 4—12　　高速钢三面刃圆盘铣刀的进给量

加工性质	机床功率/kW	工件—夹具系统刚度	镶齿铣刀 每齿进给量 f_z/（mm/齿） 钢	镶齿铣刀 铸铁、铜合金	整体铣刀 钢	整体铣刀 铸铁、铜合金
粗铣平面及凸台	>10	高	0.15～0.25	0.3～0.5		
		中	0.12～0.20	0.25～0.4		
		低	0.10～0.18	0.2～0.3		
	5～10	高	0.10～0.18	0.25～0.4	0.08～0.12	0.2～0.3
		中	0.08～0.15	0.2～0.3	0.06～0.10	0.15～0.25
		低	0.06～0.10	0.15～0.25	0.04～0.08	0.10～0.20
	≤5	中	0.04～0.06	0.15～0.25	0.04～0.06	0.12～0.20
		低	0.04～0.06	0.10～0.20	0.04～0.06	0.08～0.15

	表面粗糙度 Ra/μm	工件材料 45（轧制）、40Cr（轧制正火）	35	45（调质）	10、20、20Cr
		铣刀每转进给量 f/（mm/r）			
精铣平面及凸台	3.2	0.5～1.2	0.5～1.4	1.0～2.6	0.7～1.8
	1.6	0.23～0.5	0.3～0.5	0.4～1.0	0.3～0.7

	工件材料	铣刀直径 d_0/mm	齿数 z	铣削宽度 a_e/mm	铣削深度 a_p/mm 5	10	15	20	30
					每齿进给量 f_z/（mm/齿）				
铣槽	钢	63	16	6～12	0.05～0.08	0.03～0.06	0.03～0.05		
		75	10	10～20	0.08～0.12	0.06～0.1	0.05～0.08		
		80	18	10～20	0.05～0.08	0.03～0.06	0.03～0.05		
		90	12	10～20	0.08～0.12	0.06～0.1	0.05～0.08		
		100	20	10～20	0.05～0.08	0.03～0.06	0.03～0.05		
		110	14	12～24	0.08～0.12	0.06～0.1	0.05～0.08	0.03～0.06	
		150	16	18～30	—	0.06～0.12	0.05～0.10	0.04～0.08	0.03～0.05
		200	20	20～40	—	0.08～0.15	0.06～0.12	0.04～0.08	0.03～0.05
	铸铁	63	16	6～12	0.08～0.12	0.06～0.1	0.05～0.08		
		75	10	10～20	0.12～0.18	0.1～0.15	0.08～0.12		
		80	18	10～20	0.08～0.12	0.06～0.1	0.05～0.08		
		90	12	10～20	0.12～0.18	0.1～0.15	0.08～0.12		
		100	20	10～20	0.08～0.12	0.06～0.1	0.05～0.08		
		110	14	12～24	0.12～0.18	0.1～0.15	0.08～0.12	0.05～0.10	
		150	16	18～30	—	0.1～0.18	0.08～0.15	0.06～0.12	0.05～0.08
		200	20	20～40	—	0.1～0.20	0.10～0.18	0.08～0.15	0.05～0.08

表 4—13　　高速钢立铣刀的进给量

加工性质	工件材料	铣刀直径 d_0/mm	齿数 z	铣削深度 a_p/mm 5	10	15	20	30
				每齿进给量 f_z/（mm/齿）				
精铣	钢	8	5	0.01～0.02	0.008～0.015	—	—	—
		10	5	0.015～0.025	0.012～0.02	0.01～0.015	—	—
		16	3	0.035～0.05	0.03～0.04	0.02～0.03	—	—
			5	0.02～0.04	0.015～0.025	0.012～0.02	—	—
		20	3	—	0.05～0.08	0.04～0.06	0.025～0.05	—
			5	—	0.04～0.06	0.03～0.05	0.02～0.04	—
		25	3	—	0.06～0.12	0.06～0.1	0.04～0.06	0.025～0.05
			5	—	0.06～0.1	0.05～0.08	0.04～0.06	0.02～0.04
		32	4	—	0.07～0.12	0.06～0.10	0.05～0.08	0.04～0.06
			6	—	0.07～0.10	0.06～0.09	0.04～0.06	0.03～0.05
	铸铁、钢合金	8	5	0.015～0.025	0.012～0.02	—	—	—
		10	5	0.03～0.05	0.015～0.03	0.012～0.02	—	—
		16	3	0.07～0.10	0.05～0.08	0.04～0.07	—	—
			5	0.03～0.08	0.04～0.07	0.025～0.05	—	—
		20	3	0.08～0.12	0.07～0.12	0.06～0.10	0.04～0.07	—
			5	0.06～0.12	0.06～0.10	0.05～0.08	0.035～0.05	—
		25	3	—	0.10～0.15	0.08～0.12	0.07～0.10	0.06～0.07
			5	—	0.08～0.14	0.07～0.10	0.04～0.07	0.03～0.06
		32	4	—	0.12～0.18	0.08～0.14	0.04～0.12	0.06～0.08
			6	—	0.10～0.15	0.08～0.12	0.07～0.10	0.05～0.07

表 4—14　　硬质合金面铣刀的进给量

粗铣									
机床功率/kW	铣削方式	钢 R_m/GPa				铸铁硬度（HBW）			
		≤0.588		>0.588		≤180		>180	
		硬质合金牌号							
		YT5	YT15	YT5	YT15	YG8	YG6	YG8	YG6
		每齿进给量 f_z/（mm/齿）							
5～10	对称铣	0.15～0.18	0.12～0.15	0.12～0.14	0.09～0.11	0.24～0.29	0.19～0.24	0.20～0.24	0.14～0.18
	不对称铣	0.30～0.36	0.22～0.30	0.24～0.28	0.18～0.22	0.48～0.56	0.38～0.48	0.38～0.45	0.28～0.36

续表

>10	对称铣	0.20～0.24	0.14～0.18	0.16～0.20	0.12～0.15	0.32～0.38	0.22～0.28	0.25～0.32	0.18～0.24
	不对称铣	0.40～0.48	0.28～0.36	0.32～0.40	0.24～0.30	0.65～0.80	0.45～0.56	0.50～0.64	0.38～0.48

主偏角改变时每齿进给量的修正系数

主偏角 κ_r	90°	45°～60°	30°	15°
修正系数	0.7	1.0	1.5	2.8

精铣

工件材料		副偏角 κ_r'	已加工表面粗糙度 Ra/μm		
			3.2	1.6	0.8
			每齿进给量 f_z/（mm/齿）		
钢 R_m/GPa	≤0.686	5° 2°	0.5～0.8 1～1.6	0.4～0.5 0.8～1.1	0.2～0.25 0.4～0.5
	>0.686	5° 2°	0.7～1.0 1.4～2.0	0.45～0.6 0.9～1.2	0.2～0.3 0.4～0.6

注：①装有刮光刀片的面铣刀，精铣时的每齿进给量可增大。

②加工耐热钢时的每齿进给量 f_z=0.1～0.35 mm。

表 4—15　硬质合金三面刃圆盘铣刀的进给量

加工性质	工件材料钢 R_m/GPa	背吃刀量 a_p/mm	机床（铣头）动力/kW			
			5～10		>10	
			工件—夹具系统刚度			
			高	中	高	中
			粗、精铣每齿进给量 f_z/（mm/齿）			
铣平面及凸台	≤0.882	≤30 >30	0.18～0.22 0.15～0.20	0.15～0.20 0.10～0.15	0.20～0.25 0.18～0.22	0.18～0.22 0.15～0.20
	>0.882	≤30 >30	0.12～0.15 0.10～0.12	0.10～0.12 0.08～0.10	0.15～0.20 0.12～0.15	0.12～0.15 0.10～0.12
铣槽	≤0.882	≤30 >30	0.10～0.12 0.08～0.10	0.08～0.10 0.06～0.08	0.12～0.15 0.10～0.12	0.08～0.10 0.08～0.10
	>0.882	≤30 >30	0.06～0.08 0.05～0.06	0.05～0.06 0.04～0.05	0.08～0.10 0.06～0.08	0.06～0.08 0.05～0.06

注：①铣槽时，槽窄用较小进给量，槽宽用较大进给量。

②按表内进给量，可获得已加工表面粗糙度值 Ra 为 0.8～1.6 μm。

表 4—16 硬质合金立铣刀的进给量

加工性质	铣刀种类	铣刀直径 d_0/mm	齿数 z	背吃刀量 a_p/mm 1～3	5	8
				每齿进给量 f_z/（mm/齿）		
铣削	装有螺旋刀片的立铣刀	16	3	0.05～0.08	0.04～0.07	—
		20	4	0.07～0.10	0.05～0.08	—
		25	4	0.08～0.12	0.06～0.10	0.05～0.10
		32	4	0.10～0.15	0.08～0.12	0.06～0.10
		40	6	0.10～0.18	0.08～0.12	0.06～0.10
		50	6	0.10～0.20	0.10～0.15	0.08～0.12
	带整体刀头的立铣刀	10～12	6	0.025～0.03	—	—
		16	6	0.04～0.06	0.03～0.04	—
		20	8	0.05～0.08	0.04～0.06	0.03～0.04

3. 铣削速度的选择

根据已经选定的背吃刀量、进给量及刀具寿命选择切削速度。可用经验公式计算，也可根据表 4—17 中提供的数据选取。

表 4—17 常见工件材料铣削速度参考值

工件材料	硬度（HBW）	铣削速度 v_c/（m/min） 硬质合金铣刀	高速钢铣刀	工件材料	硬度（HBW）	铣削速度 v_c/（m/min） 硬质合金铣刀	高速钢铣刀
低、中碳钢	＜225	80～150	21～40	工具钢	200～250	45～83	12～23
	225～300	60～115	15～36	灰铸铁	100～150	110～115	24～36
	300～425	40～75	9～20		150～230	60～110	15～21
高碳钢	＜225	60～130	18～36		230～300	45～90	9～18
	225～325	53～105	14～24		300～320	21～30	5～10
	325～375	36～48	9～12	可锻铸铁	110～160	100～200	42～50
	375～425	35～45	6～10		160～200	83～120	24～36
合金钢	＜225	55～120	15～35		200～240	72～110	15～24
	225～325	40～80	10～24		240～280	40～60	9～21
	325～425	30～60	5～9	铝镁合金	95～100	360～600	180～300

注：①粗铣时切削负荷大，v_c 应取小值；精铣时，为减小表面粗糙度值，v_c 应取大值。

②采用可转位硬质合金铣刀时，v_c 可取较大值。

③铣刀结构及几何参数等改进后，v_c 可超过表中之值。

④实际铣削后，如发现铣刀寿命太低，应适当降低 v_c。

做一做

在实训时，根据以上原则确定切削用量，并进行实际操作。

第六节　典型轮廓的数控铣削加工

一、铣削方式

铣削有两种方式：顺铣和逆铣。同时，根据铣刀与工件之间的相对位置不同，又可分为对称铣削与非对称铣削。

圆周铣时的顺铣与逆铣如图 4—74 所示。在铣床上进行圆周铣时，一般情况下采用逆铣方式。

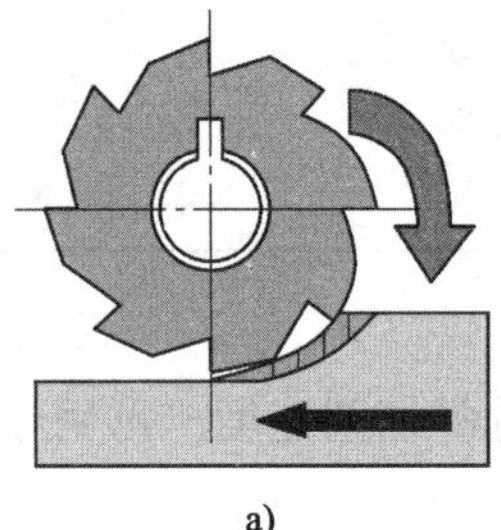

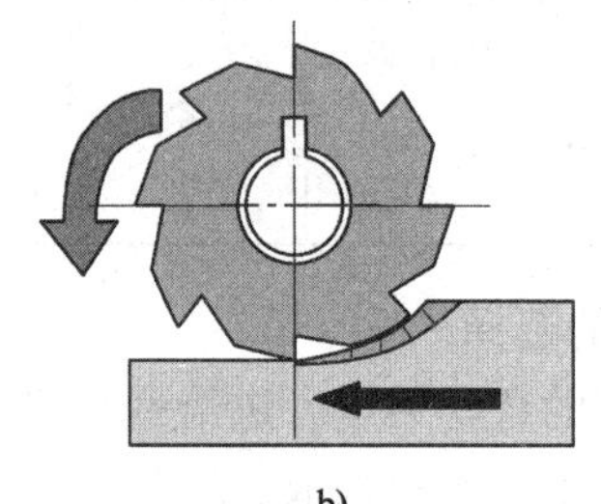

a)　　b)

图 4—74　圆周铣时的顺铣和逆铣

a）顺铣　b）逆铣

端铣时，存在对称铣与非对称铣。只有在铣削宽度 a_e 接近铣刀直径时，才采用对称铣削。图 4—75 所示为端铣时的对称铣削。端铣时，应采用非对称逆铣，一般不采用非对称顺铣，如图 4—76 所示。

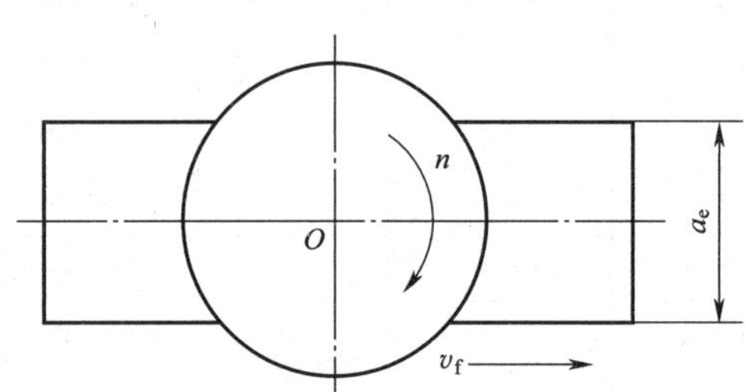

图 4—75　端铣时的对称铣削

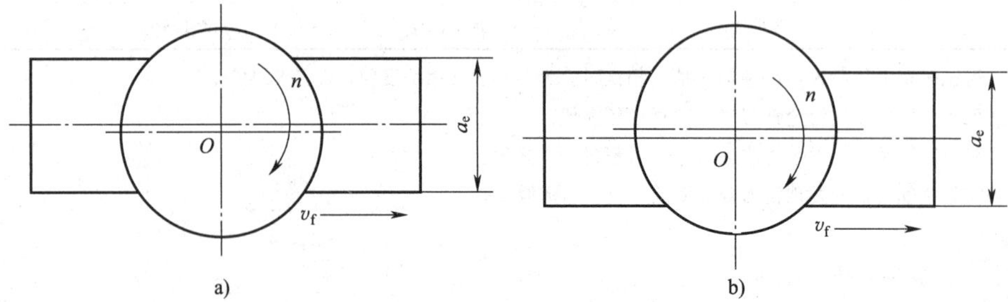

图 4—76　端铣时非对称铣削

a）非对称顺铣　b）非对称逆铣

二、典型轮廓的数控铣削方法

进给路线是指数控加工过程中刀具相对于被加工工件的运动轨迹和方向。加工路线的合理选择是非常重要的，因为它与零件的加工精度和表面质量密切相关。进给路线不但包括了工步的内容，也反映出各工步顺序。进给路线是编写程序的依据之一，因此，在确定进给路线时最好画一张工序简图，将已经拟定出的进给路线画上去（包括进、退刀路线），这样可为编程带来不少方便。

1. 平面的铣削

在铣床上铣削平面的方法有两种，即圆周铣和端铣。图 4—77 所示为水平面的端铣加工图。图 4—78 所示为大平面采用行切法的进给路线图，a 一般与 D 相等，e 根据毛坯情况而定。

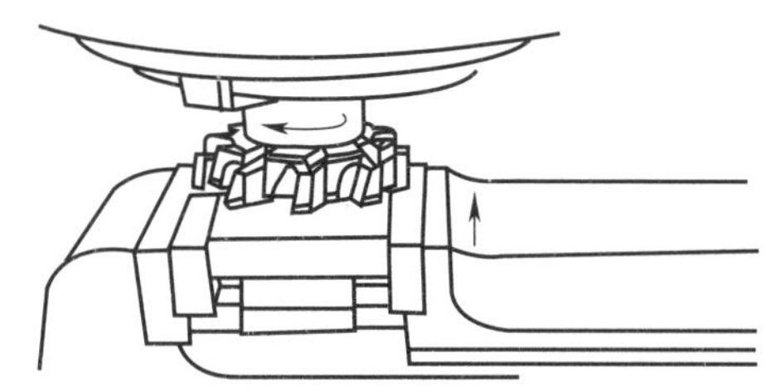

图 4—77　水平面端铣加工

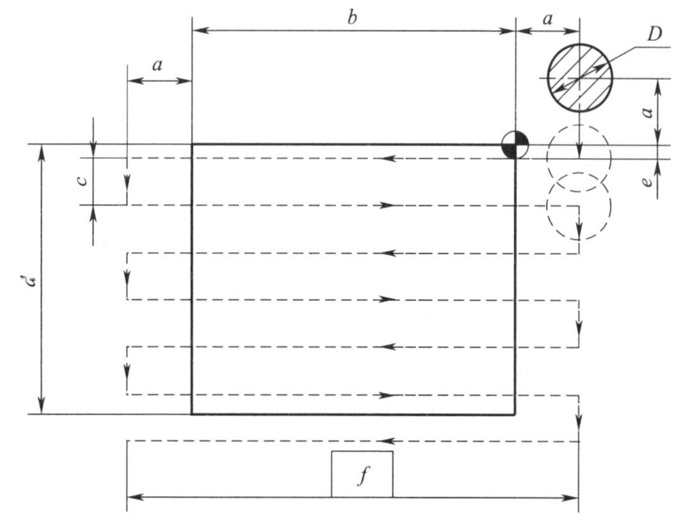

图 4—78　行切法铣削平面

a—空刀量　b—工件长度　c—步距　D—铣刀直径　d—工件宽度　e—初次切削宽度　f—实际进给量

查一查

采用行切法铣削平面，怎样解决粗、精加工的问题？

2. 沟槽的加工

(1) 直角沟槽的铣削

直角通槽主要用三面刃铣刀来铣削，也可用立铣刀、端铣刀或合成铣刀来铣削。

图 4—79a 所示压板工件的封闭槽，则必须用立铣刀或键槽铣刀来加工。立铣刀的尺寸精度较低，其直径的基本偏差为 js14，现采用直径为 ϕ16 mm 的立铣刀加工。由于此直角槽底部是穿通的，装夹时应注意沟槽下面不能有垫铁，以免妨碍立铣刀穿通，故应采用两块较窄的平行垫铁，垫在工件下面（图 4—79b）。这条封闭槽的长度是 32 mm，当用直径为 ϕ16 mm 的铣刀切入后，工作台实际只需移动 16 mm。

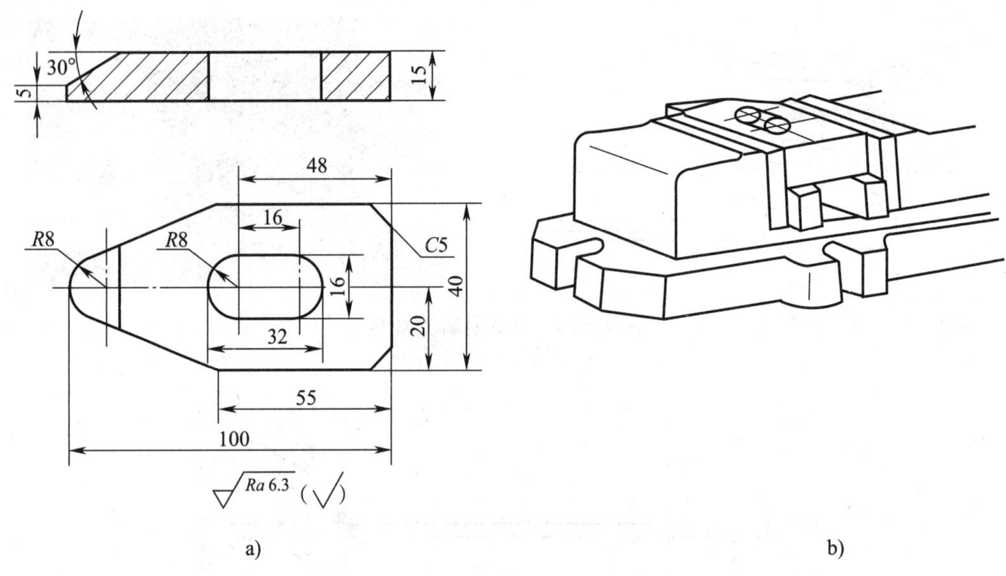

图 4—79　压板工件及其装夹

(2) 键槽的铣削方法

1) 铣通键槽。车床光杠上的键槽属于通键槽；铣刀轴上的键槽虽属半封闭键槽，由于封闭的一端可以是弧形的，故铣削时也可按通键槽一样加工，此类键槽一般都采用盘形槽铣刀来铣削。这种长的轴类零件，若外圆是已经磨削完成的工件，则可用台虎钳装夹进行铣削（图 4—80）。为了避免因工件伸出钳口太多而产生振动和弯曲，可在伸出端用千斤顶来支撑。若工件直径是粗加工的，则应采用三爪自定心卡盘加后顶尖来装夹，中间还应采用千斤顶来支撑。

2) 铣封闭键槽。如图 4—81 所示传动轴，可以采用一次铣准键槽深度的铣削方法（图 4—81a），还可以用分层铣削法（图 4—81b）。分层铣削时，每次铣削层深度只有

0.5 mm左右，以较快的进给速度往复进行铣削，一直切削到预定的深度为止。这种加工方法的特点是：需应用切削刃过中心的铣刀加工，铣刀用钝后只需磨端面刃（磨削不到1 mm)，铣刀直径不受影响，在铣削时也不会产生让刀现象。

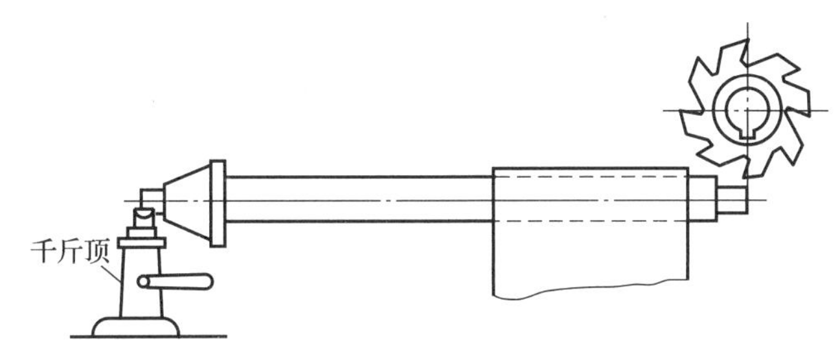

图 4—80 铣通键槽

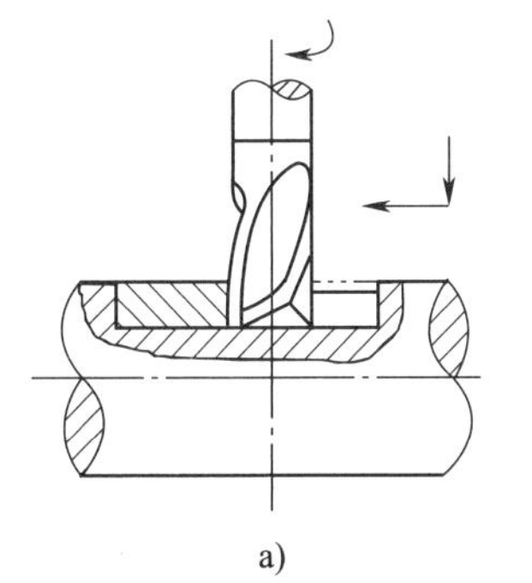

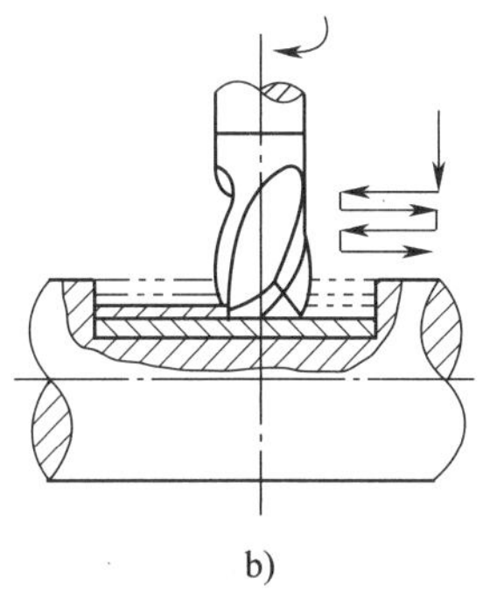

图 4—81 铣封闭键槽

a）一次铣削 b）分层铣削

（3）T 形槽的铣削

加工如图 4—82 所示带有 T 形槽的工件，装夹时，使工件侧面与工作台进给方向一致。

1）铣 T 形槽的步骤

①铣直角槽。在立式铣床上用键槽铣刀（或在卧式铣床上用槽铣刀）铣出一条宽 18 mm、深 30 mm 的直角槽，如图 4—83a 所示。

②铣 T 形槽。拆下键槽铣刀，装上直径 32 mm、厚 15 mm 的 T 形槽铣刀，接着把 T 形槽铣刀的端面调整到与直角槽的槽底相接触，然后开始铣削，如图 4—83b 所示。

③槽口倒角。拆下 T 形槽铣刀，装上倒角铣刀倒角，如图 4—83c 所示。倒角时，应注意两边对称。

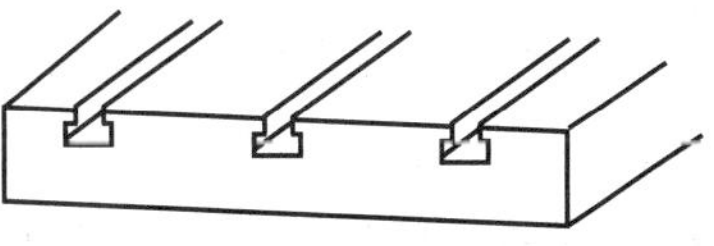

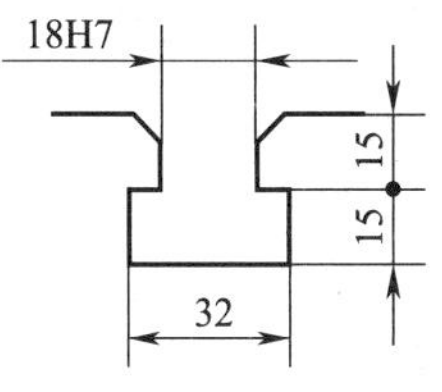

图 4—82 T 形槽工件

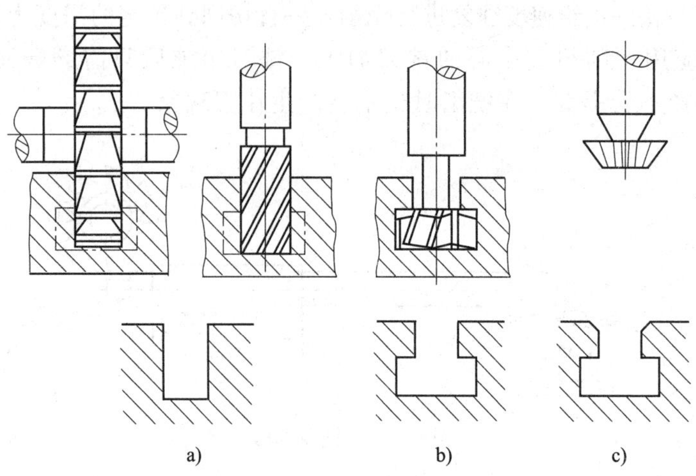

图 4—83　T 形槽的铣削步骤

a）铣直角槽　b）铣 T 形槽　c）槽口倒角

2）铣 T 形槽注意事项

①T 形槽铣刀在切削时切屑排出非常困难，经常把容屑槽填满而使铣刀失去切削能力，以致使铣刀折断，所以，应经常清除切屑。

②T 形槽铣刀的颈部直径较小，要注意因铣刀受到过大的铣削力和突然的冲击力而折断。

③由于排屑不畅，切削时热量不易散失，铣刀容易发热，在铣钢件时，应充分浇注切削液。

④T 形槽铣刀不能用得太钝，因钝的刀具其切削能力大为减弱，铣削力和切削热会迅速增加，所以，用钝的 T 形槽铣刀铣削是铣刀折断的主要原因之一。

⑤T 形槽铣刀在切削时工作条件较差，所以，要采用较小的进给量和较低的切削速度。但铣削速度不能太低，否则会降低铣刀的切削性能，增加每齿的进给量。

⑥为了改善切屑的排出条件，以及减少铣刀与槽底面的摩擦，在设计和工艺允许的条件下，可把直角槽稍铣深些，这时铣好的 T 形槽形状如图 4—84 所示。这种形状的 T 形槽对实际应用没有多大影响。

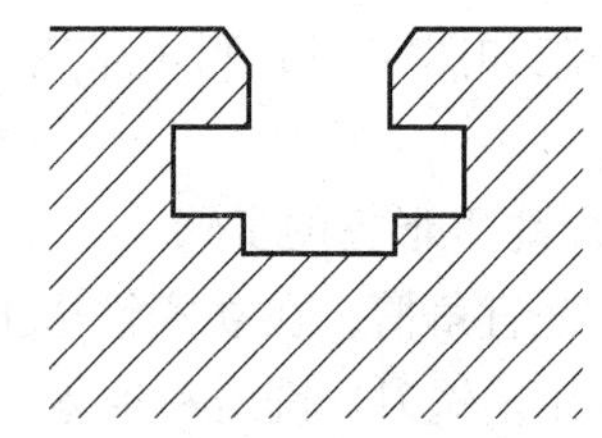

图 4—84　直角槽铣得稍深的 T 形槽

想一想

宽槽怎样加工？

3. 孔加工

(1) 保证加工精度

图 4—85 是精镗孔 4×ϕ30H7 孔的示意图。由于孔的位置精度要求较高，因此，安排镗

孔路线问题就显得比较重要，安排不当就有可能带入机床进给机构的反向间隙，直接影响孔的位置精度。图 4—86 所示为图 4—85 零件的加工路线示意图。

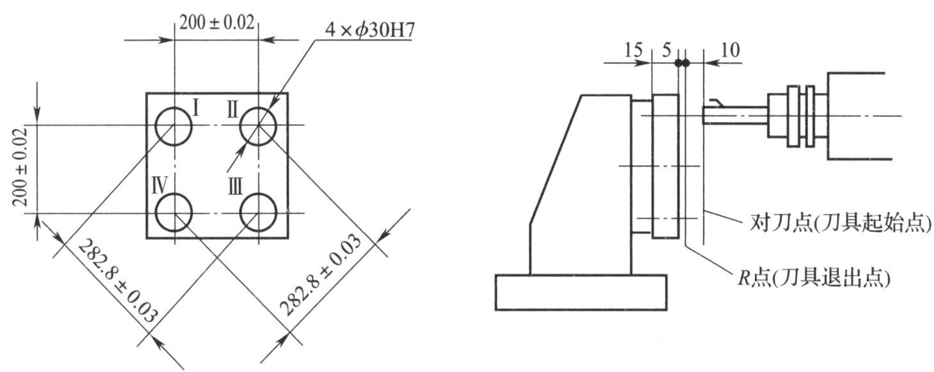

图 4—85　镗孔加工示意图

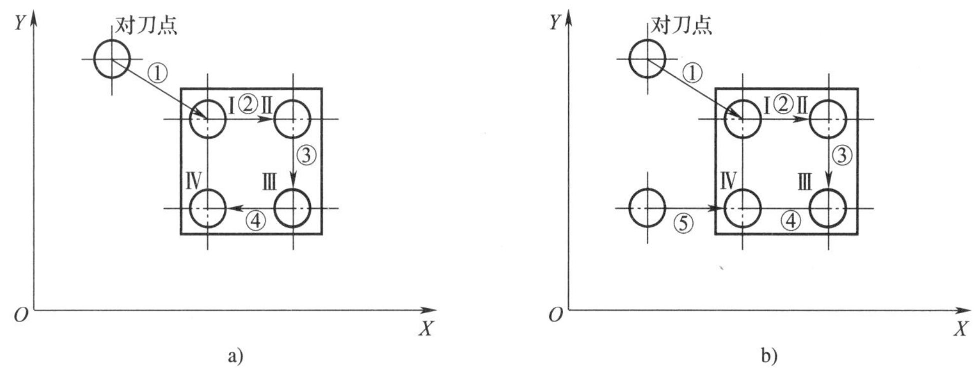

图 4—86　镗孔加工路线示意图

a）方案 A　b）方案 B

从图 4—86 不难看出，方案 A 由于Ⅳ孔与Ⅰ、Ⅱ、Ⅲ孔的定位方向相反，无疑机床 X 向进给机构的反向间隙会使定位误差增加，而影响Ⅳ孔与Ⅲ孔的位置精度。方案 B 是加工完Ⅲ孔后没有直接在Ⅳ孔处定位，而是多运动了一段距离，然后折回来在Ⅳ孔处进行定位。这样，Ⅰ、Ⅱ、Ⅲ和Ⅳ孔的定位方向是一致的，Ⅳ孔就可以避免反向间隙误差的引入，从而提高了Ⅲ孔与Ⅳ孔的孔距精度。

（2）应使进给路线最短

在保证加工精度的前提下应减少刀具空行程时间，提高加工效率。图 4—87 所示为钻孔时最短进给路线的选择方案。按照一般习惯，总是先加工均布于同一圆周上的 8 个孔，再加工另一圆周上的孔（图 4—87a）。但是对点位控制的数控机床而言，要求定位过程尽可能快，空行程最短，进给路线如图 4—87b 所示。

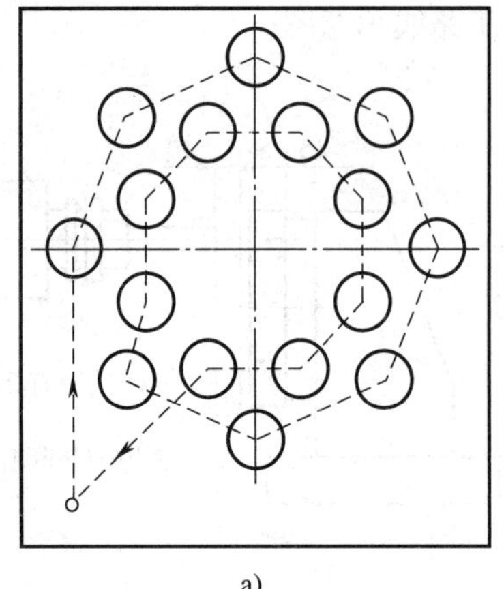
a)

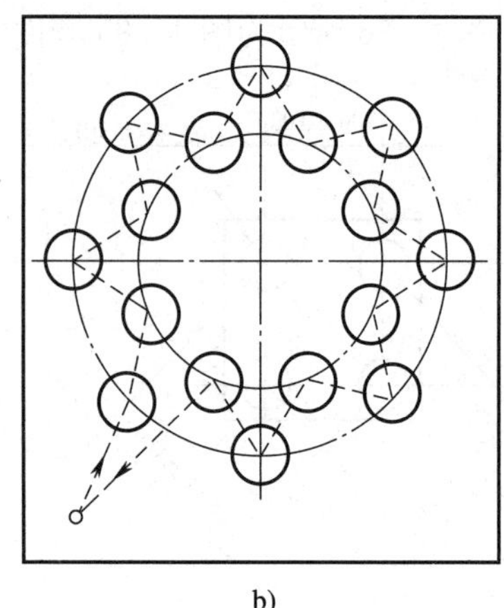
b)

图 4—87　最短进给路线选择

a）方案 1　b）方案 2

（3）引入与超越量的确定

加工中心特别适合加工多孔类零件，尤其是孔数比较多而且每个孔需经几道工序方可加工完成的零件，如多孔板零件、分度头孔盘零件等。

在数控机床上加工孔时，只要求定位精度尽可能高，定位过程尽可能快，而刀具相对于工件的运动路线是无关紧要的，因此，应按空行程最短来安排进给路线。除此之外还要确定刀具轴向的运动尺寸，其大小主要由被加工零件的孔深来决定，但也应考虑一些辅助尺寸，如刀具的引入距离和超越量。数控机床钻孔的尺寸关系如图 4—88 所示。

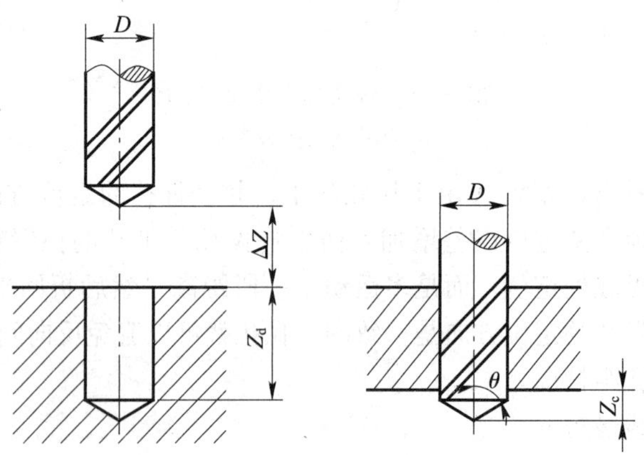

图 4—88　数控机床钻孔的尺寸关系

图中，ΔZ 为刀具的轴向引入距离，Z_c 为超越量。

ΔZ 的经验数据为：对已加工面钻、镗、铰孔时，ΔZ＝1～3 mm；毛坯面钻、镗、铰孔时，ΔZ＝5～8 mm；攻螺纹、铣削时，ΔZ＝5～10 mm。

Z_c 的数据为：$Z_c=\frac{D}{2}\cot\theta+$（1～3）mm。

4. 铣削内外轮廓

（1）铣削内外轮廓的平面进给路线

如图 4—89 所示，当铣削平面零件外轮廓时，一般采用立铣刀侧刃切削。刀具切入工件时，应避免沿零件外轮廓的法向切入，而应沿外轮廓曲线延长线的切向切入，以避免在切入处产生刀具的刻痕而影响表面质量，保证零件外轮廓曲线平滑过渡。同理，在切离工件时，也应避免在工件的轮廓处直接退刀，而应该沿零件轮廓延长线的切向逐渐切离工件。

铣削封闭的内轮廓表面时，若内轮廓曲线允许外延，则应沿切线方向切入、切出。若内轮廓曲线不允许外延（图 4—90），刀具只能沿内轮廓曲线的法向切入、切出，此时刀具的切入、切出点应尽量选在内轮廓曲线两几何元素的交点处。

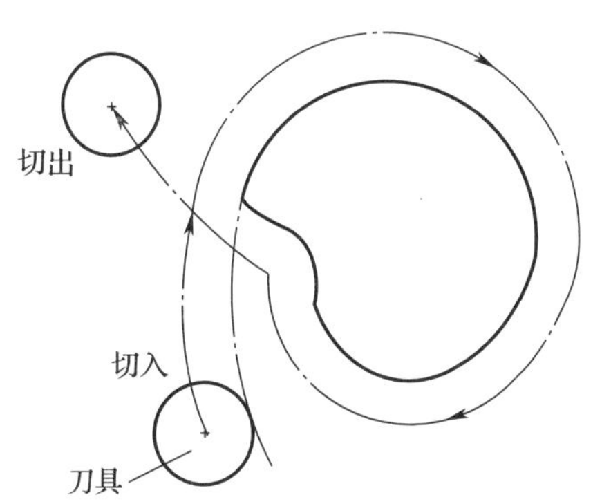

图 4—89　外轮廓加工时刀具的切入和切出

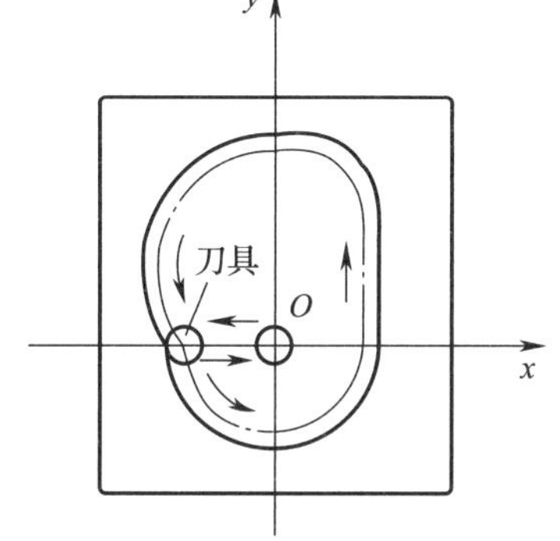

图 4—90　内轮廓加工时刀具的切入和切出

当内部几何元素相切无交点时（图 4—91），为防止刀补取消时在轮廓拐角处留下凹口（图 4—91a），刀具切入、切出点应远离拐角（图 4—91b）。

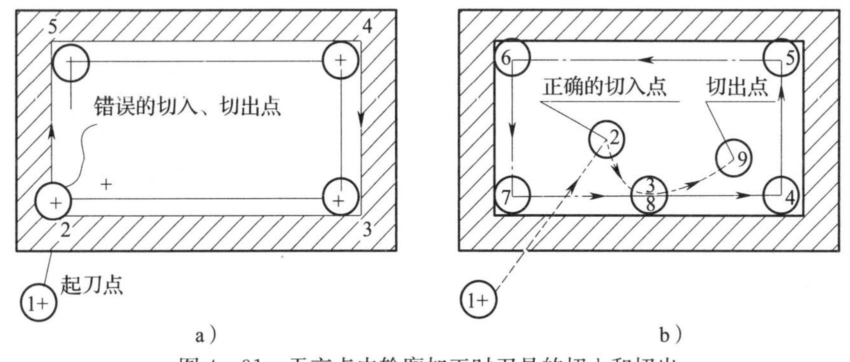

图 4—91　无交点内轮廓加工时刀具的切入和切出

a）错误　b）正确

图 4—92 为圆弧插补方式铣削外圆时的加工路线图。当整圆加工完毕时，不要在切点处直接退刀，而应让刀具沿切线方向多运动一段距离，以免取消刀补时刀具与工件表面相碰，造成工件报废。铣削内圆时也要遵循从切向切入/切出的原则，最好安排从圆弧过渡到圆弧的加工路线（图 4—93），这样可以提高内孔表面的加工精度和加工质量。

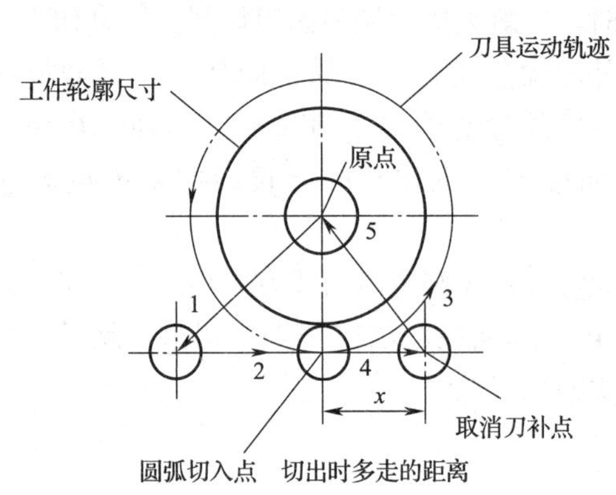

图 4—92　铣削外圆时的加工路线

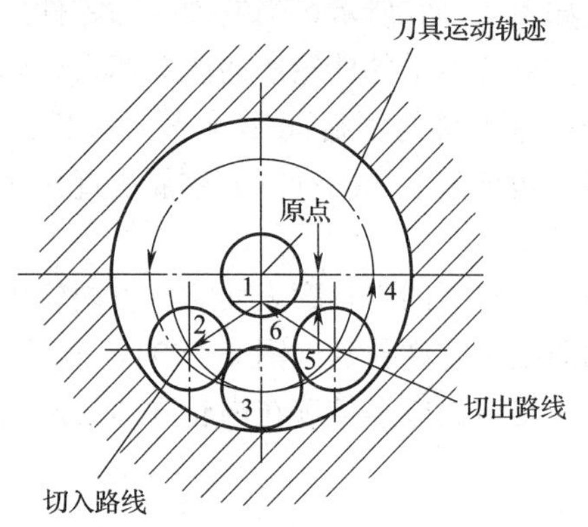

图 4—93　铣削内圆时的加工路线

想一想

为什么采用切向切入与切向切出？

（2）加工内轮廓时的深度进刀方式

与加工外轮廓相比，内轮廓加工过程中的主要问题是如何进行 Z 向切深进刀。通常，选择的刀具种类不同，其进刀方式也各不相同。在数控加工中，常用的内轮廓加工 Z 向进刀方式主要有以下几种：

1）垂直切深进刀。如图 4—94a 所示，采用垂直切深进刀时，须选择切削刃过中心的键槽铣刀或钻铣刀进行加工，而不能采用立铣刀进行加工（中心处没有切削刃）。另外，由于采用这种进刀方式切削时刀具中心的切削线速度为零，因此即使选用键槽铣刀进行加工，也应选择较低的切削进给速度（通常为 XY 平面内切削进给速度的一半）。

2）在工艺孔中进刀。在内轮廓加工过程中，有时需用立铣刀来加工内型腔，以保证刀具的强度。由于立铣刀无法进行 Z 向垂直切深，此时可选用直径稍小的钻头先加工出工艺孔（图 4—94b），再以立铣刀进行 Z 向垂直切深进给。

3）三轴联动斜线进刀。采用立铣刀加工内轮廓时，也可直接用立铣刀采用三轴联动斜线方式进刀（图 4—94c），从而避免刀具中心部分参加切削。但这种进刀方式无法实现 Z 向进给与轮廓加工的平滑过渡，容易产生加工痕迹。

4）三轴联动螺旋线进刀。采用三轴联动的另一种进刀方式是螺旋线进刀（图 4—94d）方式。这种进刀方式容易实现 Z 向进刀与轮廓加工的自然平滑过渡，不会产生加工过程中的刀具接痕。因此，在手工编程和自动编程的内轮廓铣削中广泛使用这种进刀方式。螺旋线进刀的刀具轨迹如图 4—95 所示。

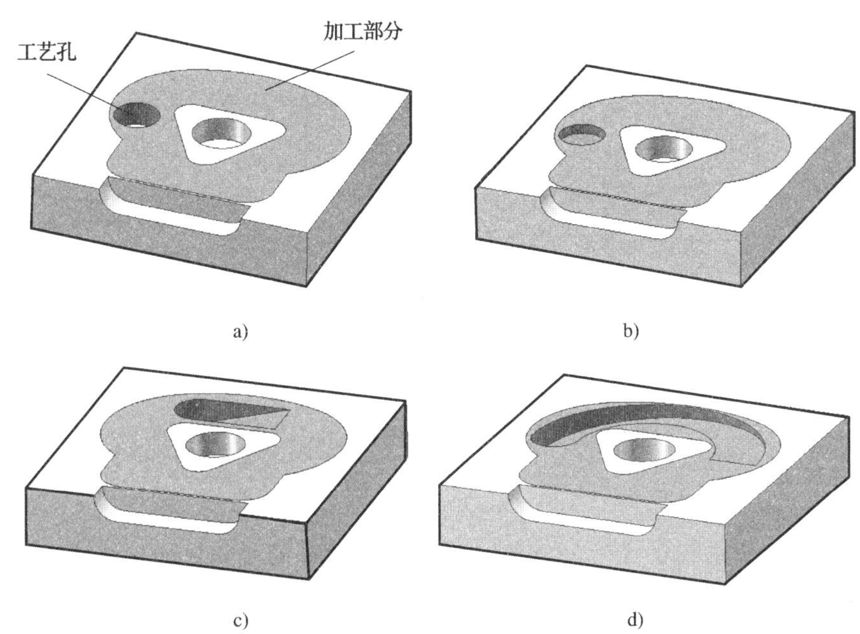

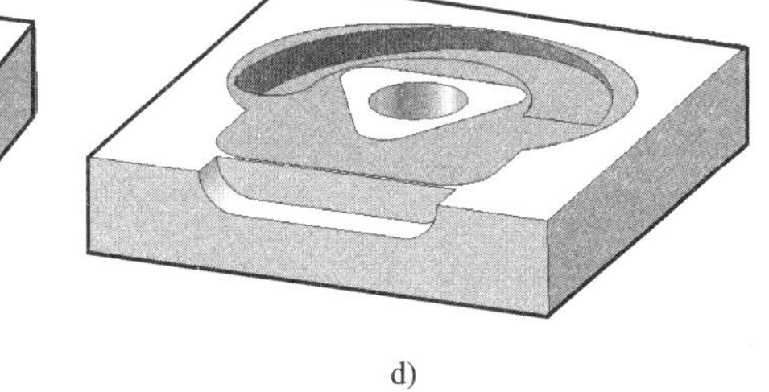

图 4—94 内型腔的 Z 向进刀方式

a）垂直切深进刀 b）在工艺孔中进刀 c）三轴联动斜线进刀 d）三轴联动螺旋线进刀

图 4—95 螺旋线进刀的刀具轨迹

P—螺距

你所在的学校在加工内轮廓时深度进刀方式常采用哪一种?

5. 曲面轮廓加工

曲面轮廓的加工工艺比平面轮廓要复杂得多，加工时要根据曲面形状、刀具形状以及零件的精度要求，选择合理的进给路线。图 4—96 表示加工一曲面时可能采取的三种进给路线，即沿参数曲面的 u 向参数线行切、沿 w 向参数线行切和环切。对于直母线的翼面类零件，采用图 4—96b 的方案较为有利。每次沿直线进给，刀位点计算简单，程序段数目少，而且加工过程符合直纹面的形成规律，可以保证母线的直线度。图 4—96a 方案的优点是便于加工后检验翼型的准确度。因此，实际生产中最好将以上两种方案结合起来。图 4—96c 所示环切方案一般应用于型腔加工中，在型面加工中由于编程麻烦而应用较少。但在加工螺旋桨叶一类零件时，由于工件刚度小，加工变形问题突出，此时采用从里到外的环切，刀具切削部位的四周受到毛坯刚度边框的支持，有利于减少工件在加工中的变形。

当工件的边界敞开时，为保证加工的表面质量，应从工件的边界外进刀和退刀，如图 4—96a 和图 4—96b 所示。

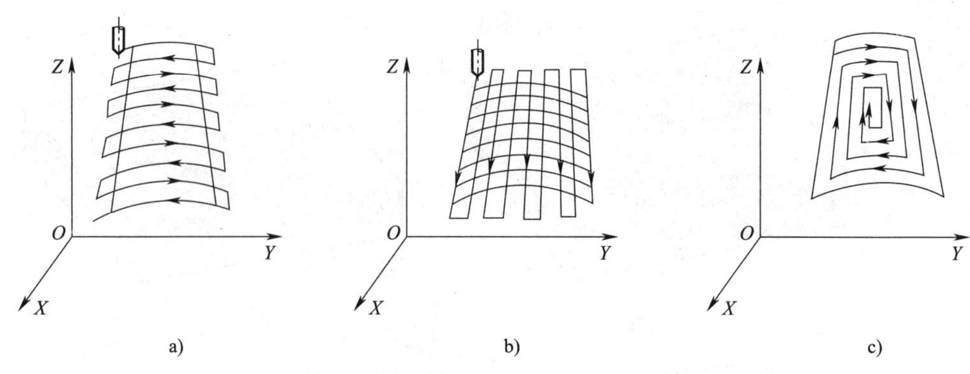

图 4—96　曲面轮廓加工进给路线

a）曲面弧线进给方案　b）直线进给方案　c）环切方案

6. 型腔加工

（1）矩形型腔加工

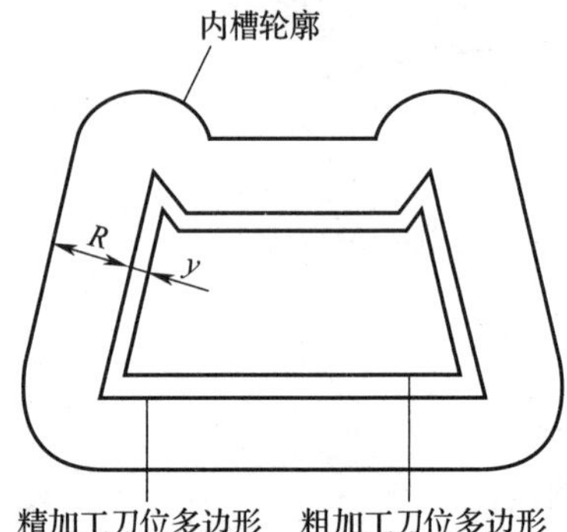

图 4—97　型腔轮廓粗加工图

型腔是指以封闭曲线为边界的平底或曲底凹坑。加工平底型腔时一律用平底铣刀，且刀具边缘部分的圆角半径应符合型腔的图样要求。

型腔的切削分两步，第一步切削内腔，第二步切削轮廓。切削轮廓通常又分为粗加工和精加工两步。粗加工的进给路线如图 4—97 中所示，从型腔轮廓线向里偏置铣刀半径 R 并且留出精加工余量 y，由此得出的粗加工刀位多边形是计算内腔区域加工进给路线的依据。在切削内腔区域时，环切和行切在生产中都有应用。两种进给路线的共同点是都要切净内腔区域的全部面积，不留死角，不伤轮廓，同时尽量减少重复进给的搭接量。图 4—98a、b 所示分别为用行切法加工和环切法加工型腔的进给路线，图 4—98c 为先用行切法加工，最后环切一刀光整轮廓表面。三种方案中，图 a 方案最差，图 c 方案最好。环切法的刀位点计算稍复杂，需要一次次向里收缩（或向外扩张）轮廓线，特别是当型腔中带有凸台时，如图 4—99 所示，通用的环切加工算法比较复杂。而在行切法中，只要增加辅助边界，如用图 4—99 中的点画线将一个型腔分割成两个，就可以应用原来的算法处理。行切从型腔的一侧开始，采用往复进给交替变换进给方向。

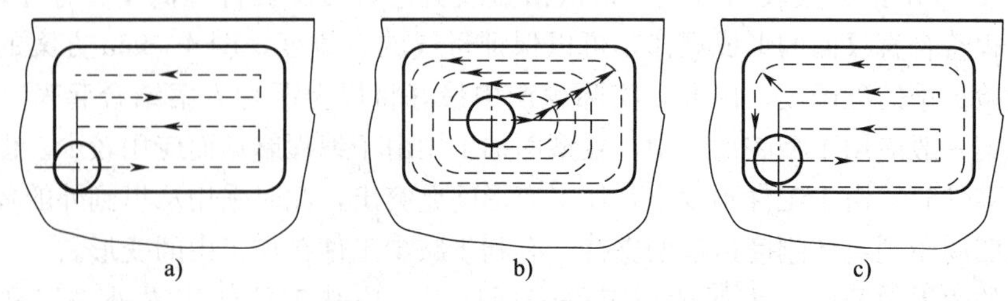

图 4—98　型腔加工进给路线

a）行切法　b）环切法　c）先行切，最后环切从进给路线的长短比较，行切法要略优于环切法。但在加工小面积型腔时，环切的程序要比行切简单。此外，在铣削加工零件轮廓时，要尽量采用顺铣加工方式，这样可以提高零件表面质量和加工精度，减少机床的“颤振”。要选择合理的进刀、退刀位置，尽量避免沿零件轮廓法向切入和进给中途停顿。进、退刀位置应选在不太重要的位置。

图 4—99　型腔区域加工进给路线

（2）圆形型腔加工

加工圆形型腔时，在同一层上的进给路线一般有两种，如图 4—100 所示。深度进给路线如图 4—101 所示。

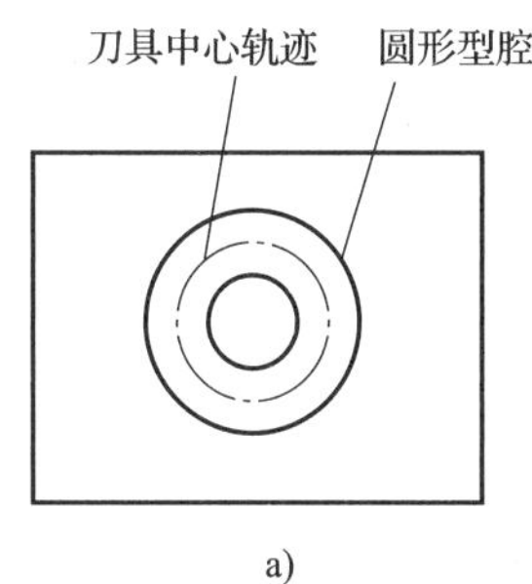

a)

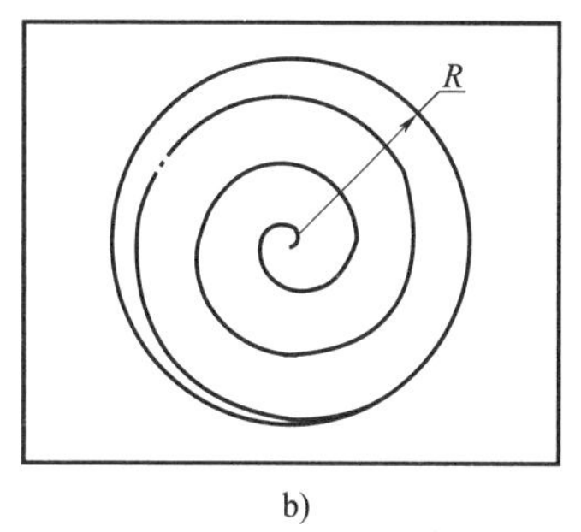

b)

图 4—100　圆形型腔平面的进给路线

a）环切法　b）阿基米德螺旋线切削方法

R—型腔半径

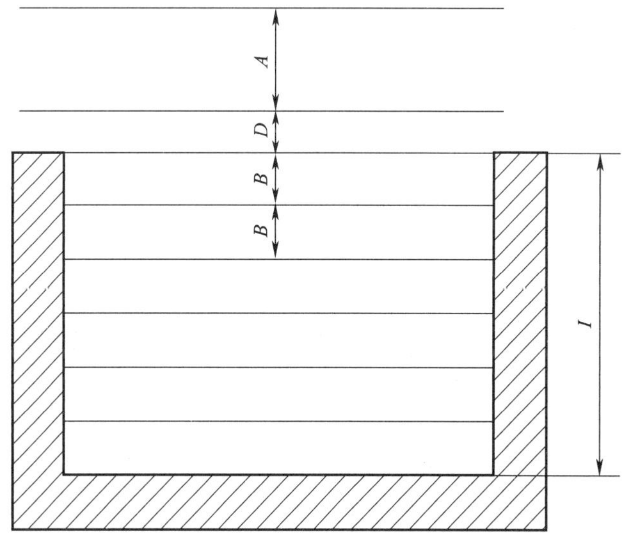

图 4—101　深度进给路线

I—型腔深度　*B*—深度方向每次进给量　*A*—起刀平面　*D*—初始平面

采用环切法编程简单，只用圆弧插补就可以完成。但是，这是一种断续加工方法，并且只能采用法向进给，在精加工时容易形成接刀痕。

采用阿基米德螺旋线进给路线加工，是一种连续进给方法，在精加工时可以采用切向进给的方法较为理想，但编程较为复杂，这是因为一般的数控系统都不具备非圆曲线的插补功能。

第七节　典型零件的数控铣削工艺分析

一、轮廓加工

1. 外轮廓加工

利用加工中心铣削如图 4—102 所示的平面凸轮外轮廓，材料为 45 钢，调质处理，工艺性较好。工件平面部分及两小孔已经加工到尺寸，曲面轮廓经粗铣，留加工余量 2 mm，现要求用加工中心精铣曲面轮廓。

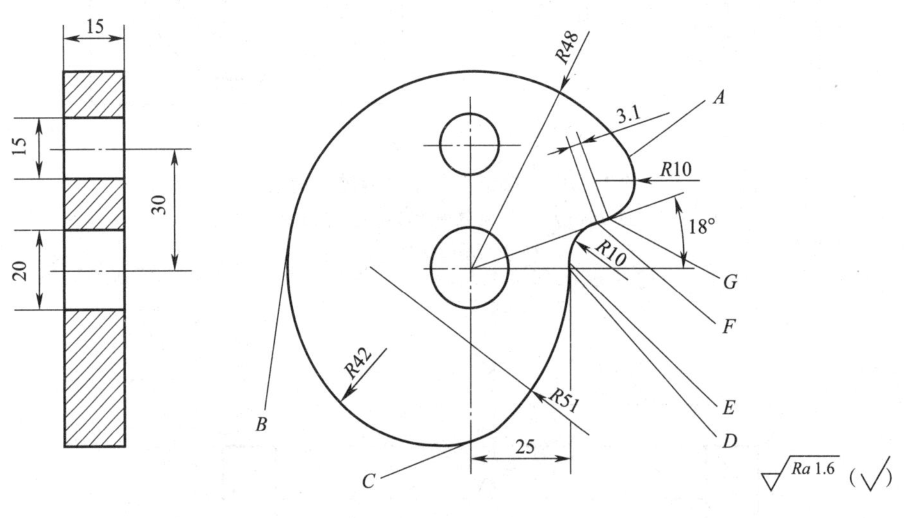

图 4—102　外轮廓加工实例

（1）零件图分析

零件外形为不同半径的圆弧和直线组成的曲线轮廓，尺寸无精度要求，在粗加工后留 2 mm 加工余量的情况下一次铣削即可。

（2）确定工件的装夹方式

用工件的一面两孔定位，螺钉从两孔穿过，用螺母把工件夹紧。也可把工件通过平行垫铁装在工作台上，以两孔连线找正在机床上的 Y 轴方向，以 ϕ20 mm 孔找正零点，螺钉从两孔穿过，将工件夹紧在工作台上。

（3）确定数控加工刀具

因工件轮廓最小凹圆弧半径为 R10 mm，所以，采用 ϕ16 mm 高速钢立铣刀。

(4) 选择切削用量

主轴转速为 1 000 r/min，进给速度为 60 mm/min。

(5) 确定加工工艺

1) 选择加工中心。选用 TH 5632 型立式加工中心。

2) 设定工件坐标系原点。凸轮设计基准在工件 ϕ20 mm 孔中心，所以，工件原点设在 ϕ20 mm 轴线与工件上表面交点处。

3) 确定铣削方案。根据图样的精度要求，本例宜在立式加工中心上用立铣刀铣削加工。

4) 确定工件加工方式及进给路线。设引入引出线，沿 *B* 点切线方向切入切出。采用顺铣方式，顺时针方向进给进行切削。

5) 数值处理。确定各点坐标如下：*A*（−40.138，−26.323）；*B*（48.0，0）；*C*（0，36.0）；*D*（−23.547，8.4）；*E*（−24.993，−0.61）；*F*（−31.899，−10.365）；*G*（−34.866，−11.329）。

2. 内轮廓加工

利用加工中心铣削如图 4—103 所示的十字凹形板零件，材料为 45 钢，调质处理，四周外形和上下表面已加工合格。

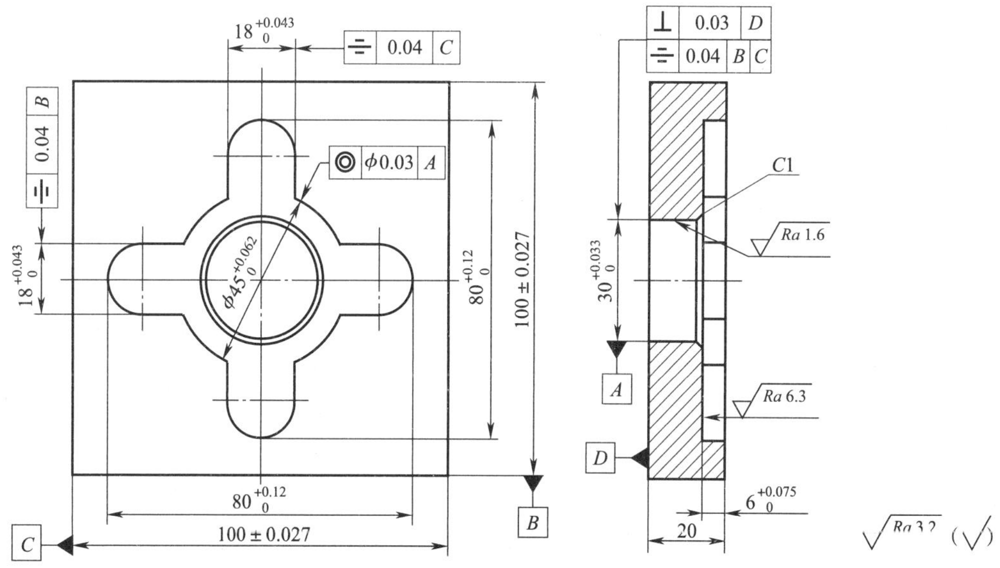

图 4—103 内轮廓加工实例（十字凹形板零件）

(1) 零件图分析

1) 主要精度要求。中心通孔直径 $\phi 30^{+0.033}_{0}$ mm，对基准 *D* 垂直度 0.03 mm，对基准 *B*—*C* 对称度 0.04 mm，孔端倒角为 *C*1 mm；4 段圆弧直径 $\phi 45^{+0.062}_{0}$ mm，与基准 *A* 同轴度 ϕ0.03 mm；水平两处槽宽尺寸$18^{+0.043}_{0}$ mm，对基准 *B* 对称度 0.04 mm；垂直槽两处，槽宽尺寸$18^{+0.043}_{0}$ mm，对基准 *C* 对称度 0.04 mm；槽深 $6^{+0.075}_{0}$ mm；水平及垂直槽总长 $80^{+0.12}_{0}$ mm。中心通孔表面粗糙度 *Ra*1.6 μm，槽底面表面粗糙度 *Ra*6.3 μm，其余部位表

面粗糙度 $Ra3.2\ \mu m$。

2）毛坯。四周和上下表面已加工合格的矩形工件，材料为45钢，调质处理，工艺性较好。

（2）确定工件的装夹方式

采用机用台虎钳装夹，工件以侧面和底面作为定位基准，支撑垫铁要让出 $\phi 30^{+0.033}_{0}$ mm孔位置，工件顶面伸出钳口8 mm左右，用百分表找正。

（3）确定数控加工刀具

A2.5中心钻一个，粗、精 ϕ16 mm立铣刀各一把，ϕ12 mm、ϕ28 mm麻花钻各一个，ϕ25～ϕ30 mm镗刀一把，ϕ35 mm的90°锪刀一把。

（4）选择切削用量

本零件加工较为简单，切削用量可根据已学知识由读者自己确定。

（5）确定加工工艺

1）选择加工中心。选用XH714型立式数控铣床。

2）确定铣削方案。根据图样的精度要求，本工件宜在立式加工中心上用立铣刀铣削加工。

3）粗加工 ϕ30 mm孔。

①钻中心孔。

②钻 ϕ12 mm的通孔。

③钻 ϕ28 mm的通孔。

④用 ϕ16 mm粗加工立铣刀，采用顺铣方式，利用辅助圆弧引入，引出线切向切入、切出方式粗铣 ϕ30 mm孔，留0.50 mm单边余量。

4）粗铣圆槽轮廓。直接用 ϕ16 mm粗加工立铣刀，采用顺铣方式，利用辅助圆弧引入，引出线切向切入、切出方式粗铣圆槽，底面和侧面留0.50 mm单边余量。

5）粗铣十字形槽。直接用 ϕ16 mm粗加工立铣刀，采用顺铣方式，利用辅助圆弧引入，引出线切向切入、切出方式粗铣各槽，底面和侧面留0.50 mm单边余量。

6）半精铣 ϕ30 mm孔。用 ϕ16 mm精加工立铣刀采用顺铣方式，利用辅助圆弧引入，引出线切向切入、切出方式半精加工 ϕ30 mm孔，留0.10 mm单边余量。

7）半精铣圆槽轮廓。用 ϕ16 mm精加工立铣刀，采用顺铣方式，利用辅助圆弧引入，引出线切向切入、切出方式半精铣圆槽，底面和侧面留0.10 mm单边余量。

8）半精铣十字形槽。直接用 ϕ16 mm精加工立铣刀，采用顺铣方式，利用辅助圆弧引入，引出线切向切入、切出方式半精铣十字形槽，底面和侧面留0.10 mm单边余量。

9）精铣圆槽。直接用 ϕ16 mm精加工立铣刀，根据实测工件尺寸，采用顺铣方式，利用辅助圆弧引入，引出线切向切入、切出方式精铣圆槽至要求尺寸。

10）精铣十字形槽。实测工件尺寸，直接用 ϕ16 mm精加工立铣刀，根据实测工件尺寸，采用顺铣方式，利用辅助圆弧引入，引出线切向切入、切出方式精铣十字形槽至要求尺寸。

11）ϕ30 mm孔端倒角。用90°锪刀倒角为 $C1$ mm。

12）精镗 ϕ30 mm 孔。用镗刀精镗孔至要求尺寸。

（6）注意事项

1）半精铣、精铣时一定要采用顺铣法，以提高尺寸精度和表面质量。

2）镗孔时，应采用试切法来调节镗刀。

3）ϕ30 mm 孔的正下方不能放置垫铁，并应控制钻头的进刀深度，以免损坏平口虎钳和刀具。

做一做

试着改变本零件的形状与尺寸，重新确定一下其加工工艺。

二、槽的加工

平面凸轮槽零件是数控铣削加工中常见的零件之一，其轮廓曲线组成不外乎直线→圆弧、圆弧→圆弧、圆弧→非圆曲线及非圆曲线→非圆曲线等几种。所用数控机床多为两轴以上联动的数控铣床，加工工艺过程也大同小异。以图 4—104 所示平面凸轮槽为例分析其数控铣削加工工艺。该零件材料为 HT200，其外部轮廓尺寸已经由前道工序加工完毕，本工序的主要任务为加工槽与孔。

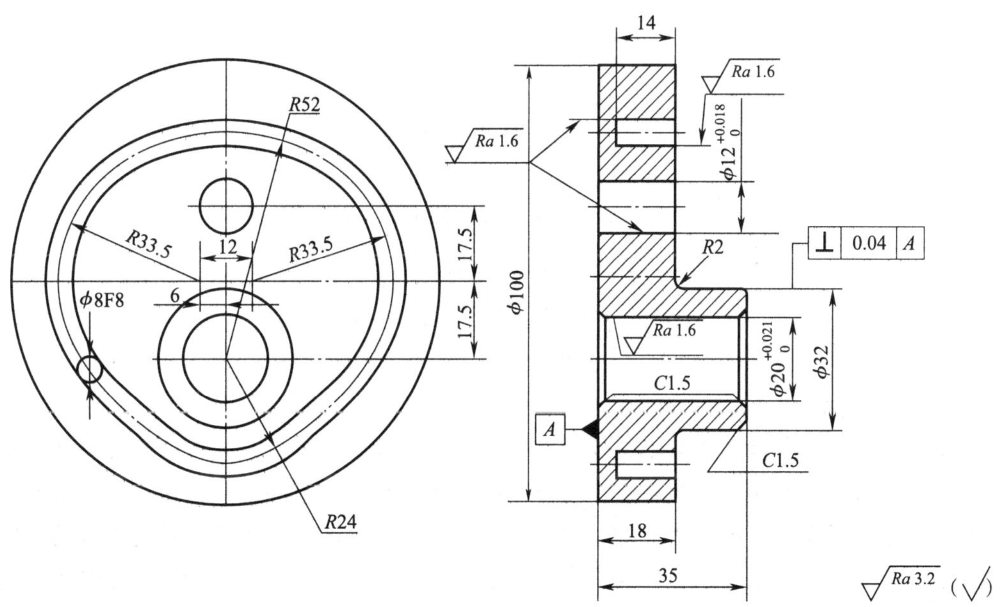

图 4—104 平面凸轮槽

1. 零件图分析

零件材料为铸铁，其切削加工工艺性能较好。凸轮槽内、外轮廓由直线和圆弧组成，凸轮槽的侧面与 $\phi 20^{+0.021}_{0}$ mm 和 $\phi 12^{+0.018}_{0}$ mm 两内孔表面粗糙度 Ra 要求较高，为 1.6 μm。凸轮槽的内外轮廓面和 $\phi 20^{+0.021}_{0}$ mm 孔与底面有垂直度要求。

由上述分析可知，凸轮槽内、外轮廓及 $\phi 20^{+0.021}_{0}$ mm、$\phi 12^{+0.018}_{0}$ mm 两孔的加工应分粗、精两个加工阶段进行，以保证表面粗糙度要求。对于垂直度要求，只要提高装夹精度和装夹刚度，使 A 面与铣刀和钻头轴线垂直即可满足。

2. 确定工件的装夹方式

一般大型凸轮可用等高垫块垫在工作台上，然后用压板螺栓在凸轮的孔上压紧。外轮廓平面盘形凸轮的垫块要小于凸轮的轮廓尺寸，不与铣刀发生干涉。对于小型凸轮，一般用心轴定位，压紧即可。

根据图 4—104 所示的平面凸轮槽的结构特点，采用“一面两孔”定位。用一块 120 mm×120 mm×40 mm 的垫块，在垫块上分别精镗 ϕ20 mm 及 ϕ12 mm 两个定位销安装孔，孔距为 35 mm，垫块平面度为 0.04 mm。加工前先固定垫块，使两定位销孔的中心连线与机床的 X 轴平行，垫块的平面要保证和工作台平面平行，并用百分表进行检查。

图 4—105 为本例平面凸轮槽零件的装夹方案示意图。加工 $\phi 20^{+0.021}_{0}$ mm 及 $\phi 12^{+0.018}_{0}$ mm 两孔时，以底面 A 定位，采用压板夹紧。加工凸轮槽内外轮廓时，采用“一面两孔”方式定位，即以底面 A 和 $\phi 20^{+0.021}_{0}$ mm 及 $\phi 12^{+0.018}_{0}$ mm 两个孔为定位基准。

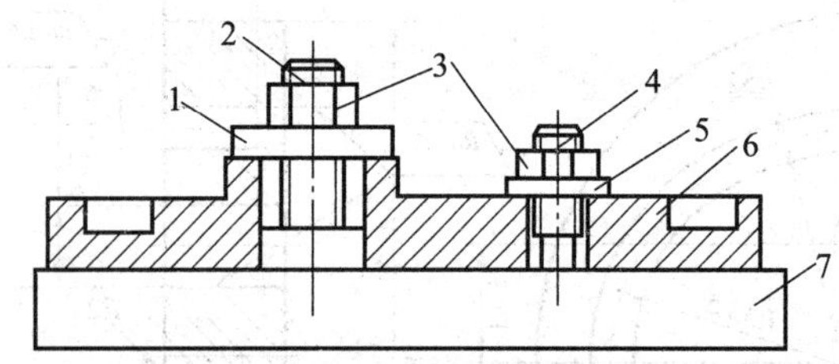

图 4—105　平面凸轮槽零件的装夹方案示意图

1—开口垫圈　2—带螺纹圆柱销　3—压紧螺母　4—带螺纹削边销　5—垫圈　6—工件　7—垫块

3. 确定数控加工刀具

铣刀材料和几何参数主要根据零件材料的切削加工性、工件表面几何形状和尺寸大小选择；切削用量则根据零件材料的特点、刀具性能及加工精度要求确定。为提高切削效率，要尽量选用大直径的铣刀；侧吃刀量取刀具直径的 1/3～2/3，背吃刀量应大于冷硬层厚度；切削速度和进给速度应通过试验来选取效率和刀具寿命的综合最佳值，精铣时切削速度应高些。

根据零件结构特点，铣削凸轮内、外轮廓时，铣刀直径受槽宽限制，取 ϕ6 mm。粗加工选用 ϕ6 mm 的高速钢立铣刀，精加工选用 ϕ6 mm 的硬质合金立铣刀。具体刀具及其加工表面见表 4—18。

表 4—18　　平面凸轮槽加工刀具卡

产品名称或代号		零件名称	平面凸轮槽	零件图号	TL—001
序号	刀具号	刀具			工表面	备注
		规格名称	数量	刀长/mm		
1	T01	ϕ5 mm 中心钻	1		钻 ϕ5 mm 中心孔	
2	T02	ϕ19.6 mm 钻头	1	45	ϕ20 mm 孔粗加工	
3	T03	ϕ11.6 mm 钻头	1	30	ϕ12 mm 孔粗加工	
4	T04	ϕ20 mm 铰刀	1	45	ϕ20 mm 孔精加工	
5	T05	ϕ12 mm 铰刀	1	30	ϕ12 mm 孔精加工	
6	T06	90°倒角铣刀	1		ϕ20 mm 孔倒角 C1.5 mm	
7	T07	ϕ6 mm 高速钢立铣刀	1	20	粗加工凸轮槽内、外轮廓	槽底圆角 R0.5 mm
8	T08	ϕ6 mm 硬质合金立铣刀	1	20	精加工凸轮槽内、外轮廓	
编制		审核		批准		日期	共　页	第　页

4. 选择切削用量

凸轮槽内、外轮廓精加工时留 0.1 mm 铣削余量，精铰 $\phi 20^{+0.021}_{0}$ mm、$\phi 12^{+0.018}_{0}$ mm 两个孔时留 0.1 mm 铰削余量。选择主轴转速与进给速度时，先查切削手册，确定切削速度与每齿进给量，然后计算出进给速度与主轴转速（计算过程从略）。

5. 确定加工工艺

（1）确定铣削方案

加工顺序的拟订按照基面先行和先粗后精的原则确定。因此，应先加工用作定位基准的 $\phi 20^{+0.021}_{0}$ mm 及 $\phi 12^{+0.018}_{0}$ mm 两个孔，然后再加工凸轮槽内、外轮廓表面。为保证加工精度，粗、精加工应分开，其中，$\phi 20^{+0.021}_{0}$ mm 及 $\phi 12^{+0.018}_{0}$ mm 两个孔的加工采用钻孔→粗铰→精铰方案。

进给路线包括平面内进给和深度进给两部分。平面内进给时，对外凸轮廓从切线方向切入，对内凹轮廓从过渡圆弧切入。为使凸轮槽表面具有较好的表面质量，采用顺铣方式铣削：对外凸轮廓，按顺时针方向铣削；对内凹轮廓，按逆时针方向铣削，图 4—106 所示即为铣刀在水平面内的切入进给路线。在两轴联动的数控铣床上，对铣削平面凸轮槽，深度进给有两种方法：一种是在 XZ（或 YZ）平面内来回铣削逐渐进给到既定深度；另一种方法是先打工艺孔，然后从工艺孔进给到既定深度。

（2）填写数控加工工艺卡

将各工步的加工内容、所用刀具和切削用量填入表 4—19 平面凸轮槽数控加工工序卡中。

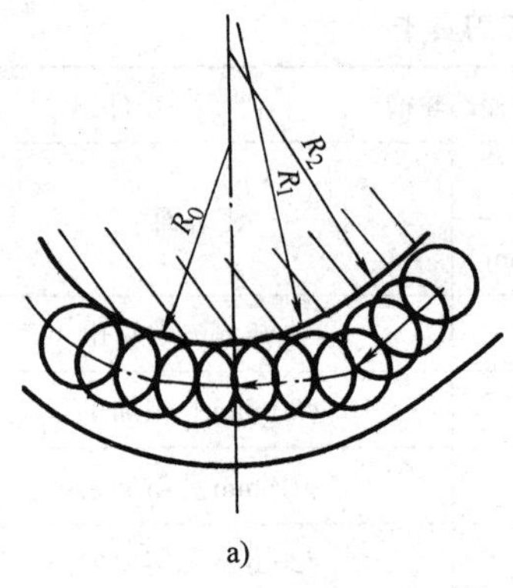

a)

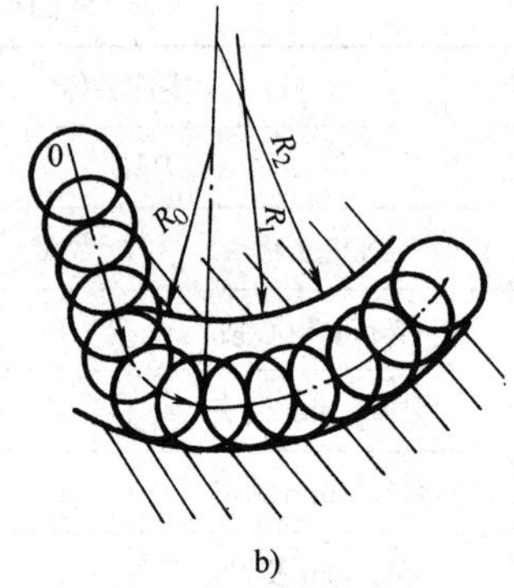

b)

图 4—106　平面凸轮槽的切入进给路线

a）直线切入外轮廓　b）过渡圆弧切入内轮廓

表 4—19　　平面凸轮槽数控加工工序卡

单位名称		产品名称或代号	零件名称	零件图号
			凸轮槽	TL－001
工序号	程序编号	夹具名称	使用设备	加工车间
001	P001－001	螺旋压板	TH 5632	数控车间

工步号	工步内容	刀具号	刀具规格	主轴转速/（r/min）	进给速度/（mm/min）	背吃刀量/mm
1	*A* 面定位，钻两中心孔（ϕ5 mm）	T01	ϕ5 mm	800		
2	钻 ϕ19.6 mm 孔	T02	ϕ19.6 mm	400	40	
3	钻 ϕ11.6 mm 孔	T03	ϕ11.6 mm	400	40	
4	铰 ϕ20 mm 孔	T04	ϕ20 mm	130	20	0.2
5	铰 ϕ12 mm 孔	T05	ϕ12 mm	130	20	0.2
6	ϕ20 mm 孔倒角为 *C*1.5 mm	T06	90°	400	20	
7	一面两孔定位，粗铣凸轮槽的内轮廓	T07	ϕ6 mm	1 100	40	4
8	粗铣凸轮槽的外轮廓	T07	ϕ6 mm	1 100	40	4
9	精铣凸轮槽的内轮廓	T08	ϕ6 mm	1 500	20	4
10	精铣凸轮槽的外轮廓	T08	ϕ6 mm	1 500	20	4
11	翻面装夹，铣 ϕ20 mm 孔另一侧，倒角为 *C*1.5 mm	T06	90°	400	20	

编制		审核		批准	年　月　日	共　页	第　页

做一做

根据本零件的工艺画出其进给路线图。

三、盖板零件的加工

盖板是机械加工中常见的零件，加工表面有平面和孔，通常需精铣平面、钻孔、扩孔、镗孔、铰孔及攻螺纹等工步才能完成。下面以图 4—107 所示盖板为例介绍其在加工中心上的加工工艺。

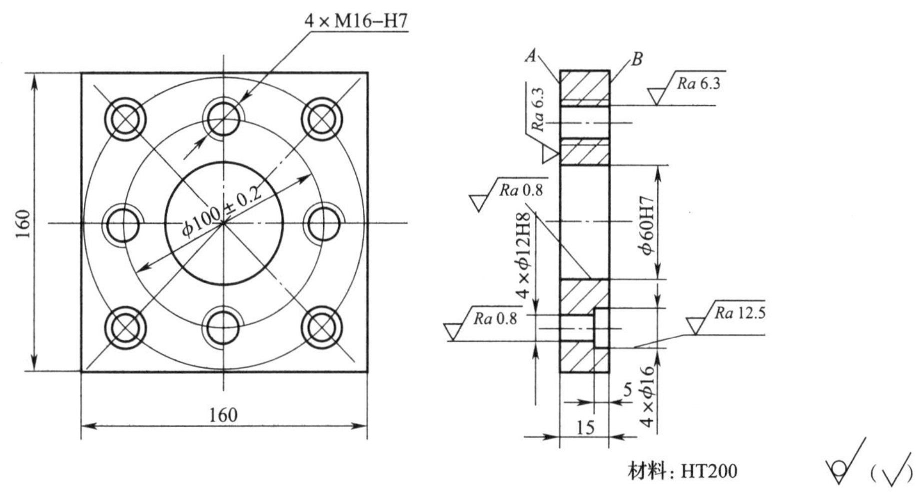

图 4—107　盖板零件简图

1. 零件图分析

该盖板的材料为铸铁，故毛坯为铸件。由图 4—107 可知，盖板的四个侧面为不加工表面，全部加工表面都集中在 *A*、*B* 面上。最高精度为 IT7 级。从工序集中和便于定位两个方面考虑，选择 *B* 面及位于 *B* 面上的全部孔在加工中心上加工，将 *A* 面作为主要定位基准，并在前道工序中先加工完成。

2. 确定工件的装夹方式

该盖板零件形状简单，四个侧面较规整，加工面与不加工面之间的位置精度要求不高，故可选用通用平口钳，以盖板底面 *A* 和两个侧面定位，用平口钳钳口从侧面夹紧。

3. 确定数控加工刀具

所需刀具有面铣刀、镗刀、中心钻、麻花钻、铰刀、立铣刀（锪 ϕ16 mm 孔）及丝锥等，其规格根据加工尺寸选择。*B* 面粗铣铣刀直径应选小一些，以减小切削力矩，但铣刀直径也不能太小，以免影响加工效率；*B* 面精铣铣刀直径应选大一些，以减少接刀痕迹，但要考虑到刀库允许装刀直径（XH714 型加工中心的允许装刀直径：无相邻刀具为 ϕ150 mm，有相邻刀具为 ϕ80 mm）也不能太大。刀柄柄部根据主轴锥孔和拉紧机构选择。XH714 型加工中心主轴锥孔为 ISO 40，适用刀柄为 BT40（日本标准 JISB 6339）。具体所选刀具及刀柄见表 4—20。

表 4—20　数控加工刀具卡

产品名称或代号			零件名称	盖板	零件图号		程序编号	
工步号	刀具号	刀具名称	刀柄型号	刀具			补偿值/mm	备注
				直径/mm	长度/mm			
1	T01	面铣刀 ϕ100 mm	BT40－XM32—75	ϕ100				
2	T01	面铣刀 ϕ100 mm	BT40－XM32—75	ϕ100				
3	T02	镗刀 ϕ58 mm	BT40－TQC50－180	ϕ58				
4	T03	镗刀 ϕ59.95 mm	BT40－TQC50－180	ϕ59.95				
5	T04	镗刀 ϕ60H7	BT40－TW50－140	ϕ60H7				
6	T05	中心钻 ϕ3 mm	BT40－Z10—45	ϕ3				
7	T06	麻花钻 ϕ10 mm	BT40－M1－45	ϕ10				
8	T07	扩孔钻，ϕ11.85 mm	BT40－M1－45	ϕ11.85				
9	T08	阶梯铣刀 ϕ16 mm	BT40－MW2－55	ϕ16				
10	T09	铰刀 ϕ12H8	BT40－M1－45	ϕ12H8				
11	T10	麻花钻 ϕ14 mm	BT40－M1－45	ϕ14				
12	T11	麻花钻 ϕ18 mm	BT40－M2—50	ϕ18				
13	T12	机用丝锥 M16	BT40－G12－130	M16				
编制		审核		批准			共　页	第　页

4. 选择切削用量

查表确定切削速度和进给量，然后计算出机床主轴转速和机床进给速度，详见表4—21。

表 4—21　数控加工工序卡

（工厂）	数控加工工序卡		产品名称或代号	零件名称	材料	零件图号		
				盖板	HT200			
工序号	程序编号	夹具名称	夹具编号	使用设备		车间		
		平口钳		XH714				
工步号	工步内容	加工面	刀具号	刀具规格	主轴转速/(r/min)	进给速度/(mm/min)	背吃刀量/mm	备注
1	粗铣 B 面留余量 0.5 mm		T01	ϕ100	300	70	3.5	
2	精铣 B 面至尺寸		T01	ϕ100	350	50	0.5	
3	粗镗 ϕ60H7 孔至 ϕ58 mm		T02	ϕ58	400	60		
4	半精镗 ϕ60H7 孔至 ϕ59.95 mm		T03	ϕ59.95	450	50		

续表

（工厂）	数控加工工序卡		产品名称或代号	零件名称	材料	零件图号		
				盖板	HT200			
工序号	程序编号	夹具名称	夹具编号	使用设备		车间		
		平口钳		XH714				

工步号	工步内容	加工面	刀具号	刀具规格	主轴转速/（r/min）	进给速度/（mm/min）	背吃刀量/mm	备注
5	精镗 ϕ60H7 孔至尺寸		T04	ϕ60H7	500	40		
6	钻 4×ϕ12H8 及 4×M16 的中心孔		T05	ϕ3	1 000	50		
7	钻 4×ϕ12H8 至 ϕ10 mm		T06	ϕ10	600	60		
8	扩 4×ϕ12H8 至 ϕ11.85 mm		T07	ϕ11.85	300	40		
9	锪 4×ϕ16 mm 至尺寸		T08	ϕ16	150	30		
10	铰 4×ϕ12H8 至尺寸		T09	ϕ12H8	100	40		
11	钻 4×M16 底孔至 ϕ14 mm		T10	ϕ14	450	60		
12	倒 4×M16 底孔端角		T11	ϕ18	300	40		
13	攻 4×M16 螺纹孔		T12	M16	100	200		
编制		审核		批准			共　页	第　页

5. 确定加工工艺

（1）选择加工中心

由于 B 面及位于 B 面上的全部孔，只需单工位加工即可完成，故选择立式加工中心。加工表面不多，只有粗铣、精铣、粗镗、半精镗、精镗、钻、扩、锪、铰及攻螺纹等工步，所需刀具不超过 20 把。选用国产 XH714 型立式加工中心即可满足上述要求。该机床工作台尺寸为 400 mm×800 mm，X 轴行程为 600 mm，Y 轴行程为 400 mm，Z 轴行程为 400 mm，主轴端面至工作台台面距离为 125～525 mm，定位精度和重复定位精度分别为 0.02 mm 和 0.01 mm，刀库容量为 18 把，工件一次装夹后可自动完成铣、钻、镗、铰及攻螺纹等工步的加工。

（2）选择加工方法

B 平面用铣削方法加工，因其表面粗糙度 Ra 为 6.3 μm，故采用粗铣→精铣方案；ϕ60H7 孔因已铸出毛坯孔，为达到精度 IT7 级和表面粗糙度 Ra0.8 μm，需经三次镗削，即采用粗镗→半精镗→精镗方案；对 ϕ12H8 孔，为防止钻偏和达到 IT8 级精度，按钻中心孔→钻孔→扩孔→铰孔方案进行；ϕ16 mm 孔在 ϕ12 mm 孔基础上锪至尺寸即可；M16 螺纹孔采用先钻底孔后攻螺纹的加工方法，即按钻中心孔→钻底孔→倒角→攻螺纹方案加工。

（3）确定加工顺序

按照先面后孔、先粗后精的原则确定，具体加工顺序为：粗、精铣 B 面→粗、半精、精镗 ϕ60H7 孔→钻各光孔和螺纹孔的中心孔→钻、扩、锪、铰 ϕ12H8 及 ϕ16 mm 孔→

M16 螺孔钻底孔、倒角和攻螺纹，详见表 4—21。

（4）确定进给路线

B 面的粗、精铣削加工进给路线根据铣刀直径确定，因所选铣刀直径为 ϕ100 mm，故安排沿 X 方向两次进给（图 4—108）。所有孔加工进给路线均按最短路线确定，因为孔的位置精度要求不高，机床的定位精度完全能保证，图 4—109～图 4—113 所示为各孔加工工步的进给路线。

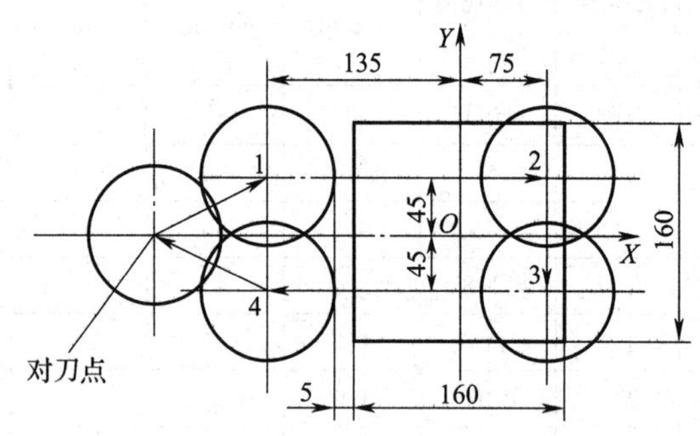

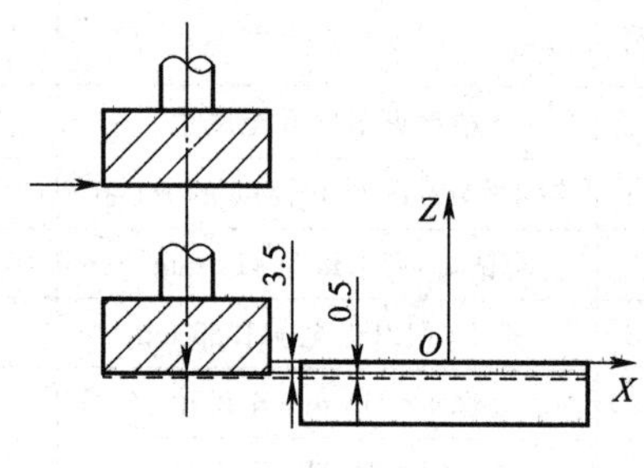

图 4—108　铣削 B 面进给路线

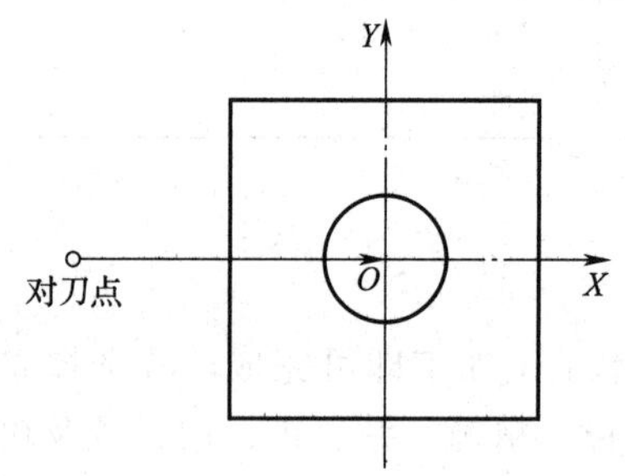

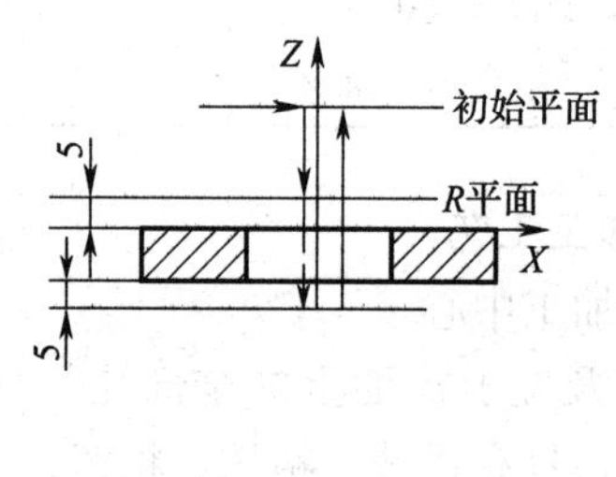

图 4—109　镗 ϕ60H7 孔进给路线

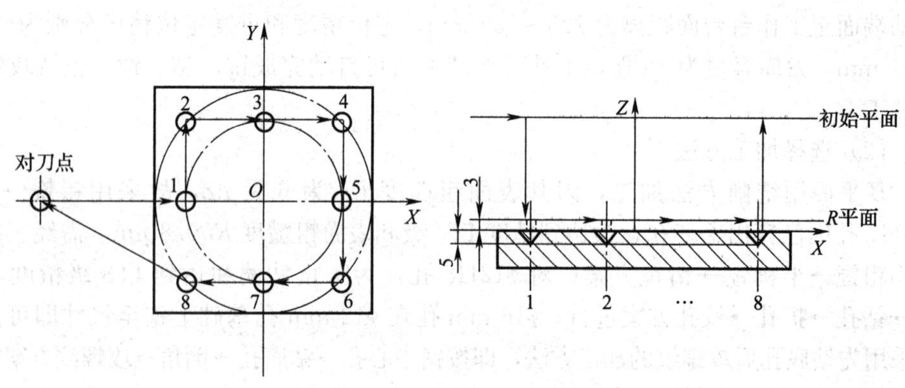

图 4—110　钻中心孔进给路线

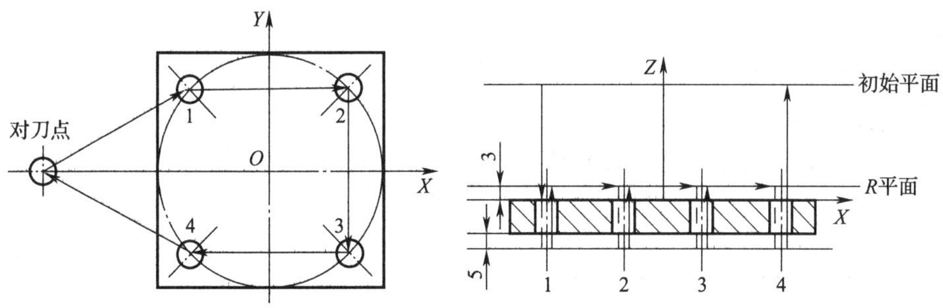

图 4—111 钻、扩、铰 ϕ12H8 孔进给路线

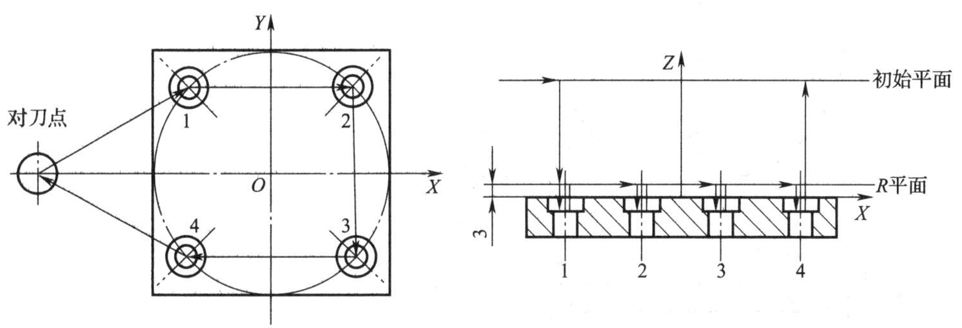

图 4—112 锪 ϕ16 mm 孔进给路线

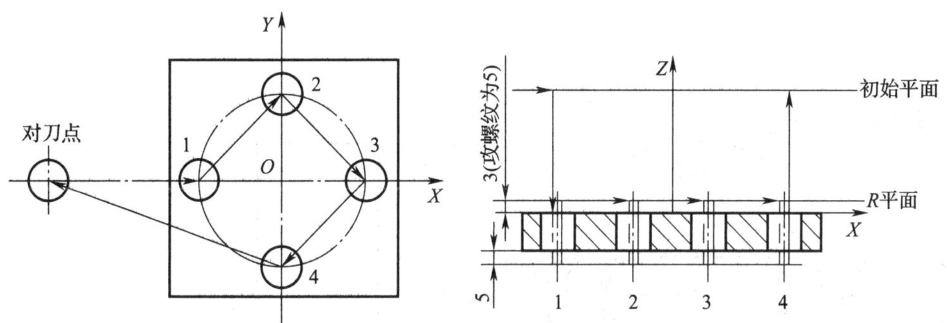

图 4—113 钻螺纹底孔、攻螺纹进给路线

思考与练习

1. 常用的夹紧机构有哪些？
2. 组合夹具的特点是什么？有哪几种？
3. 常用的数控铣削刀具有哪几种？其选择应从哪几个方面考虑？
4. 数控刀具系统有哪几种？

5. 怎样计算有效切削直径？

6. 铣削方式有哪几种？

7. 怎样铣削封闭键槽？

8. 加工内轮廓时的深度进刀方式有哪几种？

9. 矩形型腔加工方式有哪几种？各有什么特点？

10. 编写图 4—114～图 4—121 所示零件的加工工艺。

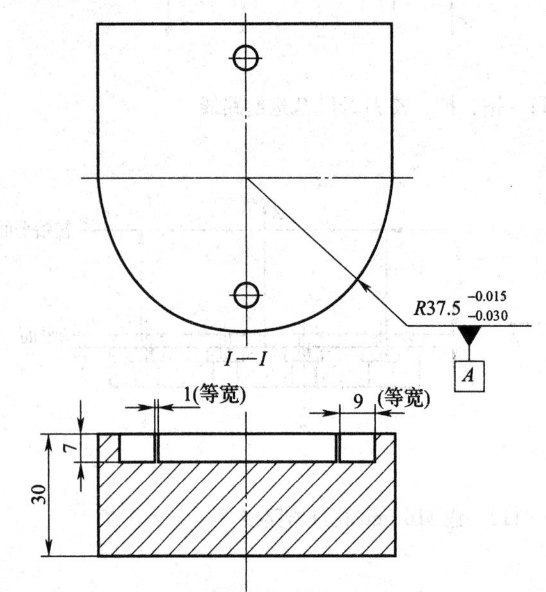

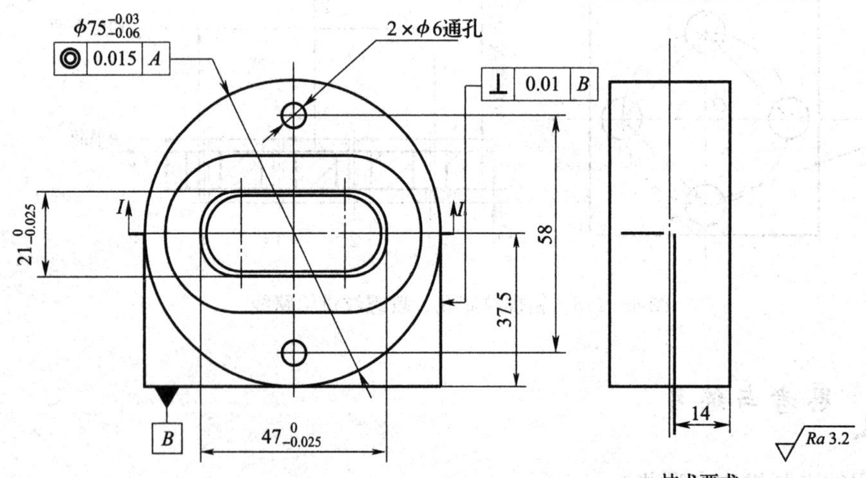

技术要求：
未注公差尺寸允许误差±0.07 mm。

图 4—114 零件一

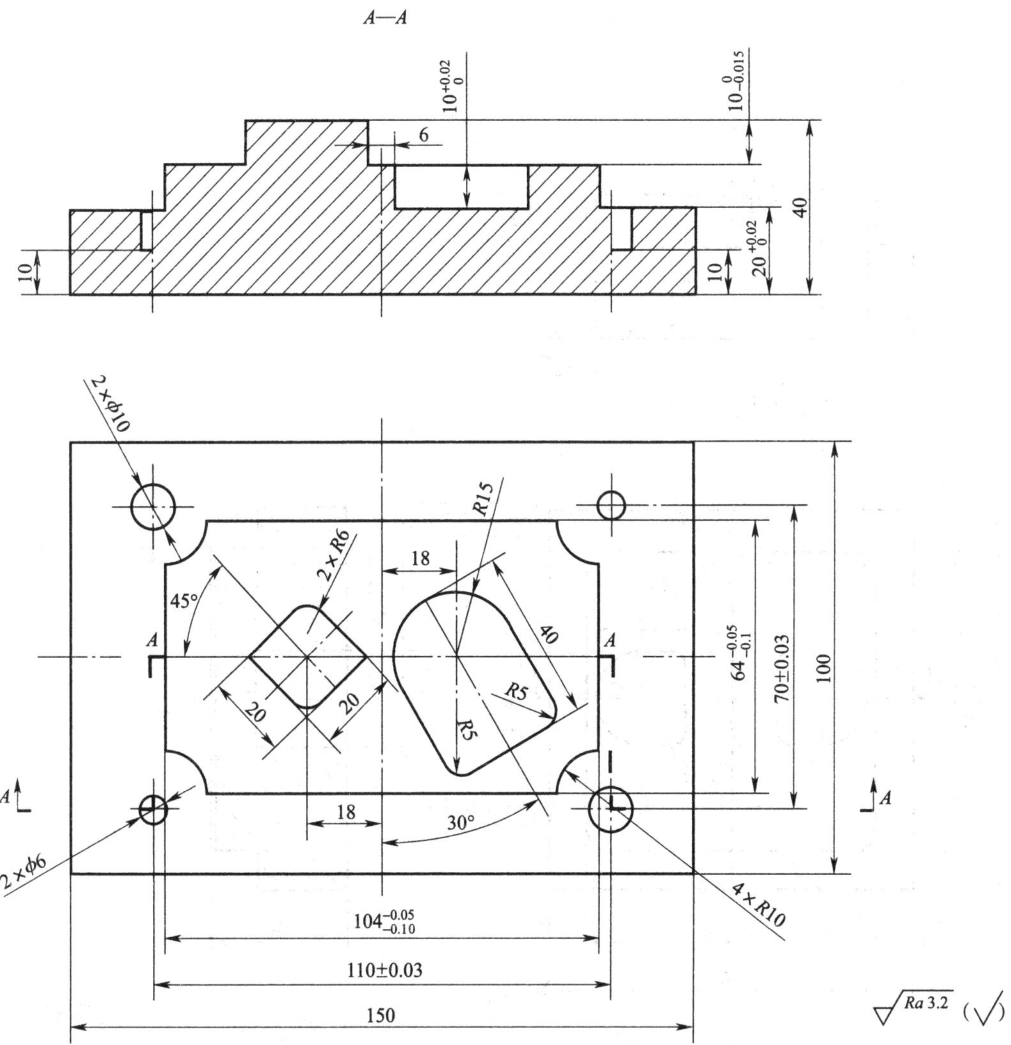

技术要求：

1. 毛坯尺寸150 mm × 100 mm × 40 mm，外形不用加工。
2. 未注公差尺寸允许误差 ± 0.07 mm。

图 4—115　零件二

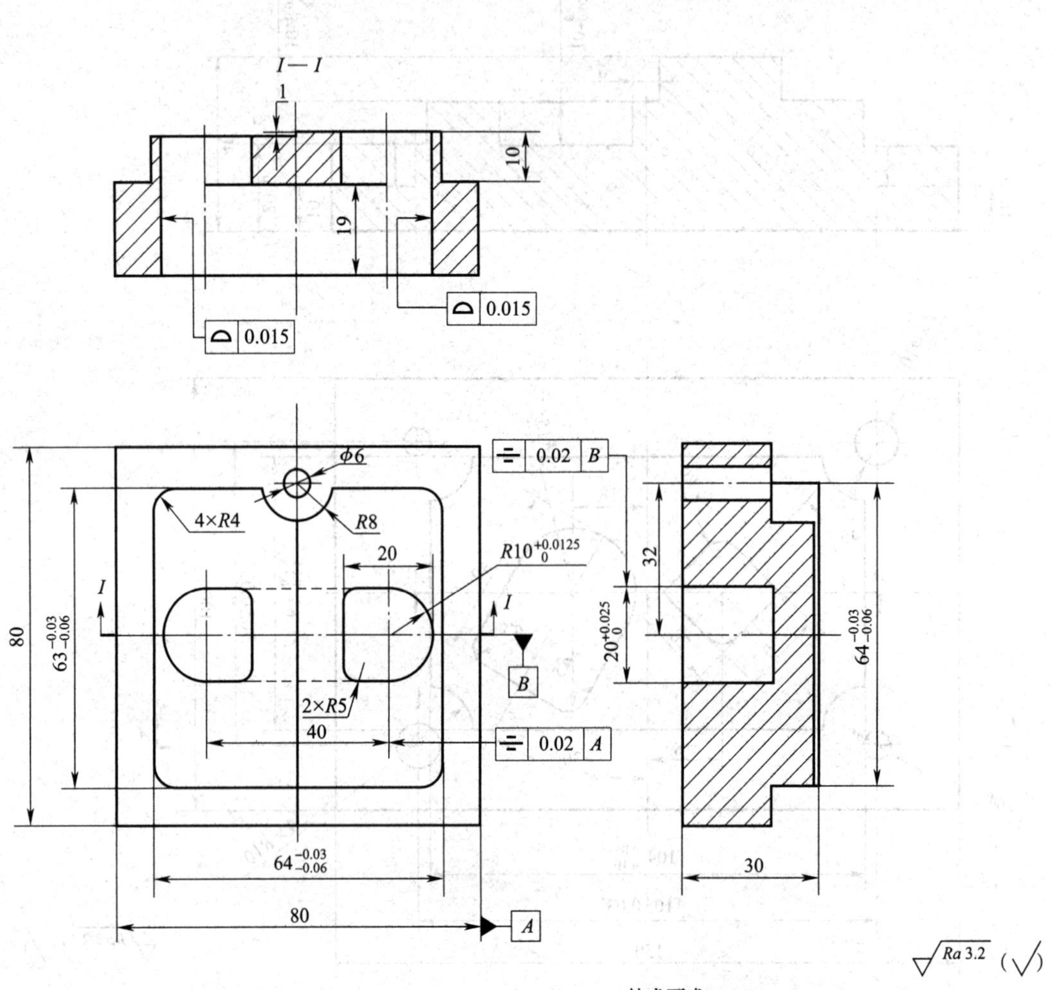

技术要求：

未注公差尺寸允许误差±0.07 mm。

图 4—116　零件三

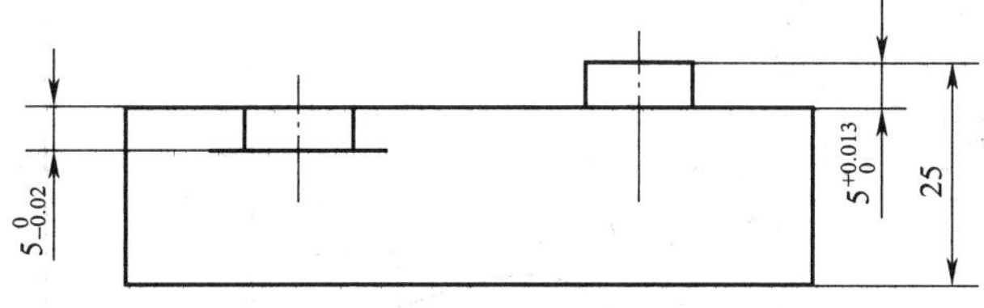

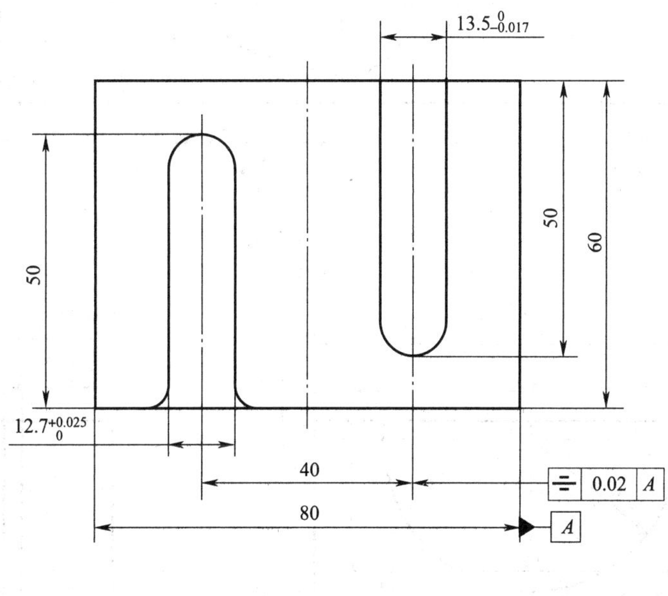

$\sqrt{Ra\ 1.6}$ ($\sqrt{}$)

技术要求:
未注R全部为5.0 mm。

图4—117　零件四

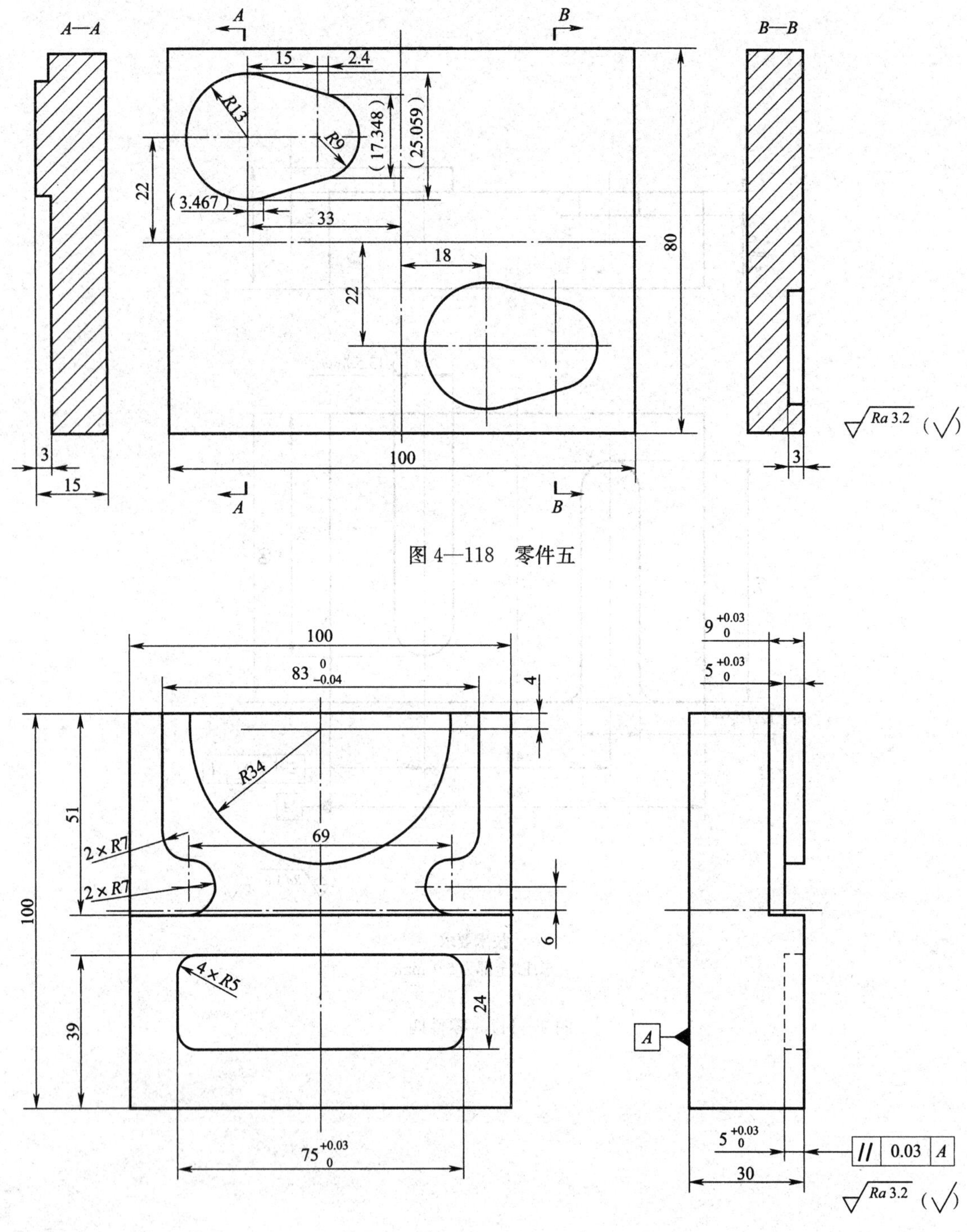

图 4—118　零件五

图 4—119　零件六

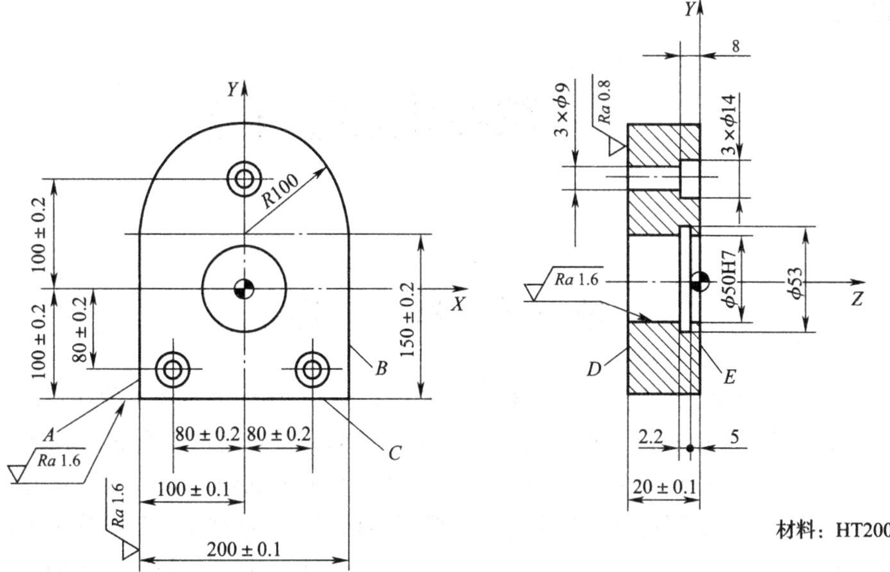

图 4—120 零件七

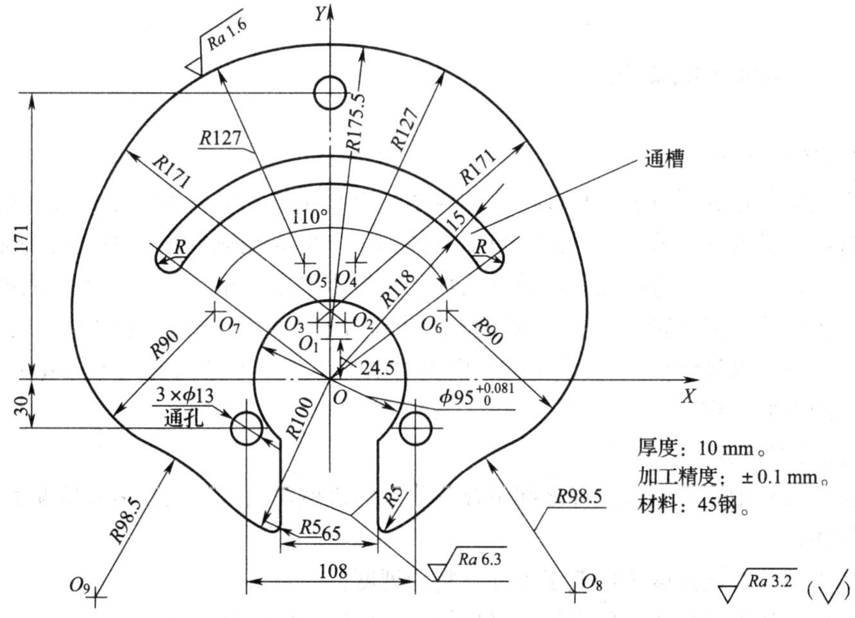

图 4—121 零件八

第五章

数控电加工工艺

第一节　概　　述

电加工与金属切削加工的原理完全不同，在电加工过程中，工具与工件并不接触，而是靠工具和工件之间不断地脉冲性火花放电，产生的局部、瞬时高温把金属材料逐次微量蚀除，进而将工具的形状反向复制到工件上。因放电过程中可见到火花，故称之为电火花加工。英国、美国、日本等国称之为放电加工，俄罗斯称之为电蚀加工。目前这一工艺技术已经广泛用于加工淬火钢、不锈钢、模具钢、硬质合金等难加工材料，以及用于加工模具等具有复杂表面的零部件，在民用和国防工业中获得越来越多的应用，已成为切削加工的重要补充和发展。

一、数控电加工的概念

1. 电加工的定义

电加工主要是指利用电的各种效应（如电能、电化学能、电热能、电磁能、电光能等）进行金属材料加工的一种方式。电加工包括电蚀加工（电火花成形加工和线切割加工）、电子束加工、电化学加工（电抛光等）及电热加工（导电磨削、电热整平）等。从狭义而言，电加工大多指直接利用电能（放电）进行金属材料加工的一种方式，主要有电火花成形加工、线电极切割（简称线切割）、电抛光、电解磨削加工等。本章只介绍电火花成形加工和线切割加工的主要内容。

2. 电加工的特点

（1）加工过程中，工具和工件之间不存在明显的机械切削力，且在多数情况下，工具不与工件直接接触。

（2）加工用的工具硬度可以低于工件材料的硬度。

（3）工件材料可以是任何硬度的金属材料，还可以是磁性材料等。

二、数控电加工方法的分类及应用

按工具电极和工件相对运动的方式与用途的不同，数控电加工方法大致可分为电火花穿孔成形加工、电火花线切割加工、电火花磨削和镗磨、电火花同步共轭回转加工、电火花高速小孔加工、电火花表面强化与刻字六大类。前五类属电火花成形、尺寸加工，用于改变零件形状或尺寸；最后一类则属表面加工方法，用于改善或改变零件表面性质。其中以电火花穿孔成形加工和电火花线切割应用最为广泛。表 5—1 所列为分类情况及各类加工方法的主要特点和用途。

表 5—1　　电火花加工工艺方法分类、特点及用途

类别	工艺方法	特点	用途	备注
1	电火花穿孔成形加工	工具和工件间只有一个相对的伺服进给运动 工具为成形电极，与被加工表面有相同的截面和相应的形状	穿孔成形加工可加工各种冲模、挤压模、粉末冶金模、各种异形孔及微孔等 型腔加工可加工各种型腔模及各种复杂的型腔零件	约占电火花机床总数的 30%，典型机床有 D7125、D7140 型等电火花穿孔成形机床
2	电火花线切割加工	工具电极为与电极丝轴线垂直移动着的线状电极 工具与工件在两个水平方向同时有相对伺服进给运动	切割各种冲模和具有直纹面的零件 下料、切割和窄缝加工	约占电火花机床总数的 60%，典型机床有 DK7725、DK7740 型数控电火花线切割机床
3	电火花磨削和镗磨	工具与工件有相对的旋转运动 工具与工件间有径向和轴向的进给运动	加工高精度、表面粗糙度值小的小孔，如拉丝模、挤压模、微型轴承内环、钻套等 加工外圈、小模数滚刀等	约占电火花机床总数的 3%，典型机床有 D6310 型电火花小孔内圆磨床等
4	电火花同步共轭回转加工	成形工具与工件均做旋转运动，但二者速度相等或成整倍数，相对接近的放电点有切向相对运动 工具相对工件可做纵、横向进给运动	以同步回转、展成回转、倍角速度回转等不同方式，加工各种复杂型面的零件，如高精度的异形齿轮，精密螺纹环规，高精度、高对称度、表面粗糙度值小的内外回转体表面等	约占电火花机床总数的 1%，典型机床有 JN—2、JN—8 型内外螺纹加工机床
5	电火花高速小孔加工	采用细管（>ϕ0.3 mm）电极，管内冲入高压水基工作液 细管电极旋转 穿孔速度很高（30～60 mm/mim）	线切割穿丝孔 深径比很大的小孔，如喷嘴等	约占电火花机床总数的 2%，典型机床有 D703A 型电火花高速小孔加工机床
6	电火花表面强化与刻字	工具在工件表面振动，在空气中放火花 工具相对工件移动	模具刃口和刀具、量具刃口表面强化和镀覆 电火花刻字、打印记	约占电火花机床总数的 1%～2%，典型机床有 D9105 型电火花强化机等

查一查

查询各种电火花加工机床的照片。

第二节　数控电火花成形加工工艺

一、数控电火花成形加工

1. 数控电火花成形加工原理

电火花成形加工也称为放电加工、电蚀加工或电脉冲加工，是基于脉冲放电的蚀除原理，直接利用电能和热能进行加工的工艺。图 5—1 所示为电火花成形加工原理图。电火花成形加工与传统的机械切削加工原理完全不同，在电火花加工过程中，工具电极与工件并不接触。当工具电极 2（简称电极）与工件电极 4（简称工件）在绝缘介质中相互接近，达到某一小距离时，脉冲电源 7 施加的电压把两电极间距离最小处（0.005～0.10 mm）的介质击穿，形成脉冲放电，产生局部、瞬时高温，将电极对的金属材料蚀除。

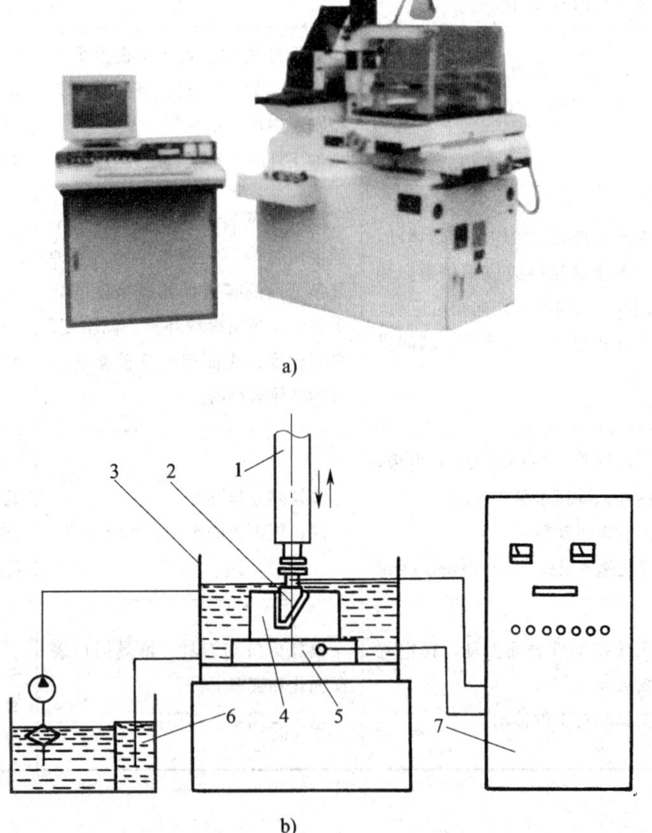

图 5—1　电火花成形加工机床与加工原理图

a）机床实物图　b）加工原理图

1—主轴头　2—工具电极　3—工作液槽　4—工件电极　5—床身工作台　6—工作液装置　7—脉冲电源

放电蚀除过程是一个复杂的物理过程，大致可分为电离、放电、高热熔化、汽化、金属抛出、消电离几个阶段。由于电极及工件的微观表现是凸凹不平的，当脉冲电压加到两极时，两极间距离最靠近处的绝缘介质（工作液大多用煤油）被击穿，形成放电通道，电流急剧增加，电子和离子在电场力作用下高速运动，相互碰撞，在放电通道内瞬间产生大量的热能，使放电部位（凸出的尖点）金属局部熔化甚至汽化，并在放电爆炸力的作用下，将熔化的金属抛出。被熔化和汽化的金属在抛离电极表面时，绝大部分在工作液中冷凝成球状微小颗粒，有些则可能飞溅或黏附到电极表面，工作液（煤油）裂解后产生的炭颗粒也会附着到电极表面，因此，放电加工后的电极表面经常可以看到明显的炭颗粒附着现象。单个脉冲经过这样一系列过程，完成一次脉冲放电，在工件表面便留下一个带凸边的小坑穴。

2. 电火花成形加工的条件

要利用脉冲放电时金属的蚀除作用达到“尺寸加工”的目的，一般必须具备以下条件：

（1）脉冲放电必须具有足够大的能量密度，使工件材料局部熔化和汽化。为了压缩放电通道面积，使放电能量更加集中，需借助液体的几乎不可压缩特性，故放电大多是在液体介质（又称工作液）中进行的，如煤油、皂化液或去离子水等。工作液必须具有较高的绝缘强度（电阻率为 $10^3 \sim 10^7\ \Omega \cdot cm$），以利于产生脉冲火花放电。

（2）放电应当是脉冲式的（脉宽一般在 0.2～1 000 μs），使脉冲放电产生的绝大部分热量来不及从极微小的放电区域扩散出去。同时每个脉冲放电后的停歇时间（脉冲间隔）应确保电极间的介质来得及消电离，恢复绝缘，使下一个脉冲能在电极间新的距离最小处击穿放电，避免在同一点上连续放电而形成稳定电弧，使放电点表面大量发热、熔化，导致工件烧伤。

（3）放电过程的电蚀产物（包括飞溅出的蚀除颗粒、气体及液体介质的裂解产物等）及热量应及时从微小的放电间隙（0.01～0.05 mm）中排出，以利于液体介质恢复绝缘，维持脉冲放电正常、连续地进行，达到加工的目的。

（4）随着脉冲放电的持续进行，工件及电极材料不断被蚀除，两电极间距离将逐步加大，为了使间隙电压能有效击穿极间的介质，加工装置的进给系统必须及时调整两极间的距离，使之始终保持最佳的击穿放电间隙。

3. 电火花成形加工装置

电火花成形加工装置可以实现电火花成形加工需要的四个条件。该装置通常由四大部分组成。

（1）脉冲电源

产生放电加工所需的间歇脉冲，是电火花加工的能量供给装置。

（2）机床主体

用来实现工件与电极的装夹固定及调整两者的相对位置，配合控制系统实现预定加工要求的机械系统。

（3）控制系统

为了满足放电间隙稳定及预定的形状加工要求，控制系统需对电极与工件间的相对位置进行调整与控制。数控电火花成形机床已有了五轴联动的控制系统，但在生产线上使用的大多是单轴数控或两轴联动的控制系统。

（4）工作液装置

该部分主要由储液箱、泵、过滤器、管道阀门等组成，用于向放电区域不断提供干净的工作液，并将电蚀产物带出放电区域，经过过滤器滤除这些微粒。高精度电火花成形机床的工作液装置除了过滤精度高（能滤除≥3 μm 的微粒）外，大多配有工作液温度控制及冷却装置。

二、数控电火花成形加工特点及应用范围

1. 加工特点

与传统金属切削加工相比，电火花成形加工具有如下特点：

（1）采用成形电极进行无切削力加工。

（2）电极相对工件做简单或复杂的运动。

（3）工件与电极之间的相对位置可手动控制或自动控制。

（4）加工一般是浸在液体介质中进行。

（5）一般只能用于加工金属等导电材料，只有在特定条件下才能加工半导体和绝缘体材料。

（6）加工速度一般较慢，效率较低，且最小圆角半径有限制。

2. 应用范围

由于电火花成形加工具有许多传统切削加工所无法比拟的优点，因此，其应用领域日益扩大，目前已广泛应用于机械（特别是模具制造）、航空、电子、电动机、电器、精密微细机械、仪器仪表、汽车、轻工等行业，以解决难加工材料及复杂形状零件的加工问题。其加工范围已达到小至几十微米的小轴、孔、缝，大到几米的超大型模具和零件。

（1）电火花成形加工具体应用范围

1）高硬脆材料。

2）各种导电材料的复杂表面。

3）微细结构和形状。

4）高精度加工。

5）高表面质量加工。

（2）电火花加工的局限性

1）它仅适于加工金属等导电材料，不像切削加工那样可以轻松地加工塑料、陶瓷等绝缘材料。近年来的研究表明：当采取某些措施后，也能采用电火花加工工艺加工半导体及金刚石等非导电材料。

2）在一般情况下，电火花加工的加工速度要低于切削加工。因此，合理的加工工艺路线应当是：凡可用刀具加工的，尽量采用常规机械切削加工去除大部分加工余量，仅将刀具难以进行切削的局部（如狭缝、深槽、异形孔或刀具与工件发生干涉的部位）采用电火花加工工艺补充加工。最新科研成果表明，采用特殊水基不燃性工作液进行的电火花复合加工

（有的称为电熔爆加工），其粗加工效率甚至可高于一般切削粗加工效率。

3）由于电火花加工是靠电极间的火花放电去除金属，因此，工件与工具电极都会有损耗，而且工具电极的损耗大多集中在尖角及底部棱边处，这直接影响到电火花成形加工的成形精度。近年来研制的新型脉冲电源，在粗加工时已能将工具电极的损耗控制在 0.1%以下，半精、精加工时的损耗也已降到 1%左右。

4）最小圆角半径有限制，难以清角加工。一般电火花加工能得到的最小角部半径等于加工间隙（通常为 0.02～0.03 mm），但因电火花成形加工电极有损耗或采用平动加工，则角部半径会增大。近年来采用数控三轴联动电火花加工，已可加工出棱角清晰的方孔、窄槽的侧面与底面。

三、极性效应与覆盖效应

1. 极性效应

在电火花加工时，相同材料（如用钢电极加工钢）两电极的被腐蚀量是不同的。其中一个电极比另一个电极的蚀除量大，这种现象叫作极性效应。如果两电极材料不同，则极性效应更加明显。在生产中，将工件电极接脉冲电源正极（工具电极接脉冲电源负极）的加工称为正极性加工（图 5—2），反之称为负极性加工（图 5—3）。

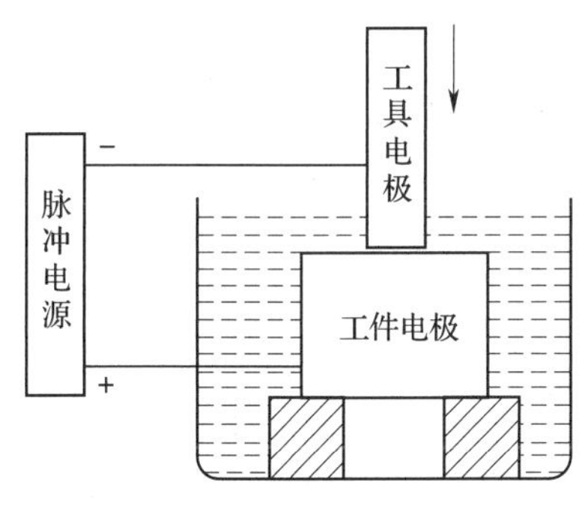

图 5—2 正极性加工

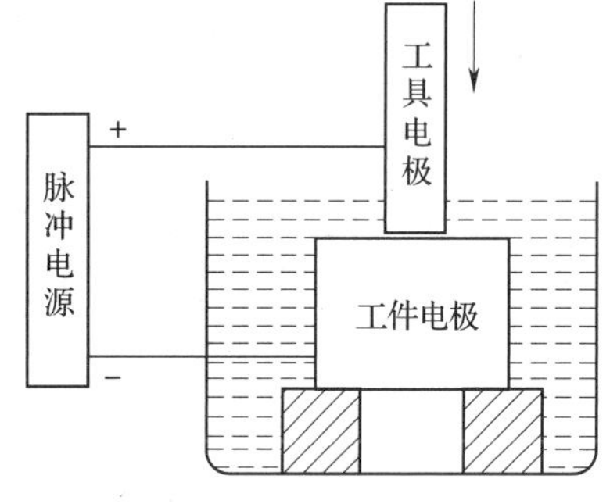

图 5—3 负极性加工

在实际加工中，极性效应受到电极以及电极材料、加工介质、电源种类、单个脉冲能量等多种因素的影响，其中主要因素是脉冲宽度。

在电场的作用下，放电通道中的电子奔向正极，正离子奔向负极。在窄脉冲宽度加工时，由于电子惯性小，运动灵活，大量的电子奔向正极，并轰击正极表面，使正极表面迅速熔化和汽化；而正离子惯性大，运动缓慢，只有一小部分能够到达负极表面，而大量的正离子不能到达。所以，电子的轰击作用大于正离子的轰击作用，正极的电蚀量大于负极的电蚀量，这时应采用正极性加工。在宽脉冲宽度加工时，因为质量和惯性都大的正离子将有足够的时间到达负极表面，由于正离子的质量大，它对负极表面的轰击破坏作用要比电子大，同时到达负极的正离子又会牵制电子的运动，故负极的电蚀量将大于正极，这时应采用负极性加工。

2. 覆盖效应

在材料放电腐蚀过程中，一个电极的电蚀产物转移到另一个电极表面，形成一定厚度的覆盖层，这种现象叫作覆盖效应。合理利用覆盖效应，可降低电极损耗。

在油类介质中加工时，覆盖层主要是石墨化的碳素层，其次是黏附在电极表面的金属微粒黏结层。碳素层的生成条件如下：

（1）有足够高的温度。电极上待覆盖部分的表面温度不低于碳素层生成温度，但要低于熔点，以使碳粒子烧结成石墨化的耐蚀层。

（2）有足够多的电蚀产物，尤其是介质的热解产物碳粒子。

（3）有足够的时间，以便在这一表面形成一定厚度的碳素层。

（4）一般采用负极性加工，因为碳素层易在阳极表面生成。

（5）必须在油类介质中加工。

四、电火花成形加工工艺的制定

电火花成形加工一般作为工件加工的最后一道工序，使工件达到图样规定的尺寸、几何精度和表面粗糙度。图 5—4 所示为电火花成形加工的加工过程。

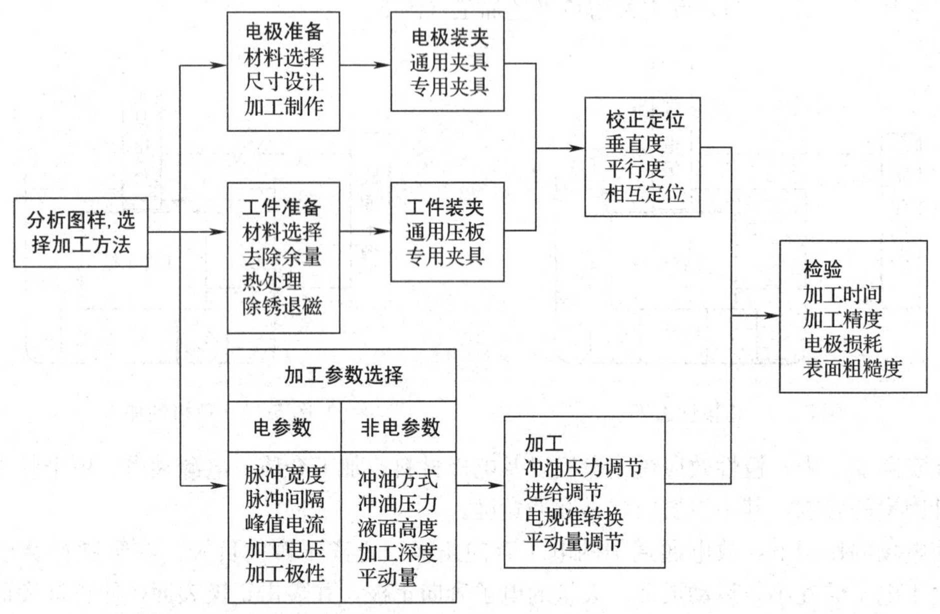

图 5—4　电火花成形加工的加工过程

1. 电极准备

电火花加工的特点主要是把电极的形状通过电蚀工艺精确地仿制到工件上。因此，工件形状和加工精度与电极有着密切的关系。为了保证电极符合要求，在选择电极时，必须正确选择电极材料和合理的几何尺寸，同时还应考虑电极的加工工艺性等问题。

（1）电极材料

在实际使用中，应选择导电性能良好、损耗小、加工过程稳定、效率高和价格便宜的材料作为电极。电火花加工常用的电极材料有纯铜、黄铜、铸铁、钢和石墨等。在这些材料中，每一种材料都不能完全满足所有加工的要求，故应根据不同的具体要求合理地选择电极材料。常用电极材料的性能及特点见表5—2。

表5—2 常用电极材料性能及特点

电极材料	钢	铸铁	纯铜	石墨	黄铜	铜钨、银钨合金
加工稳定性	较差	一般	好	较好	好	好
电极损耗	一般	一般	一般	较小	较大	小
机加工性能	好	好	差	较好	好	一般
特点	常用于冲压模具加工。多以凸模为电极，加工凹模	常用于加工冷冲模的电极	磨削困难，不宜作为微细加工用电极	机械强度较低，适用于大型模具加工用电极	电极损耗太大，用于加工时可进行补偿的加工场合	价格偏贵，但对精密微细加工特别适宜
材质	以锻件为好	最好用优质铸铁	以无杂质锻打的电解铜最好	细粒、致密、各向同性的高纯石墨	冷拔、轧制棒或板材	粉末冶金，以粒度细的为好

目前国内电火花加工冲模的电极材料一般选用铸铁和钢，大多采用成形磨削方法制作电极。为了简化电极的制作，可采用模具钢制作冲模加工用电极，进行“钢打钢”电火花加工冲模，事后将电极下端的放电部位切除，可作冲头使用。

而型腔模具加工用的工具电极，大多采用石墨及纯铜制作。在大脉宽、大电流、粗加工时使用石墨电极，而精密加工时大多采用纯铜电极。

（2）影响电极损耗的主要因素

1）电极材料对电极损耗影响极大。熔点、沸点越高，导热性越好，电极损耗就越小。银钨合金、铜钨合金就属于低损耗电极材料。电极材料的选用要综合考虑工件要求、工艺性及生产成本，不能盲目追求低损耗。

2）电参数对电极损耗影响也较大。加大脉冲宽度可降低损耗，但也存在一个最佳范围，超过这个范围，损耗又将加大。

在一般情况下，若脉宽不变，则随脉冲峰值电流的增加，电极损耗加大。特别是当放电面积很小而峰值电流又很大时，电极损耗将更加明显。

3）极性。一般说来，粗加工时应使用负极性加工，而精加工时要改为正极性加工。但要记住特例，即当采用“钢打钢”时，无论是粗、精加工，都应采用负极性加工，才能实现电极低损耗加工。

4）黑膜对电极损耗的影响也不容忽视。在煤油介质中，用纯铜作工具电极并采用负极性加工时，电极表面均有黑膜形成。随着黑膜厚度的增加，电极损耗随之降低。当黑膜厚度达到一定值（约 0.01 mm）后，电极可实现低损耗。

5）工具电极上大多开有冲油孔和排气孔，采用强迫冲液使加工蚀除物及气体及时排出。实践表明：当冲油压力增大时，电极损耗将随之增大。冲油压力及介质流速皆不宜高，以偏低些为好，通常为 20～40 kPa。

（3）电极结构

电极的结构应根据型孔的大小与复杂程度、电极的加工工艺性等来确定。常用的电极结构有下列几种形式：

1）整体式电极。用一整块电极材料加工出的完整电极，这是最常用的结构形式。对于形状面积较大的电极，可在其上端（非工作面）钻一些不通孔，以减轻重量，提高加工过程的稳定性。

2）组合电极。也称多电极，即把多个电极装夹在一起。采用多电极加工，生产率高，各加工部位的位置精度也较为准确，但对电极的定位有较高的要求。

3）镶拼式电极。有些电极做成整体电极时，机械加工困难，因此将它分成几块，加工后再镶拼成整体。这样可以保证电极的制造精度，得到尖锐的凹角，而且节省材料。

（4）技术要求

对电极的要求是：尺寸精度应不低于 IT7 级，公差一般小于工件公差的 1/2，并按入体原则标注；各表面平行度在 100 mm 长度上小于 0.01 mm；表面粗糙度 Ra 小于 0.8 μm。

（5）电极的尺寸

电极的尺寸主要包括长度尺寸和截面尺寸。

1）长度尺寸。一般情况下，电极的有效长度（即总长度减去装夹等辅助长度）通常取工件厚度的 2.5～3.5 倍，当需用一个电极加工几个工件或加工一个凹模上的几个相同型孔时，电极的有效长度还应适当加长。

对于加工不通型腔所用电极的有效长度，一般取工件型腔深度加上 2 倍最大蚀除深度即可，当电极下端可修复续用时，则应增加供修复的长度。

当能满足装夹和加工所需时，其电极长度应尽量缩短，以增加电极刚度和加工过程的稳定性，还有利于成形磨削加工以及对电极形状的投影检验。

2）截面尺寸。电极截面尺寸与多种因素有关，除主要通过工件图样得到外，还需考虑到火花间隙的大小、凸凹模间的配合间隙，以及电加工的工艺过程（如一次或分粗、精加工多次以及采用平动方式时的尺寸缩放量）等方面。

①电极的截面尺寸，原则上与工件截面尺寸仅相差一个火花间隙，即电极的凸形部分应比工件的凹形部分均匀缩小一个（单面）火花间隙值，电极的凹形部分应比工件的凸形部分均匀放大一个（单面）火花间隙值。

②冲裁模中的凹模尺寸完全取决于冲件尺寸，加工凹模的电极尺寸通过冲件尺寸缩小其火花间隙。

③如果采用单电极加工，其截面尺寸还应将电极损耗量加到火花间隙值中一并进行

考虑。

④精确的电极尺寸对加工精密工件来讲是必不可少的，而且由于环境、系统、操作者的影响，工件的精度总比生产中所用的电极精度差。因此，正常情况下电极公差是工件公差的一半。

2. **电极装夹**

在加工之前，应先对电极和工件进行装夹、找正与定位。这些工作十分重要，它不仅直接影响加工的精度，还可能影响加工过程的稳定性。

整体式电极大多数使用通用夹具直接安装在机床主轴的下端。如图 5—5 所示，工具电极固定在电极固定板 4 上（固定板下方装钻夹头或其他装夹夹具），当工具电极轴线与工作台端面不垂直时，可通过夹具上前、后、左、右四个调节螺钉 2 进行调节，直到合格为止。例如，圆柱形电极可选用标准套筒夹具装夹，如图 5—6 所示；直径较小的电极可选用钻夹头装夹，如图 5—7 所示；尺寸较大的电极可选用螺纹夹头装夹，如图 5—8 所示。

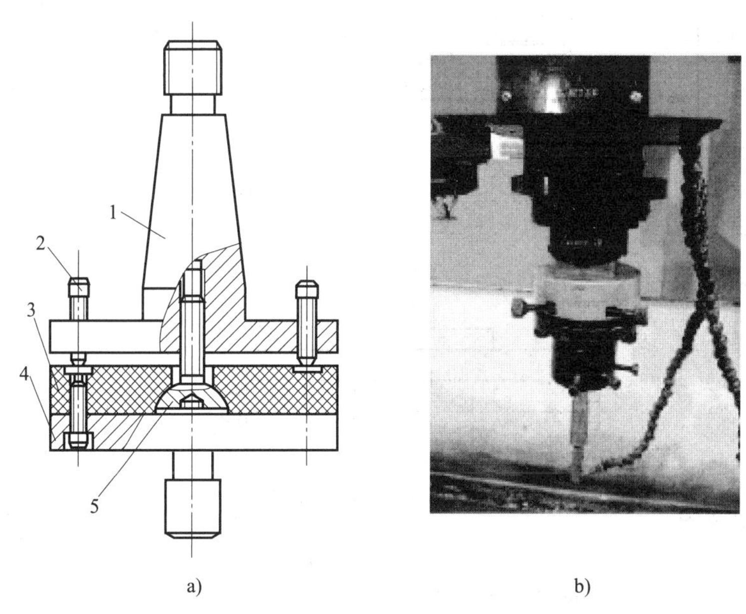

图 5—5　带垂直度调节装置的夹头

a）结构图　b）应用图

1—锥柄　2—调节螺钉　3—绝缘垫　4—电极固定板　5—球头螺钉

多电极可选用配置了定位块的通用夹具加定位块装夹（图 5—9），或使用专用夹具装夹。

镶拼式电极一般采用一块连接板，将几块电极连接成所需的整体后再装夹，如图 5—10 所示。

为了使电极的调整更加方便，现在还有多种能调节垂直度与水平转角的新型夹头，如球面铰链夹头和电磁夹头等。

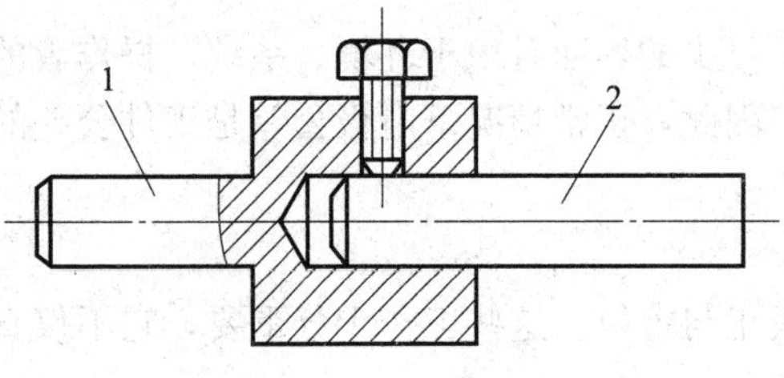

图 5—6　标准套筒夹具

1—套筒　2—电极

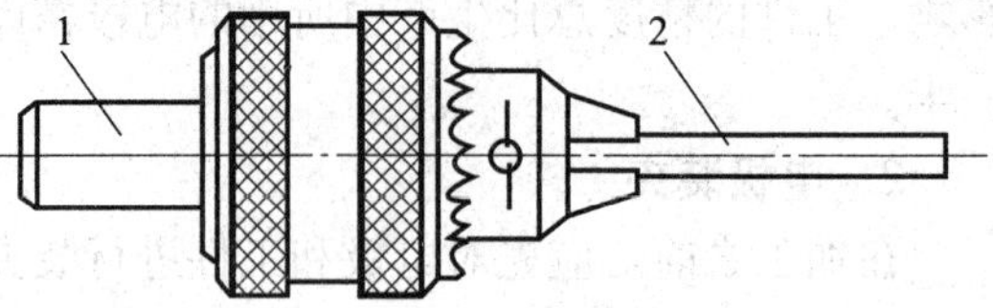

图 5—7　钻夹头

1—钻夹头　2—电极

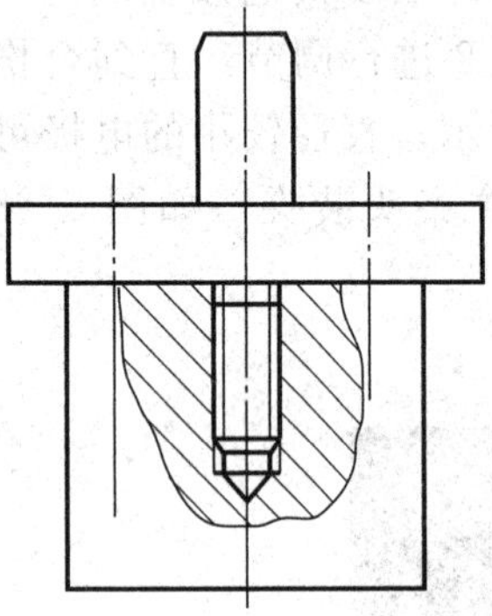

定位块　电极　夹具体

图 5—8　螺纹夹头

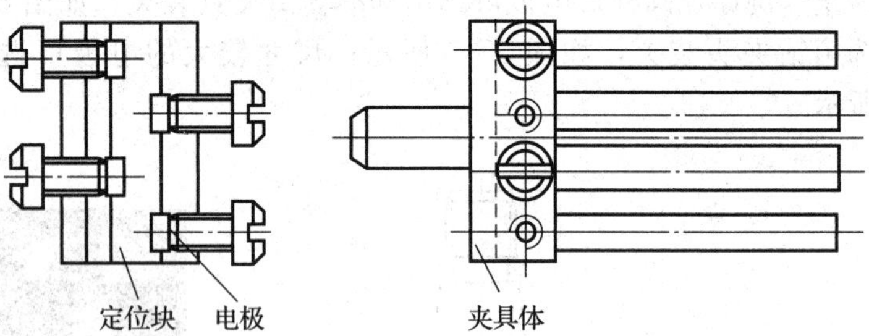

图 5—9　多电极通用夹具

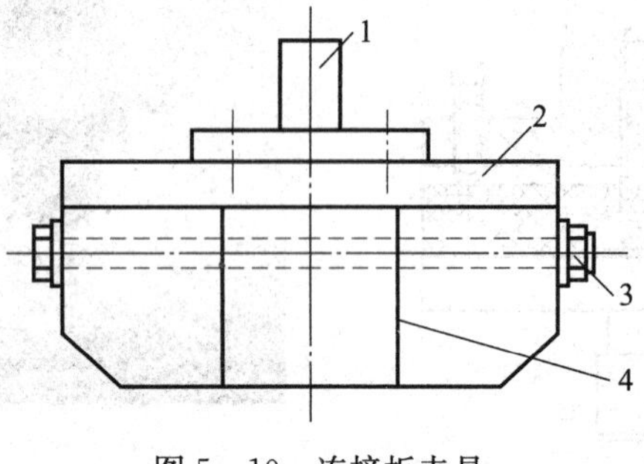

图 5—10　连接板夹具

1—电极板　2—连接板　3—螺栓　4—黏合剂

你所在学校用到的电极采用的是哪种夹紧方式？

3. 工件的准备

(1) 工件材料和尺寸形状

工件毛坯的尺寸必须适合在工作液槽内放置，工件能够被紧固，其硬度、刚度、塑性符合标准，重量在许可范围内；工件材料电导率大于 0.1 S（西门子）/cm，并且材料不与工作液发生强烈的化学反应。

（2）工件的预加工

为了节约电火花加工的时间，提高生产效率，一般在电火花加工前要用机械加工的方法去除大部分加工余量。留下的加工余量要均匀、合适，否则会造成电极损耗不均匀，影响表面加工精度和表面粗糙度。

（3）基准面

要加工的工件形状必须有一个相对于其他形状、孔或表面容易定位的基准面，这个基准面必须精加工。通常，基准面从水平或垂直的两个面中选取或者从中心孔和一个底面中选取。

（4）冲液孔

根据加工计划，必须制作所需的冲液孔，其加工方法如下：

1）如果工件是没有经过热处理的钢件，应钻孔。

2）如果工件是热处理后的钢件，应使用管状电极进行电火花加工或用金刚石钻头钻孔。

3）如果工件是硬质合金件，应使用管状电极进行电火花加工或预先烧结。

（5）回火处理

因材料可能出现变形，在放电加工之前，必须先对工件进行回火处理。另一方面，回火对于放电加工不应产生任何不利因素。如果回火处理是在盐浴炉中进行的，则需要对工件进行喷砂清理或者研磨去除约 0.5 mm 厚的表面。

（6）除锈、去磁

在电火花加工前，必须对工件进行除锈、去磁处理，以免在加工过程中造成工件吸附铁屑，引起拉弧烧伤，影响成形表面的加工质量。

4. 工件的装夹

在一般情况下，工件被安放在工作台上，与电极互相定位后，用压板和螺钉压紧即可，但需注意保持与电极的相互位置。

5. 校正与定位

（1）校正

电极装夹后，需进行校正，使其轴线或轮廓线垂直于机床的工作台面。校正电极的方法很多，在此仅介绍两种简单而实用的方法。

1）利用精密角尺校正。如图 5—11 所示，利用精密角尺，通过接触缝隙校正电极与工作台的垂直度，直至上下缝隙均匀为止。校正时还可辅以灯光照射，观察光隙是否均匀，以提高校正精度。这种方法的特点是简便迅速，精度也较高。

2）利用百分表校正。如图 5—12 所示，当电极通过机床主轴做上下移动时，电极的垂直度可以直接从百分表上读出。这种方法校正可靠、精度高，但较费时。

（2）定位

电火花加工中的定位是指使已安装完成的电极对准工件的加工位置，以达到位置精度要求。下面介绍几种常用方法。

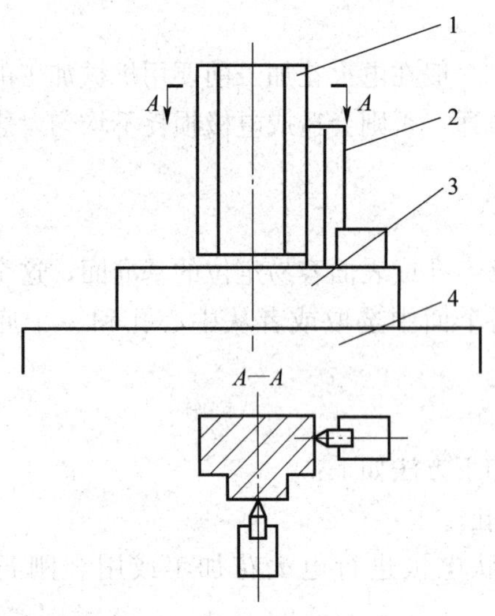

图 5—11　用角尺校正
1—电极　2—精密角尺　3—工件　4—工作台

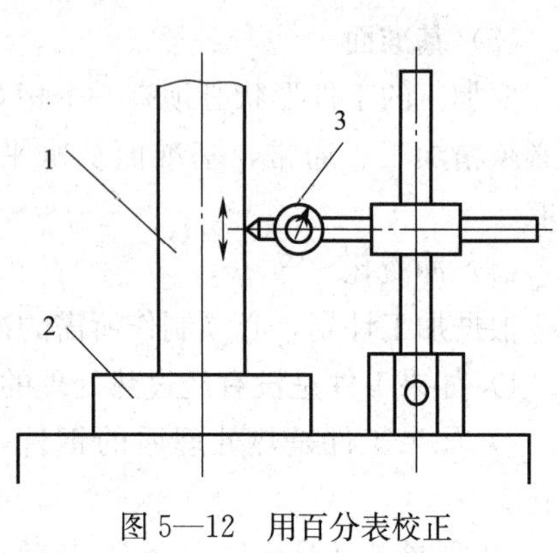

图 5—12　用百分表校正
1—电极　2—工件　3—百分表

1）划线法。按图样在工件两面划出型孔线，再沿线打样冲眼，根据样冲眼确定电极位置。该方法主要适用于定位要求不高的工件。

2）量块角尺法。先在工件 X 和 Y 方向的外侧表面磨出两个定位基准面，用一精密角尺与工件定位基准面吻合，然后在角尺与电极之间垫入尺寸分别为 x 和 y 的量块，电极与量块的接触应松紧适度，如图 5—13 所示。

3）测定器量块定位法。测定器中两个基准平面间的尺寸 z 是固定的，它配合量块和百分表进行定位。定位时，将百分表靠在工件外侧已磨出的基准面上，移动电极，当读数达到计算所得电极与基准面的距离 x 时，即可紧固工件，如图 5—14 所示。

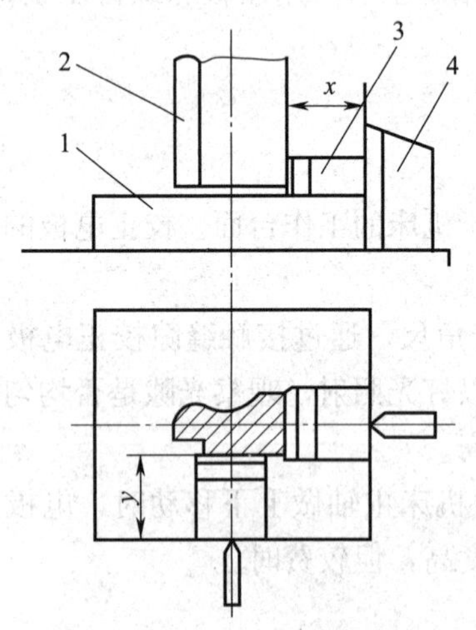

图 5—13　用量块和角尺定位
1—工件　2—电极　3—量块　4—角尺

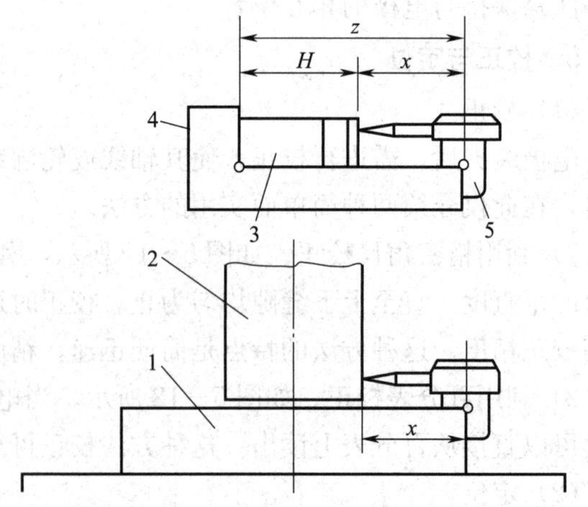

图 5—14　用测定器、量块和百分表定位
1—工件　2—电极　3—量块
4—测定器　5—百分表

4）接触感知定位法。数控电火花机床均具有自动找正定位功能，可用接触感知代码，编制数控程序自动定位。

做一做

利用实训时间，练习一下各种定位与校正方式。

6. 加工参数的选择

（1）常用电加工参数

电火花成形加工时，要根据加工工件的材料、加工精度及电极材料等因素选用合理的电加工参数，主要包括脉冲宽度 t_i、脉冲间隔 t_0、电流脉宽 t_e、峰值电压 u_i、峰值电流 i_e等。

1）脉冲宽度 t_i（μs）。脉冲宽度简称脉宽，它是加到工具电极和工件上放电间隙两端的电压脉冲持续时间。为了防止电弧烧伤，电火花成形加工只能用断续的脉冲电压波。粗加工时，用较大的脉宽，$t_i>100\ \mu$s；精加工时，只能用较小的脉宽，$t_i<50\ \mu$s。

2）脉冲间隔 t_0（μs）。脉冲间隔简称脉间，也称脉冲停歇时间。它是两个电压脉冲之间的间隔时间。间隔时间太短，放电间隙来不及消电离和恢复绝缘，容易产生电弧放电，烧伤工件和电极；间隔时间太长，将降低加工生产率。

3）电流脉宽 t_e（μs）。它是工作液介质击穿后放电间隙中流过放电电流的时间，也称放电时间。它对电火花成形加工的生产率、表面粗糙度和电极损耗等有很大的影响。

4）峰值电压 u_i（V）。开路电压是间隙开路时电极间的最高电压，等于电源的直流电压。峰值电压高时，放电间隙大，生产率高，但成形复制精度稍差。

5）峰值电流 i_e（A）。峰值电流是间隙火花放电时脉冲电流的最大值（瞬时），虽然峰值电流不易直接测量，但它是实际影响生产率、表面粗糙度等指标的重要参数。脉冲电源的每一功率放大管的峰值电流是预先选择和计算好的，加工时可按说明书选定粗加工、半精加工、精加工的峰值电流。

（2）电规准的选择

电火花成形加工中所选用的一组电脉冲参数称为电规准。电规准可分为粗规准、中规准和精规准。

1）粗规准　主要用于粗加工。对粗规准的要求是：生产率高，工具电极的损耗小。主要采用较大的电流、较长的脉冲宽度（20～200 μs）。

2）中规准　为粗、精加工间过渡加工采用的电规准，用以减小精加工余量，保证加工稳定性和提高加工速度。脉冲宽度一般为 10～100 μs。

3）精规准　用来进行精加工，故应采用小电流、高频率、短脉冲宽度（一般为 2～6 μs）。

（3）正、负极性加工。工件接脉冲电源正极（高电位端），称为正极性加工；反之，工件接电源负极（低电位端），则称为负极性加工。高生产率、低损耗粗加工时，常用负极性长脉宽加工。

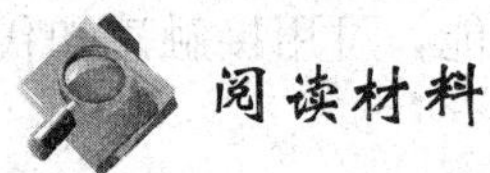

阅读材料

电火花加工的安全技术规程

电火花加工直接利用电能，且工具电极等裸露部分有100～300 V的高电压。高频脉冲电源工作时向周围发射一定强度的高频电磁波，人体离得过近，或受辐射时间过长，会影响人体健康。此外电火花加工用的工作液（如煤油）在常温下也会蒸发，挥发出的蒸气含有烷烃、芳烃、环烃和少量烯烃等有机成分，它们虽不是有毒气体，但人体长期大量吸入，也不利于健康。在工作液中长时间脉冲火花放电，工作液在瞬时局部高温下会分解出氢气、乙炔、乙烯、甲烷，还有少量的一氧化碳（质量分数约0.1%）和大量油雾烟气，遇明火很容易燃烧，引起火灾，人体吸入后对呼吸器官和中枢神经也有不同程度的危害，所以人体防触电等技术和安全防火非常重要。

电火花加工中的主要技术安全规程如下：

(1) 电火花机床应设置专用地线，使电源箱外壳、床身及其他设备可靠接地，防止电器设备绝缘损坏而发生触电。

(2) 操作人员必须站在耐压20 kV以上的绝缘板上进行工作，加工过程中不可碰触电极工具。操作人员不得较长时间离开电火花机床，重要机床每班操作人员不得少于两人。

(3) 经常保持机床电气设备清洁，防止受潮，以免降低绝缘强度而影响机床的正常工作。

若电动机、电器、电线的绝缘损坏（击穿）或绝缘性能不好（漏电）时，其外壳便会带电，如果人体与带电外壳接触，而又站在没有绝缘的地面时，轻则“麻电”，重则有生命危险。为了防止这类触电事故，一方面操作人员应站立在铺有绝缘垫的地面上；另一方面电气设备外壳应采用保护措施，最好采用触电保护器，一旦发生绝缘击穿漏电，外壳与地短路，使熔断器熔断或断路器跳闸，保护人体不再触电。

(4) 添加工作液时，不得混入类似汽油之类的易燃液体，防止引起火灾事故。油箱要有足够的循环油量，使油温限制在安全范围内。

(5) 加工时，工作液面要高于工件一定距离（30～100 mm），如果液面过低，加工电流较大，很容易引起火灾。为此，操作人员应经常检查工作液面是否合适。图5—15所示为操作不当、易发生火灾的情况，要避免出现图中的错误。

(6) 根据煤油的混浊程度，要及时更换过滤器，保持油路畅通。

(7) 电火花加工时，应有抽油雾、烟气的排风换气装置，保持室内空气良好。

(8) 机床周围严禁烟火，并应配备适用于油类的灭火器，最好配置自动灭火器。自动灭火器具有烟雾、火光、温度感应报警装置，并能自动灭火，比较安全可靠。若发生火灾，应立即切断电源，并用四氯化碳或二氧化碳灭火器吹灭火苗，防止事故扩大化。

(9) 操作人员随时观察加工情况，以免出现短路、拉弧烧伤工件。

(10) 电火花机床的电器设备应设置专人负责，其他人员不得擅自乱动。

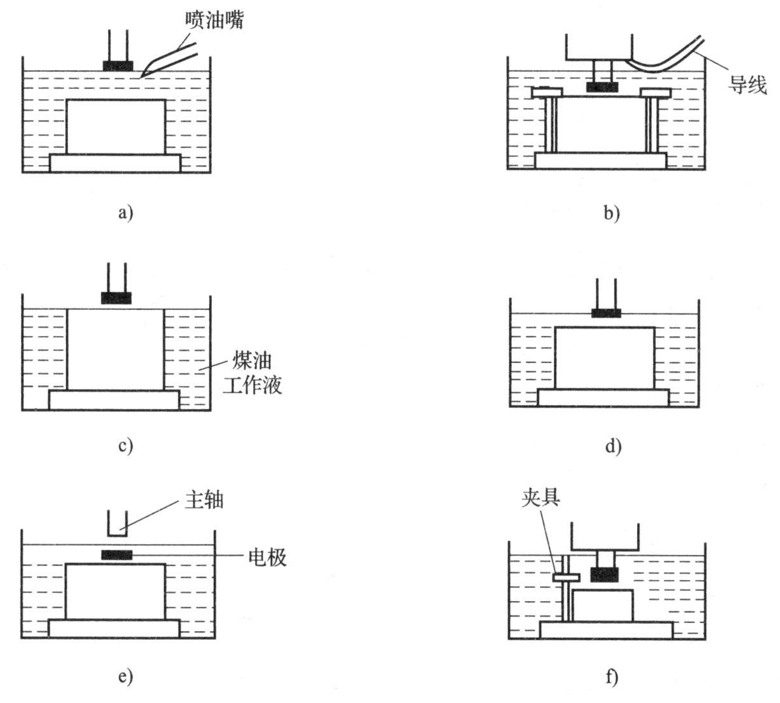

图 5—15 意外发生火灾的原因

a）电极和喷油嘴间相碰引起火花放电 b）绝缘外壳多次弯曲意外破裂的导线和工件夹具间火花放电
c）加工的工件在工作液槽中位置过高 d）在加工液槽中没有足够的工作液，液面过低
e）电极和主轴连接不牢固，意外脱落时电极和主轴之间火花放电
f）电极的一部分和工件夹具间产生意外的放电，并且放电又在非常接近液面的地方

五、典型零件的加工工艺

1. 冷冲模电火花加工——简单方孔冲模的电火花加工

凹模尺寸为 25 mm×25 mm，深 10 mm，通孔的尺寸公差等级为 IT7，表面粗糙度 Ra 为 0.8～1.6 μm，模具如图 5—16 所示，工件材料为 40Cr。采用高低压复合型晶体管脉冲电源加工。

电火花加工模具一般都在淬火以后进行，并且通常先加工出预孔，如图 5—17a 所示，其余工件尺寸等要求与图 5—16 所示相同。

加工冲模的电极材料，一般选用铸铁或钢，这样可以采用成形磨削方法制造电极。为了简化电极的制造过程，也可采用合金钢电极，如 Cr12，电极的精度和表面粗糙度比凹模高一级。为了实现粗、半精、精加工转换，电极前端用强酸（王水）进行腐蚀处理，腐蚀高度为 15 mm，双边腐蚀量为 0.25 mm，如图 5—17b 所示。电火花加工前，工件和工具电极都必须经过退磁处理。

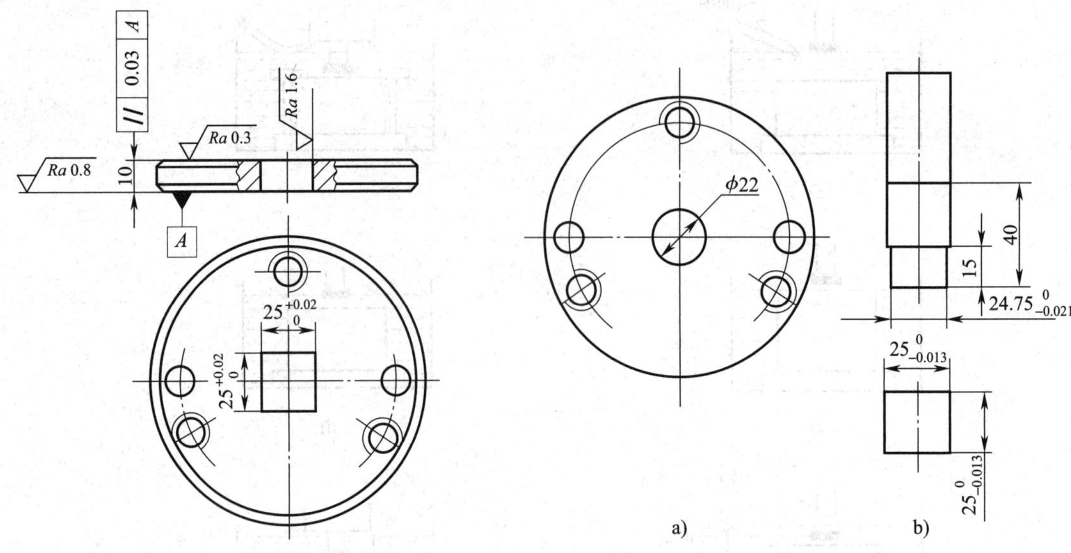

图 5—16　模具图　　　　图 5—17　电火花加工前的工件、工具电极图

电极装夹在机床主轴头的夹具中进行精确找正，使电极对机床工作台面的垂直度小于 0.01 mm/100 mm。工件安装在油杯上，工件上、下端面保持与工作台面平行。加工时采用下冲油，用粗、精加工两挡标准，并采用高、低压复合脉冲电源，见表 5—3。

表 5—3　　加工参考标准

加工类型	脉冲宽度/μs		电压/V		电流/A		脉冲间歇/μs	冲油压力/kPa	加工深度/mm
	高压	低压	高压	低压	高压	低压			
粗加工	12	25	250	60	1	9	30	9.8	15
精加工	7	2	200	60	0.8	1.2	25	19.6	20

2. 电动机转子冲孔落料模的电火花加工

工件材料：40Cr 淬火，工件尺寸要求如图 5—18 所示。凸凹模具配合间隙：0.04～0.07 mm。工具电极（即冲头）材料：Cr12 淬火，尺寸要求如图 5—19 所示。

（1）工具电极在电火花加工之前的工艺路线

1）车削加工心轴的 ϕ6 mm 和 ϕ12 mm 外圆，其外圆直径留 0.2 mm 磨量，钻中心孔；用磨床精磨 ϕ6 mm、ϕ12 mm 外圆。

2）粗车冲头外形，精车上段吊装内螺纹（参考图 5—19），ϕ6 mm 孔留磨量。

3）淬火处理。

4）精磨 ϕ6 mm 定位心轴孔。

5）以定位心轴 ϕ12 mm 外圆面为定位基准，精加工冲头外形，达到图样要求。

6）安装固定连接杆（连接杆用于与机床主轴头连接）。

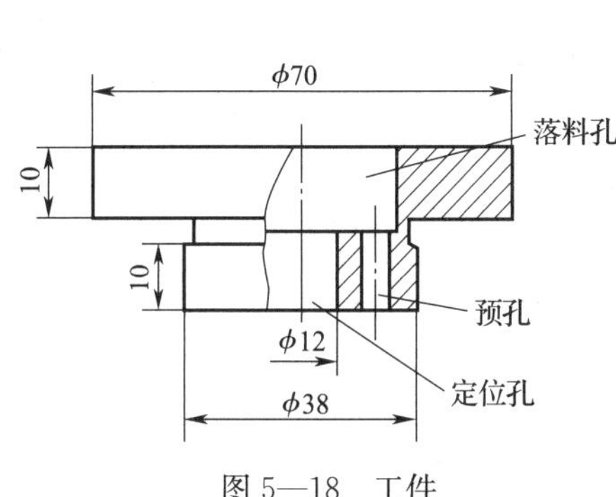

图 5—18　工件

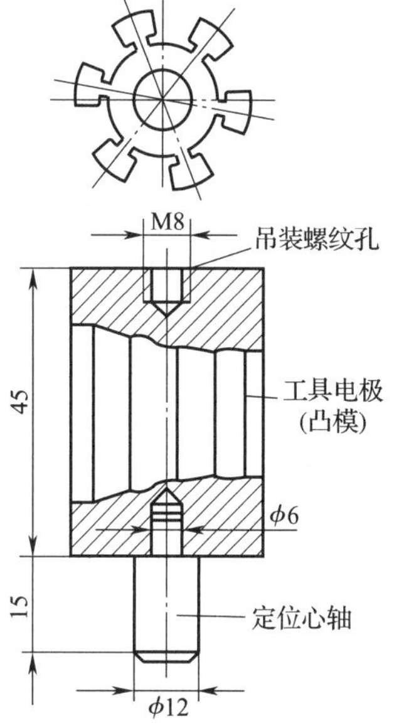

图 5—19　工具电极（冲头）和定位心轴

7）配置腐蚀液，均匀腐蚀，单面腐蚀量 0.14 mm，腐蚀高度 20 mm。

8）利用凸模上的 ϕ6 mm 孔安装定位心轴。

（2）工艺方法

凸模打凹模的阶梯工具电极加工法，反打正用。

（3）使用设备

HCD300K 电火花成形机。

（4）装夹

1）装夹工具电极。以定位心轴作为基准，校正后予以固定。

2）装夹工件。将工件自由放置在工作台上，将校正并固定后的电极定位心轴插入对应的 ϕ12 mm 孔（注意不能受力），然后旋转工件，使预加工刃口孔对准冲头（电极），最后予以固定。

（5）加工参考标准

1）粗加工。脉宽：20 μs。间隔：50 μs。放电峰值：电流 24 A；脉冲电压 173 V；加工电流 7～8 A。加工深度：穿透。加工极性：负。下冲油。

2）精加工。脉宽：2 μs。间隔：20～50 μs。放电峰值：电流 24 A；脉冲电压 80 V；加工电流 3～4 A。加工深度：穿透。加工极性：负。下冲油。

（6）加工效果

配合间隙：0.06 mm。斜度：0.03 mm（单面）。表面粗糙度 Ra：0.4～0.8 μm。

3．电火花穿孔加工实例

图 5—20 所示为中夹板落料凹模，工件材料为 Cr12 钢，配合间隙为 0.08～0.10 mm，淬火后硬度为 62～64 HRC。

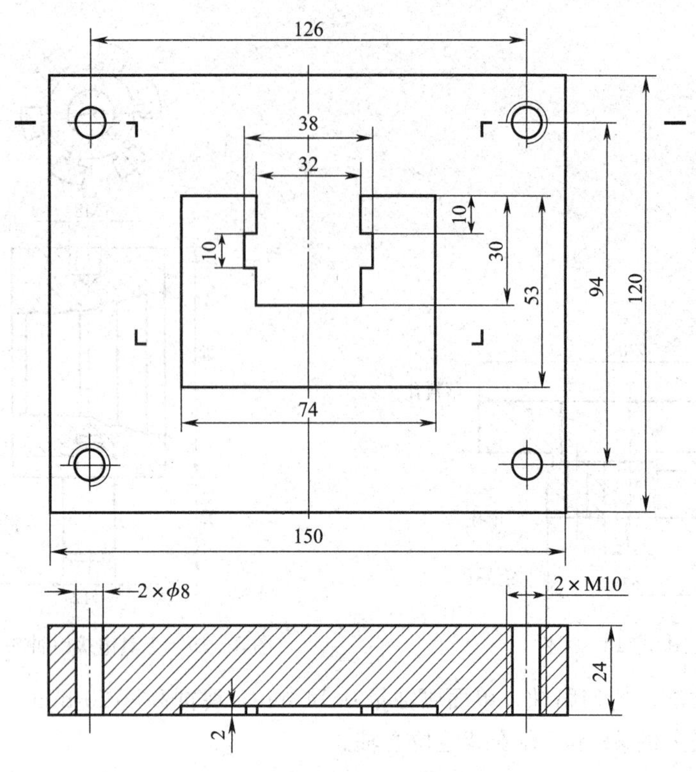

图 5—20　中夹板落料凹模

(1) 电加工前的工艺路线

在电火花加工前，应利用铣床、磨床等机械加工机床先把除凹模型孔以外的尺寸加工出来，并应用铣床对凹模型孔进行预加工，单面留电加工余量 0.3～0.5 mm。然后进行淬火，使硬度达到 62～64 HRC。最后平磨上、下两平面。

(2) 工具电极准备

针对此模具特点，可以利用凸模作为工具电极，采用“钢打钢”的方法进行加工。所以，在进行电火花加工前，应先利用机械加工方法或电火花线切割加工出凸模。

(3) 电火花加工工艺方法

利用凸模加工凹模时，要将凹模底面朝上进行加工，这样可以利用“二次放电”产生的加工斜度，作为凹模的漏料口，即通常所说的“反打正用”。

(4) 电极及工件的装夹

首先将工具电极（即凸模）用电极夹柄紧固，校正后固定在主轴头上；然后将工件（凹模）放置在电火花加工机床的工作台上，调整工具电极与工件的位置，使两电极中心重合，保证加工孔口的位置精度，最后用压板将工件凹模压紧固定。

(5) 加工工艺参数

采用低压脉宽 2 μs，间隔 20 μs；低压 80 V，加工电流 3.5 A；高压脉宽 5 μs，高压 173 V，加工电流 0.6 A；加工极性为负；下冲油方式；加工深度≥30 mm。

（6）加工效果

加工时间约 10 h；加工斜度为 0.03 mm（双边）；凸凹模配合间隙 0.08 mm（双边）；表面粗糙度 $Ra<1.6\ \mu m$。

第三节 数控线切割加工工艺

一、电火花线切割

1. 电火花线切割加工原理

电火花线切割是指在工具电极（电极丝）和工件间施加电压，使电压击穿间隙产生火花放电的一种工艺方法。其加工原理如图 5—21 所示。

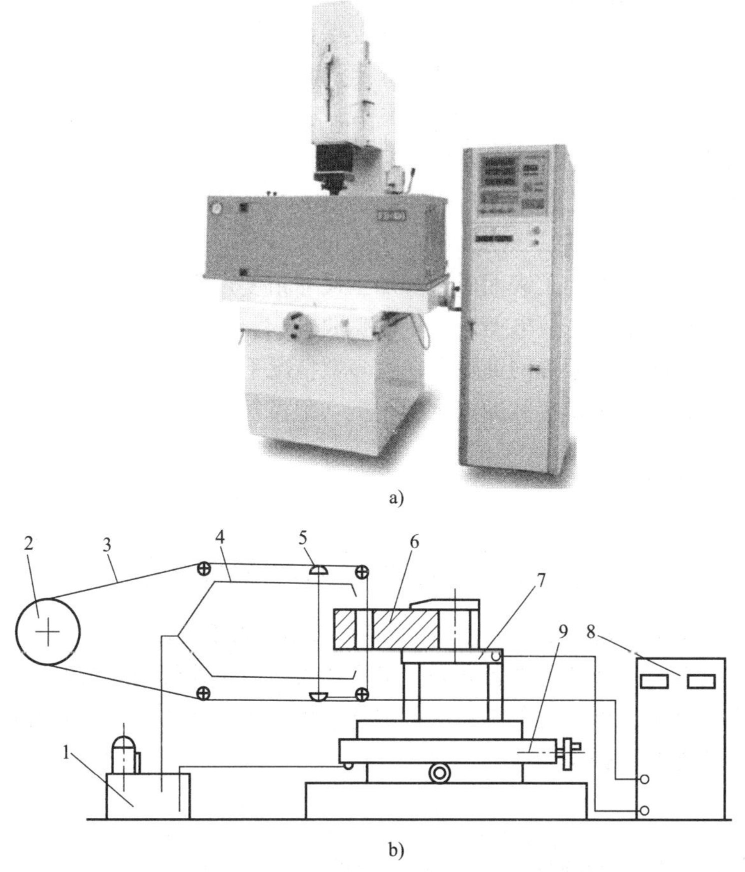

图 5—21 电火花线切割加工机床与加工原理

a）机床实物图 b）加工原理图

1—工作液箱 2—储丝筒 3—电极丝 4—供液管 5—进电块 6—工件 7—夹具 8—脉冲电源 9—工作台拖板

通常将电极丝 3 与脉冲电源 8 的负极相接，工件 6 与脉冲电源 8 的正极相接。当脉冲电源发出一个电脉冲时，由于电极丝与工件之间的距离很小，电压击穿这一距离（通常称为放电间隙）就产生一次电火花放电。在火花放电通道中心，温度瞬间可达上万摄氏度，使工件材料熔化甚至汽化。同时，喷到放电间隙中的工作液在高温作用下也急剧汽化膨胀，如同发生爆炸一样，冲击波将熔化和汽化的金属从放电部位抛出。脉冲电源不断地发出电脉冲，形成一次次火花放电，就将工件材料不断地去除。如果对火花放电进行控制，就能达到尺寸加工的目的。通常电极丝与工件之间的放电间隙在 0.01 mm 左右（如果脉冲电源发出的脉冲电压高，放电间隙会大一些）。在进行线切割加工程序编制时，放电间隙数值一般都取 0.01 mm，当然也可经过复杂计算得到（计算过程略）。

2. 电火花加工的主要影响因素

为确保脉冲电源发出的一串电脉冲在电极丝和工件间产生一个个间断的火花放电，而不是连续的电弧放电，必须保证前后两个电脉冲之间有足够的间歇时间，使放电间隙中的介质处于充分消电离状态，恢复放电通道的绝缘性，避免在同一部位发生连续放电而导致电弧发生（一般脉冲间隔是脉冲宽度的 1～4 倍）。而要保证电极丝在火花放电时不会被烧断，除了变换放电部位外，就是要向放电间隙中注入充足的工作液，使电极丝得到充分冷却。由于快速移动的电极丝（丝速在 5～12 m/s）能将工作液不断带入、带出放电间隙，既能将放电部位不断变换，又能将放电产生的热量及电蚀产物带走，从而使加工稳定性和加工速度得到大幅度的提高。快速走丝加工工艺问世后，我国的电火花线切割加工机床的产量及应用范围都发生了一个飞跃。

此外，为了获得较高的加工表面质量和加工尺寸精度，应当选择适宜的脉冲参数，以确保电极丝和工件的放电是火花放电而不发生电弧放电。

由于线切割火花放电时阳极的蚀除量在大多数情况下远远大于阴极的蚀除量，所以，在进行线切割加工时，工件一律接脉冲电源的正极（阳极）。

阅读材料

火花放电和电弧放电的主要区别

电弧放电的击穿电压低，而火花放电的击穿电压高。用示波器能很容易观察到这一差异。

电弧放电是因放电间隙消电离不充分，多次在同一部位连续稳定放电形成的，放电爆炸力小，颜色发白，蚀除量低；而火花放电是游走性的非稳定放电过程，放电爆炸力大，放电声音清脆，呈蓝色火花，蚀除量高。

二、数控电火花线切割机床的应用范围

1. 模具加工

绝大多数冲裁模具都采用线切割加工制造，因为只需计算一次，编好程序后就可加

工出凸模、凸模固定板、凹模及卸料板。此外，还可加工粉末冶金模、压弯模及塑压模等。

2. 新产品试制

新产品试制时，一些关键件往往需用模具制造，但加工模具周期长且成本高，采用线切割加工可以直接切制零件，从而缩短新产品的试制周期。

3. 难加工零件

如在精密型孔、样板及成形刀具、精密狭槽等加工中，利用机械切削加工就很困难，而采用线切割加工则比较适宜。此外，不少电火花成形加工所用的工具电极（大多用纯铜制作，机械加工性能差）也采用线切割加工。

4. 贵重金属下料

由于线切割加工用的电极丝尺寸远小于切削刀具尺寸（最细的电极丝尺寸可达 0.02 mm），用它切割贵重金属，可节约很多切口消耗。

三、数控线切割加工工艺的制定

数控线切割加工，一般作为工件加工的最后一道工序，使工件达到图样规定的尺寸、几何精度和表面粗糙度。图 5—22 所示为数控线切割加工的加工过程。

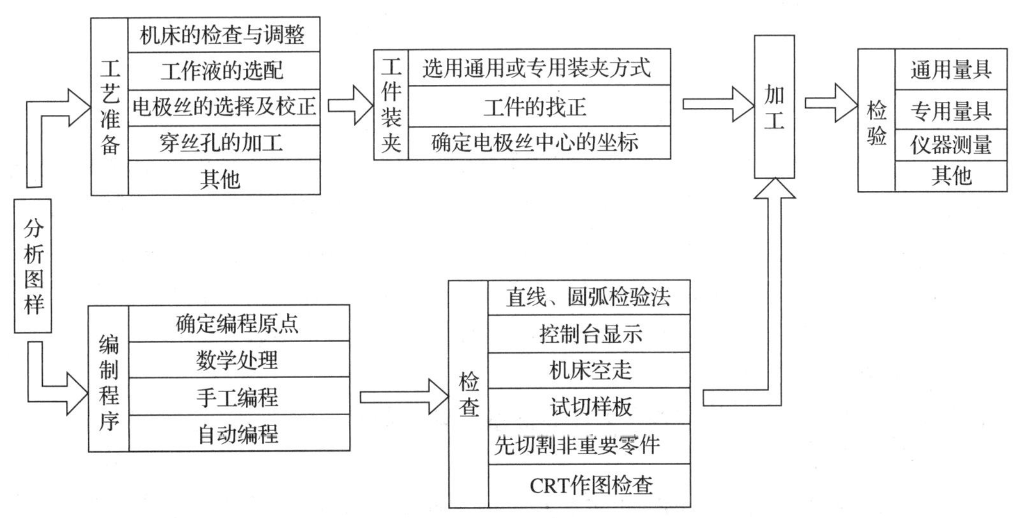

图 5—22 数控线切割加工的流程图

1. 零件图的工艺分析

主要分析零件的凹角和尖角是否符合线切割加工的工艺条件，零件的加工精度、表面粗糙度是否在线切割加工所能达到的经济精度范围内。

（1）凹角和尖角的尺寸分析

因线电极具有一定的直径 d，加工时又有放电间隙 δ，使线电极中心的运动轨迹与加工

面相距 l，即 $l=d/2+\delta$，如图 5—23 所示。因此，加工凸模类零件时，线电极中心轨迹应放大；加工凹模类零件时，线电极中心轨迹应缩小，如图 5—24 所示。

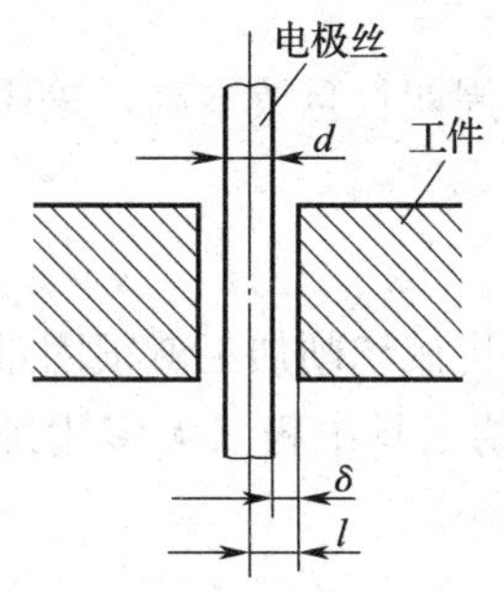

图 5—23　线电极与工件加工面的位置关系

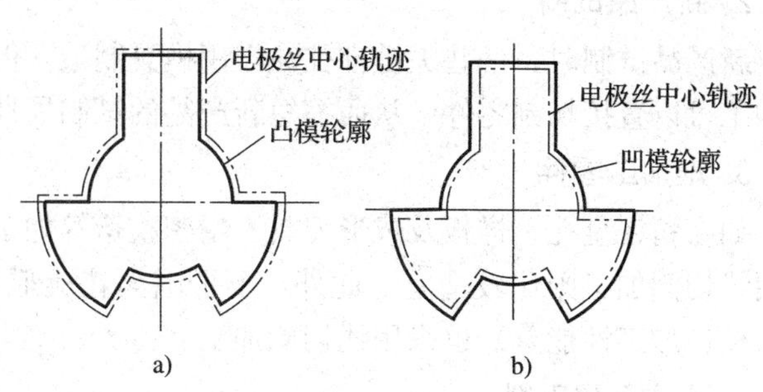

图 5—24　线电极中心轨迹的偏移
a）加工凸模类零件　b）加工凹模类零件

线切割加工时，在工件的凹角处不能得到“清角”，而是圆角。对于形状复杂的精密冲模，在凸、凹模设计图样上应说明拐角处的过渡圆弧半径 R。同一副模具的凹、凸模中，R 值要符合下列条件，才能保证加工的实现和模具的正确配合。

对凹角　　$R_1 \geqslant Z=d/2+\delta$

对尖角　　$R_2=R_1-\Delta$

式中　R_1——凹角圆弧半径；

R_2——尖角圆弧半径；

Δ——凹、凸模的配合间隙。

（2）表面粗糙度及加工精度分析

合理确定线切割加工表面粗糙度值是非常重要的。因为表面粗糙度值的大小对线切割速度 v_{wi} 影响很大，表面粗糙度值降低一个等级将使线切割速度 v_{wi} 大幅度下降。由于线切割的加工所能达到的表面粗糙度值是有限的，因此，要检查零件图样上是否有过高的表面粗糙度要求。

同样，也要分析零件图上的加工精度是否在数控线切割机床加工精度所能达到的范围内，根据加工精度要求的高低来合理确定线切割加工的有关工艺参数。

2. 工艺准备

工艺准备主要包括线电极准备、工件准备和工作液选配。

（1）线电极准备

1）线电极材料的选择。目前线电极材料的种类很多，主要有纯铜丝、黄铜丝、专用黄铜丝、钼丝、钨丝、各种合金丝及镀层金属线等。表 5—4 是常用线电极材料的特点，可供选择时参考。

表 5—4　　各种线电极的特点

材料	线径/mm	特点
纯铜	0.1～0.25	适合于切割速度要求不高或精加工时用。丝不易卷曲，抗拉强度低，容易断丝
黄铜	0.1～0.30	适合于高速加工，加工面的蚀屑附着少。表面粗糙度和加工面的平直度也较好

续表

材料	线径/mm	特点
专用黄铜	0.05～0.35	适合于高速、高精度和理想的表面粗糙度加工以及自动穿丝，但价格高
钼	0.06～0.25	由于它的抗拉强度高，一般用于快速走丝，在进行微细、窄缝加工时，也可用于慢速走丝
钨	0.03～0.10	由于抗拉强度高，可用于各种窄缝的微细加工，但价格昂贵

一般情况下，快速走丝机床常用钼丝作线电极，钨丝或其他昂贵金属丝因成本高而很少用，其他线材因抗拉强度低，在快速走丝机床上不能使用。慢速走丝机床上则可用各种铜丝、铁丝、专用合金丝以及镀层（如镀锌等）的电极丝。

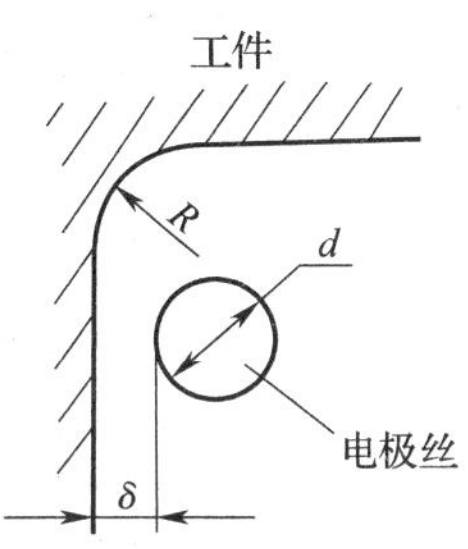

图 5—25 线电极直径与拐角的关系

2）线电极直径的选择。线电极直径 d 应根据工件加工的切口宽窄、工件厚度及拐角尺寸大小等来选择。由图 5—25 可知，线电极直径 d 与拐角半径 R 的关系为 $d \leqslant 2(R-\delta)$。所以，在拐角要求小的微细线切割加工中，需要选用线径细的电极，但线径太细，能够加工的工件厚度也将会受到限制。表 5—5 列出线电极直径 d 与拐角半径极限 R_{max} 和切割工件厚度的关系。

表 5—5　线径与拐角和工件厚度的极限　mm

线电极直径 d	拐角半径极限 R_{max}	切割工件厚度
钨 0.05	0.04～0.07	0～10
钨 0.07	0.05～0.10	0～20
钨 0.10	0.07～0.12	0～30
黄铜 0.15	0.10～0.16	0～50
黄铜 0.20	0.12～0.20	0～100
黄铜 0.25	0.15～0.22	0～100

（2）工件准备

1）工件材料的加工前处理。工件材料的选择是由图样设计时确定的，为了满足加工要求，多为 CrWMn、Cr12Mo、GCr15 等合金工具钢。模具加工前，毛坯需经锻造和热处理。为了避免残余应力带来的变形及可能出现的裂纹，工件需经二次以上回火或高温回火。另外，加工前还要进行退磁处理及去除表面氧化皮和锈斑等。例如，钢件线切割加工的加工工艺路线一般为：下料→锻造→退火→机械粗加工→淬火与高温回火→磨削（退磁）→线切割加工→钳工修整。

2）工件加工基准的选择。为了便于线切割加工，根据工件外形和加工要求，应准备相应的校正和加工基准，并且此基准应尽量与图样的设计基准一致，常见的有以下两种形式。

①以外形为校正和加工基准。外形是矩形的工件，一般需要有两个相互垂直的基准面，

并垂直于工件的上、下平面，如图 5—26 所示。

②以外形为校正基准、内孔为加工基准。无论是矩形、圆形还是其他异形的工件，都应准备一个与工件的上、下平面保持垂直的校正基准，此时其中一个内孔可作为加工基准，如图 5—27 所示。在大多数情况下，外形基面在线切割加工前的机械加工中就已准备好了。工件淬硬后，若基面变形很小，稍加打光便可用线切割加工；若变形较大，则应当重新修磨基面。

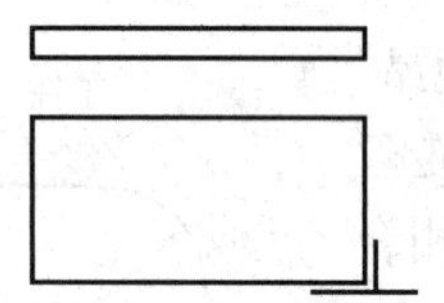

图 5—26　矩形工件的校正和加工基准

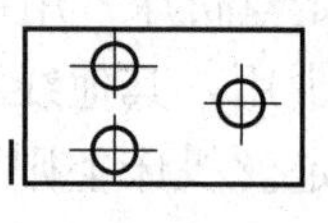

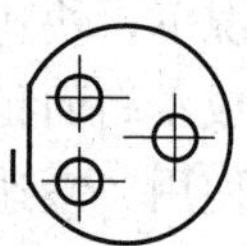

图 5—27　外形一侧边为校正基准，内孔为加工基准

（3）穿丝孔的确定

1）穿丝孔的位置。

①切割凸模类零件。为避免将坯件外形切断引起变形，通常在坯件内部外形附近预制穿丝孔。

②切割凹模、孔类零件。此时，可将穿丝孔位置选在待切割型腔（孔）内部。当穿丝孔位置选在待切割型腔（孔）的边角处时，切割过程中无用的轨迹最短；而穿丝孔位置选在已知坐标尺寸的交点处则有利于尺寸推算；切割孔类零件时，若将穿丝孔位置选在型腔（孔）中心可使编程操作容易。因此，要根据具体情况来选择穿丝孔的位置。

2）穿丝孔径大小。穿丝孔径大小要适宜。一般不宜太小，如果穿丝孔径太小，不但钻孔难度增加，而且也不便于穿丝。但是，若穿丝孔径太大，则会增加钳工工艺上的难度。一般穿丝孔常用直径为 $\phi3\sim\phi10$ mm。如果预制孔可用车削等方法加工，则穿丝孔径也可大些。

（4）切割路线的确定

1）切割路线起始点和顺序。线切割加工工艺中，切割起始点和切割路线的确定合理与否，将影响工件变形的大小，从而影响加工精度。图 5—28 所示由外向内顺序的切割路线，通常在加工凸模零件时采用。其中，图 5—28a 所示切割路线是错误的，因为当切割完第一边后继续加工时，由于原来主要连接的部位被割离，余下材料与夹持部分的连接较少，工件的刚度大为降低，容易产生变形而影响加工精度。如按图 5—28b 所示切割路线加工，可减少由于材料割离后残余应力重新分布而引起的变形。所以，一般情况下，最好将工件与其夹持部分分界的线段安排在切割路线的末端。对于精度要求较高的零件，最好采用如图 5—28c 所示方案，电极丝不由坯件外部切入，而是将切割起始点取在坯件预制的穿丝孔中，这种方案可使工件的变形最小。

切割孔类零件时，为了减少变形，还可采用二次切割法，如图 5—29 所示。第一次粗加工型孔，各边留余量 0.1～0.5 mm，以补偿材料被切割后由于内应力重新分布而产生的变形。第二次切割为精加工。这样可以达到比较满意的效果。

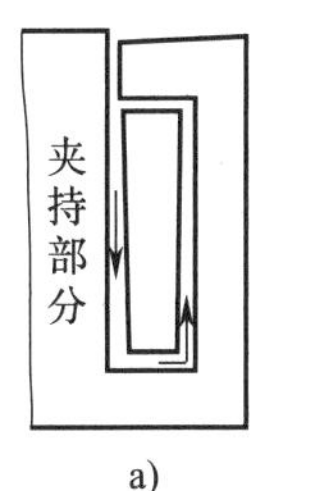

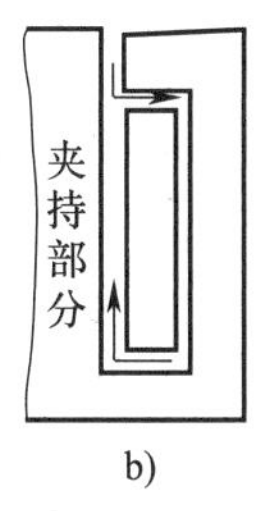

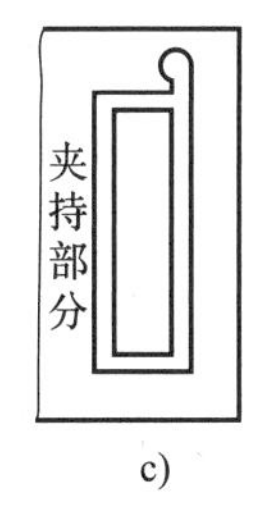

图 5—28 切割起始点和切割路线的安排

a）错误 b）正确 c）预制穿丝孔

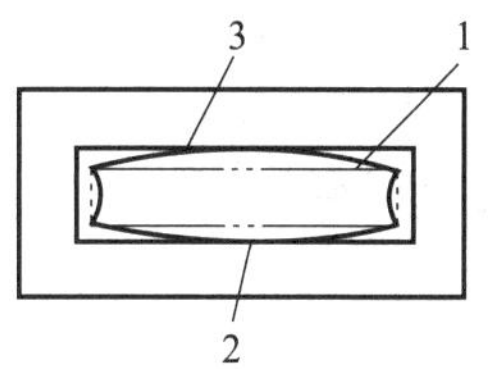

图 5—29 二次切割孔类零件

1—第一次切割的理论图形 2—第一次切割的实际图形 3—第二次切割的图形

2）突尖的去除方法。由于线电极的直径和放电间隙的关系，在工件切割面的交界处，会出现一个高出加工表面的线条，称之为突尖，如图 5—30 所示。这个突尖的大小取决于线径和放电间隙。在快速走丝的加工中，用细的线电极加工，突尖一般很小；在慢速走丝加工中突尖就比较大，必须将它去除。下面介绍几种去除突尖的方法。

①利用拐角的方法。凸模在拐角位置的突尖比较小，选用图 5—31 所示切割路线，可减少精加工量。切下前要将凸模固定在外框上，并用导电金属将其与外框连通，否则在加工中不会产生放电。

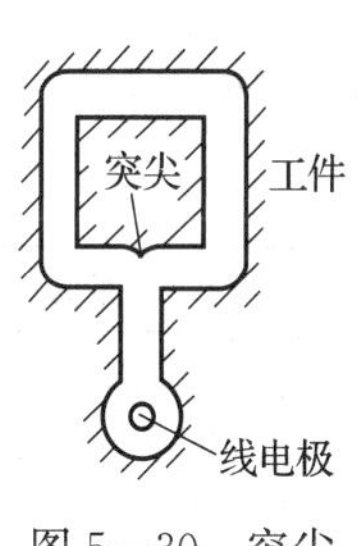

图 5—30 突尖

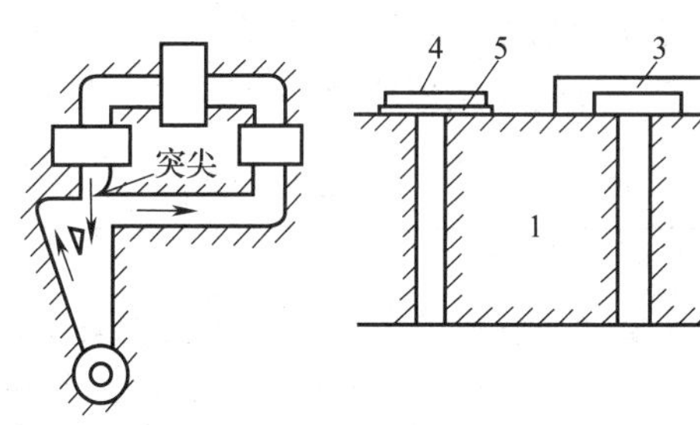

图 5—31 利用拐角去除突尖

1—凸模 2—外框 3—短路用金属

4—固定夹具 5—黏结剂

②切口中插金属板的方法。将切割要掉下来的部分用固定板固定起来，在切口中插入金属板。金属板长度与工件厚度大致相同，并应尽量向切落侧靠近，如图 5—32 所示。切割时应往金属板方向多切入大约一个线电极直径的距离。

③用多次切割的方法。工件切断后，对突尖进行多次切割精加工。一般分三次进行，第一次为粗切割，第二次为半精切割，第三次为精切割。也可采用粗、精二次切割法去除突尖，如图 5—33 所示，切割次数的多少，主要由加工对象精度要求的高低和突尖的大小来确定。改变偏移量的大小，可使线电极靠近或离开工件。第一次比原加工路线增加大约 0.04 mm 的偏移量，使线电极远离工件开始加工，第二、第三次逐渐靠近工件进行加工，一直到突尖全部被切除为止。一般为了避免过切，应留 0.01 mm 左右的余量供手工精修。

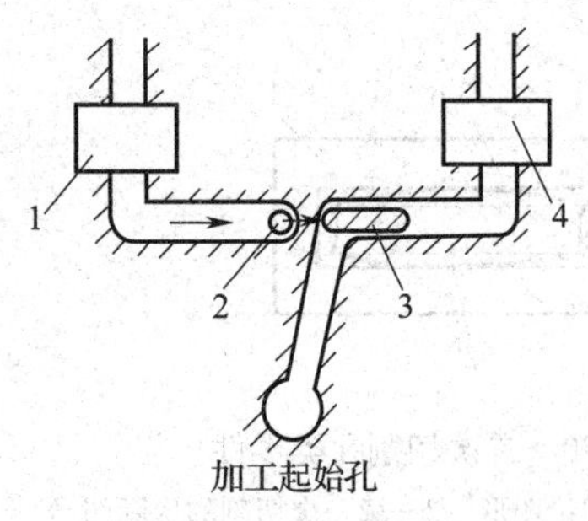

图 5—32　插入金属板去除突尖

1—固定夹具　2—线电极

3—金属板　4—短路用金属

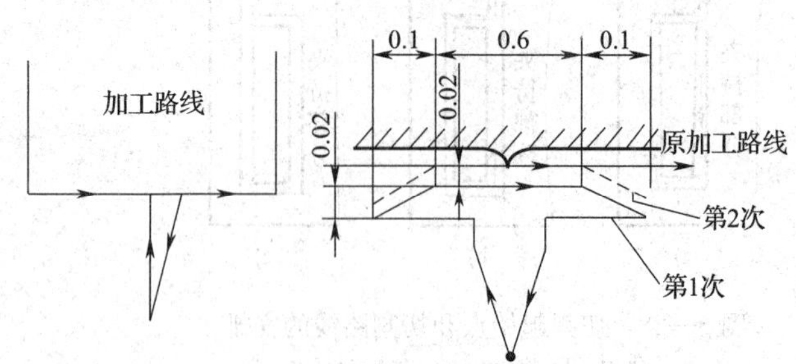

图 5—33　二次切割去除突尖的路线

(5) 工作液的应用、配置及选用

1) 工作液的种类及选用。在电火花线切割加工中，可使用的工作液种类很多，有煤油、乳化液、去离子水、蒸馏水、洗涤剂、酒精溶液等，它们对工艺指标的影响各不相同，特别是对加工速度的影响较大。

①采用慢速走丝方式时，多采用油类工作液。其他工艺条件相同时，油类工作液的切割速度相差不大，一般为 2～3 mm^2/min，其中以煤油中加 30%的变压器油为好。醇类工作液不如油类工作液对高切割速度的适应性好。

②采用快速走丝方式、矩形波脉冲电源时，常用工作液的优点、缺点见表 5—6。

表 5—6　常用工作液的优点、缺点

种类	优点	缺点
水类工作液（如自来水、蒸馏水、去离子水）	对放电间隙冷却效果较好，特别是在工件较厚的情况下，冷却效果更好	切割速度低，易断丝，工件表面黑脏
皂性水（水中加入少量洗涤剂、皂片等）	切割速度成倍增长，洗涤性能变好，有利于排屑	—
煤油工作液	受冷热变化影响小，且润滑性能好，电极丝运动磨损小，不易断丝	切割速度低
乳化型工作液	切割速度高	冷却性能介于水和煤油之间

当工艺条件相同时，改变工作液的种类或浓度就会对加工效果产生较大影响。

2) 配制方法与比例

①配制方法。一般按一定比例将自来水加入乳化油中，搅拌后使工作液充分乳化成均匀的乳白色。天冷（在 0℃以下）时可先用少量开水冲入拌匀，再加冷水搅拌。某些工作液要求用蒸馏水配制，最好按生产厂家的说明配制。

②配制比例。根据不同的加工工艺指标，一般在 5%～20%（乳化油 5%～20%，水 95%～80%）。一般均按质量比配制，在称量不方便或要求不太严时，也可大致按体积比

配制。

a. 对加工表面粗糙度和精度要求比较高的工件，浓度比可适当大些，为 10%～20%，这可使加工表面洁白均匀。加工后的料芯可轻松地从料块中取出，或靠自重落下。

b. 对要求切割速度高或大厚度工件，浓度可适当小些，为 5%～8%，这样加工比较稳定，且不易断丝。

c. 对材料为 Cr12 的工件，工作液用蒸馏水配制，浓度稍小些，这样可减轻工件表面的黑白交叉条纹，使工件表面洁白均匀。

3）正确使用。在线切割加工中，要掌握工作液的正确使用方法。当加工电流约为 2 A 时，其切割速度约为 40 mm^2/min，如果每天工作 8 h，新配制的工作液在使用约 2 天后效果最好，继续使用 8～10 天后就易引起断丝，须更换新的工作液。加工过程中，工作液的供应一定要充分，且工作液要包住电极丝，这样才能使工作液顺利进入加工区，达到稳定加工的效果。

3. 工件的装夹和位置校正

（1）对工件装夹的基本要求

1）工件的装夹基准面应清洁无毛刺，经过热处理的工件，在穿丝孔或凹模类工件扩孔的台阶处，要清理热处理液的渣物及氧化膜表面。

2）夹具精度要高。工件至少用两个侧面固定在夹具或工作台上，如图 5—34 所示。

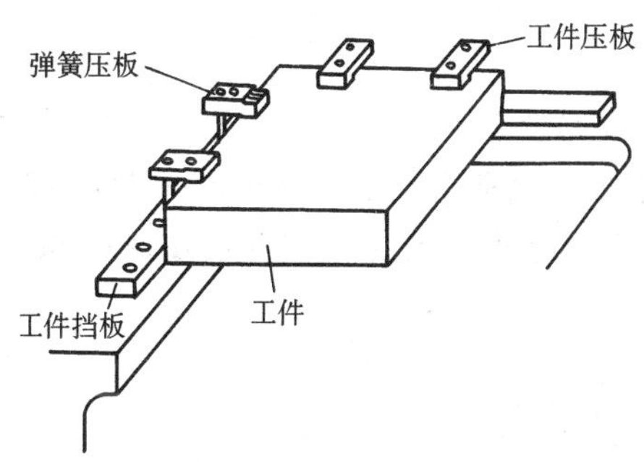

图 5—34　工件的固定

3）装夹工件的位置要有利于工件的找正，并能满足加工行程的需要，工作台移动时，不得与丝架相碰。

4）装夹工件的作用力要均匀，不得使工件变形或翘起。

5）批量零件加工时，最好采用专用夹具，以提高生产效率。

6）细小、精密、壁薄的工件应固定在辅助工作台或不易变形的辅助夹具上，如图 5—35 所示。

（2）常用夹具简介

1）压板夹具。主要用于固定平板式工件（图 5—36、图 5—37）。当工件尺寸较大时，则应成对使用。如图 5—37 所示，成对使用压板时，夹具基准面的高度要一致。否则，因毛坏倾斜，使切割出的工件型腔与工件端面倾斜而无法正常使用。如果在夹具基准面上加工一个V形槽，则可用来夹持轴类圆形工件。

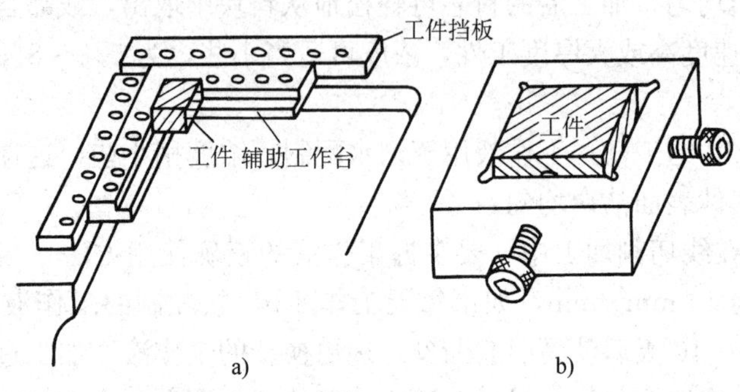

图5—35　辅助工作台和夹具

a）辅助工作台　b）夹具

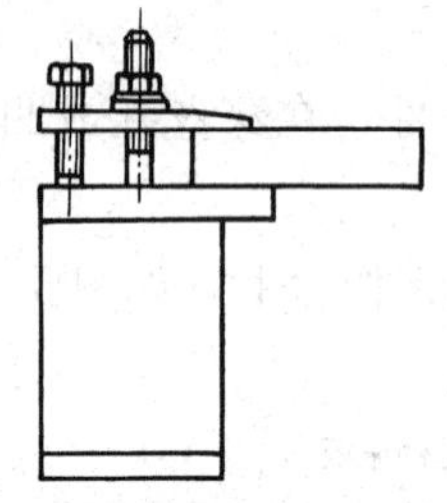

图5—36　悬臂支撑方式

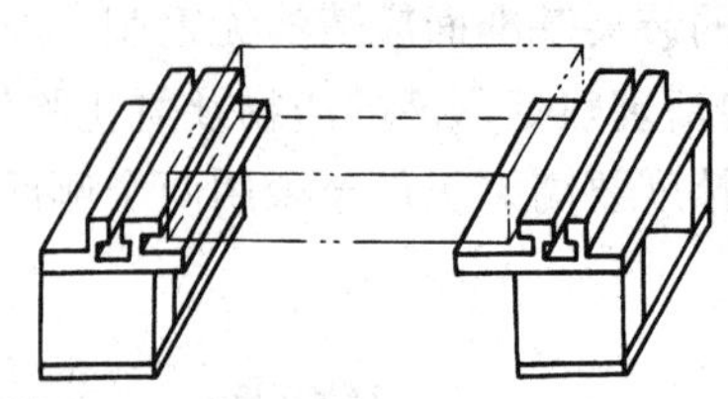

图5—37　两端支撑方式

2）分度夹具。主要用于加工电动机定子、转子等多型孔的旋转形工件，可保证较高的分度精度，如图5—38所示。近年来，因为大多数线切割机床具有对称、旋转等功能，所以，此类分度夹具已较少使用。

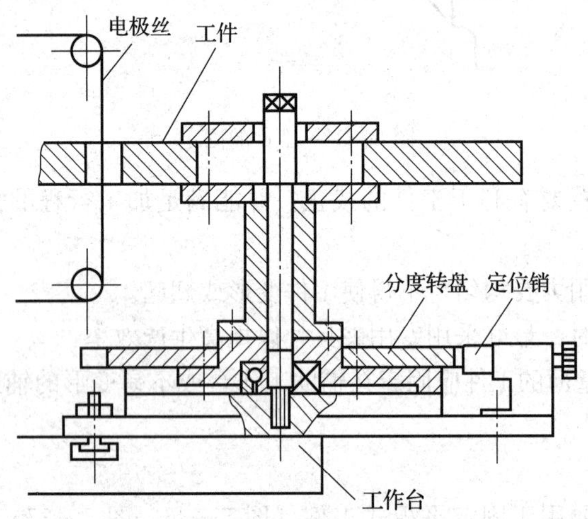

图5—38　分度夹具结构示意图

3）磁性夹具。对于一些微小或极薄的片状工件，采用磁力工作台或磁性表座吸牢工件进行加工。磁性夹具的工作原理如图 5—39 所示。当将磁铁旋转 90°时，磁靴分别与 S、N 极接触，可将工件吸牢，如图 5—39b 所示；将永久磁铁再旋转 90°（图 5—39a），则磁靴松开工件。

使用磁性夹具时，要注意保护夹具的基准面，取下工件时，尽量不要在基准面上平拖，以防拉毛基准面，影响夹具的使用寿命。

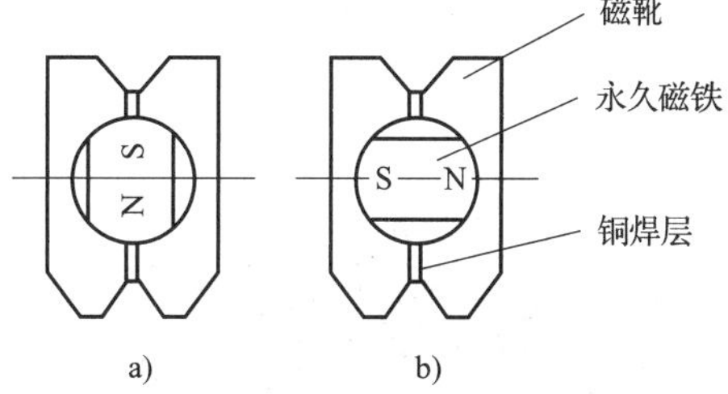

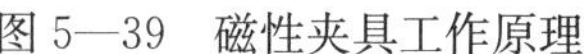

图 5—39　磁性夹具工作原理

你所在学校的线切割机床所用的夹具属于哪一种？

（3）常用的装夹方式

1）悬臂支撑方式。图 5—36 所示悬臂支撑方式通用性强，装夹方便。但工件平面难与工作台面找平，工件受力时位置易变化。因此，只在工件加工要求低或悬臂部分小的情况下使用。

2）两端支撑方式。两端支撑方式是将工件两端固定在夹具上，如图 5—37 所示。这种方式装夹方便，支撑稳定，定位精度高，但不适于小工件的装夹。

3）桥式支撑方式。桥式支撑方式是在两端支撑的夹具上，再架上两块支撑垫铁，如图 5—40 所示。此方式通用性强，装夹方便，大、中、小型工件都适用。

4）板式支撑方式。板式支撑方式是根据常规工件的形状，制成具有矩形或圆形孔的支撑板夹具，如图 5—41 所示。此方式装夹精度高，适用于常规与批量生产。同时，也可增加纵、横方向的定位基准。

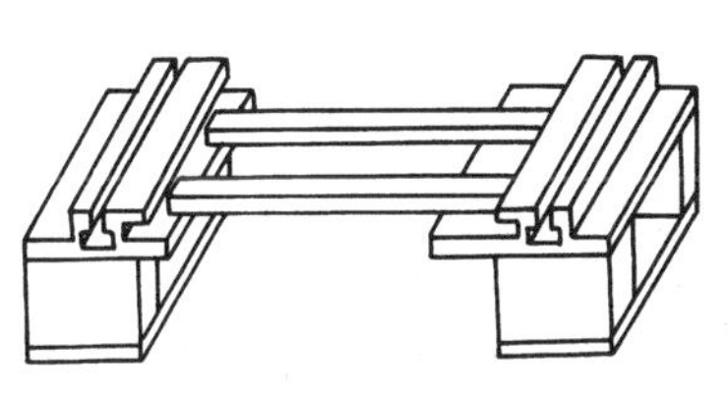

图 5—40　桥式支撑方式

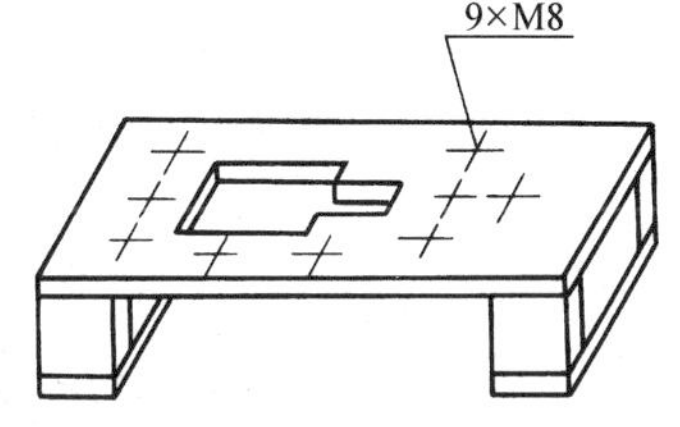

图 5—41　板式支撑方式

5）复式支撑方式。在通用夹具上装夹专用夹具称为复式支撑方式，如图 5—42 所示。此方式对于批量加工尤为方便，可大大缩短装夹和校正时间，提高生产效率。

6）专用特殊夹具装夹

①当工件夹持部分尺寸太少，几乎没有夹持余量时，可采用如图 5—43 所示的夹具。由于在右侧夹具块下方固定了一块托板，使工件犹如两端支撑（托板上平面与工作台面在一个平面上），保证加工部位与工件上下表面相垂直。

②用细圆棒状坯料切割微小零件用专用夹具，如图 5—44 所示。圆棒坯料装在正方形夹具内，侧面用内六角螺钉固定，即可进行切割加工。

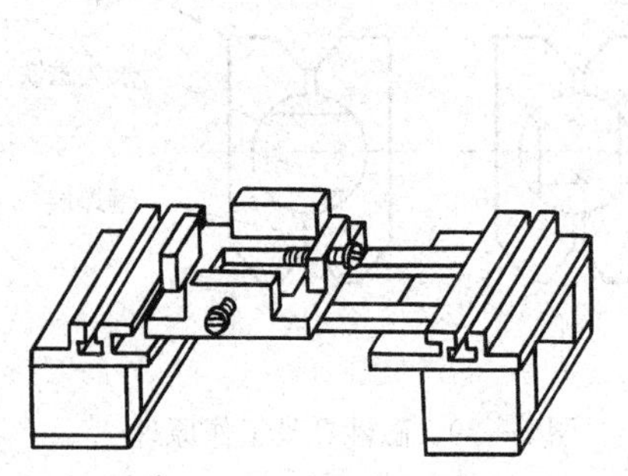

图 5—42　复式支撑方式

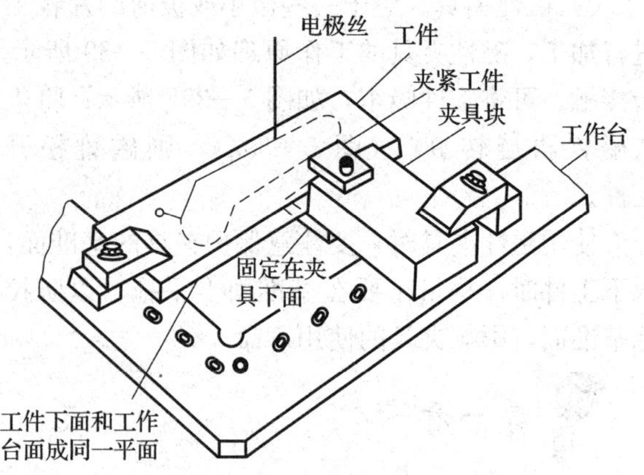

图 5—43　小余量工件的专用夹具

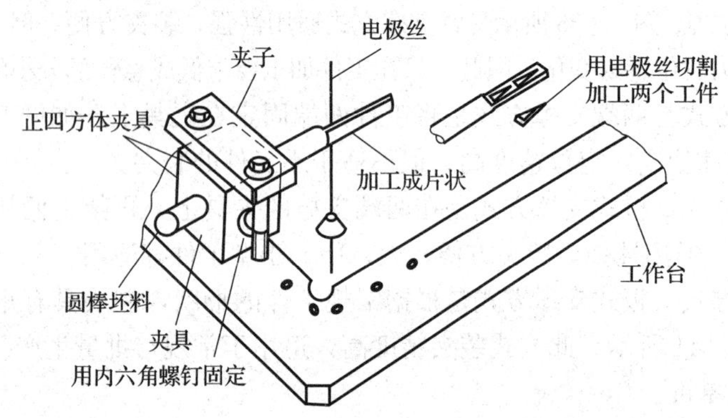

图 5—44　圆棒坯料切割专用夹具

③加工多个复杂工件采用的夹具，如图 5—45 所示。

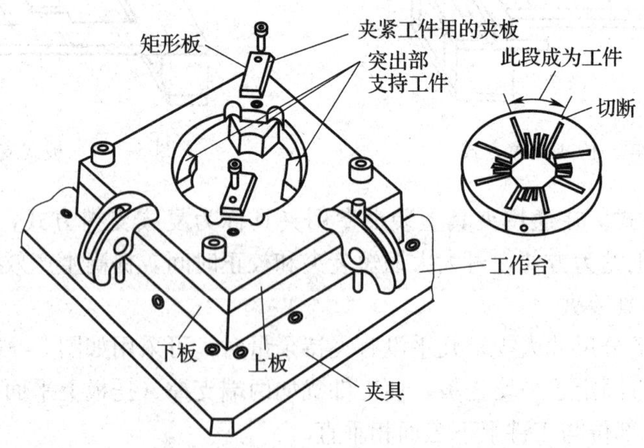

图 5—45　加工多个复杂工件的夹具

你所在学校的线切割机床所加工的工件是什么？采用哪种夹紧方式？

(4) 工件位置的校正方法

1) 拉表法。拉表法是利用磁力表架，将百分表固定在丝架或其他固定位置上，百分表头与工件基面接触，往复移动床鞍，按百分表指示数值调整工件。校正应在三个方向上进行（图 5—46）。

2) 划线法。工件待切割图形与定位基准相互位置要求不高时，可采用划线法（图 5—47）。固定在丝架上的一个带有顶丝的零件将划针固定，划针尖指向工件图形的基准线或基准面，移动纵（或横）向床鞍，据目测调整工件进行找正。该法也可以在表面粗糙度较差的基面校正时使用。

3) 固定基面靠定法。利用通用或专用夹具纵、横方向的基准面，经过一次校正后，保证基准面与相应坐标方向一致，具有相同加工基准面的工件可以直接靠定，从而保证了工件的正确加工位置（图 5—48）。

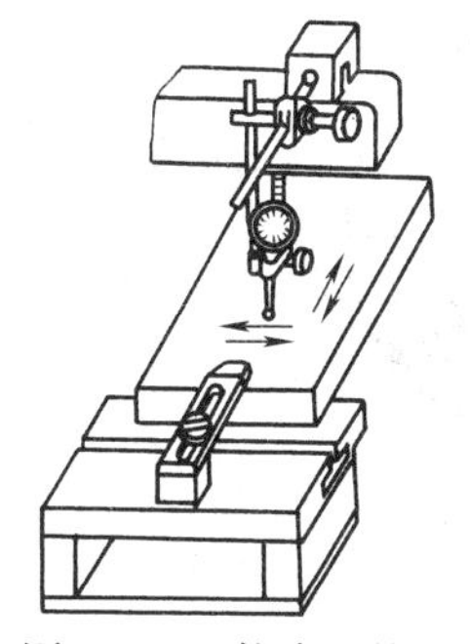

图 5—46 拉表法校正

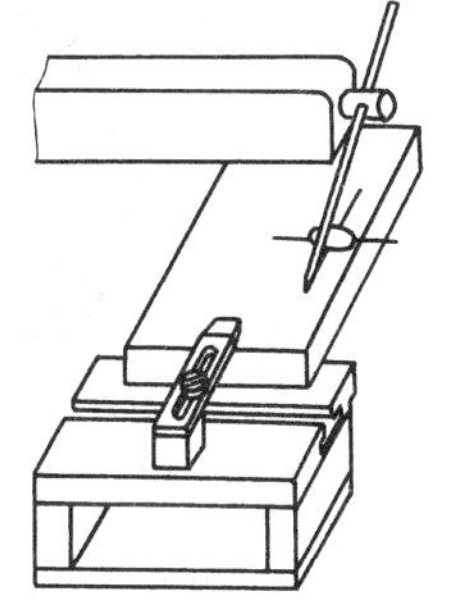

图 5—47 划线法校正

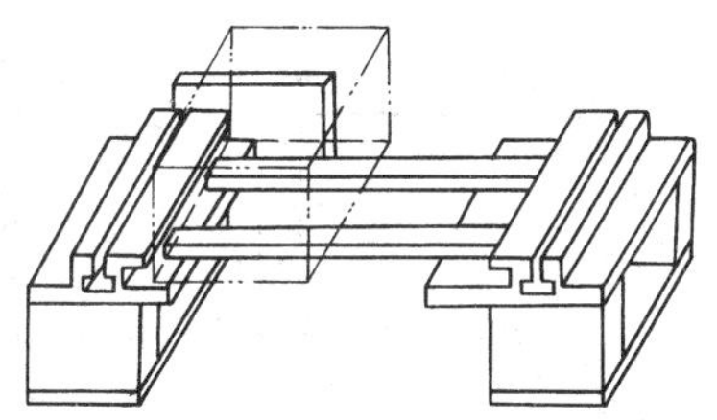

图 5—48 固定基面靠定法

(5) 线电极的位置校正

在线切割前，应确定线电极相对于工件基准面或基准孔的坐标位置。

1) 目视法。对加工要求较低的工件，在确定线电极与工件有关基准线或基准面相互位置时，可直接利用目视或借助于 2～8 倍的放大镜来进行观察。

图 5—49 所示为观测基准面来确定线电极位置。当线电极与工件基准面初始接触时，记下相应床鞍的坐标值。线电极中心与基准面重合的坐标值，则是记录值减去线电极半径值。

图 5—50 所示为观测基准线来确定线电极位置。利用穿丝孔处划出的十字基准线，观测线电极与十字基准线的相对位置，移动床鞍，使线电极中心分别与纵、横方向基准线重合，此时的坐标值就是线电极的中心位置。

2) 火花法。火花法是利用线电极与工件在一定间隙时发生火花放电来确定线电极的坐标位置（图 5—51）。移动溜板，使线电极逼近工件的基准面，待开始出现火花时，记下溜板的相应坐标值来推算线电极中心坐标值。此法简便、易行。但因线电极运转易抖动而会出现误差，放电也会使工件的基准面受到损伤；此外，线电极逐渐逼近基准面时，开始产生脉冲放电的距离往往并非正常加工条件下线电极与工件间的放电距离。

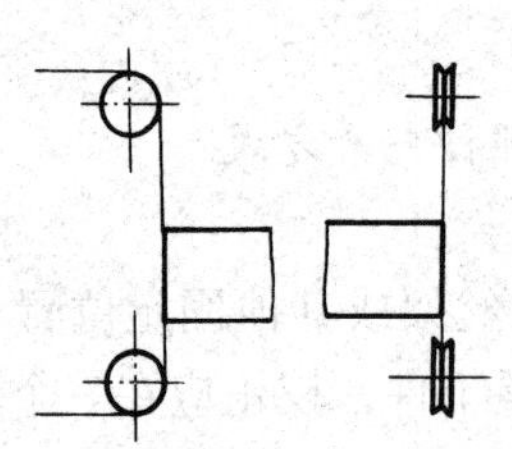

图 5—49　观测基准面校正线电极位置

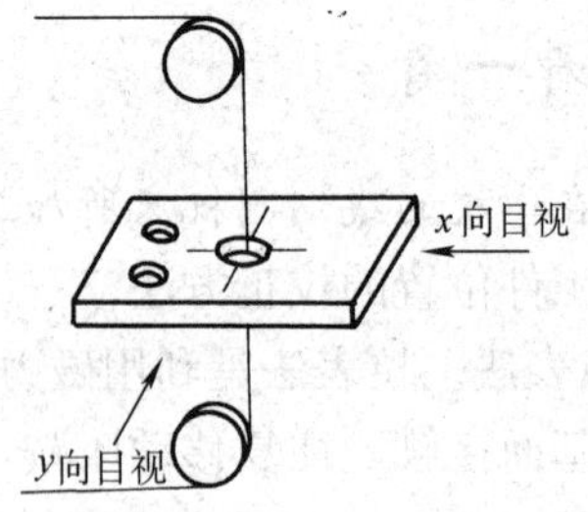

图 5—50　观测基准线校正线电极位置

3）自动找中心。自动找中心是为了让线电极在工件的孔中心定位。具体方法是：移动横向床鞍，使电极丝与孔壁相接触，记下坐标值 x_1，反向移动床鞍至另一导通点，记下相应坐标值 x_2，将溜板移至两者绝对值之和的一半处，即（$|x_1|+|x_2|$）/2 的坐标位置。同理，可得到 y_1 和 y_2。则基准孔中心与线电极中心相重合的坐标值为［（$|x_1|+|x_2|$）/2，（$|y_1|+|y_2|$）/2］，如图 5—52 所示。

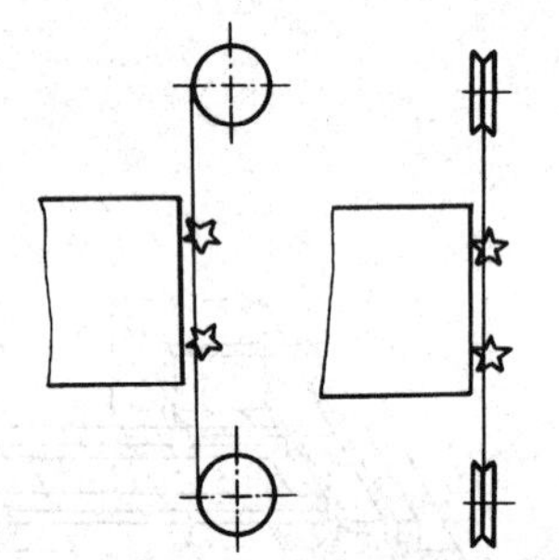

图 5—51　火花法校正线电极位置

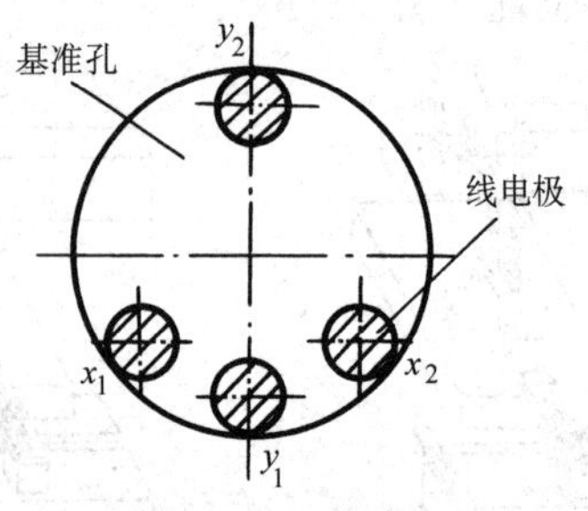

图 5—52　找中心

做一做

利用实训时间，练习一下各种校正方法，并比较它们各自的特点。

四、加工实例

图 5—53 所示为异形孔喷丝板，其孔形特殊、细微、复杂，图形外接参考圆的直径在 1 mm 以下，缝宽为 0.08～0.1 mm。孔的一致性要求很高，加工精度在±0.005 mm，表面粗糙度 Ra 小于 0.4 μm，喷丝板的材料是不锈钢 1Cr18Ni9Ti。在加工中，为了保证高精度值和低表面粗糙度值的要求，应采取以下措施：

（1）加工穿丝孔

细小的穿丝孔一般用细钼丝作电极在电火花成形机床上加工。穿丝孔在异形孔中的位置要合理，一般是选择在窄缝相交处，这样便于校正和加工。穿丝孔的垂直度要有一定的要求，在 0.5 mm 高度内，穿丝孔孔壁与上下平面的垂直度应不大于 0.01 mm，否则会影响线电极与工件穿丝孔的正确定位。

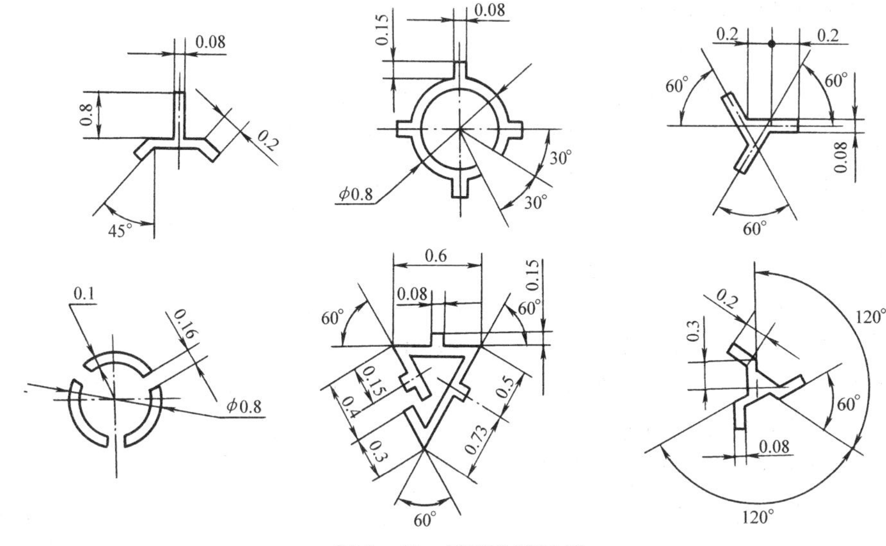

图 5—53　异形孔喷丝板

（2）保证一次加工成形

当线电极进退轨迹重复时，应当切断脉冲电源，使得异形孔中的槽能一次加工成形，有利于保证切口宽度的一致性。

（3）选择线电极直径

线电极直径应根据异形孔切口宽度来选定，通常采用直径为 0.035～0.10 mm 的线电极。

（4）确定线电极线速度

实践表明，对快速走丝线切割加工，当线速度在 0.6 m/s 以下时，加工不稳定。线速度为 2 m/s 时工作稳定性显著改善。线速度提高到 3.4 m/s 以上时，工艺效果变化不大。因此，目前线速度常用 0.8～2.0 m/s。

（5）保持线电极运动稳定

利用宝石限位器，如图 5—54 所示，保持线电极运动的位置精度。

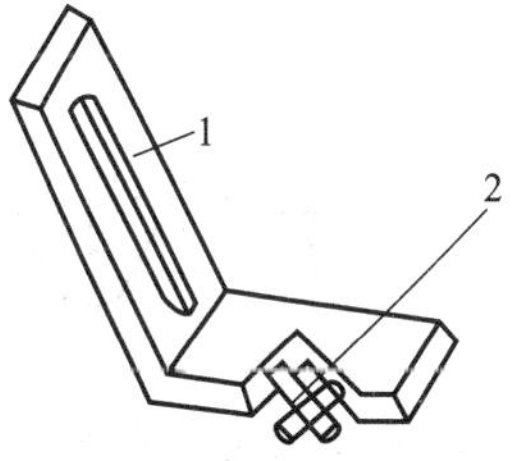

图 5—54　宝石限位器

1—保持器架　2—V 形宝石保持器

（6）线切割加工参数的选择

选择的参数如下：空载电压峰值为 55 V；脉冲宽度为 1.2 μs；脉冲间隔为 4.4 μs；平均加工电流为 100～120 mA。采用快速走丝方式，走丝速度为 2 m/s；线电极为ϕ0.05 mm 的钼丝；工作液为油酸钾乳化液。

加工结果：表面粗糙度为 Ra0.4 μm，加工精度±0.005 mm，均符合要求。

思考与练习

1. 什么是电加工？电加工有什么特点？

2．电火花成形机床由哪几部分组成？

3．电火花成形机床与电火花线切割机床的应用范围各是什么？

4．电火花成形机床的工件准备应从哪几个方面考虑？

5．电火花成形机床的工件电极校正与定位方式有哪几种？

6．对于电火花成形机床来说常用电加工参数有哪几种？

7．对于电火花成形机床来说，加工速度、工具电极的损耗速度与哪些因素有关？

8．影响电火花加工的表面质量有哪些？

9．在数控电火花线切割加工中穿丝孔的确定应考虑哪些因素？

10．在数控电火花线切割加工中工作液的使用方法有哪几种？

11．数控电火花线切割加工常用夹具有哪几种？常用的装夹方式有哪几种？

12．数控电火花线切割加工中工件位置的校正方法有哪几种？

13．数控电火花线切割加工中电极的校正方法有哪几种？

14．数控线切割加工图 5—55 所示零件，材料为 GCr15，试制定其数控线切割加工工艺。

15．折断在工件中的钻头、丝锥如图 5—56 所示，编制电火花成形加工工艺去除折断的钻头、丝锥。

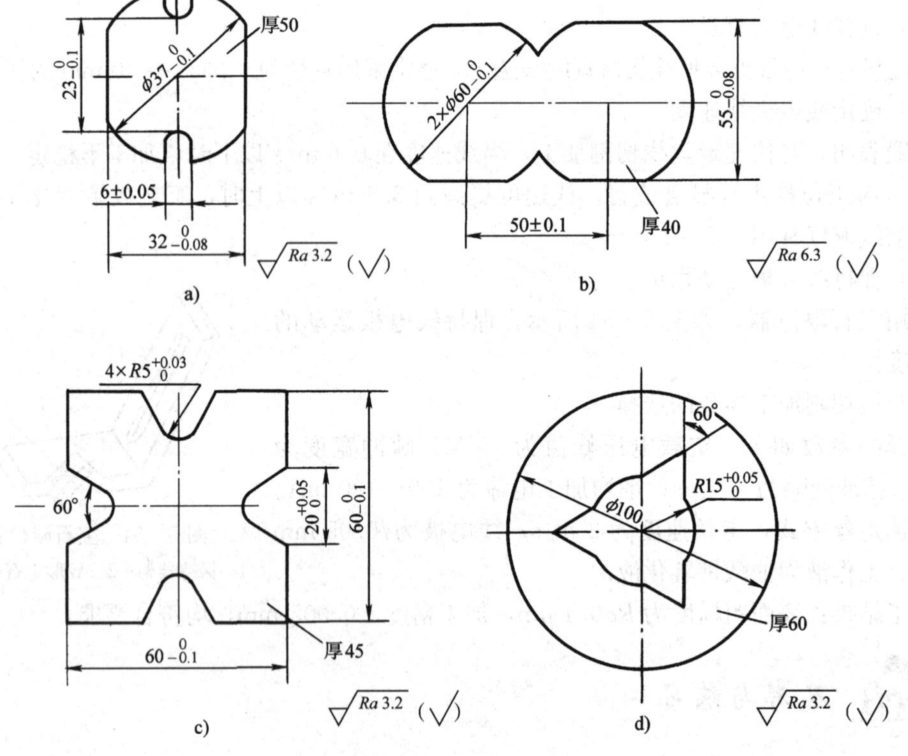

图 5—55　零件图

16. 请编制塑料叶轮注塑模电火花加工的工艺。工件（模具）的技术要求如下：

工件材料为 45 钢。工件在 $\phi120$ mm 圆范围内，以其轴心作为对称中心，均匀分布六片叶片的型槽。槽的深处尺寸为 15 mm；槽的上口宽 2.2 mm；槽壁有 0.2 mm 的脱模斜度（约 30′），参见图 5—57 所示的叶轮工具电极。工件中心有一个 $\phi10^{+0.03}_{-0.01}$ mm 的孔。

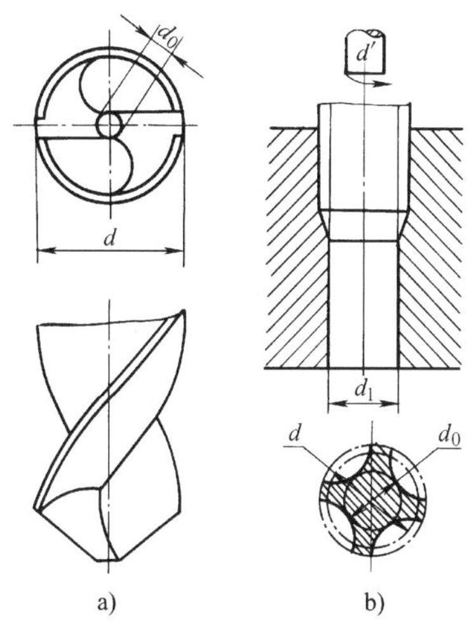

图 5—56 折断在工件中的钻头、丝锥

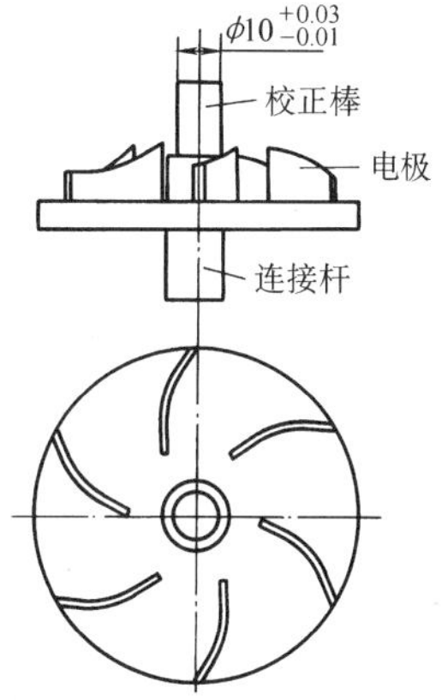

图 5—57 叶轮工具电极

第六章

CAPP技术与先进制造生产模式简介

现在制造主要表现为两个方面，一是极大制造，如中德两国联合研制的世界上最大的数控龙门铣床（图 6—1a）——超重型机床为 300 T，用以加工第三代核电设备的部件；二是极小制造，如日本大阪大学快速成形制造的“纳米牛”（图 6—1b），总长为 10 mm，总高为 7 mm，其中细部特征尺寸达到 150 nm。其基础技术之一就是 CAPP 技术。

a）

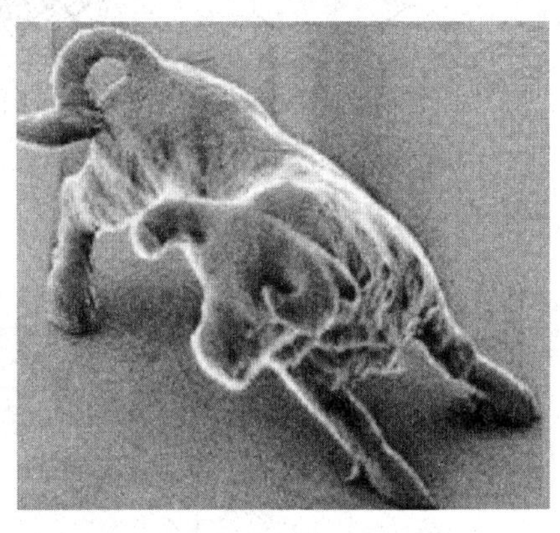

b）

图 6—1　极大制造和极小制造
a）数控龙门铣床　b）纳米牛

第一节　CAPP 技术简介

一、CAPP 技术的基本概念及重要意义

CAPP（Computer Aided Process Planning）是计算机辅助工艺规程设计的缩写，它是通过向计算机输入被加工零件的几何信息（结构形状、尺寸等）和工艺信息（加工要求、材料、热处理、批量等），由计算机辅助工艺设计人员进行工艺规程设计并自动输出零件的工艺路线和工序内容等工艺文件的过程。它是将企业产品设计数据转换为产品制造数据的一种技术，是计算机集成制造系统（CIMS—Computer Integrated Manufacturing System）的重要组成部分。

计算机辅助工艺设计的重要意义主要体现在以下几个方面：

（1）可以将工艺设计人员从大量繁重的重复性的手工劳动中解放出来，使他们能将主要精力投入到新产品的开发、工艺装备的改进及新工艺的研究等具有创造性的工作中。

（2）可以大大缩短工艺设计周期，保证工艺设计的质量，提高产品在市场上的竞争能力。

（3）可以提高企业工艺设计的标准化，并有利于工艺设计的最优化工作。

（4）能够适应当前日趋自动化的现代制造环节的需要，并为实现计算机集成制造系统创造必要的技术基础。

由于计算机集成制造系统（CIMS）的出现，计算机辅助工艺设计（CAPP）上与计算机辅助设计（CAD—Computer Aided Design）相接，下与计算机辅助制造（CAM—Computer Aided Manufacturing）相连，是连接设计与制造之间的桥梁，产品设计信息只能通过工艺设计才能生成制造信息，产品设计只能通过工艺设计才能与制造过程实现功能和信息的集成。由此可见CAPP在实现生产自动化中的重要地位。

二、计算机辅助工艺设计系统的体系结构

计算机辅助工艺设计（CAPP）系统的体系结构，视其工作原理、功能要求、产品对象、规模大小不同而有较大的差异。根据CAD/CAPP/CAM集成的要求，CAPP系统由控制模块、零件信息输入模块、工艺规程设计模块、工序决策模块、工步决策模块、NC加工指令生成模块、工艺文件管理/输出模块、加工过程动态仿真、工艺数据库/知识库等基本模块组成。图6—2所示为计算机辅助工艺设计系统的体系结构。

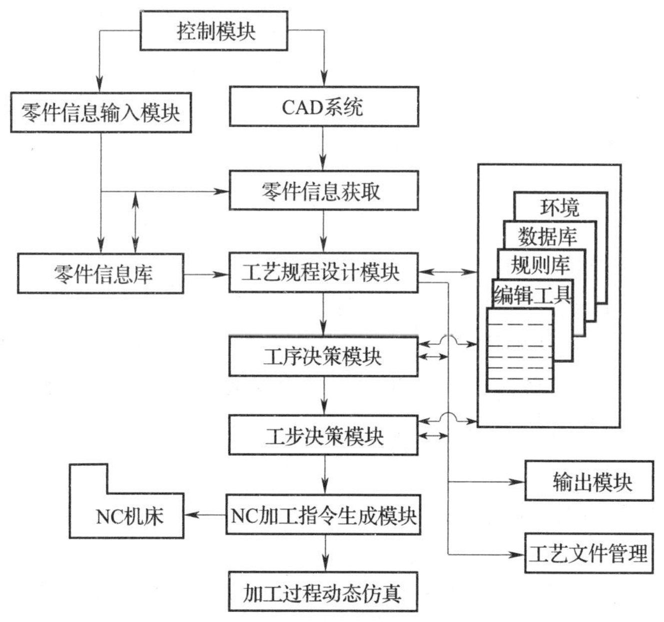

图6—2 计算机辅助工艺设计（CAPP）系统的体系结构

1. 控制模块（人机交互界面）

控制模块是用户的操作平台，包括系统菜单、工艺设计界面、工艺数据/知识输入界面、工艺文件的显示、编辑与管理界面等。其主要任务是协调各模块的运行，是人机交互的接口，实现人机之间的信息交流，控制零件信息的获取方式。

2. 零件信息输入模块

当零件信息不能从 CAD 系统直接获取时，用此模块实现零件信息的输入。零件信息是 CAPP 系统进行工艺过程设计的对象和依据，零件信息的描述和输入是 CAPP 系统的重要组成部分。由于目前计算机还不能像人一样识别零件图上的信息，所以如何描述零件信息，用怎样的数据结构存储这些信息是 CAPP 的关键技术之一。零件信息常用的输入方式主要有人机交互输入和从 CAD 造型系统所提供的产品数据模型中直接获取两种方式。

3. 工艺规程设计模块

该模块以零件信息为依据，按预先规定的决策逻辑，调用相关的知识和数据，进行加工工艺过程的决策，产生工艺过程卡，供加工及生产管理部门使用。

4. 工序决策模块

其主要任务是生成工序卡，计算工序尺寸，生成工序图。

5. 工步决策模块

对工步内容进行设计，确定切削用量，提供形成 NC 加工控制指令所需的刀位文件。

6. NC 加工指令生成模块

依据工步决策模块所提供的刀位文件，调用 NC 代码库中适应于具体机床的 NC 指令代码系统，产生 NC 加工控制指令。

7. 工艺文件管理/输出模块

一个 CAPP 系统可能拥有成百上千个工艺文件，如何管理和维护这些工艺文件，按什么格式输出这些文件，是 CAPP 系统所要完成的重要任务。工艺文件输出模块主要完成工艺过程卡、工序卡、工步卡、工序图及其他文档的输出。输出也可从现有工艺文件库中调出各类工艺文件，利用编辑工具对现有工艺文件进行修改而得到所需的工艺文件。

8. 加工过程动态仿真

该模块用于对所产生的加工过程进行模拟，以检查工艺的正确性。

9. 工艺数据库/知识库

工艺数据库/知识库是 CAPP 系统的支撑工具，它包含了工艺设计所需要的工艺数据（如加工方法、加工余量、切削用量、机床、刀具、夹具、量具、辅助工具以及材料、工时、成本核算等多方面的信息）和规则（包括工艺决策逻辑、决策习惯、加工方法选择原则、工序工步归并与排序规则等）。

三、CAPP 的基本原理

计算机辅助工艺过程设计的基本原理是基于工艺规程的人工设计过程及需要解决的问题而提出的。从本质上来说就是模拟人编制工艺的方式，代替人完成编制工艺的工作。人工编制工艺的过程一般有以下几个阶段：

(1) 分析了解零件的结构形状和技术要求以及生产纲领。

(2) 查阅工艺设计手册或根据工艺基本知识进行工艺决策，确定加工方法和工艺路线。

(3) 查阅工厂工艺标准手册，确定机床设备、切削用量、工装及工时定额。

(4) 按工厂的工艺规程格式填写形成正式工艺规程文件。

计算机辅助工艺设计系统就是按以上人工设计工艺规程过程的四个阶段进行工艺规程设计的。图6—3是CAPP系统进行工艺规程设计的流程图。从图6—3可以清楚地看出：首先，将零件的特征信息以代码或数据的形式输入计算机，并建立起零件信息的数据库；其次，把工艺人员编制工艺的经验、工艺知识和逻辑思想以工艺决策规则的形式输入计算机，建立起工艺决策规则库（工艺知识库）；再次，把制造资源、工艺参数以适当的形式输入计算机，建立起制造资源和工艺参数库；最后，通过程序设计充分利用计算机的计算、逻辑分析、判断、存储以及查询编辑等功能来自动生成工艺规程。这就是CAPP的基本原理。

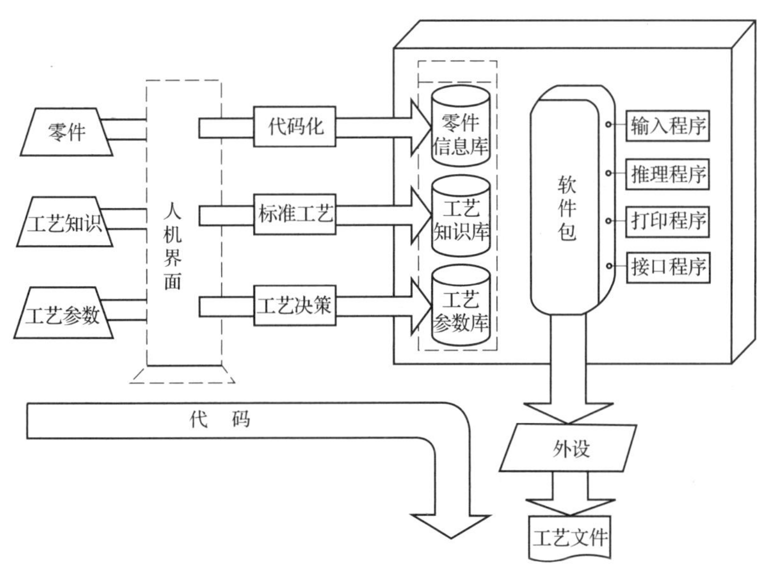

图6—3 CAPP系统进行工艺规程设计的流程图

此外，从图6—3还可看出CAPP主要解决的问题如下：

(1) 工艺设计所需信息的描述和代码化（特征信息标识和工艺知识）。

(2) 工艺设计所需信息的数据结构型式的合理制定。

(3) 程序设计（包括人机界面、推理程序、打印输出程序等）。

第二节 先进制造技术

一、概述

机械制造是将各种原材料、半成品加工成为产品的方法和过程。从成形与成形学的角度出发，机械制造工艺是成形工艺，即在成形学指导下，研究与开发产品制造的技术、方法和程序。依据现代成形学的观点从物质的组织方式上，可把成形方式分为四类，如图 6—4 所示。

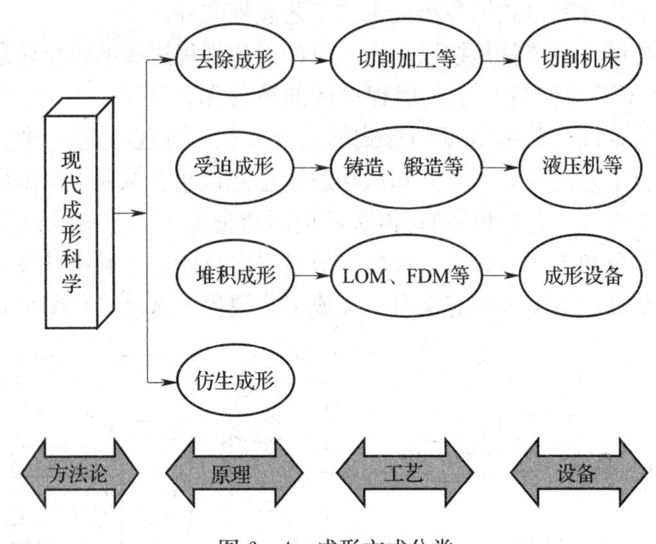

图 6—4　成形方式分类

1. 去除成形

去除成形是运用分离的办法，把一部分材料（裕量材料）有序地从基体中分离出去而成形的办法。例如，车、铣、刨、磨及现代的电火花加工、激光切割、打孔等加工方法均属于去除成形。去除成形最先实现了数字化控制，是目前的主要制造成形方式。

2. 受迫成形

受迫成形是利用材料的可成形性（如塑性等），在特定外围约束（边界约束或外力约束）下成形的方法。铸造、锻压和粉末冶金等均属于受迫成形。受迫成形多用于毛坯成形和特种材料成形等。

3. 堆积成形

堆积成形是运用合并与连接的方法，把材料（气、液、固相）有序地合并堆积起来的成形方法。快速原型制造（RPM）即属于堆积成形，其过程是在计算机控制下完成的，最大特点是不受成形零件复杂程度的限制，广义地讲，焊接也属堆积成形范畴。

4. 仿生成形

仿生成形是利用材料的活性进行成形的方法。自然系统中生物个体发育均属于仿生成形，目前人为系统中还没有此种成形方式，但随着活性材料、仿生学、生物化学、生命科学的发展，人们也可能会运用这种成形方式进行人为成形。

就一般的工艺分类，我国现行的行业标准 JB/T5992.1～10—1992《机械制造工艺方法分类与代码》中将工艺方法按大类、中类、小类和细分类四个层次划分，每层至少留出一个空位，以备安排以后出现的新工艺。在这个分类中，大类（代码）有：铸造（0）、压力加工（1）、焊接（2）、切削加工（3）、特种加工（4）、热处理（5）、覆盖层（6）、装配与包装

（7）及其他（8）等九大类。

二、消失模（汽化模）铸造技术

20世纪50年代后期，美国一大学用泡沫聚苯乙烯实体模（代替木模或金属模）铸造出了重约150 kg的青铜飞马和高大的球墨铸铁钟架，这也是世界上最初的实型铸造件。当时的泡沫模型还是采用泡沫板材加工的，用含黏结剂的型砂作填充砂。1962年美国人M. C. Flemings用干砂和泡沫模生产铸件。20世纪80年代初这种方法才开始应用于工业生产。由于泡沫模型（实体）在浇注过程中被汽化，所以后来通称为汽化模（或消失模）铸造法（并简称EPC）。

1. 生产原理

该法首先采用预发泡成形机制成泡沫塑料模样（包括铸件及浇注系统的模样），经粘接组成实体模组，并在其上涂刷特制涂料，待干燥后放置于特制砂箱中，填入不含水分及黏结剂的干砂，经三维振动紧实，抽真空状态下浇注，泡沫模型汽化消耗被金属置换，复制出与泡沫塑料模样相同的铸件，冷凝后取出铸件，进行下一循环。

2. 工艺流程

消失模铸造工艺流程如图6—5所示。

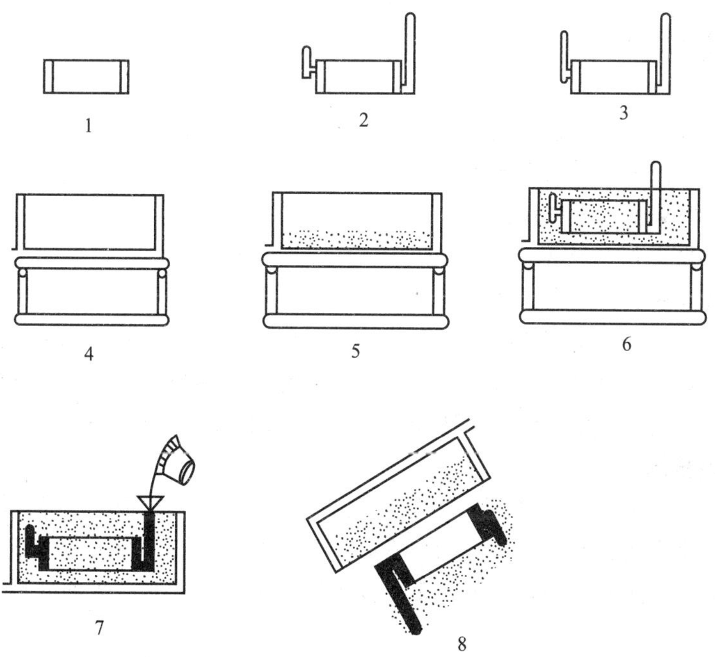

图6—5 消失模铸造工艺流程图

1—泡沫塑料 2—粘接实体 3—涂刷特制涂料 4—放于特制砂箱
5—填入干砂 6—抽真空 7—浇铸 8—取出铸件

三、粉末冶金锻造工艺

金属粉末经压实后烧结，再用烧结体作为锻造毛坯进行锻造的方法称为粉末冶金锻造。粉末冶金锻造是粉末冶金和精密锻造相结合的新技术，运用得当，可取得显著的经济效益。

粉末冶金锻造具有致密压实和塑性成形的作用。烧结体的致密效果与锻造变形程度有关，变形程度越大，致密效果越好。粉末冶金锻造，要采用适当形状的预制坯，以便一次锻造成形。通过调整预制坯密度和形状，选用最佳变形规范，可形成有利的流线，获得优质的锻件。粉末冶金锻造工艺一般可分为粉末准备、预制坯制取、预制坯锻造和后续加工四个阶段，如图 6—6 所示。

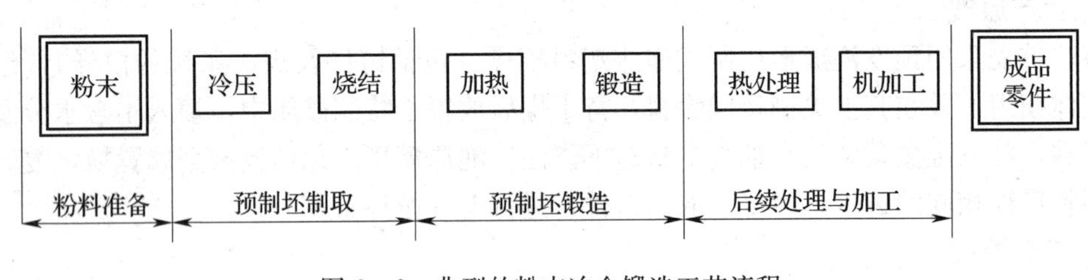

图 6—6　典型的粉末冶金锻造工艺流程

四、优质清洁表面工程技术

表面工程技术是一项通过改变固体金属表面或非金属表面的形态、化学成分和组织结构，以获得所需要表面性能的系统工程。

表面工程技术采用的方法包括：

1. 施加各种覆盖层的技术

覆盖层技术包括电镀、电刷镀、化学镀、涂装、粘接、堆焊、熔结、热喷涂、塑料粉末涂敷、热浸涂、搪瓷涂敷、陶瓷涂敷、真空蒸镀、溅射镀、离子镀、化学气相沉积、分子束外延制膜、离子束合成薄膜技术等。此外，还有其他形式的覆盖层，如各种金属经氧化和磷化处理后的膜层、包箔、贴片的整体覆盖层、缓蚀剂的暂时覆盖层等。

2. 表面改性技术

表面改性技术是用机械、物理、化学等方法，改变材料表面的形貌、化学成分、相组成、微观结构、缺陷状态或应力状态的技术，主要有喷丸强化、表面热处理、化学热处理、等离子扩渗处理、激光表面处理、电子束表面处理、高密度太阳能表面处理、离子注入表面改性等。

3. 复合表面处理

复合表面处理是指综合运用两种或更多种的表面技术的复合表面处理技术，如等离子喷涂与激光辐射复合、热喷涂与喷丸复合、化学热处理与电镀复合、激光淬火与化学热处理复合、化学热处理与气相沉积复合等。

五、快速原型制造技术

快速原型/零件制造（Rapid Prototype/Part Manufacturing，简称 RPM）技术 20 世纪后期起源于美国，并很快发展起来，是近 20 年来制造技术领域的一次重大突破。

RPM 技术是综合利用 CAD 技术、数控技术、材料科学、机械工程、电子技术及激光技术的集成以实现从零件设计到三维实体原型制造一体化的系统技术。RPM 技术采用（软件）离散/（材料）堆积的原理而制造零件，通过离散获得堆积的顺序、路径、限制和方式，通过堆积材料“叠加”起来形成三维实体。离散/堆积的工作过程由 CAD 模型开始，先将 CAD 模型离散化，沿某一方向（常取 z 向）切成许多层面，即分层（属信息处理过程），然后在分层信息控制下顺序加工各片层并层层结合，堆积出三维零件。该零件作为 CAD 模型的物理体现与之对应，此为物理堆积过程。RPM 技术中，物理堆积过程具体是通过采用粘接、熔结、聚合作用或化学反应等手段，逐层可选择地固化树脂、切割薄片、烧结粉末、材料熔覆或材料喷洒等方式来实现的，从而快速堆积制作出所要求形状的零件（或模型）。各种 RPM 技术的过程都包括 CAD 模型建立、前处理（如生成 STL 文件格式，将模型分层切片）、快速原型过程（原型制作）和后处理（如去除支架、清理表面、固化处理）等四个步骤。

第三节　先进制造生产模式

先进制造生产模式是应用推广先进制造技术的组织方式，它以获取生产有效性和适应环境变化对质量、成本、服务及速度的新要求为首要目标，以制造资源集成为基本原则，将企业经营所涉及的各种资源、过程与组织进行一体化的并行处理，使企业获得精细、敏捷、优质与高效的特征。

在实践中取得成效的先进制造生产模式主要包括敏捷制造、精益生产、并行工程、绿色制造。

一、敏捷制造（Agile Manufacturing，AM）

敏捷制造就是指制造系统在满足低成本和高质量的同时，对变幻莫测的市场需求的快速反应。

AM 的基本思想是通过把动态灵活的虚拟组织结构、先进的柔性生产技术和高素质的人员进行全方位的集成，从而使企业能够从容应对快速变化和不可预测的市场需求。它是一种提高企业竞争能力的全新制造组织模式。

1. AM 的基本特点

（1）AM 是自主制造系统

首先，AM 具有自主性，每个工件和加工过程、设备的利用以及人员的投入都由本单元自己掌握和决定，这种系统简单、易行、有效。再者，以产品为对象的AM，每个系统只负责一个或若干个同类产品的生产，易于组织小批或者单件生产，不同产品的生产可以重叠进行。如果项目组的产品较复杂，可以分成若干单元，使每一单元负责相对独立的产品的生产，各单元之间分工明确，协调完成一个项目组的产品。

（2）AM是虚拟制造系统

AM系统是一种以适应不同产品为目标而构造的虚拟制造系统，其优点在于能够随环境的变化迅速地动态重构，对市场的变化做出快速反应，实现生产的柔性自动化。实现该目标的主要途径是组建虚拟企业。其主要特点如下：

1）功能的虚拟化。企业虽具有完备的企业职能，但没有执行这些功能的机构。

2）组织的虚拟化。企业组织是动态的，倾向于分布化，讲究轻薄和柔性，呈扁平网状结构。

3）地域的虚拟化。企业中产品开发、加工、装配、营销分布在不同地点，通过计算机网络加以联结。

（3）AM是可重构的制造系统

AM系统设计不是预先按规定的需求范围建立某过程，而是使制造系统从组织结构上具有可重构性、可重用性和可扩充性三方面的能力，它有预计完成变化活动的能力，通过对制造系统的硬件重构和扩充，适应新的生产过程，要求软件可重用，能对新制造活动进行指挥、调度与控制。

2. AM的组成

敏捷制造技术分为产品设计和企业并行工程、虚拟制造、制造计划与控制、智能闭环加工和企业集成五大类。

（1）产品设计和企业并行工程

产品设计和企业并行工程的使命就是按照客户需求进行产品设计、分析和优化，并在整个企业内实施并行工程。通过产品设计和企业并行工程，产品设计者在概念优化阶段就可同时考虑产品整个生命周期的所有重要因素，如质量、成本、性能，以及产品的可制造性、可装配性、可靠性、可维护性等。

（2）虚拟制造

虚拟制造就是在计算机上模拟制造的全过程。具体地说，虚拟制造将提供一个功能强大的模型和仿真工具集，并且在制造过程分析和企业模型中使用这些工具。过程分析模型和仿真包括产品设计及性能仿真、工艺设计及加工仿真、装配设计及装配仿真等；而企业模型则考虑影响企业作业的各种因素。虚拟制造的仿真结果可以用于制订制造计划、优化制造过程、支持企业高层进行生产决策或重新组织虚拟企业。由于产品设计和制造是在数字化虚拟环境下进行的，这就克服了传统试制样品投资大的缺点，避免失误，保证投入生产一次成功。

（3）制造计划与控制

制造计划与控制的任务就是描述一个集成的宏观（企业的高层计划）和微观（详细的信息生产系统，包括制造路径、详细的数据以及支持各种制造操作的信息等）计划环境。该系统将使用基于特征的技术、与CAD数据库的有效连接方法、具有知识处理能力的决策支持系统等。

(4) 智能闭环加工

智能闭环加工就是应用先进的控制和计算机系统以改进车间的控制过程。当各种重要的参数在加工过程中能够得到监视和控制时，产品质量就能够得到保证。智能的闭环加工将采用投资少、效益高、以微机为基础的具有开放式结构的控制器，以达到改进车间生产的目的。

(5) 企业集成

企业集成就是开发和推广各种集成方法，在适应市场多变的环境下运行虚拟的、分布式的敏捷企业。TEAM计划将建立一个信息基础框架——制造资源信息网络，使得地理上分散的各种设计、制造工作小组能够依靠这个制造资源信息网络进行有效的合作，并能够依据市场变化而重组。

二、精益生产（Lean Production，LP）

精益生产的核心内容是准时制生产方式JIT（Just－In－Time），该种方式通过看板管理，成功地制止了过量生产，实现了在必要的时刻生产必要数量的必要产品，从而彻底消除产品制造过程中的浪费，以及由之衍生出来的种种间接浪费，实现生产过程的合理性、高效性和灵活性。JIT方式是一个完整的技术综合体，包括经营理念、生产组织、物流控制、质量管理、成本控制、库存管理、现场管理等在内的较为完整的生产管理技术与方法体系。

精益生产是在JIT生产方式、成组技术GT以及全面质量管理TQC的基础上逐步完善的，构造了一幅以LP为屋顶，以JIT、GT、TQC为三根支柱，以CE和小组化工作方式为基础的建筑画面，如图6—7所示。它强调以社会需求为驱动，以人为中心，以简化为手段，以技术为支撑，以“尽善尽美”为目标，主张消除一切不产生附加价值的活动和资源，从系统观点出发将企业中所有的功能合理地加以组合，以利用最少的资源、最低的成本向用户提供高质量的产品服务，使企业获得最大利润和最佳应变能力。

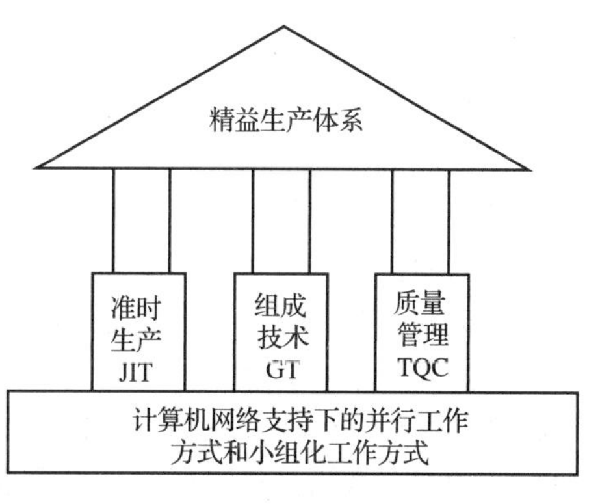

图6—7 精益生产的体系构成

三、并行工程（Concurrent Engineering，CE）

传统产品开发的组织形式是线性阶段模式，产品开发过程是顺序过程：概念设计→详细设计→过程设计→加工制造→试验验证→设计修改→工艺设计→正式投产→营销，这种方法在设计的早期不能全面地考虑其下游的可制造性、可装配性和质量可靠性等多种因素，致使制造出来的产品质量不能达到最优，造成产品开发周期长，成本高，难以满足激烈的市场竞争的需要。

并行工程是集成地、并行地设计产品及其相关过程（包括制造过程和支持过程）的系统方法。这种方法要求产品开发人员在一开始就考虑产品整个生命周期中从概念形成到产品报废的所有因素，包括质量、成本、进度计划和用户要求等，如图 6—8 所示。

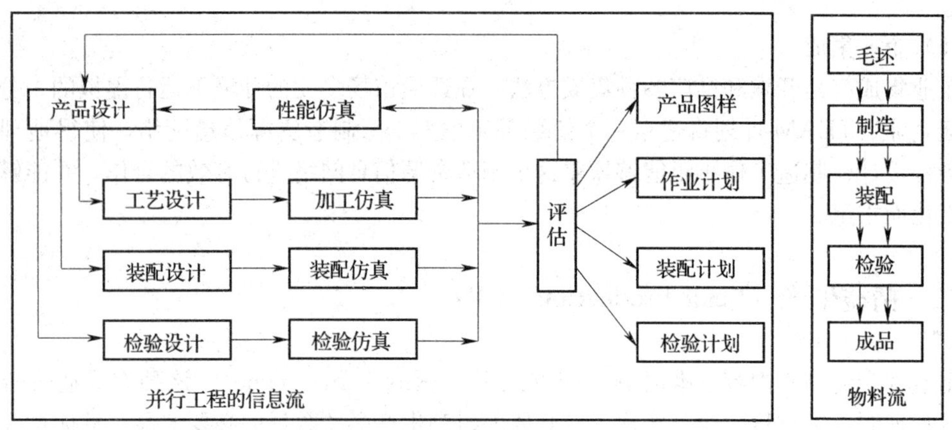

图 6—8　并行工程的内涵及其组成

并行工程是一种现代产品开发中新发展的系统化方法，它以信息集成为基础，通过组织多学科的产品开发小组，利用各种计算机辅助手段，实现产品开发过程的集成，达到缩短产品开发周期、提高产品质量、降低成本、提高企业竞争能力的目标。

1. CE 的特性

（1）并行特性

把时间上有先后的作业活动转变为同时考虑和尽可能同时处理和并行处理的活动。

（2）整体特性

将制造系统看成是一个有机整体，各个功能单元都存在着不可分割的内在联系，特别是有丰富的双向信息联系，强调全局性地考虑问题，把产品开发的各种活动作为一个集成的过程进行管理和控制，以达到整体最优的目的。

（3）协同特性

特别强调群体的协同作用，包括与产品全生命周期（设计、工艺、制造、质量、销售、服务等）的有关部门人员组成的小组或小组群协同工作，充分利用各种技术和方法的集成。这种方式生产出来的产品不仅有良好的性能，而且产品研制的周期也将显著缩短。

（4）约束特性

在设计变量（如几何参数、性能指标、产品中各零部件）之间的关系上，考虑产品设计的几何、工艺及工程实施上的各种相互关系的约束和联系。

2. CE 的体系结构

在产品并行设计过程中，按以下四个阶段进行设计和评价，如图 6—9 所示。

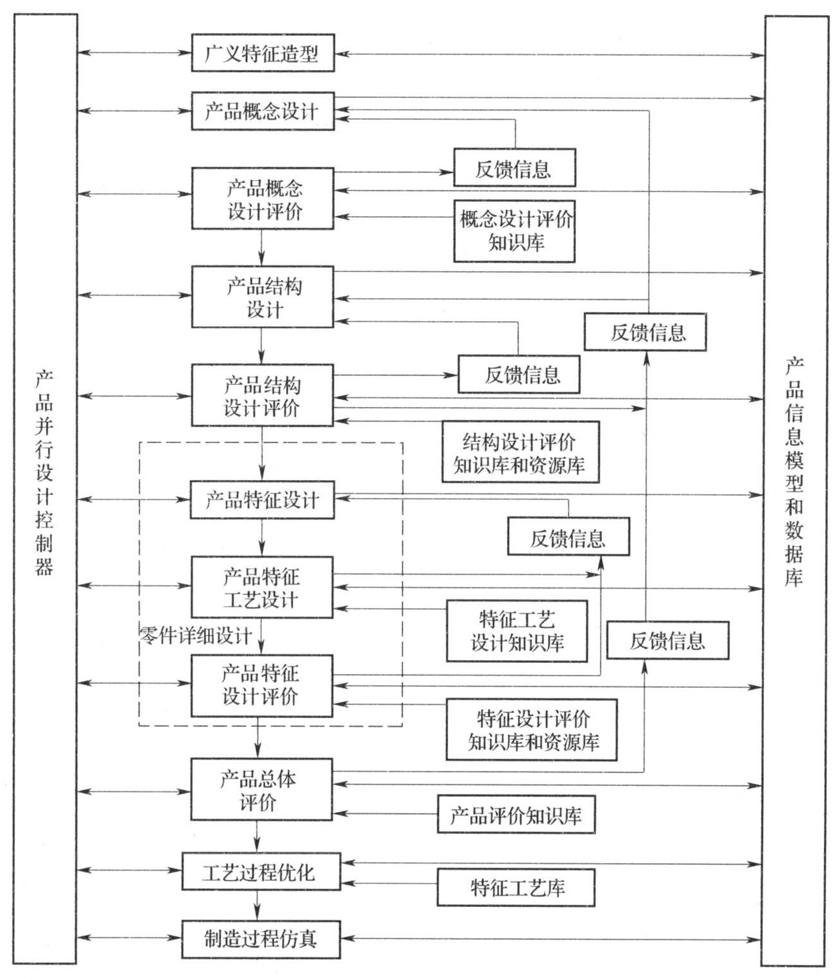

图6—9 计算机辅助产品并行设计系统

(1) 产品概念设计及其评价

对产品设计要求进行分组描述和表述，如设计实体的模式，以性质、属性等之间的关系描述，并对方案优选、产品批量、类型、可制造性和可装配性评价，选出最佳方案，指导产品概念设计。

(2) 产品结构设计及其评价

将产品概念设计获得的最佳方案结构化，确定产品的总体结构形式以及零部件的主要形状、数量和相互间的位置关系；选择材料，确定产品的主要结构尺寸，以获得产品的多种结构方案，并对各种制造约束条件、加工条件、装夹方案、工装设计和零件标准化等进行评估，对各种方案进行评价和决策；选择最佳结构设计方案或提供反馈信息，指导产品的概念设计和结构设计。

(3) 产品特征设计及其评价

根据结构设计方案对零部件进行特征设计。零件由许多个特征组合而成，进行特征设计的同时进行工艺设计（生成其加工方法、切削参数、刀具选用和装夹方式等），并对其可制造性进行评价，即时反馈修改信息，指导特征设计，实现了特征/工艺并行设计。

（4）产品总体评价

该阶段由于产品信息较完善，对产品的功能、性能、可制造性和成本等采用价值工程方法对产品进行总体评价，并提出反馈信息，指导产品的概念设计、结构设计和详细设计。

在完成上述四个阶段的设计和评价后，还必须进行工艺过程优化，在完成产品设计、工艺设计和工装设计的基础上，对零件的实际制造过程进行仿真。

四、绿色制造（Green Manufacturing，GM）

绿色制造是综合考虑环境影响和资源利用效率的现代制造模式，其目标是使产品从设计、制造、包装、运输、使用到报废处理的整个生命周期中废弃资源和有害排放物最小，即对环境的负面影响最小，对健康无害，资源利用效率最高。

绿色制造的内涵包括绿色资源、绿色生产过程和绿色产品三项主要内容和两个层次的全过程控制。绿色制造的体系结构如图 6—10 所示。

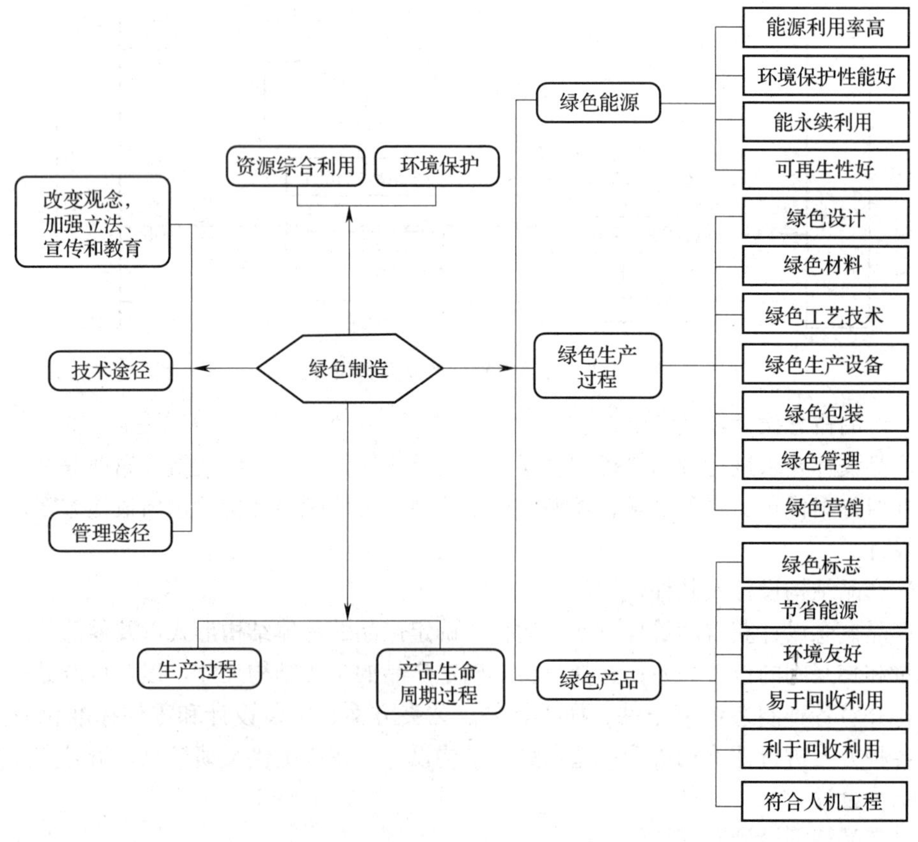

图 6—10　绿色制造系统模型

绿色制造的两个过程是：产品制造过程和产品的生命周期过程。也就是说，在从产品的规划、设计、生产、销售、使用到报废淘汰的回收利用、处理处置的整个生命周期，产品的生产均要做到节能降耗、无或少环境污染。

绿色制造的内容包括三部分：用绿色材料、绿色能源，经过绿色的生产过程（绿色设计、绿色工艺技术、绿色生产设备、绿色包装、绿色管理等）生产出绿色产品。

绿色制造追求两个目标：通过资源综合利用、短缺资源的代用、可再生资源的利用、二次能源的利用及节能降耗措施延缓资源、能源的枯竭，实现持续利用；减少废料和污染物的生成和排放，提高工业产品在生产过程和消费过程中与环境的相容程度，降低整个生产活动给人类和环境带来的风险，最终实现经济效益和环境效益的最优化。

实现绿色制造的途径有三条：一是改变观念，树立良好的环境保护意识，并体现在具体行动上，可通过加强立法、宣传教育来实现；二是针对具体产品的环境问题，采取技术措施，即采用绿色设计、绿色制造工艺、产品绿色程度的评价机制等，解决所出现的问题；三是加强管理，利用市场机制和法律手段，促进绿色技术、绿色产品的发展和延伸。

绿色制造是一个动态概念，绝对的绿色是不存在的，它是一个不断发展永不间断的持续过程。

思考与练习

1. 什么是CAPP技术？有哪几部分组成？工作原理是什么？
2. 上网查一下CAPP的技术支持有哪些？
3. 上网查一下我国快速原型制造技术的现状。
4. 在实践中取得成效的先进制造模式有哪几种？
5. 解释AM、GM、LP、CE的中文含义。

附录

数控基本术语

近年来，随着技术的发展，数控功能不断扩大。新技术的导入使数控技术出现了许多新的功能术语。这里选用的名词术语，主要参考中华人民共和国国家标准以及国际标准化组织（ISO）的提法，也选用了一些目前国内及美国和日本比较常用的术语。

金属切削数控机床相关基本术语

一、数控系统相关术语（附表 1）

附表 1　　数控系统相关术语

机电一体化（mechatronics）	机械电子学。在机械的主功能、动力功能、信息处理功能和控制功能上引用电子技术，并将机械装置和电子设备、软件技术有机地结合起来，构成一个完整的系统
字符（character）	用来组织、控制或表示数据的一些符号，如数字、字母、标点符号、数学运算符等
数字数据（numeric data）	用数字和一些特定字符表示的数据
字（word）	一套有规定次序的字符，可以作为一个信息单元存储、传递和操作，如 X02500
字长（word length）	一个字中二进制位的个数
代码（code）	数据处理机能接受的用符号形式表示的数据和程序
命令脉冲（command pulse）	数控装置给数控机床传递运动命令的脉冲群，每个脉冲与机床的单位位移量相对应
指令（instruction）	规定操作及其运算数的数值或地址的语句
命令（command）	使运动或功能开始操作的控制信号
幻 3 代码（magic three code）	表示速度的三位代码化的数
手动数据输入（manual data input）	用手工把加工程序的信息送入数控装置的一种方法
控制带（control tape）	记录加工程序的带子
格式（format）	信息的规定安排形式
地址（address）	（用于数控时）位于字头的字符或字符组，用以识别其后的数据
数字控制（numerical control）	用数字化信号对机床运动及其加工过程进行控制的一种方法，简称数控（NC）

续表

轴（axis）	机床部件直线运动或旋转运动的方向
最小命令增量 （least command increment）	由数控装置给予数控机床操作部分的命令所含有的最小位移量
最小输入增量 （least input increment）	由控制带或手动数据输入装置给出的最小位移量
插补（interpolation）	（用于数控时）根据给定的数学函数，诸如线性函数、圆函数或高次函数，在理想的轨迹或轮廓上的已知点之间确定一些中间点的一种方法
插补参数 （interpolation parameters）	定义刀具轨迹插补段的参数
直线插补 （line interpolation）	插补的一种，此方式给出两端点间的插补数字信息，借此信息控制刀具的运动，使其按照规定的方式加工出直线
圆弧插补 （circular interpolation）	插补的一种，此方式给出两端点间的插补数字信息，借此信息控制刀具的运动，使其按照规定的方式加工出圆弧
抛物线插补 （parabolic interpolation）	插补的一种，此方式给出两端点间的插补数字信息，借此信息控制刀具的运动，使其按规定的方式加工出抛物线
绝对值方式 （absolute dimension system）	在某一个坐标系中，用原点为基准表示位置坐标值的一种方式
增量方式 （incremental dimension system）	在某一个坐标系中，用由前一个位置算起的坐标值增量来表示位置的一种方式
自动加（减）速 （automatic acceleration or deceleration）	使机床在变速时不产生冲击而自动地进行平滑加速（减速）的一种功能
固定循环（fixed cycle）	预先给定的一系列操作，用来控制机床轴的位移，或使主轴运转，从而完成各项加工，诸如镗、钻、攻螺纹等
进给率（feed rate）	刀具向工件进给的相对速度称为进给率，单位为 mm/min 或 mm/r。在控制带上，把指定数字紧接在字符 F（进给功能）后面
进给率数 （feed rate number）	进给功能的表示方法之一，表示进给率的代码化的数，用跟在地址符 F 后面的数字来表示
进给率修调 （feed rate override）	能够修正进给率的一种设施
程序开始 （program start）	表示程序开始的字符，符号为“%”，可用作“绝对倒带停止”和“纸带结束”
程序停止 （program stop）	一种辅助功能命令，用来取消主轴和冷却功能，并在程序段中的其他命令完毕后，停止进一步处理
程序加速 （programmed acceleration）	以程序规定的程度，对程序中的进给速度进行加速

续表

程序减速 （programmed deceleration）	以程序规定的百分数（如10%）对进给速度进行减速
跳过任选程序段 （optional block skip）	在特定程序段的开头加斜线之类的字符，以便能任选地跳过该程序段的方法。这种选择靠开关来实现，也称为程序段注销（block delete）
EOB（end of block）	程序段结束功能符，表示控制带上的一个程序段（或称一个字组）的结束
程序结束 （end of program）	辅助功能的一种，表示一个程序结束。当程序段中所有命令完成后，取消主轴和冷却功能。这种功能用来使控制装置和/或机床复位，控制装置复位可以包括倒带至程序开始字符，或者使环形控制带前进
暂停（dwell）	程序上规定的一种延时。它的持续时间是可变的，但无周期性（或顺序性），也不形成闭锁（或保持）。通常用它来保证完成切削操作
保持（hold）	相对于由程序规定停留时间的暂停（dwell）而言，保持则是只要操作者不进行解除，就一直停留在某一状态
注销（cancel）	取消早先发出功能的一种命令
准备功能 （preparatory function）（G功能）	建立机床或控制系统工作方式的一种命令，用地址G和它后面的数字来指定控制动作方式的功能
主轴速度功能 （spindle speed function）（S功能）	主轴速度的技术说明，指定主轴转速的功能，用地址S和它后面的代码数来表示
刀具功能 （tool function）（T功能）	按照适当的格式规范，识别或调入刀具和有关功能的技术说明，指定刀具的功能，用地址T及其后面的代码数来表示
辅助功能 （miscellaneous function）（M功能）	控制机床或系统的开、关功能的一种命令，它是用地址M和后面的代码数来指定的
进给功能 （feed function）（F功能）	定义进给率技术规范的命令，用地址F与接在它后面的代码数来表示
数控系统 （numerical control system）	一种控制系统，它自动阅读输入载体上事先给定的代码和数字，并将其译码，从而使机床移动和加工零件
计算机数控 （computerized numerical control）	即CNC，这是一种数控系统。在此系统中，采用存储程序的专用计算机实现部分或全部基本数控功能
直接数控 （direct numerical control）	即DNC，这是一种控制系统。此系统使一群数控机床与公用零件程序或加工程序存储器发生联系。一旦提出请求，它立即把数据分配给有关机床。直接数控也称群控
自适应控制 （adaptive control）	在条件变化的情况下，能自动改变控制参数，达到有效使用机床的目的

续表

开环系统 (open loop system)	不把控制对象的输出与输入（数控装置输出的指令信号）进行比较的控制系统，即在此系统中没有来自位置传感器的反馈信号
闭环系统 (closed loop system)	这种自控系统包含功率放大和反馈，从而使得输出变量的值紧密地响应输入量的值
伺服机构 (servo mechanism)	用机床上的位置或速度等作为控制量的反馈系统（伺服回路）。这种伺服系统中受控变量为机械位置或机械位置对时间的导数
反馈（feedback）	在闭环系统中，为了与系统的输入（给定值）进行比较，而将有关控制对象状态的信息送回到输入端，称为反馈，即控制系统中某一级的信息向前级的传递
点位控制 (positioning control)	机床加工中，只要求刀具达到工件上被给定的目标位置的控制方式。因此不需要控制从某一位置到目标位置的移动过程中的刀具轨迹，也称为从点到点的控制（point to point）
轮廓控制 (contouring control)	同时控制数控机床的两个或两个以上的坐标的运动，即不断地控制刀具对工件的移动轨迹的方式，也叫连续轨迹控制（continuous path control）
顺序控制 (sequence control)	控制方式的一种，采用这种控制方式的系统，具有如下特点：一系列加工运动都是按照要求的顺序进行，一个运动完成便开始下一个运动，运动量的大小不是由数字数据来确定

二、程序编制相关术语（附表 2）

附表 2　　程序编制相关术语

绝对尺寸、绝对坐标 (absolute dimension, absolute coordinates)	相对于坐标系的原点，给出的一点位置的绝对距离或角度
操作数（argument）	用于数控时确定命令性质的数据
间隙距离 (clearance distance)	当刀具从快速变为进给移动时，为防止碰刀，在刀具和工件之间留出的距离
执行程序（executive program）	在计算机数控系统中形成所有其他程序执行过程的一种程序
通用程序 (general purpose program)	一种计算机程序。它根据零件程序进行计算，并作出具体零件的刀具位置数据（CL 数据）。当进行计算时，不考虑加工零件的机床
加工程序 (machine program)	在数控中指用自动控制语言和格式表示的一套指令，它被记载在适当的输入载体上，以便圆满地实现自控系统的直接操作

续表

零件程序编制 (part programming)	为了进行给定零件的加工，要计划数控机床的作业内容，并要编制用于实现该作业计划的程序，该程序称为零件程序
诊断程序 (diagnostic routine)	为了指出程序中的错误或误操作的计算机程序，用打印或显示的方式表示出错误的部位或修改的条件
后置处理程序 (post processor)	这是一种计算机程序。它把前置处理程序的输出改编成加工程序，以便在机床和控制机的成套装置上制造零件
手工零件程序编制 (manual part programming)	利用规定的代码和格式，人工制定零件加工程序的工作
自动编程 (automatic programming)	程序编制的一种，指用计算机把人们易懂的程序改成计算机能执行的程序。在数控上，这种方法就是把人们易懂的零件程序，用计算机改成数控机床能执行的程序

三、数控机床相关术语（附表 3）

附表 3　数控机床相关术语

机床基准点 (machine datum)	给机床部件设定的零位
机床原位（machine home）	当机床所有部件都处于原始位置时，机床坐标系的一种状态
机床参考位置 (machine tool reference position)	给机床各个轴预设的位置，便于采用增量控制系统时设定初始位置
机床零位、系统原点 (machine zero，system basic origin)	机床坐标系的原点
复位（to reset）	使装置复原到预定的初始位置上，但不一定是初始状态
零点校正 (zero synchronization，grid zero)	这是一种工艺方法，指在机床的坐标人工近似定位后，允许自动将其校准到精确位置上
零点偏移 (zero offset，reference offset，zero shift)	数控系统的一种特性，指容许把数控测量系统的原点在相对机床基准点的规定范围内移动，而永久原点的位置被存储在数控系统中
直线切削 (straight cut)	在与机床的某一个控制坐标平行的导轨方向上的切削运动，不仅限于直线运动的导轨，也包括用旋转工作台的切线切削
浮动零点 (floating zero)	数控系统的一种特性，指允许把数控机床测量系统的原点移动到相对机床基准点的任何位置上，而数控系统不需要存储永久原点的位置

续表

反向间隙（back lash）	相互作用的零件之间，由于松动和偏差所产生的偏移
自动换刀装置（automatic tool changer，ATC）	具有储存刀具的刀库，能选出被指定的刀具并自动地与装在主轴上的刀具进行交换的装置
刀具偏置（tool offset）	按规定的部分或全部程序作用于机床轴的相对位移，受控轴的位移方向仅由偏置值的正、负号来确定
刀具半径偏置（tool radius offset）	适用于旋转刀具的一种刀具偏置方法，其位移沿着 X 轴或 Y 轴方向，或者同时沿着 X 轴和 Y 轴方向。位移量等于偏置量
刀具直径偏置（tool diameter offset）	适用于旋转刀具的一种刀具偏置方法，其位移沿着 X 轴和 Y 轴方向，或者同时沿着 X 轴和 Y 轴方向。位移量等于偏置量的一半
刀具长度偏置（tool length offset）	适用于旋转刀具的一种刀具偏置方法，其位移沿着 Z 轴方向。位移量等于偏置值
刀具补偿（cutter compensation）	垂直于刀具轨迹的位移，用来修正刀具实际半径或直径与其程序规定的值之差
分辨率（resolution）	两个相邻的分散细节之间可以分辨的最小间隙。就测量系统而言，它是可以测量的最小增量；就控制系统而言，它是可以控制的最小位移增量
精确度（accuracy）	误差自由度的评价或符合理论值程序的评价。误差越小，评价越高。在机床上，是用实际的位置与要求的位置之间的一致程度来表示
误差（error）	计算值、观察值或实测值与真值、给定值或理论值之差
位置检测器、位置传感器（position transducer）	将位置或移动量变换成便于传送的信号的传感器
精度（precision）	分辨几乎相等诸值能力的度量
定位精度（position accuracy）	指实际位置与指令位置的一致程度，不一致量表现为误差，被控制的机床坐标的误差，也包括驱动此坐标的控制系统的误差在内。对指定坐标用“±数字”表示
重复精度（repeatability）	指在同一条件下，操作方法不变，进行规定次操作所得到的连续结果的一致程度。它可用概率为95%的规定次测量的误差范围来表示
复制精度（reproducibility）	指在不同条件下，操作方法不变，在类似或不同的设备上进行操作所取得的各个结果之间的一致程度。它可以用概率为95%的两个结果之间的误差幅度来表示

电加工与特种加工数控机床相关基本术语

一、机床名称（附表4）

附表4　　电加工与特种加工数控机床名称

特种加工机床 (non－traditional machine tools)	用特种加工方法加工工件的机床
电加工机床 (electromachining machine tools)	用电加工方法加工工件的特种加工机床
电解加工机床 (electrolytic machine tools)	用电解加工方法加工工件的特种加工机床
超声加工机床 (ultrasonic machine tools)	用超声加工方法加工工件的特种加工机床
激光加工机床 (laser beam machine tools)	用激光加工方法加工工件的高能束加工机床
电子束加工机床 (electron beam machine tools)	用电子束加工方法加工工件的高能束加工机床
磁脉冲加工机床 (magnetic impulse machine tools)	用磁脉冲加工方法加工工件的特种加工机床
射流加工机床 (jet machine tools)	用射流加工方法加工工件的特种加工机床
磨料流喷射加工机床 (abrasive jet machine tools)	喷射磨料的射流加工机床

二、加工方法术语（附表5）

附表5　　加工方法术语

特种加工 (non－traditional machining)	将电、磁、声、光、化学等能量或其组合施加在工件的被加工部位，从而使材料被去除、变形、改变性能或被镀覆的非传统加工方法
电加工 (electromachining)	将电能施加在工件的被加工部位而使材料被去除、变形、改变性能或被镀覆的特种加工
放电加工 (electro－discharge machining)	通过工件和工具电极间的放电而有控制地去除工件材料以及使材料变形、改变性能或被镀覆的特种加工。工件和工具电极间通常充有液体的电介质
电解加工 (electrolytic machining)	利用金属在电解液中产生阳极溶解的原理去除工件材料的特种加工
超声加工 (ultrasonic machining)	利用超声振动的工具在有磨料的液体介质中或干磨料中产生的磨料冲击、抛磨、液压冲击及由之产生的气蚀作用以去除材料，以及利用超声振动使工件相互结合的加工方法

续表

高能束加工 (high—energy beam machining)	利用能量密度很高的激光束、电子束或离子束等去除工件材料的特种加工方法的总称
激光加工 (laser beam machining)	利用能量密度很高的激光束使工件材料熔化、蒸发和汽化而予以去除的高能束加工
磁脉冲加工 (magnetic impulse machining)	利用脉冲强磁场和在被加工导电材料中感应出的涡流所形成的磁场间的机械力对工件进行加工的特种加工
射流加工 (jet machining)	将单纯的或混有微细磨料的高压水流或将混合在不助燃气体中的微细磨料喷向工件表面，以去除材料的特种加工

三、电火花加工中常用术语（附表 6）

附表 6　　电火花加工中常用术语

工具电极（有时简称工具或电极） (tool—electrode)	电火花加工用的工具，因其是火花放电时电极之一，故称工具电极
放电间隙 (discharge gap)	指加工时工具和工件之间产生火花放电的距离，在加工过程中称加工间隙。加工间隙又分为端面间隙和侧面间隙
电蚀产物 (erosion product)	电火花加工过程中被电火花蚀除下来的金属微粒细屑和煤油工作液分解出来的碳黑及气体
脉冲宽度 (pulse duration)	指加到工具和工件两端的电压脉冲的持续时间，简称脉宽
脉冲间隙 (pulse interval)	两个电压脉冲之间的间隔时间，简称脉间或间隔，也称脉冲停歇时间（脉停）
放电时间、电流脉宽 (discharge duration)	工作介质击穿后放电间隙中流过放电电流的时间，它比电压脉宽小一些（相差一个击穿延时）
击穿延时 (ignition delay time)	间隙两端加上脉冲电压后，要经过一小段延续时间，工作介质才能被击穿放电，这个延续时间称为击穿延时
脉冲周期（pulse cycle time）	一个电压脉冲开始到下一个电压脉冲开始之间的时间
脉冲频率（pulse frequency）	单位时间内在间隙上发生的放电次数，它与脉冲周期互为倒数
脉宽系数（duty factor）	脉宽宽度与脉冲周期之比
开路电压（open circuit voltage）	没有电流通过时，电极间隙上的极间电压，即等于电源的直流电压
加工电压（working voltage）	电火花加工时放电间隙两端电压的算术平均值（电压表上指示的平均电压）
加工电流（working current）	电火花加工时通过放电间隙电流的算术平均值（电流表上指示的平均电流）
短路电流 (short—circuit current)	连续发生短路时通过“间隙”电流的算术均值（电流表上指示的平均电流，它比正常加工电流要大 20%～40%）
极性效应 (polarity effect)	阳极和阴极之间电蚀量的差别，即使两极材料和形状完全相同也有差别

续表

吸附效应（absorption effect）	放电时绝缘介质（煤油）分解出来的碳黑吸附在电极上，并在热的作用下形成黑膜的现象
电极损耗（electrode wear）	从工具电极上蚀除的材料量
相对损耗（relative wear）	电极损耗速度与材料加工速度之比
低损耗（low electrode wear，low wear）	相对损耗小于或等于1%的电极损耗
无损耗（no wear）	由于工件材料向电极转移，抵消电极损耗，使其损耗近似等于零
脉冲电源（spark－erosion generator，generator，pulse generator）	电火花加工设备重要组成之一，用来发出时间上彼此分离的能量脉冲
加工精度（machining precision）	加工零件与设计图样相符合的程度，通常包括尺寸精度、形状精度、位置精度和表面粗糙度
多电极加工（multi－electrode machining）	多个电极与脉冲电源相连接，在同一电位下进行的电火花加工
多回路加工（multi－lead machining）	采用一个总的伺服系统，分割电极或相互绝缘的多电极与多电源或一个总电源的多个回路一一连接，并同时进行的电火花加工
面积效应（area effect）	随加工面积的变化，加工特性发生变化的现象
加工屑（debris，swarf）	电火花加工时从电极和工件上蚀除下来的材料微粒
二次放电（secondary discharge）	在已加工表面由于加工屑等的存在导致再次发生的火花放电
激光加工（laser machining，laser beam machining）	利用激光束进行加工
激光合金化（laser alloying）	通过化学处理过程改变表面的化学成分